Database System : Design and Practice

資料庫系統設計與實務
SQL Server 2008

陳祥輝 著

博碩文化

資料庫系統設計與實務 -SQL Server 2008

作　　者：陳祥輝

發 行 人：葉佳瑛

出　　版：博碩文化股份有限公司

　　　　　新北市汐止區新台五路一段 112 號 10 樓 A 棟

　　　　　TEL / (02)2696-2869・FAX / (02)2696-2867

郵撥帳號：17484299

律師顧問：劉陽明

出版日期：西元 2010 年 7 月初版一刷

　　　　　西元 2013 年 3 月初版五刷

ISBN - 13：978-986-201-353-3

博碩書號：DB30004

建議售價：NT$ 650元

資料庫系統設計與實務：SQL Server 2008 / 陳祥輝
著. -- 初版. -- 臺北縣汐止市：博碩文化, 2010.07
　　　　面 ；　　公分

ISBN 978-986-201-353-3（平裝附光碟片）

1. 資料庫管理系統　2. SQL（電腦程式語言）

312.7565　　　　　　　　　　　　99012196

Printed in Taiwan

本書如有破損或裝訂錯誤，請寄回本公司更換

作者序

　　『資料庫系統』是一門非常重要的課程，不論是理論的『學理』，或是在實作上的『實務』，都是一個非常重要的議題。在我個人從事教學十年中，除了任教於文化大學的『正規課程』之外，也從事於文化大學推廣部的『職訓與補教課程』，不乏接觸到很多從事資料庫設計近十年經驗的學員。從這十年的授課當中，深深體會很多在業界工作的學員們，常靠一些簡單的 SQL 敘述來撰寫複雜的系統，導致前端的程式變成非常複雜，甚至資料庫的學理與實務不足，導致發生多人同時存取的同步問題，也就是資料庫的『交易』問題。

　　基於種種的考量，本書整體的章節鋪層，先濃縮資料庫系統的理論精華於前面章節，並介紹『檢視表』的不同應用，以及透過用於不同的辦公室軟體來引起學習欲望，並快速導入 SQL SERVER 為實作環境來實作所有的理論。本書的期望就是真正打好理論基礎，由淺入深地使用資料庫，進而成為一位資料庫的專業設計人員。於是誕生了這本……

『資料庫系統設計與實務 – SQL SERVER 2008』

　　我個人的每一本著作，在撰寫前都會思考一個重點，就是如何利用『圖像式思維』創作出一本『易學、易懂、易用』的好書，試圖改變長久以來傳統的文字式學習。所以本書不改其風，仍以自創的大量圖解寫作風格來達到此項訴求。

　　本書能順利完成，非常感謝我的學生 -- 臆如。她一直以來認真負責地幫了我很多本書的完成，包括資料整理、範例驗證以及書籍內容的校稿…等等，我要在此要特別感謝--- 臆如。

　　完成一本著作時的感動和感謝，仍要感謝曾教導過我的恩師們，包括蔡敦仁博士、江哲賢博士、樊國禎博士以及黃士殷博士，讓我在人生叉路中選擇明亮的道路，謝謝您們。

最後，還要感謝讓我無後顧之憂的太太 -- 裕冠，辛苦地照顧我們的兩個寶貝兒子羿安與映銓，讓我可以全心致力於寫作工作。以及幕後的出版團隊，尤其是產品部古成泉經理與陳錦輝給予我的種種建議與指導，高珮珊小姐的大力協助，讓我得以順利出版。

陳祥輝

mail：hui@staff.pccu.edu.tw
facebook：dale0211@msn.com
2010/06/24

小幫手序

　　話說緣分真是一個非常奇妙的東西，過去在大學求學時期，曾修習過祥輝老師開的幾門課程，總認為這位老師有莫名的吸引力，也認為這位老師非常有趣，就一直引起了想要 FOLLOW 老師的念頭。在老師不嫌棄的情況下，開始了一段令人興奮的旅程。剛開始，總怕自己哪裡做不好或是做錯了什麼，但是老師總是給我不斷的鼓勵以及教導讓我越來越有自信以及成就。

　　我曾研讀過陳老師的每一本著作，包括『資料庫系統理論與實務』、『TCP/IP 網路通訊協定』以及『觀念圖解網路概論』，看得出來每一本書都是祥輝老師嘔心瀝血的代表作，也都是利用『圖像式教學』方式呈現出來的作品。由於他的邏輯思維脈絡非常特殊，總可以將一些難以理解的或是不好懂得一些理論，用簡單的圖像式來表達，這樣的方式讓我對學習燃起了信心，也認為學問是非常有趣的，所以我非常的喜歡跟隨的老師的步伐學習。

　　知道陳老師又起稿要撰寫這本『資料庫系統設計與實務』，於是我再度要幫老師這本書的撰寫工作，承蒙陳老師的同意，就開始了這段旅程。老師在寫作當中，總不會忘了要訓練我、磨練我以及教導我，包括書本中的資料庫設計、資料的建立以及範例的設計等等，他總會想出很多問題來考驗我，讓我思考、讓我練習，最後再經由他的調整之後，終於一個一個範例都呈現在書本中。更讓我佩服的是，一堆的 SQL 語法，他居然可以用圖解方式來呈現，讓學習者變得更容易懂簡單學。非常幸運的，我成為本書出版前的第一位讀者。

　　最後，很感謝陳老師給我幾次的參與，讓我與資料庫變成了真正的好朋友。與其說是我在幫老師撰寫，不如說是讓陳老師花更多的時間在教導我。有句話說，『一日為師、終身為父』，真心感謝老師不厭其煩一點一滴的教導，讓臆如變得更有自信，人生也更豐富充實。嘿嘿，老師老師老師……臆如要謝謝您唷。

陳臆如

2010/6/24

關於本書

本書堅持『用圖來說明資料庫系統』，作者以多年教授有關 SQL SERVER 的經驗累積，自創出許多不同的示意圖，適用不同情境的說明；簡而言之，就是利用『語法』、『語意』和『圖像』的相互轉換，輔助說明與理解的一種特殊方式。利用簡單圖型展現生硬的 SQL 語法，讓撰寫 SQL 變成一種容易理解的圖型思維。利用宏觀方式來簡化並表達出複雜的『可程式性』程式 (T-SQL、預存程序、觸發程序…)。

本書的章節主要是依據讀者在學習上的成效，以及難易程度來鋪層，主要可分為四個部份，分別為以下四個部份，並輔助未來想考專業認證的一個基礎的輔助教材。

■『基礎觀念』，包括 CH01 ～ CH02

此部份是希望讓初學者先瞭解完整資料庫系統的架構，有助於未來學習方向和定位的瞭解。

■『辦公人員』，包括 CH03 ～ CH05

此部份主要是將資料庫的一些基本概念和微軟公司所開發的 Word/Excel 整合使用，讓讀者可以很清楚資料庫也可以是很親和性，並非是一門非常高深或專業人士可學習的課程。

■『程式設計』，包括 CH06 ～ CH10

對於一個程式設計者而言，前面章節是一個非常重要的觀念建立，絕對不可以忽略不看。部份會以前面章節的『觀念圖解』方式，直接帶入 SQL 語言的學習，將會達到事半功倍的成效，所以此部份是身為一個程式設計師的開始。

■『進階程設』，包括 CH11 ～ CH16

以一個基礎的程式設計師必須要瞭解 SQL 的語法使用之外，若是要面對更複雜的資料庫系統設計，就必須延伸至後續的重要章節。所以本書所安排的十六個章節皆為資訊人必備的重要議題。

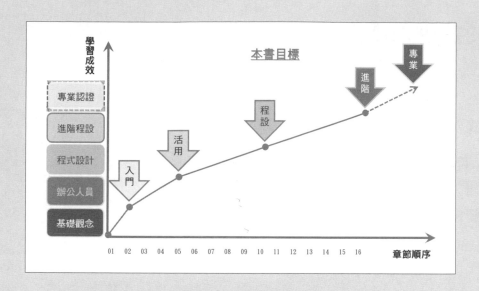

　　『邏輯』是什麼？常常會有學生問到我要如何訓練『邏輯』，我常會反問一句～『什麼是邏輯？』。簡單地說，邏輯就是一種想像的能力與方法，就像我也常會問學生『3×7=21』的真諦是什麼一樣。本書採用大量的『邏輯思維』來創作，並非將 SQL Server 給複雜化，反而是將本書簡易化的一個主要方式。所以本書利用很多作者獨創的圖解來詮釋每一個 SQL 語法的精神，或是將較長的程式碼，利用較有結構性的圖解方式來解說每一個範例，主要重點就是讓讀者可以很輕鬆地理解資料庫的奧秘。

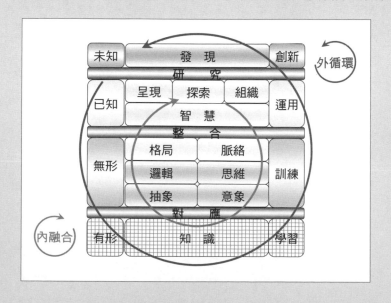

關於書附光碟使用

本光碟內主要包括兩個目錄

語法範例檔

此目錄內主要是放置本書內所有的範例資料。

範例資料庫

本目錄可分為以下兩個 SQL Server 的版本資料庫目錄，可以依據所安裝的 SQL Server 版本而使用適合的範例資料庫。

- MSSQL 2005
- MSSQL 2008

此目錄下所有檔案命名皆配合本書的章節，所建的資料庫雖然都大同小異，但因為不同章節所需要的環境會有所不同，所以建議將所有的資料庫利用『附加』方式到您的 SQL Server Management Studio 的物件總管內，並依據不同章節使用不同的範例資料庫。

若是使用 MS SQL 2008 版本，請在附加資料庫之前，依據以下路徑，啟動 SQL Server 組態管理員。

【開始】\【Microsoft SQL Server 2008】\【組態工具】\【SQL Server 組態管理員】

於左邊視窗點選【SQL Server 服務】，再於右邊視窗於【SQL server (MSSQL SERVER)】上按滑鼠右鍵並點選【內容 (R)】。

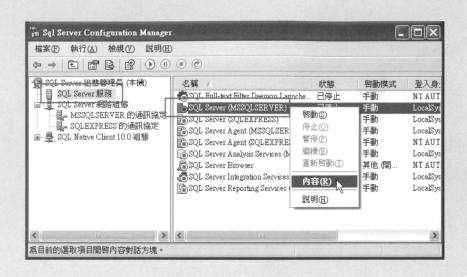

出現【SQL Server (MSSQLSERVER) 內容】對話框時，點選上面的【FILESTREAM】
頁籤，請確認已勾選【啟用 FILESTREAM 的 Transact-SQL 存取 (E)】的選項。

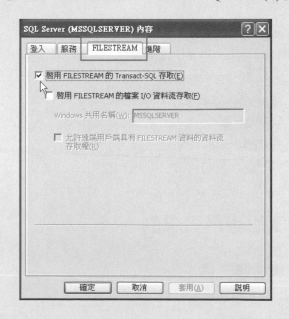

最後，請自行於 C:\ 建一目錄為『 C:\Databases 』，再將所有的範例資料庫檔案複製
該目錄下，逐一附加至【SQL Server Management Studio】的【物件總管】即可。附加資
料庫的方式可參考 4-5 節的介紹。

目錄

Chapter 04 規劃與安裝 SQL Server

Chapter 05 『檢視表』的建立與應用

第三篇 資料操作語言 (DML)

Chapter 06 資料操作 DML– 查詢（SELECT）

Chapter **07** 資料操作 DML – 異動（INSERT、UPDATE 及 DELETE）

第四篇 資料庫建置與維護 (DDL)

Chapter **08** 建立資料庫

Chapter **09** 建立資料表與資料庫圖表

第五篇   可程式性的程序

CHAPTER 1

資料庫系統簡介

資料庫（database）、資料庫管理系統（database management system, 簡稱 DBMS）與資料庫系統（database system）是我們耳熟能詳的名詞，但其間的差異性以及真正的意義何在，是本章所要探討的議題。以及介紹資料庫系統的不同架構，說明一般資訊系統開發時如何考量所需，並簡單介紹『結構化查詢語言』（Structured Query Language, 簡稱 SQL）如何內嵌於一般的程式語言（一般稱為主語言 host language）內，以達到資料存取的目的。

1-1　資料庫系統

廣義的『資料庫』（Database）定義，是由一群具有相關性之資料所形成的一個集合體，諸如使用一般的純文字格式檔案，或是文書處理軟體如微軟公司的 Word、Excel、Access…等等的儲存方式，皆可稱為『資料庫』（Database）。這些資料庫的資料皆是以檔案形式儲存於永久性儲存的電腦設備之內，例如硬碟、軟碟、光碟片…等等的儲存體。此類定義的資料庫在設計上通常也較為鬆散，資料定義未經事前的嚴謹統一規劃，所以也將造成前一節中所述的幾個檔案系統的問題；更由於這些資料庫皆是以檔案形式儲存，所以對於資料的安全、儲存、存取控制和一致性皆有其問題。

狹義的資料庫定義，則應該經過事前的統一規劃和分析，將我們周遭的真實現象忠實的抽象化（Abstract）或一般化（General）後，對資料明確的定義和一些完整性的限制（Integrity Constraints），並將這些定義和限制儲存於資料庫內，以便應用程式或一般的查詢能依據此目錄來進行存取，不至違反其他的規則。

『資料庫管理系統』（Database Management System，簡稱 DBMS），資料庫管理系統的主要目的，是讓使用者或程式設計人員可以較為方便，透過所提供的共用軟體來進行資料的定義、控制和存取的動作，如下圖示，資料庫管理系統是介於應用程式，或一般的查詢語言和資料庫之間的一個操作介面。

『資料庫系統』（Database System），是由一些彼此相關的資料，以及存取這些資料的『應用程式』所組成的一個集合體。通常這群相關的資料集合，稱為『資料庫』（Database）；而這群對資料進行存取動作的軟體，我們稱為『資料庫管理系統』（Database Management System，簡稱 DBMS）。所以『資料庫系統』的主要目的，是藉由資料庫管理系統對資料的儲存和管理，以及具有商業邏輯的『應用程式』來達成企業需求，如此的系統稱之為『資料庫系統』。

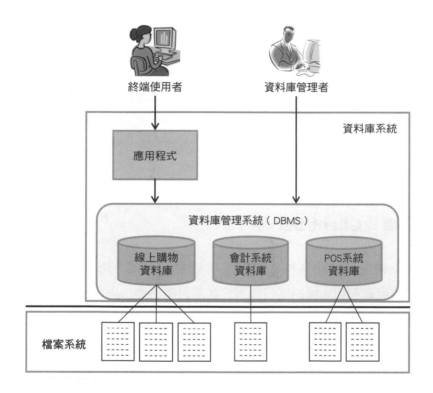

　　概念上，在整體資料庫系統中，資料儲存的實際所在之處是『資料庫』。其實『資料庫』僅可以視為一個邏輯性的儲存空間，因為它的組成是由更底層的實體『檔案』所構成。實體『檔案』就是位於作業系統管轄的『檔案系統』當中；換言之，『資料庫』就是由作業系統的檔案系統的『檔案』組成，而由『資料庫管理系統』來進行管理與存取。所以底層的檔案大小將會直接影響『資料庫』可存放的空間大小，若是資料庫的儲存空間不足時，必須從底層擴增檔案給該資料庫使用。

1-2　資料庫系統架構

資料庫系統的基本架構可以分為四種情形，分別為單機架構、主／從式架構（Client／Server）、三層式架構（3-Tier）以及分散式架構四種，分別說明如下。

單機架構

在早期網路尚未普遍時，資料庫系統的架構主要是屬於單機架構，也就是將所使用的應用程式以及資料庫，全部儲存在每一位使用者的電腦內，這樣的架構會造成電腦之間的資料完全獨立，將會造成相同的資料重複出現在很多部電腦內，也無法達到資料的正確性、安全性以及共同分享的目的。

主／從式架構（Client/Server）

主／從式架構主要是將資料庫管理系統獨立成一部『資料庫伺服器』（database server），使用者可以利用本機的應用程式，並透過網路連線向『資料庫伺服器』進行資料的存取操作。

如此的架構解決單機架構下的很多缺點，資料可以集中管理，不會產生資料重複存在、資料不一致性、資料共享以及資料安全…等等的問題。雖然使用主／從式架構會有優點，但也會有些缺點。例如與資料庫系統連線的應用程式，必須在每一位使用者的電腦中安裝一套，每當應用程式改版或修改時，就必須再將每一部電腦的軟體更新，維護上非常不方便。

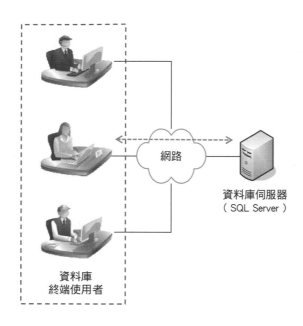

三層式架構（3-Tier）

　　三層式架構就是因應主／從式架構的缺點而產生的新架構，也就是目前最普遍被採用的方式之一，尤其是網際網路的普遍，延伸出很多透過網際網路連線的不同應用，例如電子商務的網站經營就是一個很典型的案例。

　　依據這樣的架構，是將原本安裝於使用者端的應用程式，另外獨立成一部『應用伺服器』（application server）。也就是所有的應用程式或稱商業邏輯（business logic）獨立存放於『應用伺服器』，使用者端只要具有簡單的瀏覽器軟體，即可透過網際網路連線至『應用伺服器』，當需要存取資料庫時，再由『應用伺服器』透過網路連線，向『資料庫伺服器』進行安全認證與資料的存取。

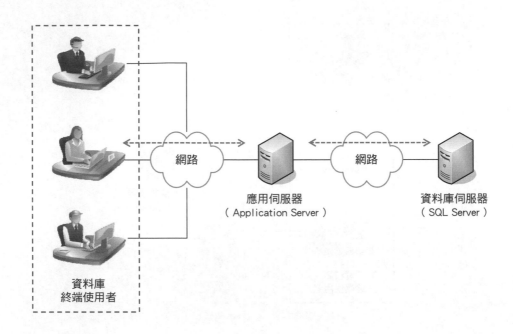

分散式架構 ▟▛

　　分散式架構（distributed architecture）可說是較為複雜的方式，常常是因為企業規模較大時，會因為部門位於不同地區，而不同部門會有自己的資料庫系統，例如：人力資源處會有人力資源系統資料庫、業務部門會有業務銷售資料庫以及會計部門會有會計系統資料庫，倘若這三個部門的資料庫系統完全獨立建置，甚至位於不同地區，當某個交易（transaction）必須同時存取這三個資料庫時，就必須使用到『分散式架構』。

　　在這種架構下，使用者一次的存取會同時影響到多個『資料庫伺服器』，為了保證使用者的存取能正確地寫入每一部『資料庫伺服器』，必須透過『分散式交易協調器』（Distributed Transaction Coordinator, 簡稱 DTC），達到每一部『資料庫伺服器』都能正確且成功地被存取。

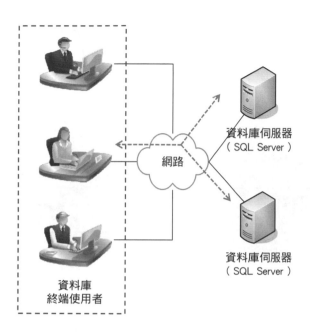

1-3 中介軟體

　　發展『資料庫管理系統』（DBMS）的軟體公司相當多，每家軟體開發公司為了爭取市場的認同與採用，各家會使用不同的技術來加強該公司的產品特色。正因如此，會因為所採用不同的資料庫管理系統，造成資料庫系統開發人員必須學習不同的存取方式和存取語言，而降低程式開發人員的效率。因應不同的需求，於是有很多的標準被制定出來，讓各家保有技術開發的獨特性，又能讓程式設計者在使用上相當方便。所以在『應用程式』與『資料庫管理系統』之間，產生一層『中介軟體』（Middleware）來解決程式開發人員面對不同『資料庫管理系統』的困擾；常見的中介軟體包括『ODBC』（Open Database Connectivity）和『JDBC』（Java Database Connectivity）。

　　簡而言之，『中介軟體』是介於『應用程式』與『資料庫管理系統』之間的一個對應和轉換的軟體介面，目的是為了解決程式設計者不但要面對不同的作業系統平台、不同網路協定，還要面對不同的資料庫管理系統而發展出來，讓使用者或程式開發人員可以簡單面對不同的資料庫管理系統，而摒除掉異質資料庫和繁雜的網路連線問題。

　　由於每家軟體公司開發的資料庫管理系統，會有不同的『中介軟體』。例如微軟公司所開發的 SQL Server，會有 SQL Server 所對應的中介軟體；甲骨文公司所開發的 Oracle，會有 Oracle 所對應的中介軟體。在下圖左方，只要事先選好相對應資料庫管理系統的『中介軟體』，並且設定連線的『資料庫伺服器名稱或網路位址』、『資料庫名稱』、登入的『帳號』與『密碼』；應用程式只要直接面對『中介軟體』即可輕鬆與資料庫伺服器連線並存取資料。

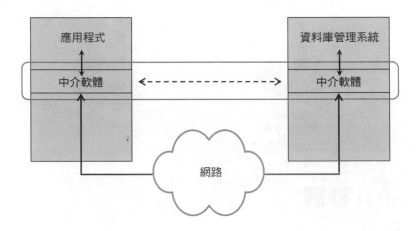

　　『中介軟體』不但可以扮演程式設計者與資料庫管理系統之間的轉譯者，更可以讓程式設計者輕鬆透過不同的實體網路，或不同的網路層協定來進行資料存取，讓使用者對網路層的部份完全透明（Transparent），也就是透過中介軟體對不同網路的支援，來免除使用者直接面對不同的網路協定，增加其開發上的效率，使用者在存取資料的時候，彷彿只是面對中介軟體，不需要考慮到底層的部份。

ODBC（Open Database Connectivity）

　　ODBC（唸法是由四個獨立的字母逐字唸，O..D..B..C）在 1992 年由 SQL Access Group 所開發出的一個資料庫存取標準，主要的目的在於應用程式與資料庫管理系統之間的一個共同存取介面，讓應用程式能簡單化，並藉由在應用程式與資料庫管理系統之間多一層『驅動程式』（Drivers）面對不同的資料庫管理系統。也就是說，不同的資料庫管理系統會有不同的驅動程式，通常此驅動程式是由該資料庫管理系統的開發廠商所提供，讓應用程式對資料庫管理系統所下達的命令，能透過此驅動程式轉譯成該資料庫管理系統所能瞭解的命令，讓開發者能輕鬆地使用單一存取的程式語言。

以微軟公司所開發的『ODBC 資料來源管理員』而言，可將其分為兩大部份，一為使用者所看見的『資料來源名稱』（Data Source Name，簡稱 DSN），和不同資料庫管理系統的『驅動程式』（Driver），如圖所示，只要將不同的資料庫管理系統的驅動程式安裝在應用程式所在的電腦，並設定好 ODBC 中的『資料來源名稱』和對應的『驅動程式』，至於應用程式所面對的只是資料來源名稱而已。

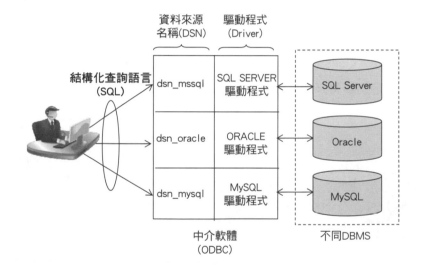

JDBC（Java Database Connectivity）

JDBC（唸法是由四個獨立的字母逐字唸）的中介軟體是讓 Java 程式語言透過它來進行資料庫管理系統的存取介面，主要可分為四種型態：

- **型一（Type 1）**：此種型態的驅動程式主要是將 JDBC API（JDBC Application Interface）對應到另一種的資料存取應用介面（Data Access API），例如將 JDBC API 對應到 ODBC API，即為一種此型態的範例之一，而此種範例稱之為『JDBC-ODBC』。

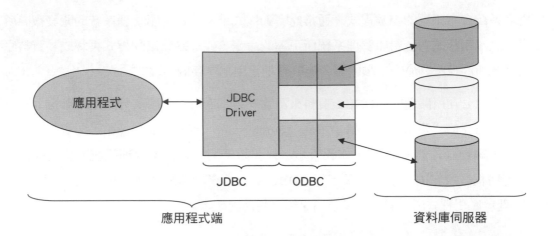

■ **型二（Type 2）：** 此種型態的驅動程式是由部份的 Java 程式和特定資料來源的原生
程式碼（Native Code）所組成，也由於此些的資料來源（Data Source）原生程式碼
是相依於特定的資料來源函式庫，所以在移植上會有所受限。

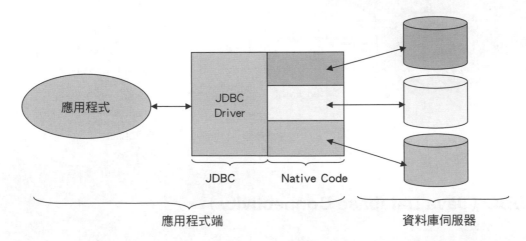

■ **型三（Type 3）：** 此種型態的驅動程式與型二不同，是由完全 Java 的客戶端
（Client）與具有中介軟體的伺服器（Server）通訊，再經由此具中介軟體的伺服器
負責轉譯前端應用程式所送出的不同請求至後端不同的資料來源（Data Source）。

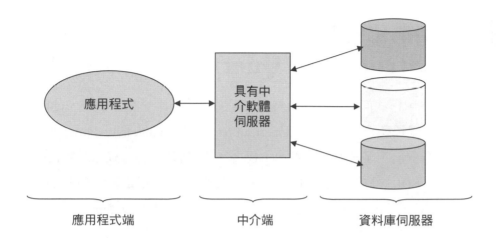

■ **型四（Type 4）**：此種型態的驅動程式是直接與後端的資料來源（Data Source）連線和通訊，所以此驅動程式本身具有網路層實作能力，以應付所面對的不同網路介面。

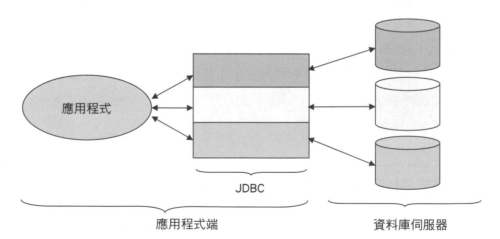

1-4　結構化查詢語言（Structured Query Language, SQL）

　　當不同的應用程式面對不同的資料庫管理系統時，必須有一個統一的語言來進行資料的存取，於是美國國家標準局（American National Standards Institute, 簡稱 ANSI）由 X3H2 小組負責訂定了一個語言標準，稱之為『結構化查詢語言』（Structured Query Language, 簡稱 SQL, 唸成 SEQUEL）。SQL 語言提供了一組定義『資料表』（Table）和『檢視表』（View）的指令，稱之為『資料定義語言』（Data Definition Language, 簡稱 DDL）。另外一組是針對『資料』擷取及異動的指令，則稱之為『資料處理語言』（Data Manipulation Language, 簡稱 DML）。

　　由 ANSI 所訂定的 SQL 標準稱之為 ANSI SQL，實際上這個標準也被國際標準組織（International Organization for Standardization, 簡稱 ISO）納為標準，稱之為 ISO SQL，事實上這兩個標準是相同的。SQL 標準語言的訂定之後，每一家資料庫開發廠商必須遵循 ANSI SQL 的標準，但又為了市場競爭及獨特性，各家除了遵循 ANSI SQL 標準之外，尚會擴增其功能成為自己的 SQL 語言。以微軟公司的 SQL Server 資料庫而言，使用的 SQL 稱之為『Transact-SQL』（簡稱 T-SQL）；甲骨文公司的 Oracle 資料庫而言，使用的 SQL 稱之為『PL/SQL』。

1-5　應用程式與資料庫管理系統的連線

　　本節將分別以『主 / 從式架構』與『三層式架構』來說明應用程式如何搭配 SQL 語言與資料庫連線達到資料存取的目的。

主 / 從式架構的連線

　　以主 / 從架構的資料庫系統來細部探討，從圖中可看出在客戶端電腦的應用程式，透過網路與資料庫伺服器連線情形。應用程式的部份，可以是 Java、C#、VB、

Delphi、⋯等等的程式開發語言，甚至是一般的辦公室軟體，像是微軟公司開發的 Word 或 Excel。而應用程式是直接利用 SQL 語言，對中介軟體下達資料存取的操作，而中介軟體必須負責透過網路連線至資料庫，並傳達 SQL 命令給資料庫伺服器，並將資料庫回傳的資料轉給應用程式。

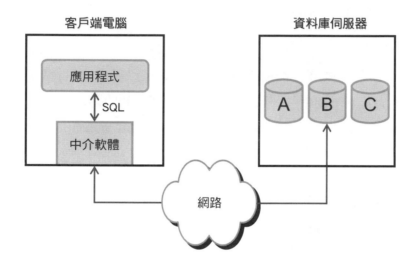

以下採用 Java 程式語言，並且採用 JDBC Type 4 當中介軟體與 SQL Server 連線，簡單可以區分為四個基本步驟，分別說明入下：

Step 1. 指明 JDBC 驅動程式路徑。

Step 2. 建立連線，所須要的資訊包括：
- 資料庫伺服器的位址以及埠號（例如：jdbc:sqlserver://192.168.1.100:1433）
- 資料庫名稱（例如：CH01 範例資料庫）
- 登入帳號（例如："sa"）
- 認證密碼（例如："111"）

Step 3. 建立 SQL 敘述物件。

Step 4. 執行 SQL 敘述，並將資料庫伺服器回傳的資料，存入 Java 的『結果集』（rs）。

```
1. Class.forName("com.microsoft.sqlserver.jdbc.SQLServerDriver" );

2. conn=DriverManager.getConnection("jdbc:sqlserver://192.168.1.100:1433 ;
                        databaseName=CH01範例資料庫", "sa","111");

3. sqlStatement= conn.createStatement();

4. rs=sqlStatement.executeQuery("select * from 員工 WHERE 職稱='業務'");
```
SQL敘述

若將以上的程式碼轉換成圖解方式，約略可以對應成 (1) 載入 JDBC 驅動程式，(2) 建立一條客戶端與資料庫伺服器兩者之間的連線通道，(3) 透過已建立的連線通道執行一個或數個 SQL 敘述，(4) 將執行 SQL 敘述後的結果存入應用程式（Java）中的結果集（rs）。

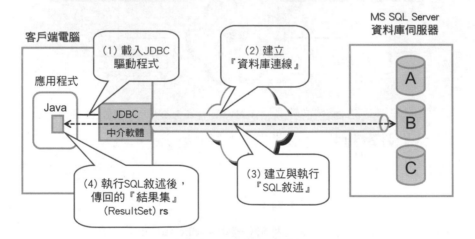

三層式架構的連線

其實主 / 從式架構的連線方式與三層式架構的連線方式大同小異，只是原本位於客戶端電腦的應用程式獨立於應用伺服器中執行，且所採用的程式語言也有所不同。在應用伺服器可以用來開發程式的語言包括：ASP.NET、JSP、PHP、…等等的網頁程式語言。從以下的圖示可以了解三層式架構，除了開發的程式語言不同之外，幾乎與主 / 從式架構相同。

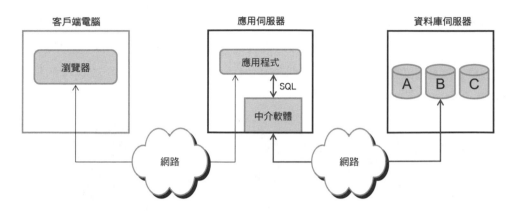

　　以下採用 PHP 程式語言，並且採用 ODBC 當中介軟體與 SQL Server 連線，簡單可以區分為四個基本步驟，分別說明入下：

Step 1. 必須先行設定 ODBC，設定時必須輸入以下資訊：

- 資料來源名稱（例如：dsn_mssql）
- 資料庫伺服器位址
- 資料庫名稱
- 登入的帳號
- 認證的密碼

Step 2. 使用前面建立的『資料來源名稱』（dsn_mssql）進行連線，並且再給定一次登入的帳號與密碼。

Step 3. 與 **Step 4.** 執行 SQL 敘述，並將資料庫伺服器回傳的資料，存入 PHP 中的結果集（$rs）。

　　　1.　設定ODBC, 指定伺服器位址與資料庫名稱, 並命名dsn為dsn="dsn_mssql"

　　　2.　$conn=odbc_connect("dsn_mssql","sa","111");

　　　3, 4. $rs=odbc_exec($conn, "SELECT * FROM 員工;");

　　　　　　　　　　　　　　　　　　SQL敘述

若將以上的程式碼轉換成圖解方式，約略可以對應成（1）載入 ODBC 驅動程式，（2）利用『資料來源名稱』建立一條客戶端與資料庫伺服器兩者之間的連線通道，（3）透過已建立的連線通道執行一個或數個 SQL 敘述，（4）將執行 SQL 敘述後的結果存入應用程式（PHP）中的結果集（$rs）。

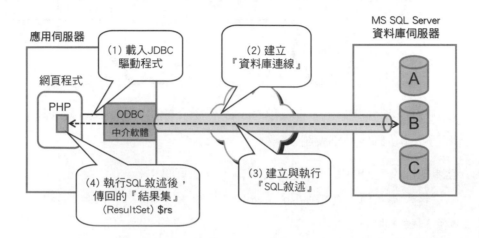

從以上的兩種架構範例中，可以很清楚了解到一般的程式語言，如何向遠端的資料庫伺服器存取資料。簡而言之，就是利用中介軟體來建立一條與遠端的資料庫管理系統連線，再利用這條連線，透過內嵌於程式語言內的『結構化查詢語言』（SQL）與資料庫管理系統來進行存取。

1-6 資料庫系統的人員相關角色

一個應用程式的專案開發，基本上可以分為四個階段，規劃階段（plan phase）、分析階段（analysis phase）、設計階段（design phase）以及實作階段（implementation phase）。其中與資料庫系統會有互動的相關人員，包括資料庫管理師（Database Administrator，簡稱 DBA）、資料庫設計師（Database Designer）、系統分析師（System Analyst，簡稱 SA）、程式設計師（Programmer）以及終端使用者（End Users），分別略述如下：

- **資料庫管理師（Database Administrator，簡稱 DBA）**：負責維護整體的資料庫管理系統的正常運作，包括資料庫的安全管理、授權管理、效能調整管理、資料庫的備份 / 還原…等等的工作。

- **資料庫設計師（Database Designers）**：資料庫設計師必須瞭解使用者的需求，有那些資料是要儲存於資料庫之中，找出其間的關係，將其資料庫的結構設計並建立，以提供日後使用者存取資料使用。

- **系統分析師（System Analyst，簡稱 SA）**：系統分析師所扮演的角色，主要在於專案開發的過程中的分析階段，本身應該具備資訊技術，並透過對企業的終端使用者來進行訪談、問卷調查及觀察來進行瞭解企業的需求分析，而終端使用者的選擇，必須是由最基層的資料操作人員至高階的決策主管都必須進行訪談，並依此需求來建立程式規格書，交由程式設計師（Programmers）來將其程式設計出來。

- **程式設計師（Programmers）**：程式設計師的主要工作是依系統分析師所列出的程式規格，將程式實作出來，和進行不同的程式測試，並將文件化的工作。

- **終端使用者（End Users）**：終端使用者可依對資訊科技瞭解程度來區分，一種為非資訊人員，僅能透過程式設計人員所設計的固定應用程式來進行資料的存取動作，對於這些資料的存取會受該應用程式的限制，也是一成不變的固定操作交易（Canned Transaction），對資料處理而言不會有太多太複雜的變化；另一種為熟悉資料庫系統的人員，可以自己透過資料庫管理系統來對資料的存取，並且依據不同需求來對資料進行存取和分析，可快速的因應企業快速變動的需要。

本章習題

1. 試說明資料庫系統的四種基本架構為何？

2. 何謂中介軟體？

3. JDBC(Java Database Connectivity) 主要可分為哪四種型態？

4. 微軟公司的 SQL SERVER 所使用的 SQL 稱為什麼？甲骨文公司的 ORACLE 使用的 SQL 又稱為什麼？

5. 試列舉資料庫系統的相關人員有哪五種？

CHAPTER 2

資料模型

　　『塑模』（Modeling）和『模型』（Model）是什麼呢？就像建築公司要賣房子之前，通常會在房子尚未開工前，先塑造一個依某個比率縮小的模型來提供客戶在『概念上』的參考並介紹；但也有些會依 1:1 的比例建造一個樣品屋，一切如同真正房屋一般的『實體上』的參考；客戶便可藉由此模型和房屋銷售人員的介紹和溝通，很容易瞭解預售屋的實際情形，來決定是否為自己所喜愛的格局建物，如此可降低在直接購買之後，才發現其格局並非自己所喜歡之格局的風險。在塑造模型的過程我們稱之為『塑模』（Modeling），而塑模後的東西就是『模型』（Model）。

2-1　塑模（Modeling）與模型（Model）

　　目前較為通用的模型大致可分為三種模型，第一種是『處理為主』（Process Driven）的模型，例如較早期所使用的『資料流程圖』（Data Flow Diagram，簡稱 DFD）；第二種是以『資料為主』（Data Driven）的模型，此種模型主要是以資料為主要考量方向的『實體關聯圖』（Entity Relationship Diagram，簡稱 ERD），大部份是使用在資料庫的設計使用；第三種是以『物件導向』為主的模型（Object Oriented），此模型的代表則為『統一塑模語言』（Unified Modeling Language，簡稱 UML）。這三種模型所要代表和展現出來的意義皆有所不同，也就是所要描述的構面和目的會有所不同。由於本書是介紹資料庫的設計，所以以下僅針對『實體關聯圖』進行介紹。

2-2　實體關聯圖（Entity Relationship Diagram）

　　『實體關聯圖』（Entity Relationship Diagram）主要是以『資料』為主要考量方向的實體關聯模型，以及找出資料彼此之間的靜態『關係』（Relationship），例如學生與課程之間會產生一種『選修』的關係；一位學生通常可選修多門課程；相反地，一門課程又可以被多位學生選修，此種『關係』又產生數量上所謂的『基數』（Cardinality）關係，而『基數』關係一般可分為以下四種：

1：1　　：一對一關係

1：N　　：一對多關係

M：1　　：多對一關係

M：N　　：多對多關係

下圖範例中，表示出『學生』和『課程』之間的『選修』關係，圖中用 N 來表示出一位學生可以選多門課程；用 M 表示出一門課程可以被多位學生選修。而此表示為 M：N，此處的 M 與 N 都表示多的意思，即為多位學生對多門課程之意。而此處的學生和課程皆表示為一個實體（Entity），而『選修』則為此兩者之間的『關係』（Relationship）。

▶ 學生選課之資料模型

在資料庫管理系統當中，資料庫設計是相當重要的一環，倘若設計不當，或是在設計過程，無法很忠實地將客戶的需求記錄，並表達出來，最後所設計出來的資料庫系統，絕對會是一個失敗的專案，更會導致企業流程混亂而無所適從，甚至產生出錯誤的資訊，造成企業決策者的誤判，更別說要利用資料庫系統來提升企業競爭力或改善企業流程。

2-3 資料的抽象化（Data Abstraction）

介紹『塑模方法』（Modeling）之前，我們必須先介紹何謂『抽象化』（Abstraction），或稱為『一般化』（Generalization）的概念和定義。

【定義 1】

『抽象化』（Abstraction）或『一般化』（Generalization）

◆ 將不同事物之共同特性歸納或抽離出來，並整理成另一個事物或一個概念的過程，
稱之為『抽象化』（Abstract）或『一般化』（Generalize）。反之，則稱之為『具體化』
（Specialize）。

在我們的日常生活，或是在企業營運當中，透過抽象化的過程，將所有相類似的
事物，抽離出彼此之間共同的屬性，重新形成一個群組或概念是很重要的，這也就是一
種『標準』的形成。所以如何有效地利用『塑模方式』（Modeling），將所有的資料抽象
化，再形成一個模型（Model）呢？建立此模型的主要目的，不僅讓我們將真實世界中
的情形，更容易且忠實地表達或描繪出來，更可以透過此模型和不同的人員，當成一個
彼此溝通的橋樑。也讓系統分析人員能更瞭解真實世界或企業的處理流程，亦可讓系統
開發人員能更具體地且正確地將應用程式實作出來，期待能符合企業需要的系統。

例如我們在公司上班時，整個公司的組織架構中，從上到下會有許多不同職務主管
和員工，例如員工代號 581，名字為 Candy 住 Tainan；員工代號 854，名字為 Andy 住
Taipei；員工代號 542，名字為 Jacky 住 Taipei。我們可以稱此三名員工為三個獨立或特
定的『實體』（Entity），並且從中可發現每一個實體都有『員工代號』、『名字』和『住
址』，所以我們將此共同的屬性抽離出來，這就是所謂的抽象化過程，如圖所示，抽象
後所形成的『實體型態』（Entity Type），我們將之表示成：

員工（員工代號，姓名，住址）

在以上的表示方式當中，可以將『員工』稱之為『實體型態名稱』（Entity Type
Name）、『員工代號』、『姓名』及『住址』為實體型態『員工』的『屬性』（Attribute），
Candy、Andy 及 Jacky 則為『姓名』屬性的『屬性值』（Attribute Value）。

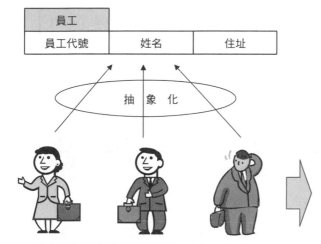

▶ 資料的抽象化

2-4　資料模型的重要性

　　真實的世界中，處處都充滿了很多的資料，例如客戶的姓名、行動電話，每一家供應商具有哪些的貨品、貨品的單價、貨品的規格，…等等。雖然我們有心想要全部都記錄下來，但要如何才能有效率的一一記錄，並且在資料之間建立彼此之間的『關係』（Relationship），不致『資料重複性』（Data Redundancy）過高。例如，記錄一家公司的訂單資料，或許會設計成下圖方式來存取資料，但我們可以從中發現到訂單編號為00001 的共有三筆資料，此時的訂購日期、客戶、地址皆重複地輸入，倘若有一筆打錯資料，如圖中的陳如"鷹"或是陳如"鶯"呢？這將會造成資料的混淆，並且資料重複性太高。

訂單資料	訂單編號	訂購日期	客戶	地址	產品	數量	單價
	00001	2006/01/12	陳如鷹	台北	紅茶	90	8
	00001	2006/01/12	陳如鷹	台北	綠茶	120	7
	00001	2006/01/12	陳如鶯	台北	咖啡	105	15
	00002	2006/02/11	蔡育倫	嘉義	咖啡	160	14
	00002	2006/02/11	蔡育倫	嘉義	紅茶	120	8

▶ 不當的資料設計

　　將以上的資料表重新設計，從單一個『訂單資料』的資料表資料，切割成為兩個資料表（分別為『訂單』與『訂單明細』）。從『訂單』資料表中，可以很清楚看出，去除了重複的資料（包括訂購日期、客戶、地址）；而原本在『訂單』的產品相關資料，改由另一個『訂單明細』資料表來儲存。當資料在輸入時，便可以節省很多時間於重複輸入相同的資料，以及造成無心的錯誤。倘若要查詢訂單編號為 00001 的產品資料，可從下圖的『訂單』、『訂單明細』兩個資料表的『訂單編號』當成一個『關係』（Relationship），來查得『訂單明細』中的三筆資料。

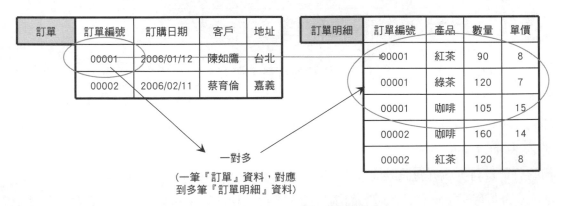

一對多

（一筆『訂單』資料，對應
到多筆『訂單明細』資料）

▶ 改變後的資料（a）切割後的資料表

　　從上圖中顯示出，『訂單』的一筆資料會對應到多筆的『訂單明細』資料；這樣的概念，如同在現實生活中的訂單表單，如下圖所示，在設計上必會將單一的資料寫在上方，如圖中的『訂單編號』、『訂購日期』、『客戶』和『地址』；多筆的資料會設計在表單中的下方，如圖中的『產品』、『數量』和『單價』。所以如何將繁雜的資料整理後，並規劃出好的資料庫儲存方式是很重要的，簡單地說，就是資料模型的重要性。

▶ 改變後的資料（b）訂單之表單

　　雖然在此例子之中，彷彿已經解決掉了資料的重複性，也就是降低了資料重複輸入以及避免資料不一致性的問題，但是卻衍生出另一個問題，也就是在使用者欲查詢相關的訂單明細資料時，必須先查得『訂單』資料表，再『訂單明細』資料表查詢相關的資料，如此對於『查詢』反而造成了困擾和麻煩。此一問題將留至後面章節的『合併』（Join）理論再介紹。

2-5　概念實體關聯模型基本認識

　　在資料庫系統中資料模型的表示方式，大致可分為兩種，一種為『概念資料模型』（Conceptual Data Model）或稱為『高階資料模型』（High Level Data Model），另一種為『實體資料模型』（Physical Data Model）或稱為『低階資料模型』（Low Level Data Model）。

　　『概念資料模型』或『高階資料模型』，比較適合一般非電腦專業人員所使用，也就成為非電腦專家（通常稱為一般資料庫使用者）與電腦專家（通常為系統分析師）之間溝通的共同語言或模型。其主要目的在於讓系統分析師（System Analyst）能從企業客戶身上獲得相關的企業資訊，並藉由繪製概念資料模型，來達到與企業客戶的溝通與確認；此模型的主要目的在於描述出企業中，每一個實體（Entity）與實體之間的關係，並不著重於實作（Implementation）層面。顧名思義，此模型亦稱為『高階資料模型』，也就是容易讓企業客戶容易且清楚瞭解所表示的語意，以免在彼此溝通之中，會錯意或資訊傳達錯誤，而造成系統完成後的不可用性。

　　相對地，在完成且確認概念資料模型無誤之後，系統分析師所面對的又將會是一群實作為主要工作的程式設計人員，而此模型並不適合程式設計人員進行程式設計所使用，所以必須將此概念資料模型轉為『實體資料模型』，提供給程式設計人員來實作；所以此模型的主要目的，除了能展現出每一個『實體』（Entity）與『實體』之間的『關係』（Relationship）之外，更必須要能展現出實體之間的實作方式。所以整體的概念轉換如下圖所示。

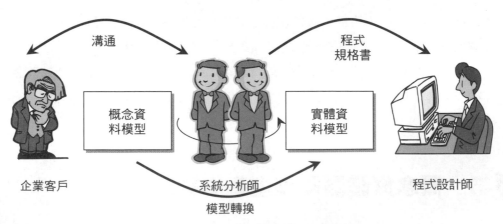

▶ 概念資料模型與實體資料模型的轉換關係

實體、實體集合、屬性與屬性值

　　顧名思義，『實體』就是實實在在的物體，此物體在真實世界中，代表著獨立、具體且特定的人、事、時、地、物或只是一個概念上的任何事物。例如在某家公司上班的五位員工，在這五位員工當中，每一位員工都算是一個獨立、具體的實體，如圖所示，我們可將五位員工的資訊表示成如下：

員工（8210171，胡琪偉，33，1963/8/12，{94010301、94010601}，220 台北縣板橋市中山路一段 ）

員工（8307021，吳志梁，35，1960/5/19，94010701，Null ）

員工（8308271，林美滿，38，1958/2/9，{94010105、94010201、94010302、94010303、94010702}，104 台北市中山區 一江街 ）

員工（8311051， 劉 嘉 雯，28，{1968/2/7，94010101、94010106、94010808}，111 台北市士林區福志路 ）

員工（ 8312261，張懷甫，27，1969/1/2，Null，220 台北縣板橋市五權街 32 巷 ）

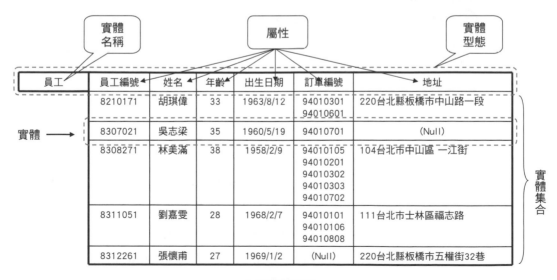

▶ 實體與屬性

這五位員工皆稱為『實體』，而此五位員工所形成的集合即稱為『實體集合』；而學校、課程、部門雖然不是具體存在的物體，但在概念上亦可算是一種事物，故也稱之為『實體』；所以我們將整理並定義如下。

【定義 2】

『實體』（Entity）

◆ 在真實世界中，『實體』（Entity）代表著一個獨立、具體且特定的人、事、時、地、物或是一個概念上的事物。

【定義 3】

『實體集合』（Entity Set）

◆ 具有相同『屬性』（Attributes）的『實體』所構成的集合，稱為『實體集合』（Entity Set）。

在我們的生活周遭，一定會有很多相似的實體，我們該如何來描述這些實體呢？例如某一位員工，為了要來描述此位員工，我們必須先定義出此位員工的描述項目。例如員工編號、姓名、年齡、出生日期、訂單編號、地址等等的資料項目，我們便可稱這些項目為員工的『屬性』，所以我們將屬性定義如下。

【定義 4】

『屬性』（Attribute）與『屬性值』（Attribute Value）

◆『屬性』（Attribute）就是用來定義或描述實體特性的一個表示項目；而每一個屬性都至少會具有一個或一個以上的值，稱為『屬性值』（Attribute Value）。

依據不同屬性的特性和特質，劃分出幾種不同類型的屬性，包括『鍵值屬性』（Key Attribute）、『單值屬性』與『多值屬性』（Single-Valued & Multi-Valued Attribute）、『單元型屬性』與『複合型屬性』（Atomic Attribute & Composite Attribute）及『儲存型屬性』與『衍生型屬性』（Stored Attribute & Derived Attribute）以及一個特殊的屬性值，稱為『空值』（Null Value）。

■ 『鍵值屬性』（Key Attribute）

在一個實體集合當中，不會希望一個實體出現兩次或兩次以上；也就是說，造成資料的重複。例如在上圖中的實體集合中，如果員工（8210171，胡琪偉，33，1963/8/12，{94010301，94010601}，220 台北縣板橋市中山路一段），同時出現兩次的話，表示資料重複，對於我們的紀錄而言，不但沒有幫助，反而會造成額外的錯誤或困擾。

所以在一個實體集合中，識別每一個實體的唯一性是非常重要的。對每一個實體而言，就必須付予一個能唯一識別該實體的屬性，此屬性便稱之為『鍵值屬性』（Key Attribute）。換言之，『鍵值屬性』是能夠唯一識別該紀錄的屬性，所以只要是屬於『鍵值屬性』，就不允許有『重複值』的存在，也不允許有『空值』（Null Value）的情形。

■ 『單值屬性』（Single-Valued Attribute）與『多值屬性』（Multi-Valued Attribute）

在某些情形下，一個實體集合中，會有一個或多個實體，在某項屬性會同時具有多個屬性值。例如在上圖中的員工 "胡琪偉"，承接了兩筆訂單，訂單編號分別為 94010301、94010601；也就是說一位『員工』具有多筆『訂單』資料。此時的『訂單編號』屬性即屬於『多值屬性』（Multi-Valued Attribute），並以大括弧 {} 來表示成 {94010301，94010601}。也就是說，只要在一個實體集合中，有一個或多個實體的某項屬性具有此種特性時，該屬性便稱為『多值屬性』。反之，倘若該屬性最多只會有一個值或是空值，皆稱為『單值屬性』（Single-Valued Attribute）。

■ 『單元型屬性』（Atomic Attribute）與『複合型屬性』（Composite Attribute）

如果一個屬性不能再被切割成更小的屬性，則稱之為『單元型屬性』；反之，若是一個屬性可以再被切割成更小不同屬性的組合，便稱之為『複合型屬性』。例如『地址』屬性，一個地址可分為區域號碼、縣市、街道等等；而街道或許可以再分為路名、段、巷、弄、號、樓⋯等等，此種屬性稱之為『複合型屬性』。

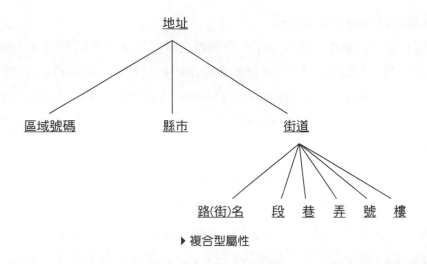

▶ 複合型屬性

■ 『**儲存型屬性**』（**Stored Attribute**）與『**衍生型屬性**』（**Derived Attribute**）

顧名思義，『儲存型屬性』就是該屬性的值必須被儲存下來；反之，『衍生型屬性』則是由儲存型屬性、或是透過其他資料計算或推導出來的值。例如『年齡』，可藉由『目前日期』以及『出生日期』計算得之。對於『衍生型屬性』的屬性值是否不被儲存於儲存體或資料庫，可視必要性來決定。例如『年齡』可快速地由出生日期算出，儲存只會造成資料的不正確性；因此『年齡』屬性建議不儲存於資料庫中；反之，如果要得出一個衍生屬性值，必須經過長時間的計算時，而此『衍生型屬性』又是經常被存取，則會被建議直接儲存於資料庫中，以方便存取。

■ 空值（**Null Value**）

『空值』的意義就是該屬性不具有任何的屬性值；但『空值』不等同於長度為零的『空字串』或是空白。會造成某些屬性不具有任何屬性值的原因，通常可歸納出以下兩種情形：

1. 『**不適用**』（**Not Applicable**）：在一個資料表中要記錄所有的實體，此時，總會發生有些屬性不適合某些實體使用。例如在一個『學生』資料表，其中有一個『屬性』為『兵役情形』，但由於女性學生並沒有服兵役的義務，所以只要是女性學生，該『屬性』的『屬性值』就會是『空值』（Null Value）。

2. 『未知』（Unknown）：未知的情形可以再分為兩種情形來說明：

   □ 該屬性值是**存在**的，但由於某種情形，尚無法得知該實體的屬性值。例如當學校的新生剛入學時，在填寫個人基本資料表時遺漏某些欄位，卻沒有將個人的身份證字號或通訊地址填入，但這些屬性值確實是存在的，只是校方尚無法從學生基本資料表中得知。

   □ 該屬性值**不知是否存在**的情形下，也會暫將該屬性保持『空值』。例如在前例中，如果學生是手機號碼遺漏而未填入表格中，由於手機並非每個人必定會擁有的東西，所以有些學生真的沒有手機，亦有可能是忘了填寫，在此種不確定是否存在的屬性值亦會保留其屬性值為『空值』。

該特別注意的，『空值』（Null Value）不等同於一般的空字串（Empty Character String）、空白字元、零或其他的任何數值，所以在處理『空值』時必須要特別注意，以免產生不可預期的錯誤。

實體型態（Entity Type）

在一群的實體之中，可能會有相近或類似的實體，我們可以透過歸納（也就是透過前述的資料『抽象化』或『一般化』的概念）的方式，將這些特定的實體做分類，再組合成一個所謂的『實體型態』（Entity Type）。例如有一群的老師，而每個人的屬性都大同小異，我們可以將他們共同的屬性集合成一個稱為『老師』的實體型態；倘若在學校的職員的屬性也都很相似，可另外形成一個稱為『職員』的實體型態，並將實體型態表示成以下方式：

老師（老師代號，姓名，聯絡地址，聯絡電話，科系，專長）

職員（職員代號，姓名，聯絡地址，聯絡電話，單位）

以上的兩個實體型態在相較之後，或許會被認為同質性相當高，所以可以再利用前述的抽象概念，將兩者更一般化來處理，形成一個稱為『員工』的實體型態，另外產生一個『身份』的屬性來區分兩者之間的差異，如下：

員工（員工代號，姓名，聯絡地址，聯絡電話，部門，專長，身份）

所以我們將『實體型態』定義如下：

【定義 5】

『實體型態』（Entity Type）

◆ 將數個性質相近的實體，彙整出共同的屬性及實體名稱，此稱為『實體型態』（Entity Type）。

2-6　概念實體關聯模型及構成要素

在概念實體關聯圖中，可以將所有構成的基本要素分為五類，一為實體本身，包括不同類型的『實體型態』和不同種類的『屬性』兩部份；一為實體之間的『關係』，包括兩個實體之間的『關係』（Relationship），以及兩個實體之間的數量比例，稱為『基數』（Cardinality）關係，和『參與性』（Participation）的關係，並將說明如下。

實體型態

『實體型態』可以依據『鍵值屬性』的存在與否，以及該實體是否具有獨立存在性，再分為兩種，一為『強實體型態』（Strong Entity Type），另一種為『弱實體型態』（Weak Entity Type）。分別定義如下：

【定義 6】

『強實體型態』（Strong Entity Type）

◆ 具有『鍵值屬性』的實體，或是可以獨立存在，不需要依附在其他實體的實體，稱之為『強實體型態』（Strong Entity Type）或簡稱『實體』。

　　『強實體型態』，例如學生，可以獨立存在，並且會有學生學號為鍵值屬性，所以此實體型態為『強實體型態』，表現方式會以方形來表示，中間為該實體型態的名稱，如下：

名稱

▶ 實體表示法

【定義 7】
『弱實體型態』（Weak Entity Type）
◆ 不具有鍵值屬性的實體，或是無法獨立存在的實體，必須依附在其他實體才能存在的，稱之為『弱實體型態』（Weak Entity Type）。

　　『弱實體型態』，例如學生的監護人，如果沒有學生的存在，該監護人是無法獨立存在的，並且該實體沒有鍵值可用來識別，此種實體稱之為『弱實體型態』，而弱實體型態，表現方式會以兩個同心方形來表示，中間為弱實體型態的名稱，如下：

名稱

▶ 弱實體表示法

關係與識別關係

　　兩個實體之間一定會具有一個『關係』，『關係』代表兩個實體之間具有某種的互動。例如學生『選修』課程，說明了學生實體與課程之間為『選修』關係。通常會表示成菱形，內部標示此關係的名稱，如圖所示。

▶ 關係

『弱實體型態』，除了沒有『鍵值屬性』之外，也必須依附在另一個『強實體型態』而存在。所以在兩個實體之間的關係，有可能兩者皆為『強實體型態』，也有可能其中一個是『弱實體型態』，但絕不可能兩邊同時為『弱實體型態』。當其中一個是『弱實體型態』時，由於沒有『鍵值屬性』，所以必須透過『識別關係』來做為『弱實體』的識別。換言之，必須與另一『強實體型態』產生『關係』之後，方能有『識別屬性』的產生，來識別實體。

▶ 識別關係

屬性

在屬性的部份可再分為一般的『屬性』（Attribute）、『衍生型屬性』（Derived Attribute）、『鍵值屬性』（Key Attribute）、『多值屬性』（Multi-Valued Attribute）和『複合型屬性』（Composite Attribute）五種，分別表示成不同的形式。

通常『屬性』是附加在實體之上，所以都會在實體上加上一條線，以及一個小橢圓形表示，如下圖所示。若是有多個屬性，則會有多個橢圓形來表示。不過在此必須特別強調說明，屬性的產生並非一定在屬性之上，亦可發生於『關係』（Relationship）之上；也就是說，當此『關係』有必要記錄某些資訊，而非僅僅在於概念的『關係』時，就會有『屬性』的存在。例如員工與部門之間的『管理』關係，此『關係』必須記錄員工與部門之間的管理起、迄時間，則在此『關係』上便會多出兩個『屬性』，分別為『起日期』與『迄日期』。又如學生與課程之間的『選修』關係，必須記錄下選修的學年期和成績，則此『關係』會有兩個屬性，『學年期』與『成績』。

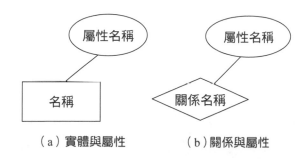

（a）實體與屬性　　　　（b）關係與屬性

　　『衍生型屬性』就如前述的，是由儲存型屬性或其他輸入資料計算或推算出來的結果。不過，該屬性是由企業需求所必要的，雖然可以不必實際儲存，但仍必須標示出來，這也就是忠實記錄使用者的需求，以提供將來在系統開發時，會瞭解此屬性的必要性，而一般的表示方式如下圖所示，使用虛線的橢圓形，內部標示該衍生屬性的名稱。

▶ 衍生屬性與實體

　　『強實體型態』都會有一個『鍵值屬性』來做唯一識別實體，表示方式如同一般屬性一樣都是使用橢圓形，內部則為該鍵值屬性名稱，以及在鍵值屬性名稱下方加上底線，方便與一般的屬性區別，如下圖。

▶ 鍵值屬性與實體

　　『多值屬性』代表該屬性可能沒有任何的屬性值，或同時擁有多個屬性值的可能性；也就是說，實體中的屬性只要會有可能發生此種情形，就必須標示為『多值屬性』；有些屬性是可以很容易辨識出來，但有些屬性則會模糊無法判定，一旦有此情形的產生，將會以使用者的需求來當評估依據。例如學生的電話，此屬性將會是一個模糊的屬性，就應該由使用者來評估和決定，如果使用者僅需要記錄一個電話，則此屬性應該被認定為『單值屬性』。反之，則為『多值屬性』，『多值屬性』表示方式則以兩個同心橢圓形來表示，內部標示出『多值屬性』的名稱，如圖所示。

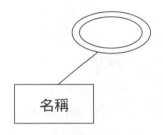

▶ 多值屬性與實體

　　顧名思義，『複合型屬性』是由多個屬性所組成的屬性。如同多值屬性一般，有可能造成模糊的情形，例如以學生的姓名和地址而言，姓名可分為姓和名，地址可分為區域號碼、縣市、街道，依此種的分類，可能會造成相當多的屬性皆為複合屬性，所以在判定上，依然會以使用者需求來判斷，例如使用者會不會經常性地查詢姓氏，或常會有某種需求的統計，此時便可將姓名視為複合屬性。相對地，地址亦然，而此種屬性的表示會以下圖方式表達之。

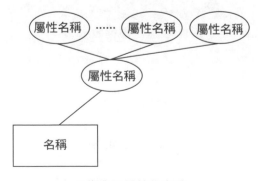

▶ 複合型屬性與實體

基數關係

『基數』（Cardinality）關係所代表的是兩個實體 E1 與 E2 的比率關係，E1 和 E2 之間的比率關係，通常可分為下列四種情形：

1：1 ：一對一關係，表示兩實體之間是一個對應一個。

1：N ：一對多關係，表示一個左邊實體會對應到多個右邊實體。

M：1 ：多對一關係，表示多個左邊實體會對應到一個右邊實體。

M：N ：多對多關係，表示多個左邊實體會對應到多個右邊實體。

通常會在『關係』的左右兩邊標示基數比率，如圖所示，所代表的是一個實體 E1 會對應到多個實體 E2。

▶ 基數關係

參與關係

『參與關係』（Participation）可分為『部份參與』和『全部參與』兩種。實體型態之間，有部份的實體會參與此關係，有些並不參與，此種關係就稱為『部份參與』。例如『學生』與『監護人』之間的關係，僅有未成年的學生才必須有監護人；反之，成年之學生並不需要有監護人，所以在學生這邊的參與關係為『部份參與』關係，以一條直線表示之。但是，監護人一定會對應到學生，所以監護人這邊的參與關係為『全部參與』關係，以兩條直線表示之。如圖所示，表示 E1 為部份參與關係，E2 為全部參與關係。

▶ 部份參與和全部參與關係

　　學校的選課系統，每一門課程會因成本考量，會將學生選修人數做一最低人數方才開班的限制，以及受教室容量的大小限制，而限制學生選修的人數上限，此種即為『參與數的限制』關係，而此種關係並不一定同時發生在雙方實體，所以會在被限制的一端標示 {min,max} 的上、下限符號，如圖所示。

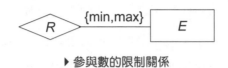

▶ 參與數的限制關係

　　彙整以上所有元素，如表 2-1 所示，即為所有在概念實體關聯圖中的所有元素集合，以及簡略的說明。

表 2-1　實體關聯圖的基本要素說明

序號	基本圖示	名　稱	說　明
1	名稱	實體型態（Entity Type）	代表真實世界中，具體的人、事、時、地、物或是一個概念。例如員工或公司。
2	名稱	弱實體型態（Weak Entity Type）	弱實體的存在，一定會相依於實體而存在。例如在公司員工的家屬，沒有員工的存在，就不會有家屬的存在。
3		屬性（Attribute）	代表每一個實體型態所擁有的屬性。
4		衍生型屬性（Derived Attribute）	其值是經過計算出的屬性。例如員工的年齡，可透過出生日期屬性值計算出。
5		鍵值屬性（Key Attribute）	代表此屬性為該實體型態的唯一識別之鍵值。

序號	基本圖示	名　稱	說　明
6	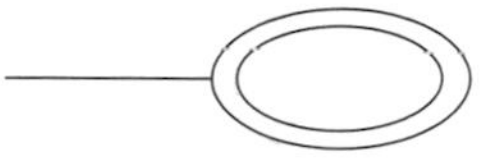	多值屬性 （Multi-Valued Attribute）	代表此屬性在該實體型態中，具有多重的值。例如一個員工同時有多個電話，此電話屬性即為多值屬性。
7	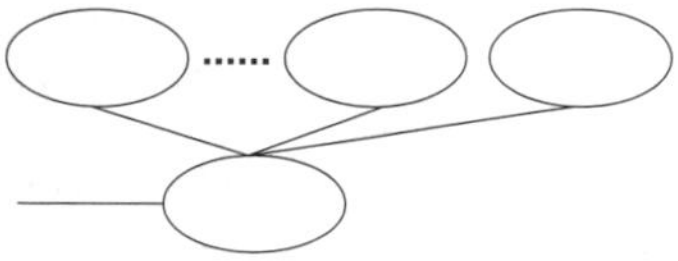	複合屬性 （Composite Attribute）	複合屬性是由多個單一屬性所組合合成，例如地址屬性可由縣市、路名、…等等所組成。
8	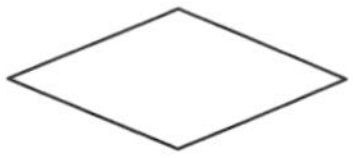	關係 （Relationship）	代表兩實體型態之間的互動關係。例如員工與專案之間是"負責關係"。
9	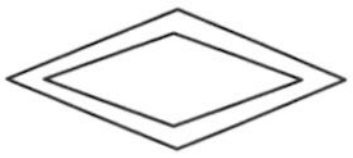	識別關係 （Identifying Relationship）	代表實體與弱實體之間的識別關係。
10	 E_1 —1— R —N— E_2	基數 （Cardinality）	基數是代表兩實體型態 E1 和 E2 之間的比率關係。例如一位員工（E1）負責 ®N 個專案（E2）。
11	 E_1 — R = E_2	全部參與 （Total Participation）	代表實體型態 E2 內所有的實體皆必須具有和 E1 有 R 的關係存在。
12	 R —{min,max}— E	參與數的限制 （Constraint of Participation）	實體型態與關聯型態之間的比率關係。例如學生的實體型態與選課的關聯型態之間的比率關係。

2-7 概念實體關聯模型的範例說明

在此節中，將以一個實際範例來說明如何依據使用者的需求來建立和表達出一個概念實體關聯模型，並且如何來解讀所繪製出來的模型。在此，以學校的學生管理系統來做一闡述範例，假設使用者有以下幾項的需求產生。

(1) 一位學生（學號，姓名，地址，電話，生日，年齡），可能會有多個電話號碼，以及會有監護人（姓名，關係，地址），但不是每一位學生都必須有監護人，可視學生年齡是否已經成年，以及可能會有一到多位監護人。

(2) 學生必須歸屬在某一個科系（科系代號，科系名稱，位置），也可以同時申請輔系或雙學位，也就是主副修關係。

(3) 每一個科系僅會有一個學生代表，參與該科系的科系會議，並且不需要將歷年的學生代表記錄，只要記錄目前的學生代表即可。

(4) 每位學生可以自由選修課程（課程代號，必選修別，學分數，課程名稱），但學生的選修結果必須記錄該名學生選修的成績與學年學期。

(5) 每一門課程必須限制學生的修課人數，最少必須達到五人，最高不得高於五十人選修該課程。

(6) 課程之間有可能檔修情形，也就是說，有些課程必須要先修過某些基礎課程之後，方可選修該門課程；而某一個課程也有可能會擋其他多個不同課程的情形，一個課程只會有一個先修課程。

(7) 每科系可以開出很多不同的課程讓學生來選修；但每一科系所開出的課程，雖然課程名稱有可能在不同科系之間會有相同的情形，但視為不同課程；換句話說，一個課程只會有一個科系開出，不會有多個科系開出完全相同的一門課程。

(8) 所有課程都必須教師（教師代號，姓名）授課，而且每一門課程僅會有一位教師授課；每位教師可以不授課，也可以同時授課多門課程。

現在，依據以上的需求，將逐一的將使用者需求轉換成『概念實體關聯模型』（Conceptual ERD）。

第一項需求的解析

『一位學生（學號，姓名，地址，電話，生日，年齡），可能會有多個電話號碼，以及會有監護人（姓名，關係，地址），但不是每一位學生都必須有監護人，可視學生年齡是否已經成年，以及可能會有一到多位監護人。』

上述這句話中，可以很清楚知道有兩個實體的存在，分別為『學生』和『監護人』兩個實體。個別的屬性分別為，『學生』具有學號、姓名、地址、電話、生日和年齡。在這些的屬性當中，必須找出一個能唯一識別的屬性，可以明顯看出學號將會是學生實體的『鍵值屬性』，而年齡亦可由生日來導衍出來，所以年齡屬性是一個『衍生型屬性』（Derived Attribute），而地址可以再切割成不同的屬性，所以會是一個『複合屬性』（Composite Attribute），而電話會成為『多值屬性』（Multi-Valued Attribute）是因為來自於需求中的要求。

在『監護人』的實體部份，具有姓名、以及和學生之間的關係、和地址三個屬性，由於此實體會是一個完全相依於學生實體，所以它將會是一個『弱實體型態』，也就是並沒有鍵值屬性的實體。

在『關係』的部份，這兩個實體之間具有的『監護』關係，也就是學生的監護人，這兩者之間的關係名稱。

『不是每一位學生都必須有監護人，可視學生年齡是否已經成年，以及可能會有一到多位監護人』

在上述這句話中，明顯的突顯出『參與』關係和『基數』關係。這句話 "因為不是每位學生都必須有監護人" 中可說明，學生實體在此關係中是『部份參與』關係，而由於監護人是弱實體，所以必須是『全部參與』關係。這句話 "可能會有一到多位監護人" 中，也說明了基數關係是一對多的關係，所以以第一項的需求，可繪製出下圖的模型。

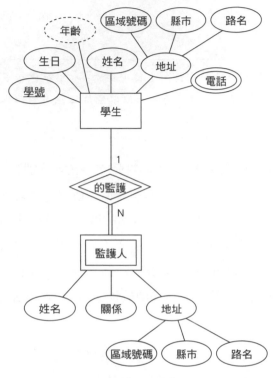

▶ 第一項需求之概念 ERD

第二項需求的解析 ▪▪

『學生必須歸屬在某一個科系（科系代號，科系名稱，位置），也可以同時申請輔系或雙學位，也就是主副修關係。』

　　在上述的需求中，有一個『科系』的實體產生，並且具有三個屬性，分別為科系代號、科系名稱以及科系的位置，其中科系代號為鍵值屬性。而彼此之間的關係是『主副修』關係，以及從需求中，可以瞭解到，所有學生都應該歸屬至少一個科系或多個科系（輔系或雙學位），所以是『全部參與』關係，以及 1:N 的基數關係。反之，在正常情形下每一個科系皆必須要有學生方能成立科系，這是很自然的條件，並不需要從需求之中明白的提供，所以也是『全部參與』關係，以及一個科系當然可以擁有多位學生，亦就是 M:1 的基數關係。但是，在此處的『主副修』關係必須要清楚地記錄出，此學生所歸屬該科系的類別，例如是主修、輔系或是雙學位，所以在此『歸屬』的關係上必須多一個屬性稱為『主副修別』。故將此需求整理後，可繪製出下圖的模型。

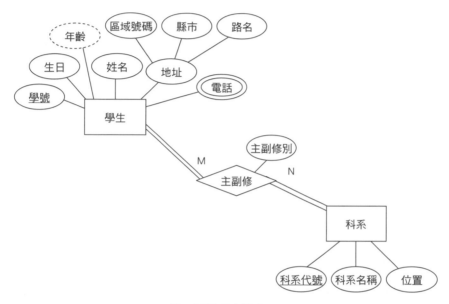

▶ 第二項需求之概念 ERD

第三項需求的解析

> 『每一個科系僅會有一個學生代表，參與該科系的科系會議，並且不需要將歷年的學生代表記錄，只要記錄目前的學生代表即可。』

在上述的需求中，可以明顯瞭解到，『學生』實體與『科系』實體之間的關係為『代表』關係；在實體的參與關係中，不是所有的學生皆可當科系的代表；所以學生對於科系是『部份參與』關係，科系對學生是『全部參與』關係。但是，在需求中有提到。

在基數部份，一位學生可以代表一個科系的會議，一個科系也僅能讓一位學生代表參與，所以是 1：1 的基數關係，故將此需求整理後，可繪製出下圖的模型。

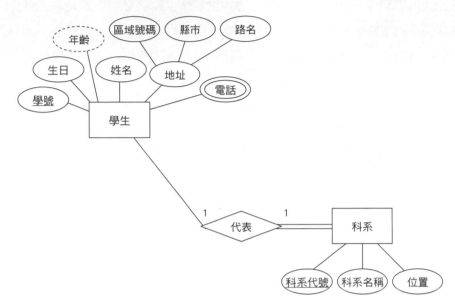

▶ 第三項需求之概念 ERD

第四項需求的解析

『每位學生可以自由選修課程（課程代號，必選修別，學分數，課程名稱），但學生的選修結果必須記錄該名學生選修的成績與學年學期。』

在此需求中，又多出一個實體，稱之為『課程』，其中包括課程代號、必選修別、學分數、課程名稱等四個屬性，其中課程代號為鍵值屬性。而學生實體與課程實體之間的關係稱之為『選修』關係，但此關係比較特別的是每位學生所選修的課程必須記錄選修的成績，故此『選修』關係不同於一般僅止於隱含關係而已，必須擁有『成績』與『學年學期』屬性。

在參與關係中，由於學生可能辦理休學或退學，所以並非所有的學生都會參與此項選課動作，而課程則必須所有的課程要參與被選的關係，所以在學生的實體是屬於『部份參與』關係，在課程的實體是屬於『全部參與』關係。

而基數部份，由於一位學生可以自由選課，所以是 1：N 的基數關係，反之，一門課程也可以讓許多學生來選修，所以是 1：M 的基數關係，所以綜合以上分析，可繪製出下圖的模型。

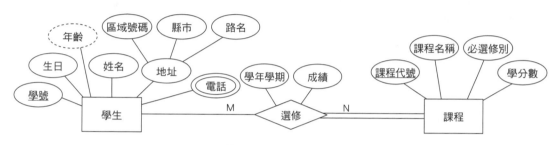

▶ 第四項需求之概念 ERD

第五項需求的解析

『每一門課程必須限制學生的修課人數，最少必須達到五人，最高不得高於五十人選修該課程。』

此項的需求主要在於參與數的限制，也就是限制每一門課程必須有最低人數五人，最高人數五十人，所以此項的需求在於參與數的描述，可以將前圖再加入『參與數限制』，可繪製出下圖的模型，於學生實體的一方，多一個限制條件 {5,50}。

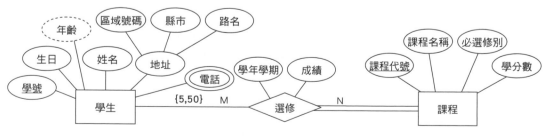

▶ 第五項需求之概念 ERD

第六項需求的解析

『課程之間有可能檔修情形，也就是說，有些課程必須要先修過某些基礎課程之後，方可選修該門課程；而某一個課程也有可能會擋其他多個不同課程的情形，一個課程只會有一個先修課程。』

"課程之間" 這句話，表示出了兩個實體皆為『課程』的實體，也就是自我之間的關係（Self Relationship），此時的課程實體將會扮演不同的兩個角色，一個為『後修』課程，一個為『先修』課程；彼此之間為『先修』或稱為『檔修』關係。而一個課程可能會同時會檔修數門課程，一個課程只會有一個先修課程，在此基數關係為 1：N，但因為不是所有課程都會有檔修課程，也不是所有課程皆是先修課程，所以在參與關係中，這兩者皆為『部份參與』關係，可繪製出下圖的模型。

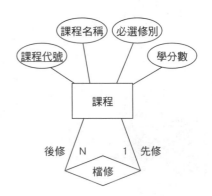

▶ 第六項需求之概念 ERD

第七項需求的解析

『每科系可以開出很多不同的課程讓學生來選修；但每一科系所開出的課程，雖然課程名稱有可能在不同科系之間會有相同的情形，但視為不同課程；換句話說，一個課程只會有一個科系開出，不會有多個科系開出完全相同的一門課程。』

從此需求中，所增加出來的只是科系實體與課程實體之間的『開課』關係，在參與關係中，所有科系都必須要開課，而所有課程也都必須由科系開出，所以兩者皆為『全部參與』關係。在基數部份則為一個科系會開多門課程，所以是 1：N 的關係，可繪製出下圖的模型。

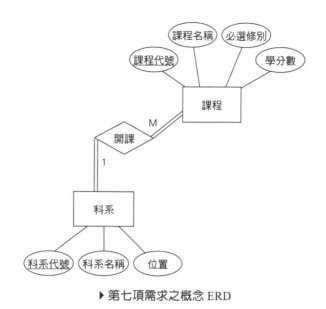

▶ 第七項需求之概念 ERD

第八項需求的解析

> 『所有課程都必須教師（教師代號，姓名）授課，而且每一門課程僅會有一位教師授課；
> 每位教師可以不授課，也可以同時授課多門課程』

此項需求透露出『教師』與『課程』之間產生『授課』關係，並且是 1:M 的基數關係。在參與關係中，『教師』是『部份參與』關係；『課程』是『全部參與』關係，可繪製出下圖的模型。

最後，綜合以上的八項需求，以及經過每一項的需要分析建構之後，可繪製出下圖完整的『概念實體關聯圖』，並藉由此模型即可透過資訊人員與企業的客戶做一溝通的

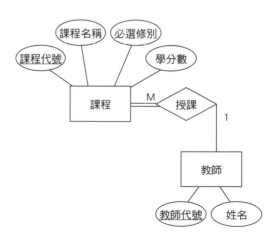

▶ 第八項需求之概念 ERD

中介模型，來達到瞭解企業的真正現況，進而再將此模型轉換成實際的資料關聯圖（下一章所介紹的關聯式模型即為一種實際的資料關聯圖），讓資料庫設計人員，依據所使用的資料庫管理系統，實際建構出資料庫綱要，進而讓程式設計師來進行應用程式的撰寫與開發。

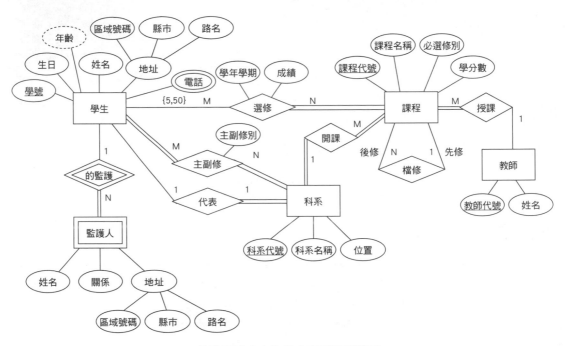

▶ 教務系統之完整概念實體關聯模型

本章習題

一、選擇題

(   ) 1. 『資料流程圖』（Data Flow Diagram，簡稱 DFD）是

     (A) 以處理為主   (B) 以資料為主

     (C) 物件導向為主   (D) 流程為主。

(   ) 2. 『實體關聯圖』（Entity Relationship Diagram，簡稱 ERD）是

     (A) 以處理為主   (B) 以資料為主

     (C) 物件導向為主   (D) 流程為主。

(   ) 3. 『統一塑模語言』（Unified Modeling Language，簡稱 UML）是

     (A) 以處理為主   (B) 以資料為主

     (C) 物件導向為主   (D) 流程為主。

(   ) 4. 以下何種屬性有可能成為鍵值屬性

     (A) 單值屬性   (B) 多值屬性

     (C) 衍生屬性   (D) 以上皆可。

(   ) 5. 通常『空值』（Null Value）的使用時機，以下何者正確

     (A) 不適用時   (B) 不知該值時

     (C) 不確定是否有值時   (D) 以上皆正確。

二、簡答題

1. 在概念的實體關聯圖中，有哪幾種不同的基數。

2. 何謂抽象化或稱為一般化。

3. 請說明以下之資料設計有何不妥。

訂單資料	訂單編號	訂購日期	客戶	地址	產品	數量	單價
	00001	2006/01/12	陳如鷹	台北	紅茶	90	8
	00001	2006/01/12	陳如鷹	台北	綠茶	120	7
	00001	2006/01/12	陳如鷹	台北	咖啡	105	15
	00002	2006/02/11	蔡育倫	嘉義	咖啡	160	14
	00002	2006/02/11	蔡育倫	嘉義	紅茶	120	8

4. 在資料庫系統中資料模型的表示方式，大致可分為兩種，一種為『概念資料模型』（Conceptual Data Model）或稱為『高階資料模型』（High Level Data Model），另一種為『實體資料模型』（Physical Data Model）或稱為『低階資料模型』（Low Level Data Model），請說明個別的使用時機。

5. 請說明何謂實體（Entity）？何謂實體集合？

6. 何謂鍵值屬性（Key Attribute）

7. 請說明何謂『單值屬性』（Single-Valued Attribute）與『多值屬性』（Multi-Valued Attribute），『儲存型屬性』（Stored Attribute）與『衍生型屬性』（Derived Attribute）。

8. 何謂強實體型態與弱實體型態。

9. 在實體關聯圖中，參與數關係可分為哪兩種。

CHAPTER 3

正規化與各種合併

　　關聯式資料庫的設計與應用，不外乎就是『分分、合合』的處理原則。何謂『分』呢？就是如何將一個資料表，依據 Codd 博士所提出的一系列正規化的過程，去除不當的設計，將一個資料表分割成多個資料表的處理過程，稱之為『分』。

　　反之，何謂『合』呢？在關聯式資料模型中的四個操作，『查詢』、『新增』、『刪除』以及『修改』等操作，主要分為兩大類『查詢』與『異動』（包括新增、刪除以及修改）操作。而資料庫的設計對此兩類操作，剛好具有相反的效果，若要去除對一個資料表的三種異動的異常現象，就必須對該資料表做適當地切割，造成『主索引鍵』與『外部索引鍵』的彼此關聯性。如同正規化的整個過程；若只希望達到異動操作上不造成異常現象，而犧牲掉查詢的便利性，並不是資料庫設計上所希望的，所以在經過切割之後，對於查詢所造成的不方便性，就必須透過一或數個資料表的『合併』（Join）過程，得到的一個虛擬資料表來達到查詢的方便，此虛擬資料表在 MS SQL Server 稱之為『檢視表』（view）。

3-1　不當設計所造成的異動操作問題

　　對於一個未經正規化設計的資料庫系統，在一個資料表當中，可能會造成許多不同的異動操作上的問題。問題的產生，主要來自於一個資料表的查詢操作和異動操作（包括新增、刪除和修改操作）之間的衝突。

　　對於『查詢操作』而言，使用者會希望要查詢的所有資料，全部位於同一個資料表，如此，可以很方便的看到所有的資料；反之，對於『異動操作』而言，針對不同的異動會發生不同的異常現象，包括『新增異常』、『刪除異常』和『修改異常』等等，後續將會一一介紹這三種的異常情形。

　　所以，要設計出沒有異常現象的異動操作，勢必要對該『資料表』做適當的切割處理；也就是以下將論述 Codd 等人所提出的『正規化』處理。但是經過『正規化』處理之後，卻又會造成在查詢操作上的麻煩和不方便，如下圖所示。

操作項目	查詢操作	異動操作
	查詢(Select)	新增(Insert) 刪除(Delete) 修改(Update)
衝突性	方便 →	造成異動操作 的異常
	造成查詢操作 的不便性 ←	正常
解決方式	**合併** (Join) ←●	**正規化** (Normalization)

如何能達到查詢與異動操作兩者之間的平衡點呢？解決異動的異常，必須對一個設計不當的資料表，進行適當地切割，切割成多個資料表，才可以避免掉異常現象。相反地，要解決查詢的不便性，可以將切割後的數個相關資料表（table），和這些相關資料表彼此之間的關聯性（Relationship），透過不同的『合併』方式，還原成原有的單一資料表模式，或是合併出所需要的資料，以解決資料表因切割後所造成查詢上的不便性，也就是利用資料庫的『檢視表』（view）物件來達成此動作。

對於一個關聯式資料庫（relational database management, 簡稱 RDBMS）而言，必須使用具體的『資料庫綱要』（Database Schema）來實作。在設計階段，必須先經過正規化（Normalization）處理，然後再透過資料庫管理系統中的檢視表（view）來合併出不同的需求。以下針對未經過正規化所造成的三種不同異常，來突顯出正規化的重要性和精神。

以下的資料表為例，每一筆的紀錄，代表著一個供應商提供的產品項目，也因為一個供應商同時可以提供多種產品，所以一位供應商會有多筆紀錄，例如供應商日月提供蘋果汁與奶茶兩個產品。如此設計的資料表對於『查詢的觀點』而言，因為所有的資料皆出現在一個資料表，可以達到查詢的方便性，但以『異動的觀點』卻會產生不同的異常現象。以下將針對如此設計的資料表，在異動操作（包括新增操作、刪除操作和修改操作）可能造成的三種異常現象做說明，分別為『新增異常』、『刪除異常』和『修改異常』。

供應商編號	供應商名稱	聯絡人	區域代號	區域	產品編號	產品名稱	單價
0001	鴻山	林亮光	A01	台北市	P01	黑咖啡	20
0001	鴻山	林亮光	A01	台北市	P03	汽水	15
0001	鴻山	林亮光	A01	台北市	P05	奶茶	15
0002	夢月	陳啾啾	B01	高雄縣	P01	黑咖啡	22
0002	夢月	陳啾啾	B01	高雄縣	P02	蘋果汁	12
0003	日月	劉名船	A02	台中市	P02	蘋果汁	13
0003	日月	劉名船	A02	台中市	P05	奶茶	13
0004	雲淵	吳雪白	B01	高雄縣	P04	紅茶	10
0005	海疆	盧深寶	A01	台北市	P04	紅茶	10
0005	海疆	盧深寶	A01	台北市	P05	奶茶	12

新增異常（Insertion Anomaly）

以如此設計的資料表，每一筆資料所表示的是一個供應商提供的產品資料，在此資料表，雖然可以很清楚地看出所有的相關資料，但就新增操作而言，倘若所有屬性的資料都齊全後，再將資料新增進資料表，並不會有任何的問題產生，如果所具備的屬性資料並不齊全，便有可能會產生所謂的『新增異常』（Insertion Anomaly）。

例如有個新供應商『灰鴿』，已具有供應商的相關資料（包括供應編號、供應商名稱、聯絡人、區域代號以及區域），唯獨缺少所提供的產品資料，造成『灰鴿』供應商所提供的產品是空值（null），如下圖框線中所示。如此將違反了原本資料表設計的理念，就是每一筆紀錄所代表的是供應商所提供的一項產品。資料庫設計的便利性，應該是使用者只要有任何新的資料，就必須能即時輸入才對，但此種問題的產生，就是因為資料表不當設計所產生，此種異常稱之為『新增異常』（Insertion Anomaly）。

供應商編號	供應商名稱	聯絡人	區域代號	區域	產品編號	產品名稱	單價
0001	鴻山	林亮光	A01	台北市	P01	黑咖啡	20
0001	鴻山	林亮光	A01	台北市	P03	汽水	15
0001	鴻山	林亮光	A01	台北市	P05	奶茶	15
0002	夢月	陳啾啾	B01	高雄縣	P01	黑咖啡	22
0002	夢月	陳啾啾	B01	高雄縣	P02	蘋果汁	12
0003	日月	劉名船	A02	台中市	P02	蘋果汁	13
0003	日月	劉名船	A02	台中市	P05	奶茶	13
0004	雲澔	吳雪白	B01	高雄縣	P04	紅茶	10
0005	海疆	盧深寶	A01	台北市	P04	紅茶	10
0005	海疆	盧深寶	A01	台北市	P05	奶茶	12
0006	灰鴿	陳嵩高	A01	台北市	null	null	null

刪除異常（Deletion Anomaly）

刪除操作就是將整筆資料從資料表中刪除，倘若有供應商『夢月』，以後不再提供『黑咖啡』與『蘋果汁』兩項產品。在此設計當中，就是將兩筆資料刪除，如下圖所示。很明顯地，刪除之後發生一個異常現象，就是連供應商的基本資料也完全被刪除，此種的異常，稱之為『刪除異常』（Deletion Anomaly）。

供應商編號	供應商名稱	聯絡人	區域代號	區域	產品編號	產品名稱	單價
0001	鴻山	林亮光	A01	台北市	P01	黑咖啡	20
0001	鴻山	林亮光	A01	台北市	P03	汽水	15
0001	鴻山	林亮光	A01	台北市	P05	奶茶	15
~~0002~~	~~夢月~~	~~陳啾啾~~	~~B01~~	~~高雄縣~~	~~P01~~	~~黑咖啡~~	~~22~~
~~0002~~	~~夢月~~	~~陳啾啾~~	~~B01~~	~~高雄縣~~	~~P02~~	~~蘋果汁~~	~~12~~
0003	日月	劉名船	A02	台中市	P02	蘋果汁	13
0003	日月	劉名船	A02	台中市	P05	奶茶	13
0004	雲澔	吳雪白	B01	高雄縣	P04	紅茶	10
0005	海疆	盧深寶	A01	台北市	P04	紅茶	10
0005	海疆	盧深寶	A01	台北市	P05	奶茶	12

修改異常（Modification Anomaly）

　　一個好的資料庫使用與設計觀點，應該是在重複的資料要儘量地降低，而不是浪費人力的重複維護。例如要修改供應商『鴻山』的聯絡人為『林一光』，由於『鴻山』共提供三種產品，也就會有三筆紀錄，相對要更改三筆的『聯絡人』值，萬一使用者只更改了兩筆資料，而少更改一筆紀錄，如下圖所示，此時將會造成資料的不一致性。在未來查詢時，將不知正確聯絡人的資料是『林一光』或是『林亮光』，這種操作的異常，稱之為『修改異常』（Modification Anomaly）。

供應商編號	供應商名稱	聯絡人	區域代號	區域	產品編號	產品名稱	單價
0001	鴻山	林一光	A01	台北市	P01	黑咖啡	20
0001	鴻山	林一光	A01	台北市	P03	汽水	15
0001	鴻山	林亮光	A01	台北市	P05	奶茶	15
0002	夢月	陳啾啾	B01	高雄縣	P01	黑咖啡	22
0002	夢月	陳啾啾	B01	高雄縣	P02	蘋果汁	12
0003	日月	劉名船	A02	台中市	P02	蘋果汁	13
0003	日月	劉名船	A02	台中市	P05	奶茶	13
0004	雲瀚	吳雪白	B01	高雄縣	P04	紅茶	10
0005	海疆	盧深寶	A01	台北市	P04	紅茶	10
0005	海疆	盧深寶	A01	台北市	P05	奶茶	12

3-2　正規化（Normal Form）

　　1972 年由 Codd 最早提出正規化的過程，而初期所提出的正規化稱之為『三正規化』（Three Normal Form），包括『第一正規化』（First Normal Form，簡稱 1NF）、『第二正規化』（Second Normal Form，簡稱 2NF）和『第三正規化』（Third Normal Form，簡稱 3NF）三種。之後，由 Boyce 和 Codd 又針對 3NF 提出一種加強型的正規化，稱之為 Boyce-Codd Normal Form，簡稱為『BCNF』。這些正規化的所有原理皆基於『功能相依性』的原理所發展出來，也就是從一個資料表的所有屬性當中，將其分類為不同的屬性集合，再區分出不同的相依關係，做為正規化的依據。

後續又被提出了兩種新的正規化方式，分別是依據『多值相依性』（Multi-Valued Dependency）理論的『第四正規化』（Fourth Normal，簡稱 4NF），以及依據『合併相依性』（Join Dependency）理論的『第五正規化』（Fifth Normal Form，簡稱 5NF）。雖然有此六種的不同正規化理論，不過在實務的設計和應用上，使用到最前面所提到的三正規化（1NF、2NF 和 3NF）已經相當足夠，通常不會使用到 BCNF、4NF 和 5NF。

在正規化的處理過程當中，一定會從第一正規化、第二正規化…直到第五正規化，雖然在實作上不一定要處理到第五正規化，但至少在處理的先後順序，一定會依循從小到大的規則，所以將此順序列出如下：

1NF → 2NF → 3NF → BCNF → 4NF → 5NF

可以很清楚地瞭解到，越後面的正規化，一定會包括前面正規化的結果。例如一個設計的過程，已符合正規化至第四正規化，則可以說此模型一定符合了第一正規化、第二正規化、第三正規化和BCNF，所以將之整理成下圖。

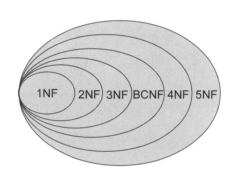

第一正規化（First Normal Form，1NF）

『第一正規化』的處理重點，在於不允許資料表當中，具有『多值屬性』（Multi-Valued Attribute）或『組合屬性』（Composite Attribute）的存在。換言之，在設計一個資料表的時候，必須考量每一個屬性皆為『單值屬性』（Single-Valued Attribute）與『單元屬性』（Atomic Attribute），只要是有『多值屬性』的情形，必須將該筆資料變成多筆紀錄；而『組合屬性』，便要切割成數個不同基本的『單元屬性』。簡言之，『第一正規化』就是去除『多值屬性』（Multi-Valued Attribute）和『組合屬性』（Composite Attribute）的過程，以符合第一正規化的原則。

以下利用一個具有五筆紀錄，且未經過正規化的資料表『N00 供應商』，當成一個初始範例，再逐一說明『第一正規化』、『第二正規化』與『第三正規化』的處理過程。從此範例可得知，每一個供應商可以提供多種的產品，例如『鴻山』供應商，提供三種產品，分別為黑咖啡、汽水以及奶茶；換言之，此處的『產品編號』、『產品名稱』以及『單價』三個屬性，對於供應商而言，是具有可多個值的一種屬性，此種屬性也就是前段所提到的『多值屬性』（Multi-Valued Attribute）。

供應商編號	供應商名稱	聯絡人	區域代號	區域	產品編號	產品名稱	單價
0001	鴻山	林亮光	A01	台北市	P01 P03 P05	黑咖啡 汽水 奶茶	20 15 15
0002	夢月	陳啾啾	B01	高雄縣	P01 P02	黑咖啡 蘋果汁	22 12
0003	日月	劉名船	A02	台中市	P02 P05	蘋果汁 奶茶	13 13
0004	雲淵	吳雪白	B01	高雄縣	P04	紅茶	10
0005	海疆	盧深寶	A01	台北市	P04 P05	紅茶 奶茶	10 12

◉【資料表】『N00 供應商』

　　根據以上的初始資料表，具有三個『多值屬性』（產品編號、產品名稱與單價），所以在第一正規化的過程，必須去除『多值屬性』。將每一個屬性值變更成一筆紀錄，成為如下資料表『N01 供應商』顯示，從原本的五筆紀錄變成十筆紀錄。這樣的轉變過程，即符合『第一正規化』原則。

供應商編號	供應商名稱	聯絡人	區域代號	區域	產品編號	產品名稱	單價
0001	鴻山	林亮光	A01	台北市	P01	黑咖啡	20
0001	鴻山	林亮光	A01	台北市	P03	汽水	15
0001	鴻山	林亮光	A01	台北市	P05	奶茶	15
0002	夢月	陳啾啾	B01	高雄縣	P01	黑咖啡	22
0002	夢月	陳啾啾	B01	高雄縣	P02	蘋果汁	12
0003	日月	劉名船	A02	台中市	P02	蘋果汁	13
0003	日月	劉名船	A02	台中市	P05	奶茶	13
0004	雲淵	吳雪白	B01	高雄縣	P04	紅茶	10
0005	海疆	盧深寶	A01	台北市	P04	紅茶	10
0005	海疆	盧深寶	A01	台北市	P05	奶茶	12

◉【資料表】『N01 供應商』

第二正規化（Second Normal Form，2NF）

在『第二正規化』的處理過程中，必須去除『部份相依性』的存在，也就是所有的相依性，必須是皆具有『完全功能相依性』。什麼是『部份相依性』與『完全功能相依性』呢？若是將第一正規化之後的資料表，以功能相依來表示，可以繪成下圖所示，可以找出以下三個相依性：

- 相依性（一）：{ 產品編號 } → { 產品名稱 }
- 相依性（二）：{ 供應商編號，產品編號 } → { 單價 }
- 相依性（三）：{ 供應商編號 } → { 供應商名稱，聯絡人，區域，區域代號 }

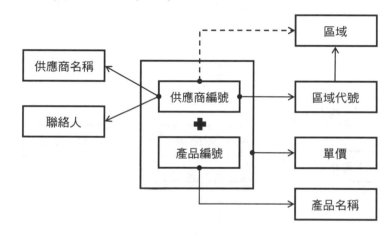

這三個相依性的意義，分別說明如下：

- 相依性（一）：給定一個『產品編號』，可以唯一找出一個『產品名稱』。
- 相依性（二）：給定一個『供應商編號』與『產品編號』，可以唯一找出一個『單價』。
- 相依性（三）：給定一個『供應商編號』可以唯一找出一組『供應商名稱』、『聯絡人』、『區域』與『區域代號』。

其中相依性（二）｛供應商編號，產品編號｝→｛單價｝，倘若從｛供應商編號，產品編號｝當中去除任何一個或多個屬性，將不會存在其他相依性，則稱此為『完全功能相依性』；反之則稱為『部份相依性』。但是根據相依性（二），去除其中的『供應商編號』或『產品編號』，其結果分別說明如下：

■ 從｛供應商編號，產品編號｝去除屬性『供應商編號』，卻存在一個相依性（一），就是｛產品編號｝→｛產品名稱｝

■ 從｛供應商編號，產品編號｝去除屬性『產品編號』，卻存在一個相依性（三），就是｛供應商編號｝→｛供應商名稱，聯絡人，區域，區域代號｝

因此，相依性（二）是一種『部份相依性』。根據第二正規化，要去除『部份相依』的原則，可以將上圖的相依性，切割成三個『完全功能相依』，如下圖所示。

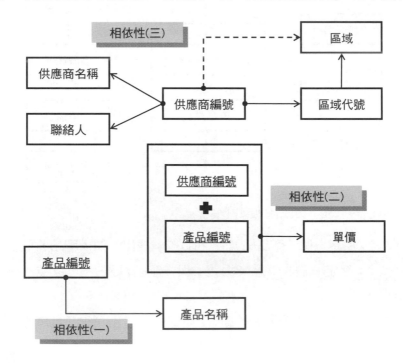

或是以資料表的形式表現成三個獨立不同的資料表，如下圖所示。

供應商

供應商編號	供應商名稱	聯絡人	區域代號	區域
0001	鴻山	林亮光	A01	台北市
0002	夢月	陳啾啾	B01	高雄縣
0003	日月	劉名船	A02	台中市
0004	雲澔	吳雪白	B01	高雄縣
0005	海疆	盧深寶	A01	台北市

產品價格

供應商編號	產品編號	單價
0001	P01	20
0001	P03	15
0001	P05	15
0002	P01	22
0002	P02	12
0003	P02	13
0003	P05	13
0004	P04	10
0005	P04	10
0005	P05	12

產品資料

產品編號	產品名稱
P01	黑咖啡
P02	蘋果汁
P03	汽水
P04	紅茶
P05	奶茶

◉【資料表】『N02 供應商』，『N02 產品價格』，『N02 產品資料』

第三正規化（Third Normal Form，3NF）

第三正規化的原理是依據『遞移相依性』的理論而來，也就是要找出屬性集合之間的直接相依性，而非間接相依性的關係，倘若有間接相依性的存在，就必須去除掉。根據原本的相依性（三），繪成下圖的功能相依圖，又可以列出二個功能相依性，如下所示：

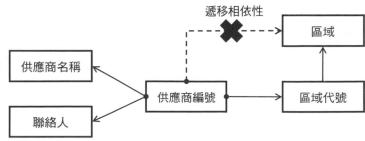

- 相依性（三）：{ 供應商編號 } → { 供應商名稱，聯絡人，區域代號，區域 }
- 相依性（四）：{ 區域代號 } → { 區域 }

在此二個功能相依當中，可以很清楚地看到屬性集合 { 區域 } 同時被兩個屬性集合所決定，分別為 { 供應商編號 } 和 { 區域代號 } 兩個。而以下的相依關係

{ 供應商編號 } → { 區域 }

其實是因為

{ 供應商編號 } → { 區域代號 } → { 區域 }

所導引出來的相依性，此種關係便稱之為『遞移相依性』。也就是說，『供應商編號』與『區域』之間是一種間接相依關係，而非直接相依性。『區域代號』與『區域』之間則為直接相依關係。

所以根據第三正規化，要去除『遞移相依性』的原則，可以將上圖的相依性，切割成二個獨立的相依性，或稱為直接相依性，如下圖所示。

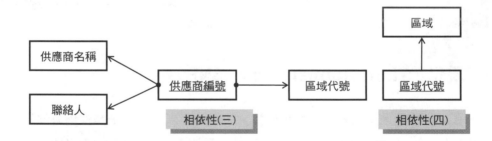

或是以資料表的形式表現成二個獨立不同的資料 表，如下圖所示。

供應商

供應商編號	供應商名稱	聯絡人	區域代號
0001	鴻山	林亮光	A01
0002	夢月	陳啾啾	B01
0003	日月	劉名船	A02
0004	雲潎	吳雪白	B01
0005	海疆	盧深寶	A01

區域代號	區域
A01	台北市
A02	台中市
B01	高雄縣

區域資料

◉ 【資料表】『N03 供應商』，『N03 區域資料』

依據完整的相依性，可以表示成下圖的四個相依性，以及完整的四個資料表。

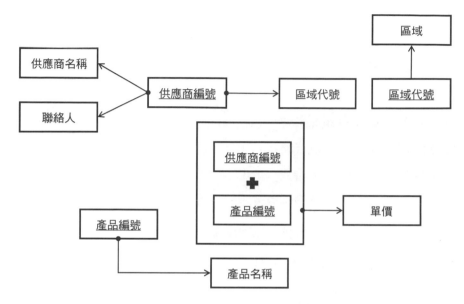

區域代號	區域	區域資料
A01	台北市	
A02	台中市	
B01	高雄縣	

供應商

供應商編號	供應商名稱	聯絡人	區域代號
0001	鴻山	林亮光	A01
0002	夢月	陳啾啾	B01
0003	日月	劉名船	A02
0004	雲澔	吳雪白	B01
0005	海疆	盧深寶	A01

產品價格

供應商編號	產品編號	單價
0001	P01	20
0001	P03	15
0001	P05	15
0002	P01	22
0002	P02	12
0003	P02	13
0003	P05	13
0004	P04	10
0005	P04	10
0005	P05	12

產品資料

產品編號	產品名稱
P01	黑咖啡
P02	蘋果汁
P03	汽水
P04	紅茶
P05	奶茶

【資料表】『N03 供應商』，『N03 區域資料』，『N03 產品價格』，『N03 產品資料』

其實每一個資料表，都代表著一個相依性，而具有唯一識別該資料表中的每一筆紀錄的屬性（一個或多個），稱之為『主要鍵』（Primary Key, 簡稱 PK），在 MS SQL Server 中，稱之為『主索引鍵』。以上所列的每一個資料表之『主索引鍵』如下；尤其要特別注意的是，『產品價格』資料表的『主索引鍵』是由兩個屬性所組成，其他皆由一個屬性組成：

- ■『供應商』資料表 → 供應商編號
- ■『區域資料』資料表 → 區域代號
- ■『產品資料』資料表 → 產品編號
- ■『產品價格』資料表 → 供應商編號＋產品編號

資料表的『主索引鍵』通常會具有以下兩個重要特性：

(1) 組成『主索引鍵』的任何一個屬性值，皆不得為『空值』（null value），也就是每一個屬性都必須有值。

(2) 一個資料表的『主索引鍵』值，不得有重複值存在。

正規化後的資料表，彼此兩兩之間必定存在著一種『關聯性』（relationship），此種關聯性代表著兩個資料表中的資料相依關係。例如『供應商』資料表的屬性『供應商編號』值為 0001，可以透過與『產品價格』的關聯性，找出相對應的『供應商編號』值也為 0001 的相對應資料，也就是該供應商所提供的所有『產品編號』（{P01, P03, P05}）以及『單價』（{20, 15, 15}）。此種關聯性的圖，稱之為『實體關聯圖』（Entity Relationship Diagram, 簡稱 ERD），在 MS SQL Server 中，稱之為【資料庫圖表】，如下圖所示。

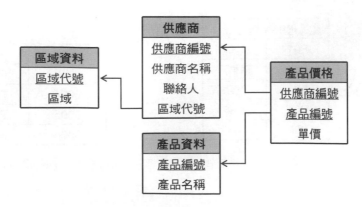

【資料庫圖表】之每一條『關聯性』的線，必定存在於兩個資料表之間。也就是，由一個『子資料表』（child table）的屬性，參考（reference）另一個『父資料表』（parent table）的『主索引鍵』屬性。而參考父資料表『主索引鍵』的子資料表屬性，稱為『外來鍵』（Foreign Key, 簡稱 FK），在 MS SQL Server 中，稱之為『外部索引鍵』。參考關係如下：

- 子資料表『供應商』的外部索引鍵『區域代號』，參考父資料表『區域資料』的主索引鍵『區域代號』
- 子資料表『產品價格』的外部索引鍵『供應商編號』，參考父資料表『供應商』的主索引鍵『供應商編號』
- 子資料表『產品價格』的外部索引鍵『產品編號』，參考父資料表『產品資料』的主索引鍵『產品編號』

也就是說，凡是被參考的資料表即稱為『父資料表』，『父資料表』一定是其『主索引鍵』屬性被參考，不可能是其他『非主索引鍵』屬性被參考。參考的資料表即稱為『子資料表』，用以參考的屬性則稱之為『外部索引鍵』。

三個正規化的綜合說明

雖然在『三正規化』的過程當中，每一個正規化皆有其特有的原則與目的。以實務性而言，筆者將其簡化為以下兩個過程：

(1) 去除『多值屬性』（同於第一正規化）。
(2) 去除所有『相依性』（『相依性』包括『部份相依性』及『遞移相依性』）。

或許會覺得奇怪，第二項不就等同於原本的第二與第三正規化？這樣的疑惑是沒錯的，而筆者為什麼要將後兩項合併成為單一項目呢？也就是說，只要能找到所有的相依性，無論是哪一種相依性，只要找出所有的直接相依性，每一個相依性就是一個獨立的資料表。依此原則，就可以不用太過於刻意去瞭解什麼是『部份相依性』或是『遞移相依性』了。如下圖所示，只要標示出所有的『相依性』（Functional Dependency），每一個相依性其實就代表著一個獨立的資料表，如此即可輕鬆完成『三正規化』的動作。

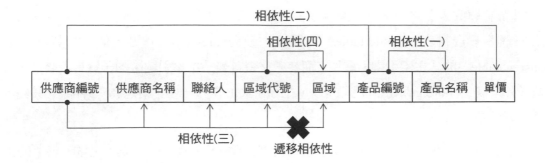

3-3 交叉合併

在合併（Join）理論中，首先介紹『交叉合併』（Cross Join），也稱之為『交叉乘積』（Cross Product）或『卡氏積』（Cartesian Product）。『交叉合併』的原理是後續將介紹『內部合併』（Inner Join）的基本原理。

以下以兩個實際的資料表，分別為『員工』與『客戶』兩個資料表，說明什麼是『交叉合併』：

員工（員工代號，姓名，部門，職稱）

客戶（負責人代號，客戶代號，地區代號）

『員工』與『客戶』兩個資料表的『交叉合併』可以表示成

員工（員工代號，姓名，部門，職稱）× 客戶（負責人代號，客戶代號，地區代號）

所產生的結果可表示成以下（4＋3）＝7 個屬性

（員工代號，姓名，部門，職稱，負責人代號，客戶代號，地區代號）

在紀錄的部份，每一筆的員工（共四筆）均會對應到每一筆的客戶資料，也就是有四筆的客戶資料，產生（4×4）＝ 16 筆的紀錄。在對應關係中，如圖中的員工代號 1 的陳明明，會對應到四筆不同的客戶資料（C0005，C0010，C0020，C0025），其他依此類推。

(a)『員工』資料表   (b)『客戶』資料表

員工代號	姓名	部門	職稱
1	陳明明	業務部	經理
2	林立人	研發部	主任
3	趙銘船	研發部	專案經理
4	趙子龍	業務部	專員

負責人代號	客戶代號	地區代號
2	C0005	A
2	C0010	B
3	C0020	C
5	C0025	D

以下是『員工』與『客戶』兩個資料表，經過交叉合併後結果的 16 筆紀錄，表示如下

	『員工』資料表的屬性			『客戶』資料表的屬性		
員工代號	姓名	部門	職稱	負責人代號	客戶代號	地區代號
1	陳明明	業務部	經理	2	C0005	A
1	陳明明	業務部	經理	2	C0010	B
1	陳明明	業務部	經理	3	C0020	C
1	陳明明	業務部	經理	5	C0025	D
2	林立人	研發部	主任	2	C0005	A
2	林立人	研發部	主任	2	C0010	B
2	林立人	研發部	主任	3	C0020	C
2	林立人	研發部	主任	5	C0025	D
3	趙銘船	研發部	專案經理	2	C0005	A
3	趙銘船	研發部	專案經理	2	C0010	B
3	趙銘船	研發部	專案經理	3	C0020	C
3	趙銘船	研發部	專案經理	5	C0025	D
4	趙子龍	業務部	專員	2	C0005	A
4	趙子龍	業務部	專員	2	C0010	B
4	趙子龍	業務部	專員	3	C0020	C
4	趙子龍	業務部	專員	5	C0025	D

（左側直排文字：同 1 筆『員工』對應 4 筆不同『客戶』）

經過『交叉合併』產生後的新資料表當中，有甚多不合情理的紀錄。例如第一筆紀錄是員工代號 1，卻對應到負責人代號 2，這完全是兩個無關的紀錄卻合併成一筆。但是『交叉合併』卻是合併原理中，最基本的一個觀念，只是要如何從中挑選並保留合理的紀錄，並去除不合理的紀錄，就是在下一節即將要探討的『內部合併』（Inner Join）。

透過 Microsoft SQL Server Management Studio 實際建立『交叉合併』的方式如下：

(1) 在【檢視表】項目上按滑鼠右鍵。

(2) 點選【新增檢視 (N)...】。

(3) 出現【加入資料表】對話框，可以使用【Ctrl】鍵一一點選所要的資料表；或使用【Shift 鍵】一次連選，點選第一個和最後一個要選取的資料表；或是直接於所要選取的資料表上方，連按滑鼠左鍵兩下。此處選取 [T01 員工] 與 [T01 客戶] 兩個資料表。

(4) 按下【加入 (A)】鈕後，再按【關閉 (C)】鈕。

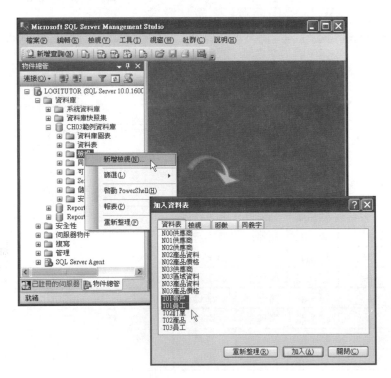

選取好所需要的資料表之後，可以將圖中的 [T01 員工] 與 [T01 客戶] 資料表的屬性全部點選後，按下視窗左上方紅色的驚嘆號圖示『執行 SQL』，所產生出來『交叉合併』的結果將呈現於右邊最下方的視窗中。

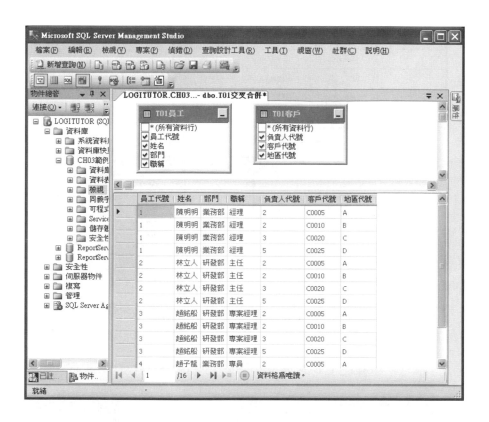

3-4 內部合併

『內部合併』（Inner Join）又稱為『條件式合併』（Condition Join），也就是來自於前一節所敘述的『交叉合併』（Cross Join），再加上兩資料表之間的『條件限制』或稱為『對應』（Mapping）關係，而成的合併。

條件限制與對應，所指的是對兩個資料表之間，必定存在一個或多個屬性之間的『比較關係』（Comparison Relationship），包括『相等』、『不相等』、『大於』、『大於或等於』、『小於』以及『小於或等於』（＝、<>、>、>=、<、<=）等等的比較符號。

例如原有的『員工』與『客戶』兩個資料表之間，是透過『員工』資料表的『員工代號』，對應到『客戶』資料表的『負責人代號』，如下圖所示：

員工代號	姓名	部門	職稱
1	陳明明	業務部	經理
2	林立人	研發部	主任
3	趙銘船	研發部	專案經理
4	趙子龍	業務部	專員

(a)『員工』資料表

(b)『客戶』資料表

負責人代號	客戶代號	地區代號
2	C0005	A
2	C0010	B
3	C0020	C
5	C0025	D

此處的對應關係，其實就是指『員工』資料表的『員工代號』值，必須等於『客戶』資料表的『負責人代號』值。從下圖『交叉合併』的結果來觀察，其中有三筆紀錄是符合『員工代號』值等於『負責人代號』值的限制條件。

	『員工』資料表的屬性			『客戶』資料表的屬性		
員工代號	姓名	部門	職稱	負責人代號	客戶代號	地區代號
1	陳明明	業務部	經理	2	C0005	A
1	陳明明	業務部	經理	2	C0010	B
1	陳明明	業務部	經理	3	C0020	C
1	陳明明	業務部	經理	5	C0025	D
2	林立人	研發部	主任	2	C0005	A
2	林立人	研發部	主任	2	C0010	B
2	林立人	研發部	主任	3	C0020	C
2	林立人	研發部	主任	5	C0025	D
3	趙銘船	研發部	專案經理	2	C0005	A
3	趙銘船	研發部	專案經理	2	C0010	B
3	趙銘船	研發部	專案經理	3	C0020	C
3	趙銘船	研發部	專案經理	5	C0025	D
4	趙子龍	業務部	專員	2	C0005	A
4	趙子龍	業務部	專員	2	C0010	B
4	趙子龍	業務部	專員	3	C0020	C
4	趙子龍	業務部	專員	5	C0025	D

內部合併

　『內部合併』是兩個資料表間的屬性值之對應關係。以概念而言，如下圖的示意圖，表示『資料表 A』和『資料表 B』兩個資料表屬性，符合對應關係或是條件成立所形成的合併結果，也就是框線圍起來的部份。

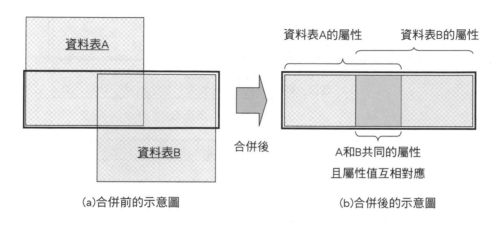

(a)合併前的示意圖　　　　　　　　　　(b)合併後的示意圖

　以下圖的『員工』與『客戶』資料表之間的屬性對應，為『員工』資料表的『員工代號』與『客戶』資料表的『負責人代號』，其對應關係為『相等』關係，也就是

　『員工』資料表的『員工代號』值 =『客戶』資料表的『負責人代號』值

　為了說明方便，在說明對應關係之前，先將『員工』與『客戶』資料表做一適當的調整，方便與上圖相對應說明，如下圖所示，更改員工資料表的屬性順序，以及將客戶資料表的屬性名稱置於最下方。圖中的框線內部的紀錄，就是『內部合併』的結果。不過值得特別注意，在『員工』資料表中的員工代號 2，對應到『客戶』資料表會有兩筆紀錄，所以在『內部合併』後的結果會變成兩筆來對應到『客戶』紀錄。

姓名	部門	職稱	員工代號			(a)『員工』資料表
陳明明	業務部	經理	1		
趙子龍	業務部	專員	4		
林立人	研發部	主任	2	C0005	A
林立人	研發部	主任	2	C0010	B
趙銘船	研發部	專案經理	3	C0020	C
			5	C0025	D
(b)『客戶』資料表			負責人代號	客戶代號	地區代號

1 筆對應 2 筆

內部合併(Inner Join)後

姓名	部門	職稱	員工代號	負責人代號	客戶代號	地區代號
林立人	研發部	主任	2	2	C0005	A
林立人	研發部	主任	2	2	C0010	B
趙銘船	研發部	專案經理	3	3	C0020	C

　　　　　『員工』資料表的屬性　　　　　　　　　　　『客戶』資料表的屬性

　　從『內部合併』的結果，與『交叉合併』的結果來做一比較，其實『內部合併』的結果只是『交叉合併』的一個子集合，如下圖所示。換句話說，內部合併是從『交叉合併』的結果中，挑選出符合『對應關係』的資料。

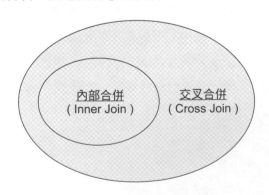

　　不過在『內部合併』的過程當中，有些紀錄會消失不見，例如此例中『員工』資料表的。

（1, 陳明明, 業務部, 經理）

（4, 趙子龍, 業務部, 專員）

以及『客戶』資料表中的

（5, C0025, D）

　　由於這些紀錄彼此無法符合對應關係，所以在『內部合併』之後就消失不見，這到底算不算合理呢？其實合理與否的判斷，完全視使用者的需求而定，並非全然的對與錯，以下針對其他不同合併說明之後，再來探討紀錄的消失是否合理。

　　透過 Microsoft SQL Server Management Studio 實際建立『內部合併』的方式，如同『交叉合併』一樣，先建立一個新的【檢視表】，並選取 [T01 員工] 與 [T01 客戶] 兩個資料表到【檢視表】內，然後依序點選所要的屬表性。

　　唯一的差異在於『內部合併』最主要是透過兩個資料表之間的屬性對應關係，所以利用滑鼠左鍵點選 [T01 員工] 資料表的『員工代號』，直接拖曳至 [T01 客戶] 資料表的『負責人代號』上方放開滑鼠。完成此動作後，便完成了兩個資料表的對應關係，也就是『內部合併』（inner join），隨即可以按下 Microsoft SQL Server Management Studio 左上方的紅色驚嘆號執行 SQL。

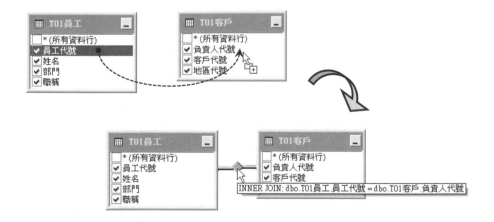

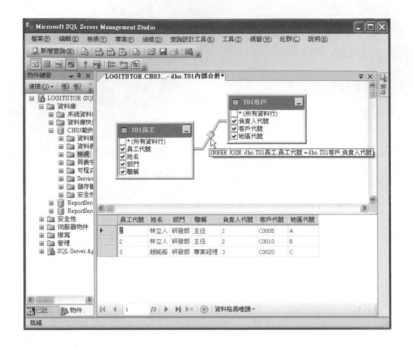

3-5　外部合併

　　『外部合併』（Outer Join）主要可分為三種，『左邊外部合併』（left outer join）、『右邊外部合併』（right outer join）以及『完全外部合併』（full outer join）三種，分別說明如下。

『左邊外部合併』（left outer join）

　　此種外部合併，主要是以左邊的資料表為主。合併後的紀錄，除了能符合兩邊資料表對應關係的紀錄（也就是指『內部合併』的結果）之外，還包括左邊資料表未能對應到右邊資料表的其他紀錄。合併後的資料表當中，對於那些左邊資料表的紀錄對應不到右邊資料表的紀錄者，會在右邊資料表的屬性內填入『空值』（Null Value），如下示意圖。簡而言之，『左邊外部合併』是以左邊『資料表 A』為主要之合併；也就是說，包括左邊『資料表 A』的全部紀錄，以及『資料表 A』對應到的右邊『資料表 B』的紀錄。但特別值得注意的是，右邊『資料表 B』對應不到左邊『資料表 A』的紀錄就會消失掉。

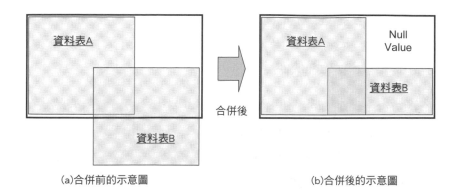

(a)合併前的示意圖 　　　　　　　　　　 (b)合併後的示意圖

　　再以『員工』與『客戶』資料表為實例說明，如下圖所示，從原本的『內部合併』的三筆紀錄，變成了五筆紀錄，多出了兩筆在『員工』資料表內的『員工代號』為 1 與 4，卻對應不到『客戶』資料表的紀錄；並於『客戶』資料表的屬性全填入『空值』（null value）。

(a)『員工』資料表

姓名	部門	職稱	員工代號		
陳明明	業務部	經理	1	Null Value	
趙子龍	業務部	專員	4		
林立人	研發部	主任	2	C0005	A
林立人	研發部	主任	2	C0010	B
趙銘船	研發部	專案經理	3	C0020	C
			5	C0025	D
(b)『客戶』資料表			負責人代號	客戶代號	地區代號

左邊外部合併(Left Outer Join)後

姓名	部門	職稱	員工代號	負責人代號	客戶代號	地區代號
陳明明	業務部	經理	1	Null	Null	Null
趙子龍	業務部	專員	4	Null	Null	Null
林立人	研發部	主任	2	2	C0005	A
林立人	研發部	主任	2	2	C0010	B
趙銘船	研發部	專案經理	3	3	C0020	C

『員工』資料表的屬性　　　　　　　　『客戶』資料表的屬性

內部合併

透過 Microsoft SQL Server Management Studio 實際建立『左邊外部合併』的方式，也是要先建立一個新的【檢視表】，並選取 [T01 員工] 與 [T01 客戶] 兩個資料表到【檢視表】內，然後依序點選所要的屬性。

如同『內部合併』操作相同，利用滑鼠左鍵點選 [T01 員工] 資料表的『員工代號』，直接拖曳至 [T01 客戶] 資料表的『負責人代號』上方放開滑鼠。完成此動作後，僅僅完成了兩個資料表的『內部合併』（inner join）。要完成『左邊外部合併』必須於兩個資料表之間的關聯線上面，按滑鼠右鍵，並點選【選取 T01 員工 中所有的資料列 (S)】，隨即可以按下 Microsoft SQL Server Management Studio 左上方的紅色驚嘆號執行 SQL。

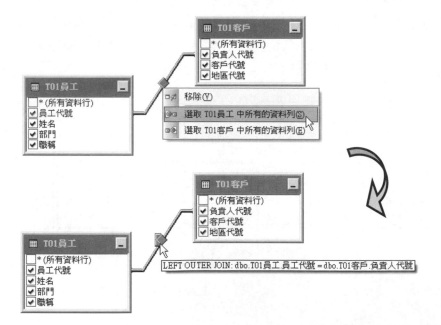

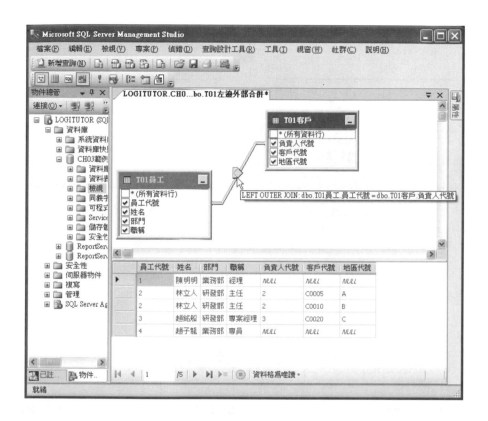

『右邊外部合併』（right outer join）

此種外部合併，主要是以右邊的資料表為主。合併後的紀錄，除了能符合兩邊資料表對應關係的紀錄（也就是指『內部合併』的結果）之外，還包括右邊資料表未能對應到左邊資料表的其他紀錄者。合併後的資料表當中，對於那些右邊資料表的紀錄對應不到左邊資料表的紀錄者，會在左邊資料表的屬性內填入『空值』（Null Value），如下示意圖。簡而言之，『右邊外部合併』是以右邊『資料表 B』為主要之合併；也就是說，包括右邊『資料表 B』的全部紀錄，以及『資料表 B』對應到的左邊『資料表 A』的紀錄。但特別值得注意的是，左邊『資料表 A』對應不到右邊『資料表 B』的紀錄就會消失掉。

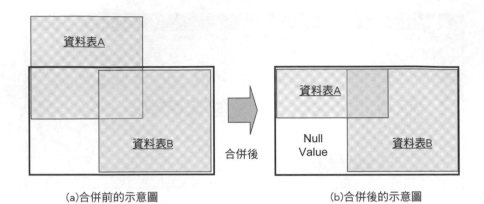

資料表A		

合併後

資料表A	
Null Value	資料表B

(a)合併前的示意圖　　　　　　　　　　(b)合併後的示意圖

再以『員工』與『客戶』資料表為實例說明，如下圖所示，從原本的『內部合併』的三筆紀錄，變成了四筆紀錄，多出了一筆在『客戶』資料表內的『負責人代號』為5，卻對應不到『員工』資料表的紀錄；並於『員工』資料表的屬性全填入『空值』（null value）。

姓名	部門	職稱	員工代號			
陳明明	業務部	經理	1			
趙子龍	業務部	專員	4			
林立人	研發部	主任	2	C0005	A	
林立人	研發部	主任	2	C0010	B	
趙銘船	研發部	專案經理	3	C0020	C	
Null Value			5	C0025	D	
			負責人代號	客戶代號	地區代號	

(a)『員工』資料表

(b)『客戶』資料表

右邊外部合併(Right Outer Join)後

姓名	部門	職稱	員工代號	負責人代號	客戶代號	地區代號
林立人	研發部	主任	2	2	C0005	A
林立人	研發部	主任	2	2	C0010	B
趙銘船	研發部	專案經理	3	3	C0020	C
Null	Null	Null	Null	5	C0025	D

內部合併

『員工』資料表的屬性　　　　　　　　『客戶』資料表的屬性

　　透過 Microsoft SQL Server Management Studio 實際建立『右邊外部合併』的方式，也是要先建立一個新的【檢視表】，並選取 [T01 員工] 與 [T01 客戶] 兩個資料表到【檢視表】內，然後依序點選所要的屬性。

　　如同『內部合併』操作相同，利用滑鼠左鍵點選 [T01 員工] 資料表的『員工代號』，直接拖曳至 [T01 客戶] 資料表的『負責人代號』上方放開滑鼠。完成此動作後，僅僅完成了兩個資料表的『內部合併』（inner join）。要完成『右邊外部合併』必須於兩個資料表之間的關聯線上面，按滑鼠右鍵，並點選【選取 T01 客戶 中所有的資料列 (E)】，隨即可以按下 Microsoft SQL Server Management Studio 左上方的紅色驚嘆號執行 SQL。

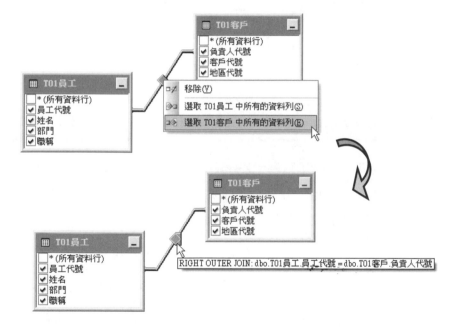

在以上的範例說明中，除了瞭解到左、右邊外部合併的運作原理之外，還必須要瞭解到此種合併的實質意義與應用為何，為什麼與內部合併的結果不同呢？以此範例而言，『內部合併』的結果可說明如下：

　　『僅列出有負責客戶的員工，及已有被分配負責人的客戶資料』

以『左邊外部合併』而言，是以員工為主的合併，所以可以說明成：

　　『列出所有員工，不論有沒有負責客戶皆要列出，及所負責的客戶資料』

也就是包括有負責客戶的員工，以及沒有負責的員工，全部要列出來。以『右邊外部合併』而言，是以客戶為主的合併，可以說明成：

　　『列出所有客戶，不論是否已被分配負責人，以及所負責的員工資料』

也就是包括全部的客戶資料，縱使尚未被分配負責人的客戶都要列出。所以在不同的需求，必須使用不同的合併方式來處理多個資料表之間的合併。

『完全外部合併』（full outer join）

此種外部合併，可說是『左邊外部合併』與『右邊外部合併』的聯集，也就是包括了左邊資料表對應到右邊資料表的紀錄，和左邊資料表對應不到右邊資料表之紀錄而在右邊資料表之屬性填入空值者，以及右邊資料表對應不到左邊資料表之紀錄而在左邊資料表之屬性填入空值者，如下圖所示。簡而言之，『完全外部合併』就是以兩邊資料表 A 和 B 皆為主之合併，或是包括左、右邊資料表 A、B 的全部以及左、右兩邊資料表皆有的紀錄。但特別值得注意的是，在左、右邊資料表 A、B 彼此對應不到的紀錄皆會出現。

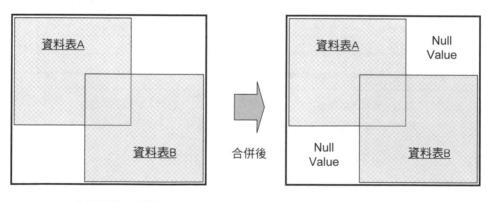

(a)合併前的示意圖　　　　　　　　　　(b)合併後的示意圖

再以『員工』與『客戶』資料表為實例說明，如下圖所示，從原本的『內部合併』的三筆紀錄，變成了六筆紀錄，多出了兩筆是在『員工』資料表內的『員工代號』為 1 與 4，其對應不到『客戶』資料表的紀錄，並於『客戶』資料表的屬性全填入『空值』（null value）。另外多出的一筆是在『客戶』資料表內的『負責人代號』為 5，其對應不到『員工』資料表的紀錄，並於『員工』資料表的屬性全填入『空值』（null value）。如此就等同於『左邊外部合併』與『右邊外部合併』的聯集了。

(a)『員工』資料表

姓名	部門	職稱	員工代號		Null Value	
陳明明	業務部	經理	1			
趙子龍	業務部	專員	4			
林立人	研發部	主任	2		C0005	A
林立人	研發部	主任	2		C0010	B
趙銘船	研發部	專案經理	3		C0020	C
Null Value			5		C0025	D
				負責人代號	客戶代號	地區代號

(b)『客戶』資料表

完全外部合併(Full Outer Join)後

姓名	部門	職稱	員工代號	負責人代號	客戶代號	地區代號	
陳明明	業務部	經理	1	Null	Null	Null	左邊外部合併
趙子龍	業務部	專員	4	Null	Null	Null	
林立人	研發部	主任	2	2	C0005	A	內部合併
林立人	研發部	主任	2	2	C0010	B	
趙銘船	研發部	專案經理	3	3	C0020	C	
Null	Null	Null	Null	5	C0025	D	右邊外部合併

『員工』資料表的屬性　　　　　　　　　『客戶』資料表的屬性

透過 Microsoft SQL Server Management Studio 實際建立『完全外部合併』的方式，也是要先建立一個新的【檢視表】，並選取 [T01 員工] 與 [T01 客戶] 兩個資料表到【檢視表】內，然後依序點選所要的屬性。

如同前述的『外部合併』操作相同，利用滑鼠左鍵點選 [T01 員工] 資料表的『員工代號』，直接拖曳至 [T01 客戶] 資料表的『負責人代號』上方放開滑鼠。完成此動作後，僅僅完成了兩個資料表的『內部合併』（inner join）。要完成『完全外部合併』必須於兩個資料表之間的關聯線上面，按滑鼠右鍵，並分別點選【選取 T01 員工 中所有的資料列 (S)】與【選取 T01 客戶 中所有的資料列 (E)】兩個選項，隨即可以按下 Microsoft SQL Server Management Studio 左上方的紅色驚嘆號執行 SQL。

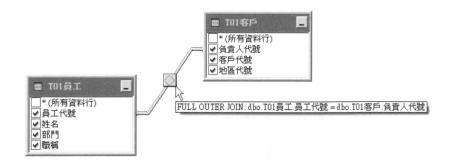

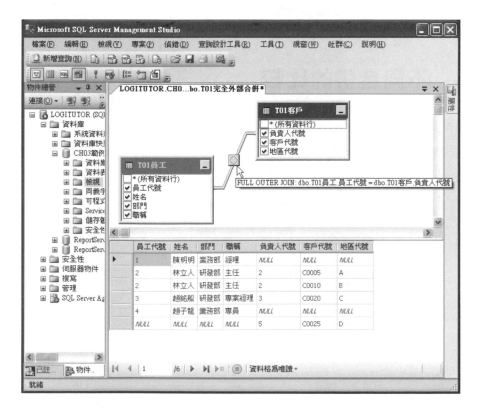

在此節所提到的三種外部合併與內部合併之間的關係很明顯，不論是那一種的外部合併皆會包括內部合併，以及在此三種外部合併之間的包含關係整理如下圖所示，以『完全外部合併』為最大，包括『左邊外部合併』、『右邊外部合併』以及『內部合併』，而左邊、右邊外部合併的交集部份，也就是『內部合併』。

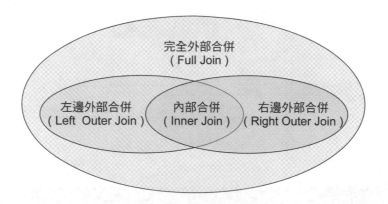

3-6 不同合併的比較

上節提到『內部合併』與所有『外部合併』之間的包含關係圖，或許會覺得奇怪，為何沒有獨缺『交叉合併』呢？以下再將所有的合併說明如下圖做一全面的比較，在圖中共分為 (a)、(b)、(c) 與 (d) 四個不同的區塊，並一一說明如下：

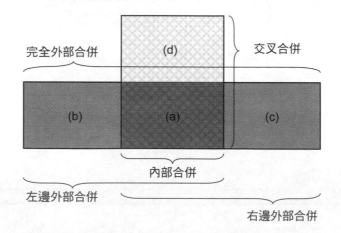

(a) 表示『內部合併』（Inner Join），也就是在每兩個資料表之間，具有某些屬性（一個或多個）值符合『對應』（Mapping）關係，所合併出的結果。

(b) 表示左邊資料表中的某些屬性（一個或多個）值，無法對應到右邊資料表的屬性值的紀錄，所合併出的結果在右邊的屬性值將會是空值（Null Value）。也就是『左邊外部合併』去除『內部合併』，所剩餘的部份。

(c) 表示右邊資料表中的某些屬性（一個或多個）值，無法對應到左邊資料表的屬性值的紀錄，所合併出的結果在左邊的屬性值將會是空值（Null Value）。也就是『右邊外部合併』去除『內部合併』，所剩餘的部份。

(d) 表示左、右兩邊資料表的某些對應的屬性（一個或多個）值，彼此無法符合『對應』（Mapping）條件的部份，但是在合併後的左、右兩邊屬性皆會有值存在。也就是『交叉合併』扣除『內部合併』，所剩餘的部份。

(a) + (b) 表示『左邊外部合併』（Left Outer Join）。

(a) + (c) 表示『右邊外部合併』（Right Outer Join）。

(a) + (b) + (c) 表示『完全外部合併』（Full Outer Join）

(a) + (d) 表示『交叉合併』（Cross Join）。

3-7 不同對應關係的合併

前面已提過『對應關係』並非只有一種『等於』的條件關係，尚有其他『比較運算子』（大於、小於、大於或等於、小於或等於、不等於）的『對應關係』，每一種對應關係都有其使用時機和必要性。以下利用一個實例來說明，包括『訂單』與『產品』兩個資料表；在『訂單』資料表中，每一筆訂單僅會有一筆產品資料，對應到另一『產品』資料表，如下圖所示。

訂單編號	經手人	產品編號	單價
00001	陳明明	P001	30,000
00002	劉銘銘	P001	24,000
00003	林森木	P002	12,000
00004	蔡元圓	P002	15,000
00005	何璧珠	P003	18,000

『訂單』資料表

產品編號	訂價	產品名稱
P001	30,000	冷氣
P002	15,000	冰箱
P003	20,000	洗衣機
P004	9,000	微波爐
P005	850	電風扇

『產品』資料表

在此範例中，倘若要在『訂單』資料表中，找出哪些訂單的產品銷售『單價』小於『產品』資料表中的『訂價』。此時，這種的對應關係將會如下所述：

> 『訂單』資料表的『產品編號』**等於**『產品』資料表的『產品編號』
>
> 且
>
> 『訂單』資料表的『單價』**小於**『產品』資料表的『訂價』

也就是說，相同的產品編號，比較兩者的價格（『單價』與『訂價』）

可以將以上的『對應關係』表示成下圖的示意圖。此範例的『對應關係』是兩個資料表各用『兩個屬性』所形成的『對應關係』，再從中挑選出符合條件的紀錄。所以如圖中的合併結果，每一筆『訂單』資料表的『產品編號』，都相等於『產品』資料表的『產品編號』；而且每一筆『訂單』資料表的『單價』，都小於『產品』資料表的『訂價』，完成符合『對應關係』。

訂單編號	經手人	產品編號	單價	
00001	陳明明	P001	30,000	『訂單』資料表
00004	蔡元圓	P002	15,000	
00002	劉銘名	P001	24,000 < 30,000	冷氣
00003	林森木	P002	12,000 < 15,000	冰箱
00005	何璧珠	P003	18,000 < 20,000	洗衣機
		P004	9,000	微波爐
		P005	850	電風扇
		產品編號	訂價	產品名稱

『產品』資料表

內部合併後

訂單編號	經手人	產品編號	單價	產品編號	訂價	產品名稱
00002	劉銘名	P001	24,000	P001	30,000	冷氣
00003	林森木	P002	12,000	P002	15,000	冰箱
00005	何璧珠	P003	18,000	P003	20,000	洗衣機

　　　　『訂單』資料表　　　　　　　　　　　『產品』資料表

透過 Microsoft SQL Server Management Studio 實際建立此種特殊對應關係的方式，也是要先建立一個新的【檢視表】，並選取 [T02 訂單] 與 [T02 產品] 兩個資料表到【檢視表】內，然後依序點選所要的屬性。

如同前述的『合併』操作相同，利用滑鼠左鍵點選以下屬性，並建立符合以上兩個對應關係的條件。

Step 1. 先建立以上兩個資料表之間的兩個條件之關聯性如下。

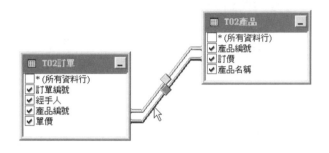

Step 2. 先利用滑鼠左鍵，點選 [T02 訂單] 資料表的『單價』與 [T02 產品] 資料表的『訂價』之間的聯結線後，再於【屬性】視窗內點選『聯結條件與型別』旁的 [...] 按鈕，會出現【聯結】對話框。再從此對話框中，將原本兩個資料行之間的的等號（『=』）關係，更改成小於（『<』）的關係，並按下確定按鈕離開此對話框。

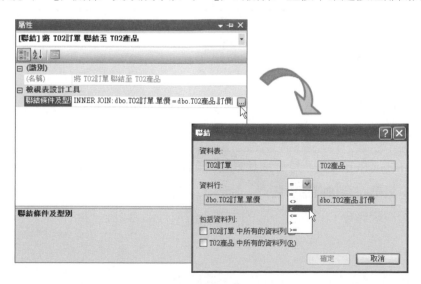

Step3. 隨即按下 Microsoft SQL Server Management Studio 左上方的紅色驚嘆號執行
SQL，可得以下結果。

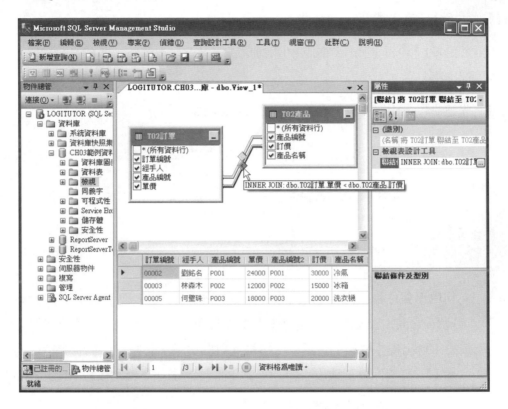

3-8 自我合併

前面介紹的所有不同合併方式，都是針對兩個不同的實體資料表進行合併，包括
『內部合併』及三種不同的『外部合併』。

『自我合併』（Self-Join）是一種比較特殊的合併，就是在設計時，實際上只有一個
實體資料表。但是在合併時卻會將此一資料表，充當成兩個不同的資料表來看待，也就
是利用角色扮演來區分，再進行不同的內部合併或外部合併，例如有一個『員工』資料
表如下：

員工（ <u>員工編號</u> , 姓名 , 職稱 , 主管 ）

其中『主管』屬性是指該名員工直屬上司的員工編號，內容如下圖所示。若是要查詢出『陳臆如』的上司姓名，以直覺的反應，將會分為以下三個步驟：

(1) 從員工姓名為『陳臆如』，取得主管的編號為『1』

(2) 再尋找員工編號為『1』的紀錄

(3) 透過員工編號為『1』，取得主管姓名為『陳祥輝』

員工編號	姓名	職稱	主管
1	陳祥輝	總經理	*Null*
2	黃謙仁	工程師	4
3	林其達	工程助理	2
4	陳森耀	工程協理	1
5	徐沛汶	業務助理	12
6	劉逸萍	業務	10
7	陳臆如	業務協理	1
8	胡琪偉	業務	10
9	吳志梁	業務	10
10	林美滿	業務經理	7
11	劉嘉雯	業務	10
12	張懷甫	業務經理	7

透過單一資料表自我查詢的方式即為『自我合併』的基礎。也就是將一個資料表利用兩個不同的『別名』來進行合併，其一命名為『部屬』資料表，其一命名為『上司』資料表。概念上如下圖所示，彷彿有『部屬』與『主管』兩個實體資料表，再以『部屬』資料表的『主管』屬性，與『上司』資料表的『員工編號』屬性，進行『內部合併』或不同的『外部合併』。

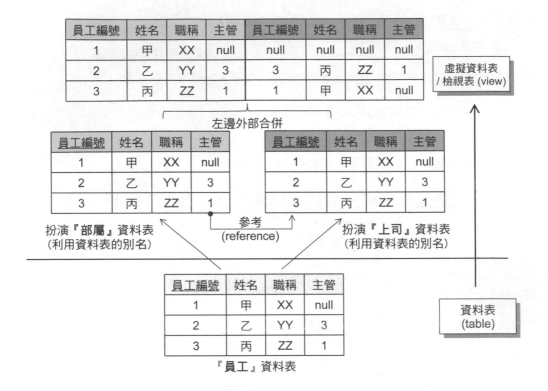

員工編號	姓名	職稱	主管	員工編號	姓名	職稱	主管
1	甲	XX	null	null	null	null	null
2	乙	YY	3	3	丙	ZZ	1
3	丙	ZZ	1	1	甲	XX	null

虛擬資料表 / 檢視表 (view)

左邊外部合併

員工編號	姓名	職稱	主管
1	甲	XX	null
2	乙	YY	3
3	丙	ZZ	1

員工編號	姓名	職稱	主管
1	甲	XX	null
2	乙	YY	3
3	丙	ZZ	1

扮演『部屬』資料表
（利用資料表的別名）

參考
(reference)

扮演『上司』資料表
（利用資料表的別名）

員工編號	姓名	職稱	主管
1	甲	XX	null
2	乙	YY	3
3	丙	ZZ	1

『員工』資料表

資料表 (table)

下圖是使用『自我合併』+『內部合併』的結果。

員工編號	姓名	職稱	主管	員工編號	姓名	職稱	主管
2	黃謙仁	工程師	4	4	陳森耀	工程協理	1
3	林其達	工程助理	2	2	黃謙仁	工程師	4
4	陳森耀	工程協理	1	1	陳祥輝	總經理	Null
5	徐沛汶	業務助理	12	12	張懷甫	業務經理	7
6	劉逸萍	業務	10	10	林美滿	業務經理	7
7	陳臆如	業務協理	1	1	陳祥輝	總經理	Null
8	胡琪偉	業務	10	10	林美滿	業務經理	7
9	吳志梁	業務	10	10	林美滿	業務經理	7
10	林美滿	業務經理	7	7	陳臆如	業務協理	1
11	劉嘉雯	業務	10	10	林美滿	業務經理	7
12	張懷甫	業務經理	7	7	陳臆如	業務協理	1

部屬　　　　　　　　　　　　上司

下圖則是使用『自我合併』+『左邊外部合併』的結果,所以比起『自我合併』+
『內部合併』多了一筆紀錄。

員工編號	姓名	職種	主管	員工編號	姓名	職種	主管
1	陳祥輝	總經理	Null	Null	Null	Null	Null
2	黃謙仁	工程師	4	4	陳森耀	工程協理	1
3	林其達	工程助理	2	2	黃謙仁	工程師	4
4	陳森耀	工程協理	1	1	陳祥輝	總經理	Null
5	徐沛汶	業務助理	12	12	張懷甫	業務經理	7
6	劉逸萍	業務	10	10	林美滿	業務經理	7
7	陳臆如	業務協理	1	1	陳祥輝	總經理	Null
8	胡琪偉	業務	10	10	林美滿	業務經理	7
9	吳志梁	業務	10	10	林美滿	業務經理	7
10	林美滿	業務經理	7	7	陳臆如	業務協理	1
11	劉嘉雯	業務	10	10	林美滿	業務經理	7
12	張懷甫	業務經理	7	7	陳臆如	業務協理	1

部屬　　　　　　　　　　　上司

透過 Microsoft SQL Server Management Studio 實際建立『自我合併』+『左邊外
部合併』,也是要先建立一個新的【檢視表】,並點取 [T03 員工] 資料表,加到【檢視
表】內兩次,此時在【檢視表】內會出現兩個資料表,資料表名稱分別為 [T03 員工]
與 [T03 員工 _1] 兩個,然後依序點選所要的屬性。

為了讓這兩個資料表所扮演的角色能分明,可以點選 [T03 員工] 後,於【屬性】
視窗內的【別名】欄位內填入 [T03 部屬]。相同地,也將 [T03 員工 _1] 資料表的別名
更改為 [T03 上司]。

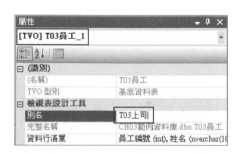

此時，可以將 [T03 部屬] 與 [T03 上司] 視為兩個不同的資料表，再進行『左邊外部合併』的方式來完成此查詢。

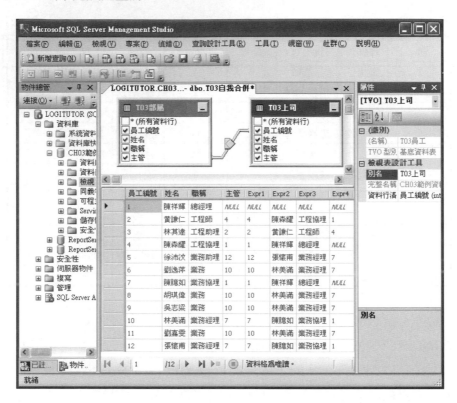

本章習題

一、簡答題

1. 若是資料庫設計不當，可能會遇到哪三種異常現象，並各別說明。

2. 依據下面的資料進行三正規化。

學生學號	學生姓名	科系代號	科系名稱	位置	書籍編號	書籍名稱	出版日期
99001	陳阿山	X01	資管系	資訊大樓	B01 B03 B05	資料庫 作業系統 TCP/IP通訊協定	99/01/15 99/01/31 98/05/22
99002	林月里	Y01	電機系	機電大樓	B01 B02	資料庫 資料探勘	99/01/15 98/02/11
99003	劉少齊	X01	資管系	資訊大樓	B02 B05	資料探勘 TCP/IP通訊協定	98/02/11 98/05/22
99004	李國頂	Z01	資工系	資訊大樓	B01 B05	資料庫 TCP/IP通訊協定	99/01/15 98/05/22
99005	梁山泊	Y01	電機系	機電大樓	B04 B05	Java程式設計 TCP/IP通訊協定	98/12/01 98/05/22

3. 請依據下方的兩個資料表進行 (a)INNER JOIN 與 (b)OUTER JOIN。

學生資料

學生學號	學生姓名
99001	陳阿山
99002	林月里
99003	劉少齊
99004	李國頂
99005	梁山泊

書籍借閱資料

學生學號	課程編號	分數
99002	B01	80
99002	B02	95
99003	B02	65
99005	B01	90
99005	B02	75

4. 根據下方資料表進行『自我合併 + 外部合併』（self-join + outer join），條件是列出每一位學生的每一門課程，分數比自己高的其他學生資料。

[提示] 若將自己當成 A 資料表，其他人當成 B 資料表，條件會是

A. 課程編號 =B. 課程編號 且 A. 分數 < B. 分數

學生學號	學生姓名	課程編號	分數
99002	林月里	B01	80
99002	林月里	B02	95
99003	劉少齊	B02	65
99005	梁山泊	B01	90
99005	梁山泊	B02	75

CHAPTER 4

規劃與安裝 SQL Server

本章將直接進入 SQL Server 的安裝過程，在逐一介紹安裝的過程中，如何設定選擇項目，並介紹 SQL Server 的管理工具【Microsoft SQL Server Management Studio】，包括資料庫連線、帳號認證以及一些環境的基本操作。並利用 SQL Server Management Studio 的『附加』與『卸離』功能，方便讀者在使用本書範例時，可以先行將每一章的範例資料庫附加至 SQL Server Management Studio。

4-1 安裝前的準備

SQL Server 2008 依據功能的高低，依序可分為 Enterprise、Developer、Standard、Workgroup、Web、Compact 以及 Express 五種不同的版本。其中 Express 版本是微軟公司提供學習使用的免費下載版本，但其功能受到較多的限制，例如資料庫的大小被受限制於 4GB，最多只能支援 1 個 CPU 和 1GB 記憶體。

SQL Server 2008 依據版本的不同，也會受作業系統的不同而限制，以下表為各版本適用的作業系統平台。

SQL Server 版本	適用的作業系統
Enterprise 版	Windows Server 2008 Windows Server 2003 SP2（含）以上
Enterprise 試用版 Developer 版 Standard 版 Workgroup 版 Express 版 用戶端工具	Windows Server 2008 Windows Server 2003 SP2（含）以上 Windows Vista Windows XP SP2（含）以上

4-2 安裝 SQL Server

首先將本書所附光碟置入光碟機，或是至微軟的官方網站自行下載 SQL Server 2008 軟體並燒成光碟，以下採用 Windows Server 2008 環境，以及使用管理者帳號 administrator 登入，安裝 SQL Server 2008 為範例說明。如果系統沒有自動執行安裝程式，請至光碟目錄下執行 setup.exe，將會看到以下啟動畫面，經過幾分鐘的執行。

當出現以下畫面時，表示目前的作業系統中缺乏 SQL Server 2008 所需的必要元件，只要按下【確定】按鈕開始安裝，安裝程式將會先將必要的程式解壓縮，再進行後續的安裝動作。

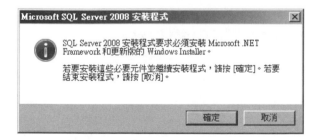

當要安裝微軟的 .NET Framework 時，會出現以下的授權條款，閱讀完畢後，只要點選【我已閱讀並且接受授權合約中的條款 (A)】，並按下【安裝 (I) >】繼續後續的安裝。

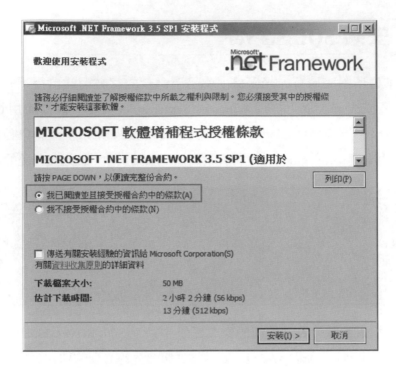

安裝程式會先下載並開始安裝微軟的 .NET Framework 3.5 SP1，這將會花上幾分鐘的時間。

當順利完成之後，會出現以下的對話框，告知使用者已經順利完成，只要按下【結束 (X)】按鍵繼續。

出現以下對話框，準備安裝 Windows 的軟體更新，只要按下【確定】即可。

出現下載並安裝更新的畫面，會需要幾分鐘的時間。

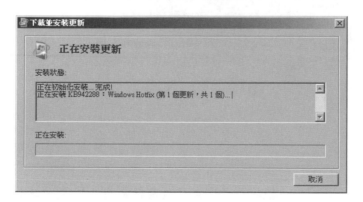

安裝完畢後，會出現以下對話框，只要按下【立即重新啟動】按鍵，讓 Windows 重新開機，再進行後續的安裝程序。

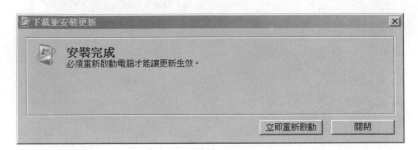

當電腦重新啟動之後，再一次的執行安裝程式，將會出現【SQL Server 安裝中心】視窗。

Step 1. 點選左邊的選單中【安裝】。

Step 2. 點選右邊視窗的【新的 SQL Server 獨立安裝或將功能加入到現有安裝】。

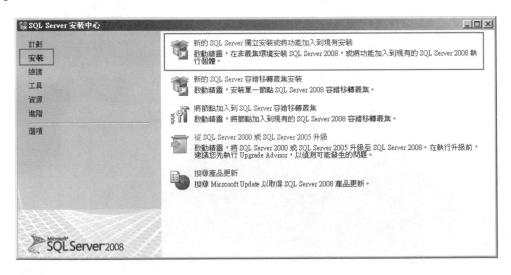

在 SQL Server 正式進入安裝程序之前，還會針對當下作業系統的狀態進行檢查，並按下【顯示詳細資料 (S) >>】按鍵後會出現以下視窗，所有的狀態都檢查通過，按下【確定】按鍵。

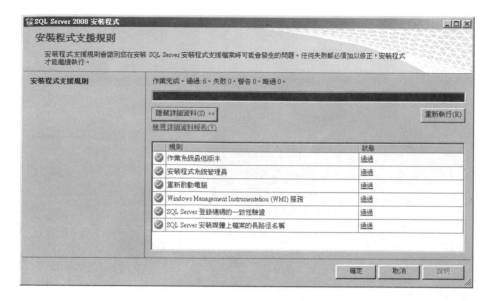

當出現以下畫面時，可以有以下兩大類型的版本選擇，以下將以『企業評估版』（Enterprise Evaluation）來進行說明，選擇後按下【下一步 (N)>】。

- 指定免費版本 (S)：
  - □ Enterprise Evaluation
  - □ Express
  - □ Express with Advanced Services
- 輸入產品金鑰 (E)：此為正式版本，而安裝的版本會依據所輸入產品金鑰而決定。

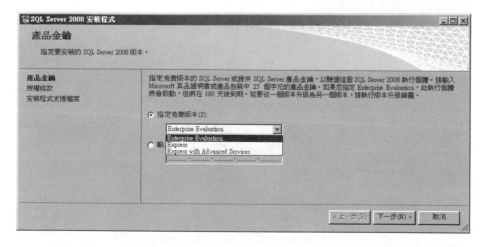

出現【MICROSOFT 評估軟體授權條款】，閱讀條款後必須點選【我接受授權條款 (A)】，再按下【下一步 (N)>】。

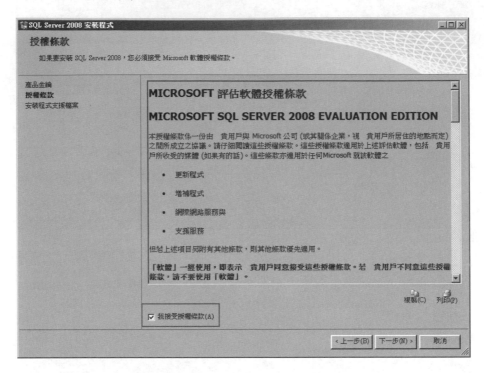

出現以下視窗後，只要按下【安裝 (I)】按鍵。

　　當出現以下視窗時，必須再檢示一次所有狀態是否通過，倘若有些只是【警告】，可以直接先跳過，若是發生錯誤，必點選該訊息找出問題原因，否則後續安裝將會出現不預期的錯誤。

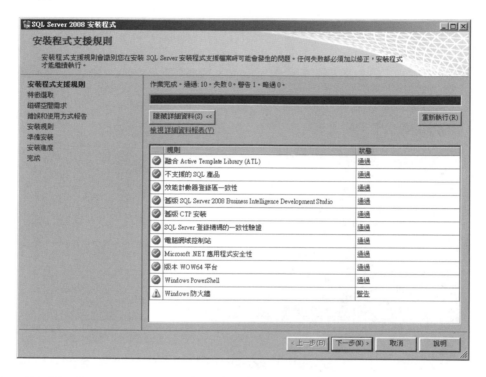

　　以下是點選【Windows 防火牆】的【警告】後出現的對話框，提醒系統管理者要記得將 Windows 的防火牆開啟 SQL Server 能通過的規則，否則遠端主機將無法順利連線至本 SQL Server。按下【確定】後回原視窗，再按【下一步 (N)>】。

勾選安裝選項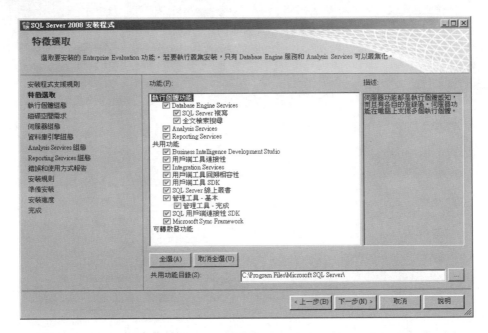

以下視窗主要是選擇將要安裝的功能項目，建議第一次學習安裝 SQL Server 的人點選【全選 (A)】或逐一點選也行，有經驗者可以依據自己的需求來點選安裝所要的功能選項。

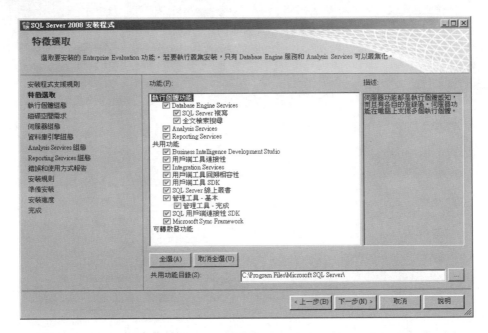

以上的每一個主要的功能說明如下。

功能名稱	功能說明
Database Engine Services	SQL Server 最重要的服務，包括資料庫、複寫以及全文檢索功能。
Analysis Services	支援『線上分析處理』（On Line Analytical Processing, 簡稱 OLAP）以及『資料探勘』（Data Mining），也就是『商業智慧』（BI）最重要的服務。
Reporting Services	支援『報表服務』，包括管理、執行、轉譯及報表的發佈。
Business Intelligence Development Studio	此為開發者用以開發商業智慧的工具，包括可開發 Analysis、Reporting 以及 Integration Services 的一個共同平台。

功能名稱	功能說明
Integration Services	支援『整合服務』，包括在不同資料庫之間，對資料的擷取、轉換和載入之工具。
用戶端工具	包括用戶開發程式時，必備的軟體開發相關工具。
SQL Server 線上叢書	主要包括 SQL Server 元件的線上輔助文件。
管理工具	主要是在用戶端用來連線 SQL Server 的管理程式，包括 SQL Server Management Studio。

執行個體組態

　　出現以下【執行個體組態】設定畫面，只要先點選上方的【預設執行個體 (D)】即可，微軟的預設執行個體名稱為『MSSQLSERVER』，所以下方的【執行個體識別碼 (I):】可以不用更改它，至於【執行個體根目錄 (R):】可以依需求而自訂，此安裝將採用原有的預設值，並按【下一步 (N)>】。

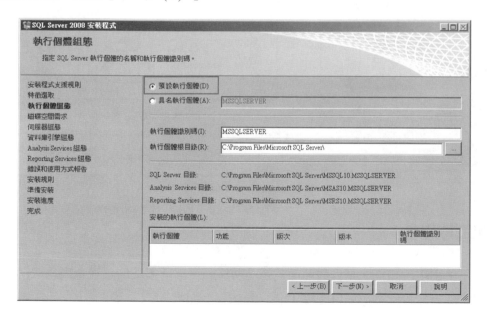

　　什麼是『執行個體』呢？參考下圖的示意。一般的主機會是伺服器都會有一個獨一無二的網路位址（稱為 IP 位址），而每一個網路位址相對應會有不同的 TCP 或 UDP 的埠號（port），以微軟的 SQL Server 而言是佔用『1433』。通常每一個埠號後面，會對應一個服務程式來服務網路上的客戶端連線請求，但微軟公司所開發的 SQL Server 在埠號『1433』後再分出所謂的『執行個體』。當客戶請求連線 SQL Server 時，若沒有特別聲明要連線哪一個『執行個體』，SQL Server 將會以預設的『執行個體』來達成連線，也就是『MSSQLSERVER』。否則在連線時要特別指名出所要連線的『執行個體』名稱。

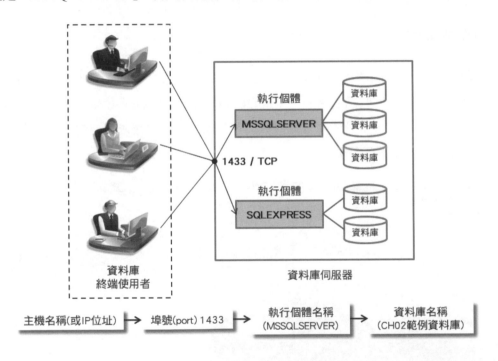

磁碟空間需求

　　以下所出現的畫面，是依據前面勾選的功能計算出所需要的磁碟空間需求，方便讓資料庫管理者能瞭解情形，只要按【下一步 (N)>】即可。

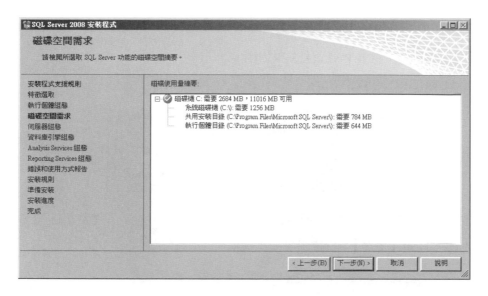

　　出現【伺服器組態】畫面，建議點選【所有 SQL server 服務都使用相同的帳戶 (U)】，這樣可以方便統一管理。

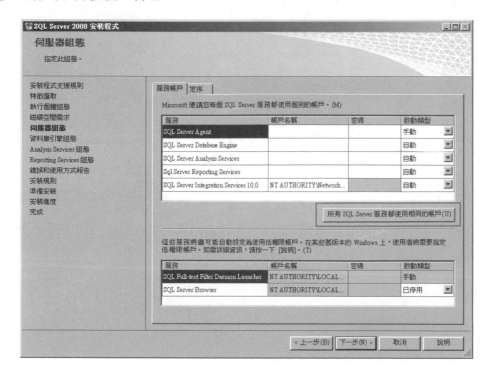

當出現以下對話框時，請點選【帳戶名稱 (A)】的下拉式選單，會有以下兩種選擇

- 『NT AUTHORITY\NETWORK SERVICE』
- 『NT AUTHORITY\SYSTEM』

只要點選『NT AUTHORITY\NETWORK SERVICE』，並按【確定】回原畫面。然後點選上面的頁籤【定序】，將會出現如下畫面。

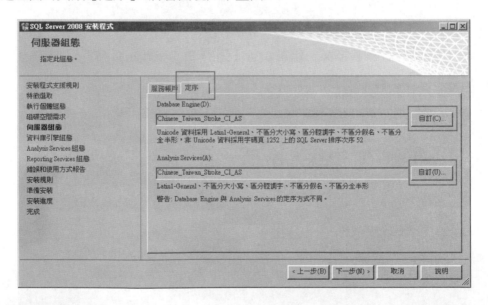

若是點選【自訂 (C)…】或【自訂 (U)…】皆會出現以下畫面，可以選擇定序方式，並按【確定】回原畫面，再按【下一步 (N)>】即可。

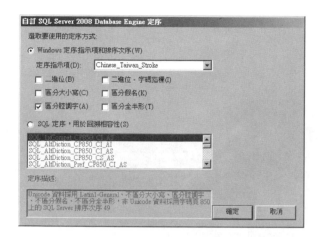

資料庫引擎組態（Database Engine 組態）

此畫面共有三個頁籤，分別為【帳戶提供】、【資料目錄】以及【FILESTREAM】。在【帳戶提供】畫面主要是設定使用者的驗證模式，SQL Server 共提供兩種的驗證模式，分別為以下兩種：

- 【Windows 驗證模式 (W)】，此種模式是將登入帳戶與 Windows 作業系統的帳戶整合為一，設定此種模式的 SQL Server 必須擁有該伺服器的帳戶方可登入使用。

- 【混合式（SQL Server 驗證與 Windows 驗證）(M)】，此種模式除了擁有 Windows 的帳號可登入外，亦可由 SQL Server 自行管理的帳號登入。若選擇此種模式時，必需先設定 SQL Server 內建系統管理員帳戶『sa』密碼。

同時也必須指定 Windows 中哪一個帳號具有管理 SQL Server 的權限，若是在安裝 SQL Server 時是以 administrator 登入，只要點選【加入目前使用者 (C)】。

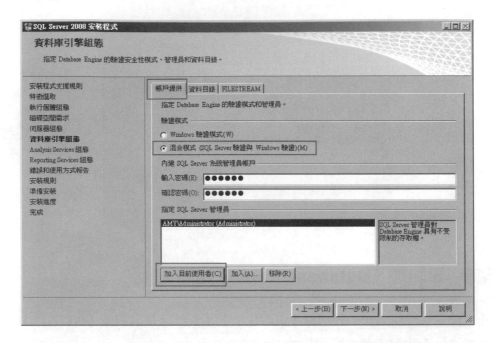

點選【資料目錄】頁籤切換至以下畫面，此畫面主要是設定資料庫引擎（Database Engine）的資料之預設目錄。

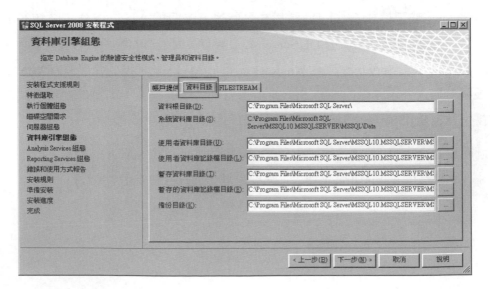

　　點選【FILESTREAM】頁籤切換至以下畫面，檔案串流（FILESTREAM）功能是 SQL Server 2008 新增的功能，建議先將以下功能先行勾選，避免後續章節在附加資料庫時發生問題。完成後按下【下一步 (N)>】。

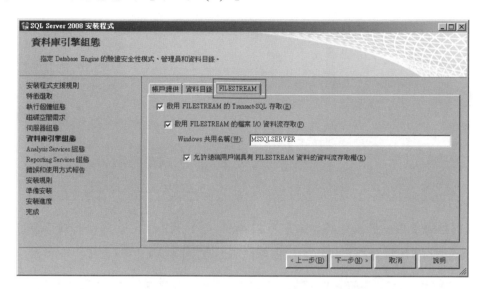

Analysis Services 組態

　　此處是設定有關 SQL Server 的 Analysis Services 的組態資訊，也就是線上分系處理（OLAP）、在【帳戶提供】頁籤可以將目前登入的使用者（Administrator）加入管理權限，只要按下【加入目前使用者 (C)】按鍵即可，再將頁籤切換至【資料目錄】。

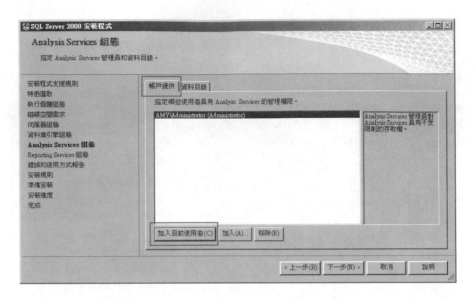

【資料目錄】頁籤所設定的是未來有關 Analysis Services 相關資料的儲存位置，以下為 SQL Server 的預設路徑，管理者可依據需求而改變路徑，再按下【下一步 (N)>】。

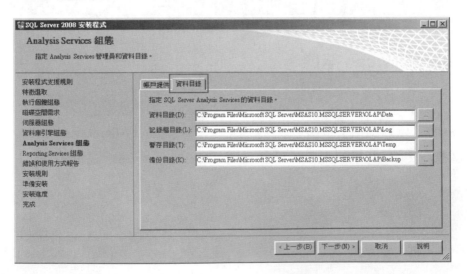

Reporting Services 組態

此畫面進入 SQL Server 的報表服務 Reporting Services 的組態畫面，此處先點選【安裝原生模式預設組態 (I)】，並按【下一步 (N)>】即可。

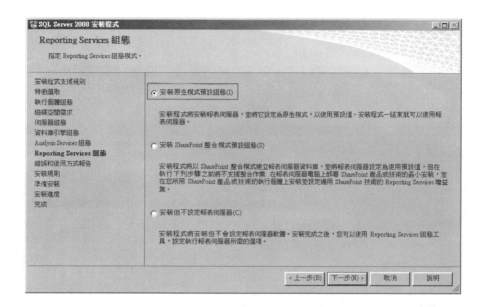

錯誤和使用方式報告

此畫面是讓資料庫管理者選擇是否要將安裝 SQL Server 過程中所發生的錯誤和使用方式回報給微軟公司，倘若不願意回報錯誤訊息，就不要勾選畫面中的選項，直接按【下一步 (N)>】。

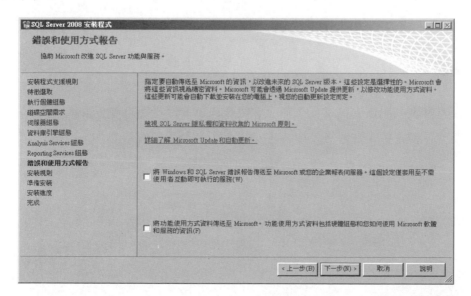

安裝規則

當以上的安裝選項和設定完成後，會出現以下的【安裝規則】顯示出所有規則經過檢驗後是否通過。倘若全數通過，只要按【下一步 (N)>】。

準備安裝

最後將會表列出所有的準備工作，方便資料庫管理者可以在安裝前再檢視一次所有的設定項目是否正確，無誤後就按下【安裝 (I)】開始進行安裝動作。

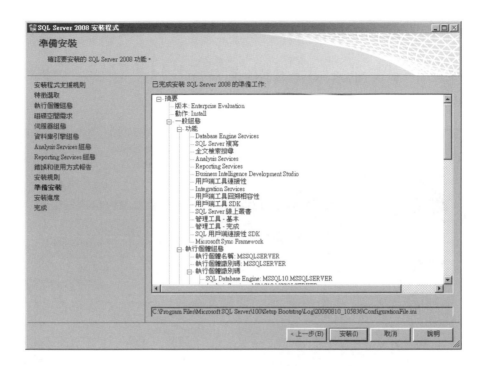

安裝進度

依據每部電腦硬體等級不同，安裝所耗費的時間也不一，但此安裝過程是會花費一段時間。

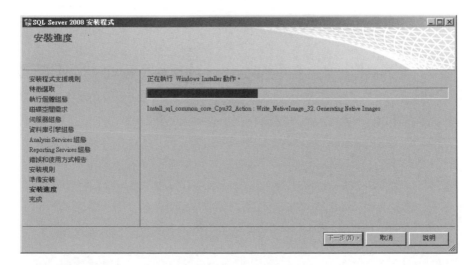

安裝進度和安裝後的狀態

當完成所有安裝後，SQL Server 會將所選擇的所有功能名稱表列，並顯示安裝後的狀態是否成功，無誤後便按下【下一步 (N)>】。

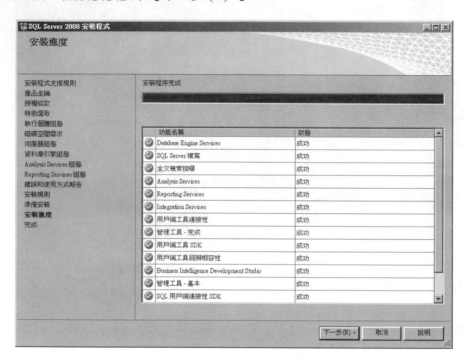

完成

最後只是一個完成的訊息，表示 SQL Server 2008 安裝成功，按下【關閉】以完成所有的安裝動作。

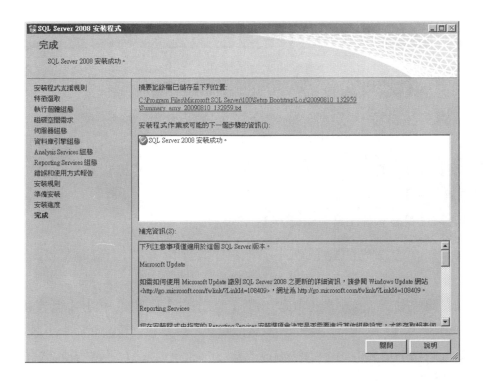

功能選單 ▐▐

　　若是順利完成以上所有的安裝步驟，可以從【開始】\【所有程式】\【Microsoft SQL Server 2008】看到以下畫面，表示安裝過程完全正常。

4-3 啟動 SQL Server 服務與連線的網路協定

完成安裝之後，SQL Server 將會有幾個服務已自動啟動，也有幾個是要手動啟動，這要視前面安裝時的設定。倘若要『啟動』、『停止』、『重新啟動』服務或是重新設定『啟動模式』（自動、手動或停用），可以透過兩個方式來設定，以下將就第一項來說明。

- 【開始】\【所有程式】\【Microsoft SQL Server 2008】\【組態工具】\【SQL Server 組態管理員】
- 【開始】\【系統管理工具】\【服務】

根據第一項方法先啟動【SQL Server 組態管理員】，如下畫面左方點選【SQL Server 服務】，將於右方展現出所有 SQL Server 的相關服務項目，每一個服務都可以利用滑鼠右鍵來點選，並選擇【啟動 (S)】、【停止 (O)】、【暫停 (P)】、【繼續 (E)】、【重新啟動 (T)】以及【內容 (R)】。畫面中有數個服務，只要在服務後面加上小括弧的部份是表示執行個體名稱，例如【SQL Server（MSSQLSERVER）】服務的執行個體名稱為『MSSQLSERVER』。

若是要更改啟動模式，必須點選【內容 (R)】，再選擇【服務】頁籤，點選【啟動模式】的下拉式選單，選擇所要設定的模式，

- ■【自動】，表示 Windows 啟動後，該服務會自動啟動。
- ■【已停用】，表示停用該服務。
- ■【手動】，當 Windows 啟動後，必須透過人工方式啟動。

若 是 點 選 的 服 務 是【SQL Server (MSSQLSERVER)】的【內 容】會 多 一 個
【FILESTREAM】頁籤，這是 SQL Server 2008 版本所提供的功能之一，若是在前面安裝
沒有勾選 FILESTREAM，此處亦能再更改是否啟用。

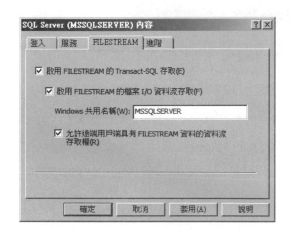

　　預設的 SQL Server 伺服器僅提供本機連線使用，若是要提供給其他客戶端主機也能連上本伺服器的 SQL Server，必須更改【SQL Server 網路組態】。在以下畫面的左方展開【SQL Server 網路組態】，並點選欲更改的執行個體的通訊協定，由於本機僅安裝一個預設的執行個體『MSSQLSERVER』，所以直接點選【MSSQLSERVER 的通訊協定】；右方將出現四種的通訊協定名稱，只要在欲開啟的通訊協定名稱上按滑鼠右鍵，並點選【啟用 (E)】。建議初學者分別將【具名管道】與【TCP/IP】兩者同時啟用，後續的學習會較為方便。

　　會出現一個警告的對話框，提醒管理者必須要重新啟動 SQL Server 服務，此設定才會生效。

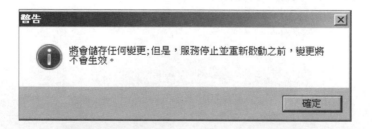

　　用戶端的設定如同前面的伺服器端設定，只要展開畫面左方的【SQL Native Client 10.0 組態】，並點選【用戶端通訊協定】；右方顯示出所有的通訊協定，再啟用需要的協定即可。

4-4　認識 SQL Server Management Studio

連線 SQL Server 的管理工具稱為『SQL Server Management Studio』，可以透過以下的路徑來啟動該軟體，【開始】\【所有程式】\【Microsoft SQL Server 2008】\【SQL Server Management Studio】。

啟動 SQL Server Management Studio

啟動 SQL Server Management Studio 後，會出現【連線到伺服器】的對話框，所要輸入的四個項目：

- **伺服器名稱 (S)**：此處可以輸入所要連線 SQL Server 的主機名稱或 IP 位址。若是要連線到本機，可以輸入本機的電腦名稱、localhost、127.0.0.1 或是只輸入一個點『.』。
- **驗證 (A)**：若是在安裝時選擇混合型的驗證模式，此處的下拉式選單將會有『Windows 驗證』與『SQL server 驗證』兩種。
- **使用者名稱 (U)**：若是驗證模式選擇『Windows 驗證』，此處將不能輸入任何資料，而會直接用登入 Windows 的帳號與密碼驗證。若是選擇『SQL server 驗證』，就必須輸入在 SQL Server 建立的登入帳號與密碼。
- **密碼 (O)**：和使用者名稱 (U) 一樣情形。

順利登入 SQL Server Management Studio 之後，先熟悉一下相關的視窗，點選上方功能表中的【檢視 (V)】，較為重要且常用的如下說明：

- 【物件總管 (J)】：此視窗為最重要且最常被用到的視窗，其中包括資料庫、安全性、伺服器物件、複寫、管理以及 SQL Server Agent。

- 【物件總管詳細資料】：此視窗是對應到【物件總管 (J)】，若是在【物件總管 (J)】點選任何一個物件時，該物件的詳細資料會顯示於【物件總管詳細資料】視窗內。

- 【已註冊的伺服器】：常使用到的 SQL Server 伺服器，可以先在【已註冊的伺服器】視窗中註冊，以後開啟 SQL Server Management Studio 時，就可以很輕鬆在此視窗中選擇所要連線的 SQL Server 伺服器。

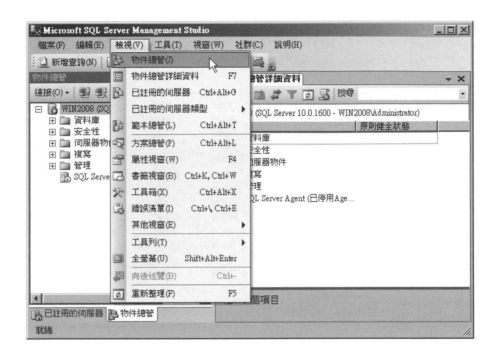

使用資料庫物件

在【物件總管】視窗中，依序展開【資料庫】\【CH04 範例資料庫】\【資料表】\
在『員工』資料表上按滑鼠右鍵，會出現快顯功能表，其中三個如下說明：

- 【設計】：此選項是用來更改資料表結構使用。
- 【選取前 1000 個資料列 (W)】：此選項是傳回該資料表前 1000 筆資料，傳回後只能
  查看不能異動資料。
- 【編輯前 200 個資料列 (E)】：此選項是傳回該資料表前 200 筆資料，傳回後可以針
  對裏面的資料異動。當傳回的資料被異動時，在該筆資料的最前方會出現一隻筆的
  樣子，表示該筆資料尚未寫入資料庫，除非滑鼠在其他筆資料任點一下。

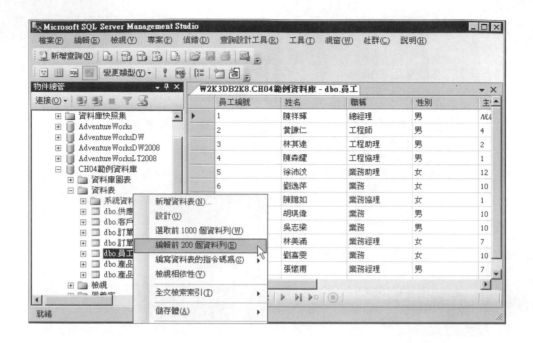

切換資料庫

要使用哪一個資料庫前，必須先切換至那一個資料庫，否則系統會找不到所要的物件，可以如圖用下拉式選單點選所要的資料庫即可。

執行 SQL 敘述

若是要使用 SQL 敘述來操作資料庫，必須先按【新增查詢 (N)】，並於右邊視窗中輸入 SQL 敘述，要執行時要先用滑鼠將其反白選取，再按上方的【執行 (X)】。

啟用 IntelliSense 功能

SQL Server 2008 新增的一個功能就是 IntelliSense，若是使用過微軟的 Visual Studio 的人都使用過這樣的功能，也就是當程式設計人員撰寫程式碼時，系統會根據所撰寫的程式碼，顯示出所有可能的物件提供程式人員選擇，如此可以協助程式撰寫人員非常多。若是要啟動 / 關閉此功能，只要如圖上方按【IntelliSense】按鈕即可開啟或再按一次關閉。

4-5　附加與卸離資料庫

　　第一章曾提到過『資料庫』是由底層一個或數個實體『檔案』所構成，若是要將這些實體『檔案』交由 SQL Server 來管理，可以透過『附加』方式，將『檔案』附加至 SQL Server，提供給資料庫使用者使用。反之，若是要將『檔案』脫離 SQL Server 的管理，可以透過『卸離』方式來達成。

附加資料庫

　　例如先將書附光碟內的範例資料庫複製至『C:\Databasees』，啟動 SQL Server Management Studio，並於【資料庫】上方按滑鼠右鍵，選擇【附加 (A)...】。

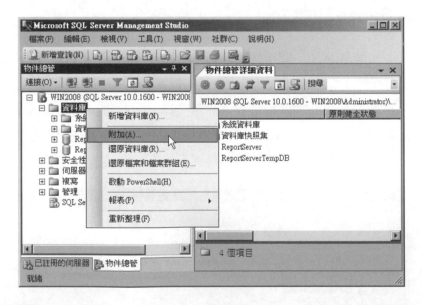

　　當出現【附加資料庫】視窗出現後，只要點選【加入 (A)...】，再選擇所要加入資料庫的『檔案』。

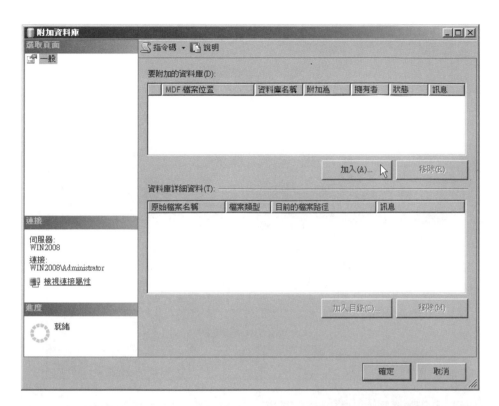

出現【尋找資料庫檔案】的對話框時，先將
目錄切換到『C:\Databases』，或是剛剛將光碟資料
庫檔案複製的所在目錄，此時只會看到副檔名為
『mdf』的檔案，那是因為每一個資料庫都只會有
一個主要的檔案，這檔案將會記載所有其他檔案的
資訊，所以只要選擇副檔名為『mdf』的主要檔案
即可。例如以下選擇『CH02 範例資料庫 .mdf』，
並按【確定】。

選擇主要檔案完成後會到原視窗，可看到下
方已將所有相關檔案顯示出來。可以再重複以上
的動作，將本書後面每章對應會用到的範例資料
庫一一選擇進來，選擇完畢後按【確定】。

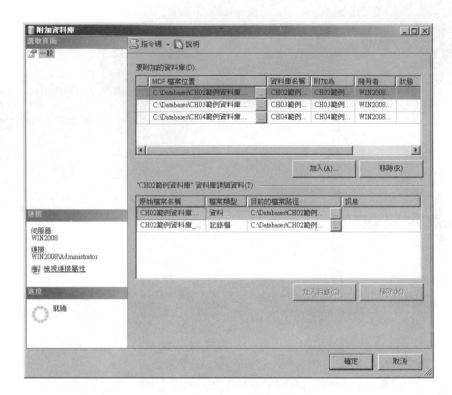

可以發現剛剛選擇附加的資料庫檔案一次全部都被附加至 SQL Server Management Studio 的【物件總管】。

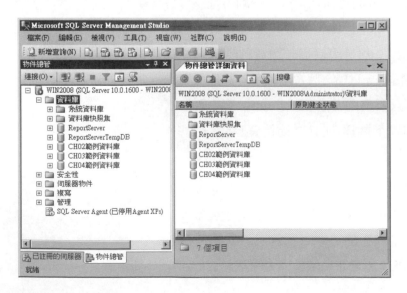

卸離資料庫

反之，若是要將資料庫從 SQL Server 卸離，可以在該資料庫上按滑鼠右鍵，選擇
【工作 (T)】\【卸離 (D)...】。

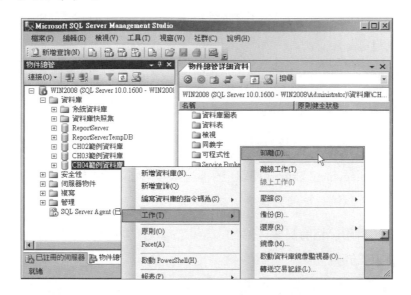

出現【卸離資料庫】視窗，可以勾選【卸離連接】，讓所有已經連到該資料庫的使
用者會先被強迫卸離；否則一旦有使用者連線，將無法成功卸離資料庫。

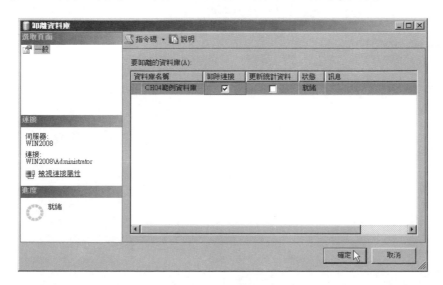

本章習題

1. 請利用本書的書附光碟自行安裝 SQL SERVER，除了安裝預設的執行個體名稱
   MSSQLSERVER 之外，再安裝另兩個執行個體，名稱分別為『MSSQLINST01』與
   『MSSQLINST02』。

2. 試問 MS SQL SERVER 的 Data Engine 使用哪一個傳輸協定以及哪一個埠號？

3. 若是要改變 SQL SERVER 的啟動模式（自動或手動），有幾種方式？

4. SQL SERVER 的驗證模式有哪兩種？

5. SQL Server Management Studio 連線至伺服器的對話框中的【伺服器名稱 (S)】，倘若
   要連線至本機，試用有幾種方式？

6. 試著將本書的書附範例資料庫『附加』至你安裝好的 SQL SERVER，附加成功後，
   再將該資料庫『卸離』。

CHAPTER 5

『檢視表』的建立與應用

　　資料庫管理系統，除了真正儲存資料的『資料表』之外，另一個很重要的物件就是『檢視表』。『檢視表』的外觀其實與『資料表』相同，但內部並不真正儲存資料，所有的資料皆來自於最下層的『資料表』，所以也稱之為『虛擬資料表』。

　　本章主要介紹的重點在於，首先介紹『檢視表』的概念，以及其主要的功能。並透過 Microsoft SQL Server Management Studio 的圖型介面，基於不同需求的情形下，如何能快速的建立一個【檢視】物件，讓使用者從大量的資料中，查詢出自己或企業所需的資料。

　　並且還可以透過『中介軟體』（Middleware）ODBC（Open Database Connectivity）的功能，當成辦公室軟體與各種不同資料庫管理系統連結的橋樑。並以 MS SQL Server 當成後端的一個共同資料來源，讓 MS WORD 與其連結來達到『合併列印』功能；MS EXCEL 與其連結來達到『樞紐分析表』和『樞紐分析圖』的分析。藉此兩種軟體與 MS SQL Server 整合使用，展現資料的重複使用性，以及如何將資料轉換成企業決策的資訊。

5-1　簡介『檢視表』概念與功能

　　前面章節曾經介紹過資料庫的三個正規化，就是將不當設計的資料表，切割成數個不同的資料表，以避免異動資料時產生異常現象。相對的，若要進行查詢就會使用到合併數個資料表的情形。『檢視表』就是一種查詢的設計，它本身並不儲存任何的資料，全部的資料都是來自於最底層的『資料表』，所以『檢視表』也可稱之為『虛擬資料表』。

　　如下圖所示，最底層是 A、B、C、D 與 E 五個實體的『資料表』；W、X、Y 與 Z 則是基於底層合併所得的『檢視表』，各別說明如下：

- ■『W』檢視表,是基於單一資料表『A』產生
- ■『X』檢視表,是基於兩個資料表『B』與『C』產生
- ■『Y』檢視表,是基於兩個檢視表『W』與『X』產生
- ■『Z』檢視表,是基於兩個資料表『D』、『E』以及一個檢視表『W』產生

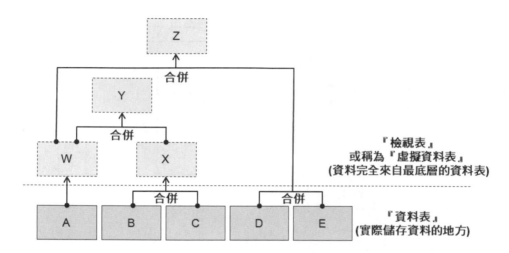

　　由於『檢視表』是一個『虛擬資料表』,看起來像是一個資料表的樣子,但本身並不儲存任何的資料,所以不論下一層是『資料表』或『檢視表』,所有的資料來源皆是來自於 A、B、C、D 與 E 五個實體『資料表』。

　　例如以下的圖示,『員工』資料表可以透過條件式篩選後產生『V01 男業務』與『V01 女業務』兩個『檢視表』。若是要查詢男業務所承接訂單情形,可以直接透過『V01 男業務』檢視表與『訂單』、『客戶』兩個資料表的合併方式來產生所要查詢的資料。當然也可以直接透過『員工』、『訂單』與『客戶』三個資料表的合併與條件篩選,查詢出所要的資料。以上的實作部份將與本章後面逐一介紹。

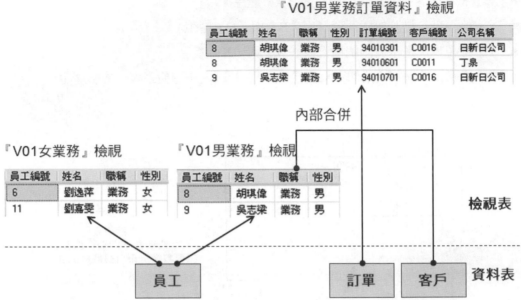

『V01男業務訂單資料』檢視

員工編號	姓名	職稱	性別	訂單編號	客戶編號	公司名稱
8	胡琪偉	業務	男	94010301	C0016	日新日公司
8	胡琪偉	業務	男	94010601	C0011	丁泉
9	吳志梁	業務	男	94010701	C0016	日新日公司

內部合併

『V01女業務』檢視

員工編號	姓名	職稱	性別
6	劉逸萍	業務	女
11	劉嘉雯	業務	女

『V01男業務』檢視

員工編號	姓名	職稱	性別
8	胡琪偉	業務	男
9	吳志梁	業務	男

檢視表

員工　　　　訂單　　客戶　　資料表

5-2　建立『檢視表』的環境介紹

可以透過【Microsoft SQL Server Management Studio】的管理工具來設計所有的『檢視表』，以下將逐一介紹一些基本操作和使用。

新增一個新的【檢視表】

開啟【Microsoft SQL Server Management Studio】管理工具後，在【物件總管】視窗，展開【資料庫】內的『CH05 範例資料庫』，直接在【檢視】物件上按下滑鼠右鍵，當出現快取功能表時，直接選擇【新增檢視（N）...】。此時會出現一個【加入資料表】的對話框，只要將所要的『資料表』在【資料表】頁籤內選擇加入，或『檢視』在【檢視】頁籤內選擇加入即可。

【檢視表】中的四個【窗格】

　　當新增【檢視表】成功之後,將會出現以下四個窗格,由上而下每一個窗格的功能將說明如下:

- **【圖表】窗格**:主要放『檢視表』需要使用的『資料表』,以及資料表之間的『聯結』,設計者亦可經由窗格內的『資料表』,點選所要輸出的『資料行』、以及設定資料表之間的『聯結』屬性為『內部合併』或『外部合併』。
- **【準則】窗格**:主要放置要輸出的所有『資料行』,以及每一個資料行的『別名』、資料篩選的『條件限制』、排序依據以及其他相關設定。
- **【SQL】窗格**:主要放置此『檢視表』所對應的 SQL 語法。
- **【結果】窗格**:此【檢視表】執行結果的輸出,用以顯示的窗格。

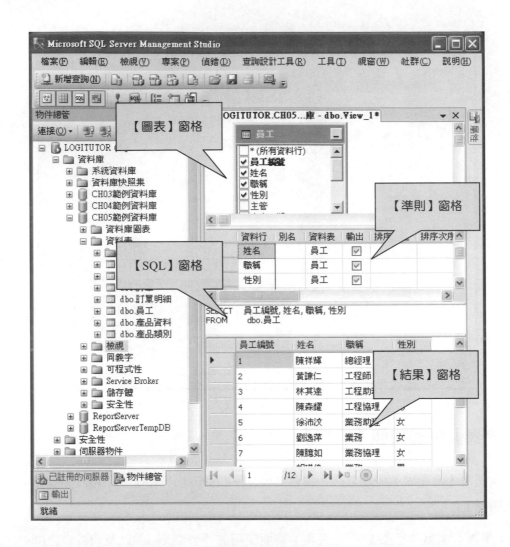

控制【檢視表】中【窗格】的開與關

由於在設計【檢視表】時，並不一定每次都會利用到四個窗格，所以可以將暫時不使用到的窗格關閉，當有必要使用時再打開，讓整個操作有更大的畫面空間可以利用，窗格開與關的操作方式有以下幾種方式。

- **方法一**：利用上方功能表【查詢設計工具】，點選【窗格（N）】，再點選所欲開或關的窗格即可

■ **方法二**：可以在任何的窗格內，按滑鼠右鍵，出現快顯功能表，點選【窗格 （N）】，再點選所欲開或關的窗格即可

■ **方法三**：直接利用視窗上方的工具列，位於最左邊的四個按鈕，由左至右依序為圖 表、準則、SQL 及結果窗格。

■ **方法四**：利用快速鍵切換開與關

　□【圖表】窗格按【Ctrl + 1】

　□【準則】窗格按【Ctrl + 2】

　□【SQL】窗格按【Ctrl + 3】

　□【結果】窗格按【Ctrl + 4】

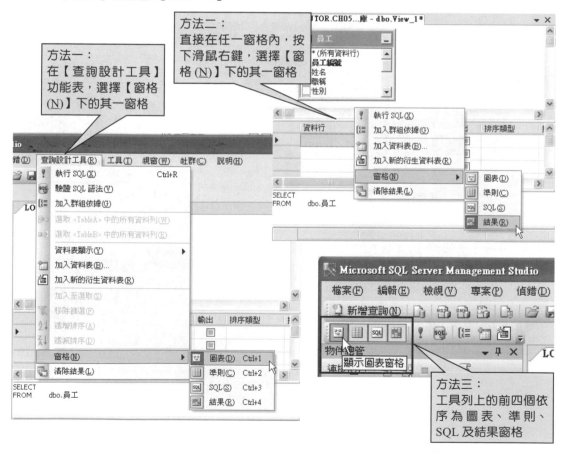

在【檢視表】中再新增其他『資料表』

在設計【檢視表】時，可能隨時都會再加入其他的『資料表』或『檢視表』，操作方式有以下幾種方式。

- **方法一**：利用視窗上方的工具列，點選右方第二項【加入資料表】按鈕。
- **方法二**：點選上方的功能表【查詢設計工具】，再點選【加入資料表（B）...】選項。
- **方法三**：直接在【圖表】窗格的空白處，按下滑鼠右鍵，出現快顯功能表，再點選【加入資料表（B）...】選項。

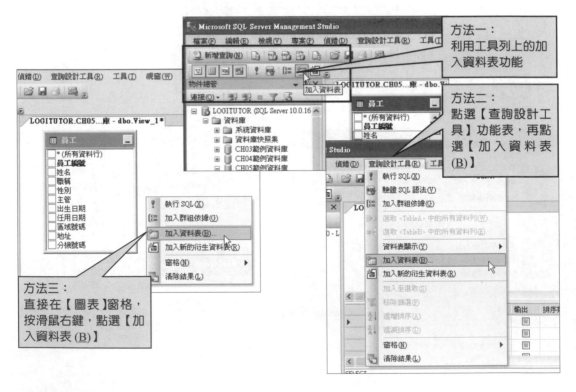

使用以上三種的任何一種方法後，皆會出現以下的【加入資料表】對話框，再透過此對話框，先點選【資料表】頁籤加入所要的『資料表』，或點選【檢視】頁籤加入所要的『檢視表』。

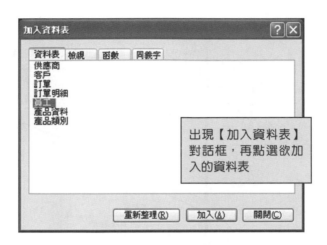

在【檢視表】中刪除多餘的『資料表』

在設計【檢視表】時，可能隨時都會移除【檢視表】中的某些『資料表』或『檢視表』，操作方式有以下幾種方式。

- **方法一**：直接使用滑鼠右鍵，點選所要刪除的資料表後，出現快顯功能表，再點選【移除（V）】選項。
- **方法二**：直接使用滑鼠點選所要刪除的資料表後，按上面功能表的【編輯（E）】，再點選下方的【移除（V）】選項。
- **方法三**：直接使用滑鼠點選所要刪除的資料表後，按鍵盤上的【Delete】鍵。

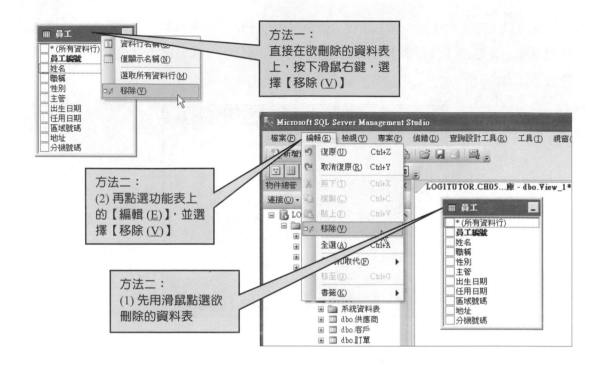

在【檢視表】中新增與刪除欲輸出的『資料行』

完成【圖表】窗格內的設計之後，接著就是選擇要輸出的『資料行』，放至【準則】窗格內，操作方式如下幾種。

- **方法一**：直接利用【圖表】窗格內的『資料表』，依序勾選欲輸出『資料行』前方的空格，此種方式的輸出『資料行』順序會與勾選順序有關。

- **方法二**：利用拖曳方式，也就是直接將要輸出的『資料行』，從【圖表】窗格內的『資料表』拖曳到【準則】窗格內，放置順序就依拖曳所放置的位置有關。

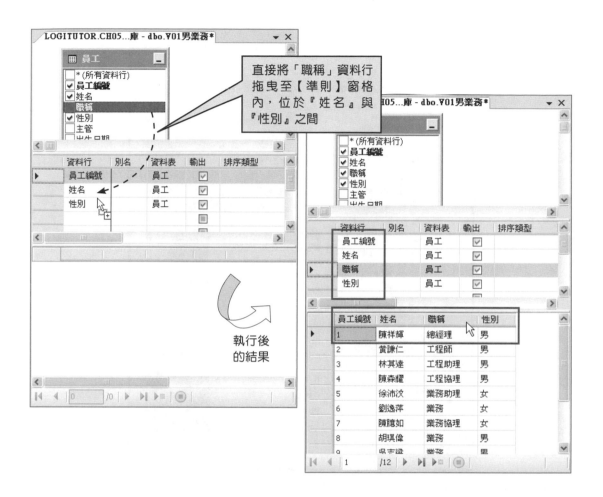

修改【檢視表】的設計

　　倘若後續仍有針對設計的內容或條件要修改時，可以直接在該【檢視表】物件上，按下滑鼠右鍵，從快取功能表中點選『設計』，如圖所示。此時會再度開啟該【檢視表】的設計窗格供設計者來修改。

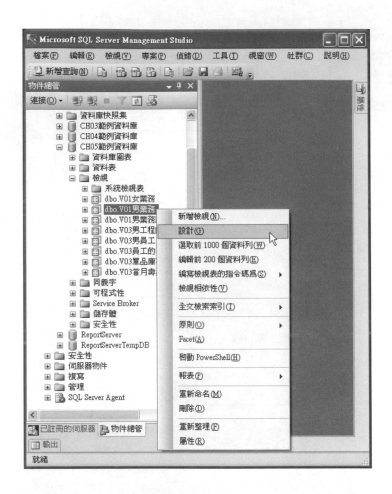

選取或編輯【檢視表】的資料內容

　　當完成一個新增的【檢視表】後，可以將其存檔並命名之後，供後續的使用。不論是要單純的選取【檢視表】查看內容，或是想透過【檢視表】來編輯內容，皆可以直接用滑鼠右鍵在該【檢視表】物件上點選，出現快顯功能表後，再依據不同需求點選【選取前 1000 個資料列（W）】或是【編輯前 200 個資料列（E）】。若僅是要查看【檢視表】內容，建議就不要點選【編輯前 200 個資料列（E）】，以免不小心異動到資料。

　　若是想要更改選取或編輯時，一次最多能顯示幾筆資料，可以透過【Microsoft SQL Server Management Studio】視窗上面的功能表【工具（T）】下的【選項（O)】，當出現【選項】的對話框時，選擇左邊的【SQL Server 物件總管】，並於右邊的【資料表和檢視表選項】下，個別更改【[編輯前 <n> 個資料列] 命令的值】與【[選取前 <n> 個資料列] 命令的值】的值即可。

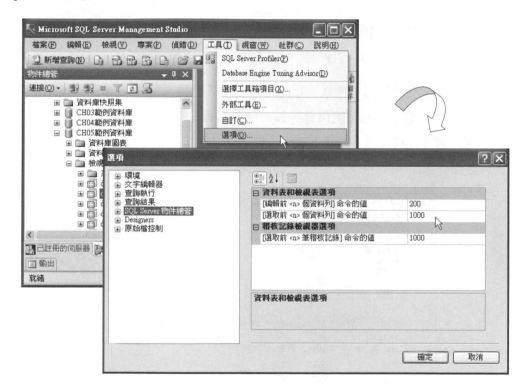

5-3　建立單一資料表的『檢視表』

　　當設計好【檢視表】之後，可以依據以下方式來執行，並觀察所要的結果是否合理，再進行修改。以下將根據本書所附的『CH05 範例資料庫』，並逐一介紹如何依據不同的需求來建立【檢視表】。

■ 按下工具列上的紅色驚嘆號

- 視窗上方的功能表【查詢設計工具】下的【執行 SQL（X）】
- 在任何一個窗格內按滑鼠右鍵，出現快顯功能表後，點選【執行 SQL（X）】
- 直接按快速鍵【Ctrl+R】

單一資料表的單一條件篩選

利用單一『資料表』來建立【檢視表】，可以說是最單純的方式。只要將所需要的資料表加入，並將所需的資料行逐一拖曳至【準則】窗格內，執行即可。

以『員工』資料表為例，希望能查詢出所有的『男員工』，除了將所要輸出的資料行拖曳至【準則】窗格外，必須再針對每一個資料行是否有其他的篩選條件。此例必須於『性別』資料行右方的【篩選】欄位內輸入『='男'』，表示所要輸出的條件是『性別』資料行等於'男'的資料。可參考『V03 男員工』。

單一資料表的多個條件篩選

以下仍以『員工』資料表為例，若要從員工資料表內挑選出『男業務』，表示要設定以下條件：

性別 = ' 男 ' 且 職稱 =' 業務 '

此條件表示兩者必須同時符合。換句話說，如下圖所示，先找出『性別』是『男』的員工以及『職稱』是『業務』的員工。取這兩者的交集，就是既是男生也是業務身份的員工資料。

設定方式如下圖所示，並且必須將條件篩選置於同一行的【篩選】欄位內，因為同一行【篩選】代表『且』或『AND』的意思，也就是各自挑選出結果後，再進行『交集』。

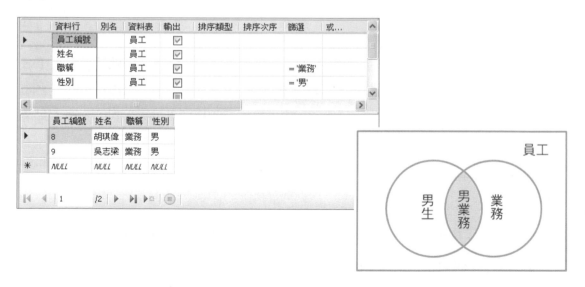

若是將『性別』與『職稱』的篩選條件置於不同一行，將會成為挑選出所有男性員工，以及職稱為業務的所有員工，這兩者的聯集，結果與上圖截然不同。篩選條件置於不同【篩選】欄位內，代表的意思是『或』的意思，也就是各自挑選出結果後，再進行『聯集』。

資料行	別名	資料表	輸出	排序類型	排序次序	篩選	或...	
員工編號		員工	☑					
姓名		員工	☑					
職稱		員工	☑				= '業務'	
性別		員工	☑			= '男'		

員工編號	姓名	職稱	性別
1	陳祥輝	總經理	男
2	黃謙仁	工程師	男
3	林其達	工程助理	男
4	陳森耀	工程協理	男
6	劉逸萍	業務	女
8	胡琪偉	業務	男
9	吳志梁	業務	男
11	劉嘉雯	業務	女
12	張懷甫	業務經理	男

不過要特別注意，在邏輯運算中，AND 運算會先於 OR 運算。也就是說，在【準則】窗格內的條件篩選，會先將每一行的 AND 條件先各別進行運算，再將不同行之間的結果進行 OR 運算。以下再看一個例子，如果要挑選的條件是『男工程師』與『女業務』，所代表的條件篩選如下：

職稱 =' 工程師 ' AND 性別 =' 男 ' OR 職稱 =' 業務 ' AND 性別 =' 女 '

等同於，用小括弧將 AND 運算前後括起來，表示先運算

（ 職稱 =' 工程師 ' AND 性別 =' 男 ' ）OR（ 職稱 =' 業務 ' AND 性別 =' 女 ' ）

若將以上條件以口語話來表示為，各別挑選出工程師和男性員工，取這兩者的交集；再各別挑選出業務和女性員工，取這兩者的交集。最後再將這兩者進行聯集，即為所要的資料。

操作方式如下，先將『男』與『工程師』的條件篩選設於第一行；『女』與『業務』的條件篩選設於第二行。

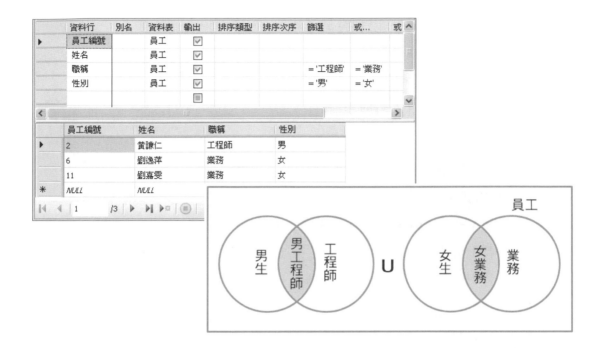

衍生資料行與資料行別名

『衍生資料行』是什麼呢？就是不存在於資料表內的資料行，它是經由既有的資料行或是計算式計算而衍生出來的資料行，即稱為『衍生資料行』。以下利用幾個例子來進行說明。

(1) 利用日期函數 YEAR（date）、MONTH（date）、GETDATE() 產生『衍生資料行』
首先先針對以下幾個常用的日期函數做一說明：

■ YEAR（date），取得傳入『date』參數之『年』的部份

■ MONTH（date），取得傳入『date』參數之『月』的部份

■ DAY（date），取得傳入『date』參數之『日』的部份

■ GETDATE()，取得 MS SQL Server 所在電腦的系統日期，不用傳入任何參數

新增一個基於『員工』資料表且名為『V03 員工的出生年次』的【檢視表】，透過此【檢視表】可查得員工的『出生西元年』、『出生民國年』以及『年齡』，計算方式如下：

- 出生西元年 = 取得『出生日期』之『年』的部份

  （也就是 YEAR（出生日期））

- 出生民國年 = 出生『年』- 1911

  （也就是 YEAR（出生日期）– 1911）

- 年齡 = 系統『年』- 出生『年』

  （以就是 YEAR（GETDATE()）- YEAR（出生日期））

實際操作方式如下：

- 【資料行】填入『YEAR（出生日期）』，【別名】欄位填入『出生西元年』
- 【資料行】填入『YEAR（出生日期）– 1911』，【別名】欄位填入『出生民國年』
- 【資料行】填入『YEAR（GETDATE()）- YEAR（出生日期）』，【別名】欄位填入『年齡』

資料行	別名	資料表	輸出	排序類型	排序次序	篩選
員工編號		員工	☑			
姓名		員工	☑			
職稱		員工	☑			
性別		員工	☑			
出生日期		員工	☑			
YEAR(出生日期)	出生西元年		☑			
YEAR(出生日期) - 1911	出生民國年		☑			
YEAR(GETDATE()) - YEAR(出生日期)	年齡		☑			

員工編號	姓名	職稱	性別	出生日期	出生西元年	出生民國年	年齡
1	陳祥輝	總經理	男	1965-07-15	1965	54	44
2	黃謙仁	工程師	男	1969-03-22	1969	58	40
3	林其達	工程助理	男	1971-06-06	1971	60	38
4	陳森耀	工程協理	男	1968-11-14	1968	57	41
5	徐沛汶	業務助理	女	1963-09-30	1963	52	46
6	劉逸萍	業務	女	1958-09-15	1958	47	51
7	陳臆如	業務協理	女	1987-04-03	1987	76	22
8	胡琪偉	業務	男	1963-08-12	1963	52	46

|◁ ◁ 1 /12 ▷ ▷| ▷* ⬛

◉【檢視表】V03 員工的出生年次

透過以上的日期函數，亦可新增一個基於『員工』資料表且名為『V03 當月壽星』的【檢視表】。可透過此一【檢視表】來查得當月所有壽星的員工資料。主要條件除了輸出壽星的年齡之外，更重要的是如何比對符合壽星的條件，說明如下：

- 取得員工『出生日期』中的『月』，再與系統日期的『月』來比較。
- 也就是『MONTH（ 出生日期 ）= MONTH（ GETDATE() ）』

實際操作如下：

- 【資料行】填入『YEAR（ GETDATE() ）– YEAR（ 出生日期 ）』，【別名】欄位填入『年齡』
- 【輸出】的欄位勾選去除，表示此資料行並不需要顯示出來
- 【資料行】填入『MONTH（ 出生日期 ）』，【輸出】空白處不勾選，【篩選】欄位填入『=MONTH（ GETDATE() ）』

資料行	別名	資料表	輸出	排...	排...	篩選
員工編號		員工	☑			
姓名		員工	☑			
職稱		員工	☑			
性別		員工	☑			
出生日期		員工	☑			
YEAR(GETDATE()) - YEAR(出生日期)	年齡		☑			
MONTH(出生日期)			☐			= MONTH(GETDATE())
			☐			

員工編號	姓名	職稱	性別	出生日期	年齡
8	胡琪偉	業務	男	1963-08-12	46
*	NULL	NULL	NULL	NULL	NULL

｜◀ ◀ 1 /1 ▶ ▶｜ ▶⊡ ⬛

◉ 【檢視表】V03 當月壽星

(2) 使用 LIKE 來比對資料

前面所述的篩選皆是透過整個欄位值的相等來比較，倘若要比較的值，只是一個資料行中的某一個子字串，就不可以透過『=』來比較，而是要透過『LIKE』來比較，其中常用到的有以下兩個萬用字元。

■『%』，可以代表任何字元，且字元長度可從 0 到任意長

■『_』，可以代表任何字元，但字元長度固定為 1

例如新增一個基於『員工』資料表且名為『V03 住某地區員工』的【檢視表】。可透過此一【檢視表】來查得住於『台 X 市』的員工資料。將此一需求解讀成以下語意，並將『地址』的【篩選】欄位表示成『LIKE '台 _ 市 %'』

■ 第一個字必為『台』

■ 第二個字可為任意字，但僅能有一個字

■ 第三個字必為『市』

■ 後續可為任何字元且任何長度的字串

資料行	別名	資料表	輸出	排序類型	排序次序	篩選	或..
員工編號		員工	☑				
姓名		員工	☑				
職稱		員工	☑				
性別		員工	☑				
地址		員工	☑			LIKE '台_市%'	
			☐				

員工編號	姓名	職稱	性別	地址
1	陳祥輝	總經理	男	台北市內湖區康寧 路23巷
2	黃謙仁	工程師	男	台中市西屯區工業11路
4	陳森耀	工程協理	男	台北市大安區忠孝東路4段
6	劉逸萍	業務	女	台北市士林區士東路
7	陳臆如	業務協理	女	台北市內湖區瑞光路513巷
9	吳志樑	業務	男	台中市北屯區太原路3段
10	林美滿	業務經理	女	台北市中山區 一江街
11	劉嘉雯	業務	女	台北市士林區福志路
12	張懷甫	業務經理	男	台北市大安區仁愛路四段
＊	NULL	NULL	NULL	NULL

◉【檢視表】V03 住某地區員工

(3) 利用子字串函數 SUBSTRING（字串 , 起始位置 , 子字串長度）

子字串函數的目的是取一個字串中的一段子字串，例如原有一個字串為 'abcdefg'，若要從第二個字取長度三個字元，也就是取得 'bcd'，即可利用 SUBSTRING（'abcdefg',2,3）的方式來取得。

利用子字串函數於【檢視表】中，例如新增一個基於『V01 男業務』的【檢視表】且名為『V03 員工稱謂』的【檢視表】，也就是將每一位男業務多出一個資料行，出現 X 先生的稱謂，X 代表姓氏。可透過此一【檢視表】來查得男業務們的稱謂，由於底層所使用是『V01 男業務』的【檢視表】，此一【檢視表】已對『男業務』的資料先篩選過，所以新增的【檢視表】只要針對『稱謂』進行處理即可，處理方式如下：

- 資料行輸入：SUBSTRING（姓名,1,1）+' 先生 '
- 別名輸入：『稱謂』

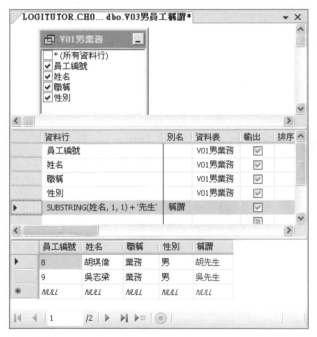

◎【檢視表】V03 男員工稱謂

(4) 利用原有『資料行』的計算，產生『衍生資料行』

本例將新增一個基於『產品資料』資料表且名為『V03 單品庫存成本』的【檢視表】，所以新增此【檢視表】時要先加入『產品資料』資料表。例如想透過此資料表要查詢出每一樣產品的『庫存成本』為多少，可透過原有『平均成本』與『庫存量』資料行的乘積計算而得。『庫存成本』即為衍生資料行，計算公式如下：

庫存成本 = 平均成本 × 庫存量

- 【資料行】填入『平均成本 * 庫存量』，【別名】欄位填入『單品庫存成本』[注意]『加』、『減』、『乘』和『除』是使用『+』、『-』、『*』和『/』
- 『類別編號』的【排序次序】設為 1，【排序類型】設為『遞增』
- 『產品編號』的【排序次序】設為 2，【排序類型】設為『遞增』
- 『單品庫存成本』的【排序次序】設為 3，【排序類型】設為『遞減』

資料行	別名	資料表	輸出	排序類型	排序次序	篩選
類別編號		產品資料	☑	遞增	1	
產品編號		產品資料	☑	遞增	2	
產品名稱		產品資料	☑			
平均成本		產品資料	☑			
庫存量		產品資料	☑			
平均成本 * 庫存量	單品庫存成本		☑	遞減	3	
			☐			

類別編號	產品編號	產品名稱	平均成本	庫存量	單品庫存成本
1	1	蘋果汁	12	390	4680
1	2	蔬果汁	13	117	1521
1	4	蘆筍汁	9	110	990
2	6	烏龍茶	15	320	4800
2	7	紅茶	8	450	3600
3	3	汽水	10	213	2130

◉ 【檢視表】V03 單品庫存成本

5-4 建立多個資料表的『檢視表』

基於一個資料表或檢視表的【檢視表】，相較起來是單純非常的多，大部份只在於條件的邏輯篩選，和函數的使用。以下將針對多個資料表所建立的【檢視表】做一介紹，並將建立的基本過程整理如下：

Step 1 在【圖表】窗格內，加入所需的『資料表』

根據已經設計好的【資料庫圖表】，找出需要的『資料行』，分佈於哪些『資料表』內，先將那些『資料表』加入新增的【檢視表】內。

Step 2 在【圖表】窗格內，建立『資料表』之間的『聯結』關係

建立所有『資料表』之間的聯結關係，包括是『 部合併』或『外部合併』的聯結關係，以及資料行之間的對應關係是哪一種，包括『等於』、『大於』、『大於或等於』、『不等於』、『小於』和『小於或等於』（=, >, >=, <>, <, <= ）其中的一種。

Step 3 在【準則】窗格內，加入所要輸出的『資料行』

從【圖表】窗格中的『資料表』，選出要輸出的『資料行』，並依序放置於【準則】窗格內。

Step 4 在【準則】窗格內，設定【篩選】的條件限制。

Step 5 在【準則】窗格內，加入其他設定，例如新增衍生資料行、別名、設定群組及彙總函數計算、排序設定、…等等。

在前面的操作步驟，應該不難發現 1-3 步驟，就是前面章節所介紹的『合併原理』（包括內部合併、外部合併以及自我合併）。其實可以將 1-3 步驟後的結果，視為已經將數個資料表合併成為單一個『虛擬資料表』，再針對此單一『虛擬資料表』進行後續 4-5 步驟的條件篩選和其他處理。此時，就如同前一節『建立單一資料表的檢視表』的方式一模一樣，只是在處理的前置過程，多了一個『合併』的動作。

以下的所有範例皆來自於以下的【資料庫圖表】，其中包括七個不同的資料表，以及其中基本的聯結關係。也就是說，後續說明範例時，依據不同的需求，所要輸出的『資料行』分佈於哪些『資料表』，可以透過完整『實體關聯圖 ERD』的【資料庫圖表】來查得。

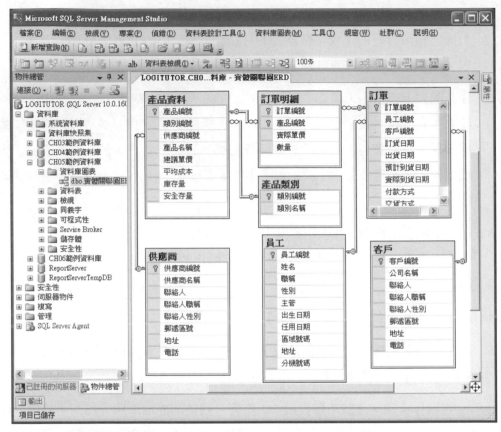

◉【資料庫圖表】實體關聯圖 ERD

基本的內部合併

　　根據以下『實體關聯圖 ERD』的【資料庫圖表】來觀察，倘若有以下兩個不同的需求，該如何來處理。由於本章的『CH05 範例資料庫』已先將建立『實體關聯圖 ERD』的【資料庫圖表】，所以在以下說明中，當加入資料表到【檢視表】中的【圖表】窗格時，資料表之間的聯結線皆以自動聯結。

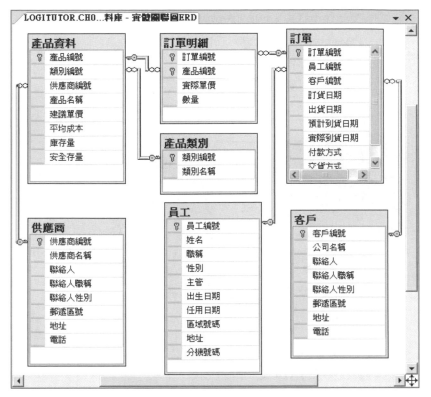

● 【資料庫圖表】實體關聯圖 ERD

(1) 查詢員工承接訂單的情形，輸出『資料行』為（員工編號，姓名，職稱，訂單編號，訂貨日期）

　　本查詢較為單純，透過『實體關聯圖 ERD』的【資料庫圖表】，可以看出需要的資料表為『員工』及『訂單』。

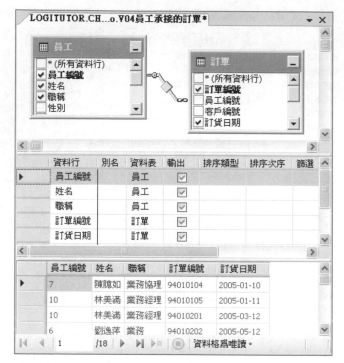

◎【檢視表】V04 員工承接的訂單

(2) 查詢員工承接訂單之客戶情形，輸出『資料行』為（員工編號，姓名，職稱，公司名稱，聯絡人）

本查詢透過『實體關聯圖 ERD』的【資料庫圖表】，似乎可以看出需要的資料行僅分佈於『員工』及『客戶』兩個資料表。但是，資料表的聯結關係是『員工』聯結『訂單』，『訂單』再聯結至『客戶』資料表；因此，本查詢應該要使用到『員工』、『訂單』及『客戶』三個資料表。

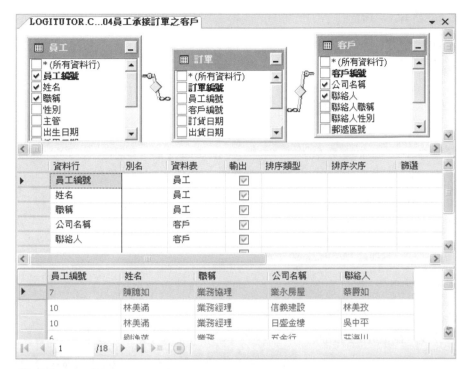

◉ 【檢視表】V04 員工承接訂單之客戶

內部合併＋條件篩選＋排序

　　本議題主要是說明整個建立【檢視表】的過程，只要是基於多個資料表的任何【檢視表】，建立的基本過程就是先進行前述的 1-3 步驟，也就是『合併』關係，再針對合併後的結果進行條件篩選或其他操作。

　　以下再針對上述的兩個範例修改，新增一個篩選條件，挑出 2006/1/1（含）之後的訂單資料；以及依據『員工編號』遞增排序。

- 在資料行『訂貨日期』的【篩選】欄位填入 >='2006/1/1'
- 在資料行『員工編號』的【排序次序】填入『1』，【排序類型】填入『遞增』

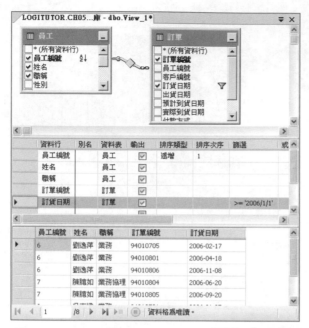

● 【檢視表】V04 篩選員工承接的訂單

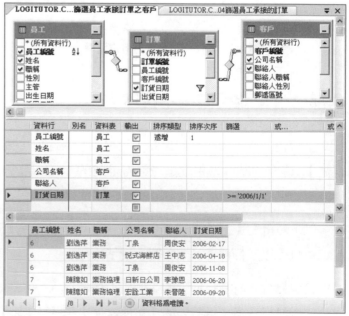

● 【檢視表】V04 篩選員工承接訂單之客戶

基本的外部合併

　　若是要查核所有員工所承接訂單的情形，縱使沒有承接任何訂單的員工，也必須出現在查詢中，此類的查詢就必須採用外部合併。以此範例而言，『員工』與『訂單』之間的聯結，將會是以『員工』資料表為主，也就是要選取『員工』中所有的資料列。所以在操作中，必須在該聯結線上，按滑鼠右鍵，再點選『選取 員工 中所有的資料列（S）』，並執行【檢視】即可。

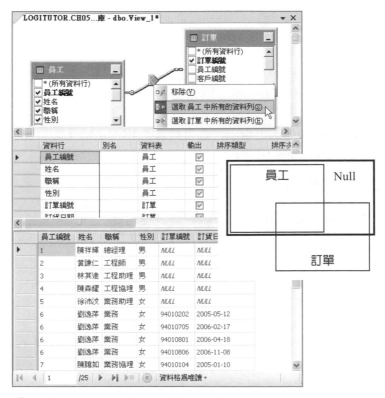

　　　◉【檢視表】V05 所有員工承接的訂單

　　在以上【結果】窗格中的輸出結果，可以發現員工編號從 1 到 5 的員工，雖然完全沒有承接任何訂單，但也會出現在此查詢中，只是在『訂單』的資料行都被填入空值（Null Value），是因為這些員工資料對應不到訂單資料。

自我合併＋內部合併

　　自我合併就是透過單一個資料表，卻同時扮演很多不同的角色，再進行合併。例如要查詢每位員工的上司資料，可以透過『員工』資料表，同時扮演『部屬』與『上司』的角色，再進行合併。

　　在實際操作上，先將『員工』資料表加入【圖表】窗格內兩次，將會出現以下畫面，在此畫面有兩個問題存在

- 資料表名稱無法望文生義，一個名為『員工』的資料表，另一個則為『員工_1』的資料表。

    解決方式是個別點選資料表後，於【屬性】視窗中的【檢視表設計工具】內的【別名】更改即可。

- 兩個資料表的聯結關係並未出現於『實體關聯圖 ERD』的【資料庫圖表】，所以造成系統誤判，將兩者的員工編號聯結在一起。

    解決方式是先移除此聯結線，並重新建立新的聯結線即可。

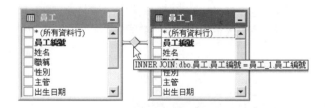

　　如下圖所示，將『員工』資料表的別名填入『部屬』，『員工_1』資料表的別名更改為『上司』。再將『部屬』資料表內的『主管』資料行聯結至『上司』資料表內的『員工編號』資料行，並執行此【檢視表】即可。

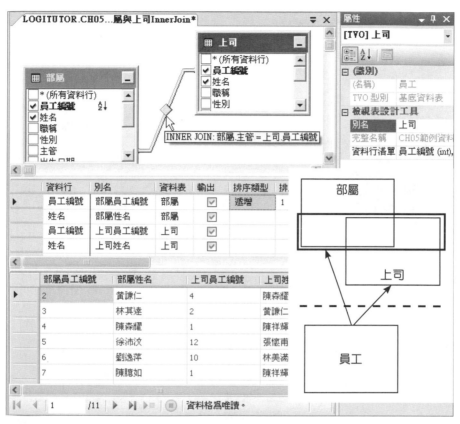

● 【檢視表】V05 部屬與上司 InnerJoin

自我合併＋外部合併

　　在上一個範例中，應該可以發現，只要沒有主管的員工資料將不會出現於【結果】窗格中。若是要將所有員工，不論是否有上司的資料皆輸出，就必須採用『外部合併』。在該聯結線上，按滑鼠右鍵，再點選『選取 部屬 中所有的資料列（S）』，並執行【檢視表】即可。

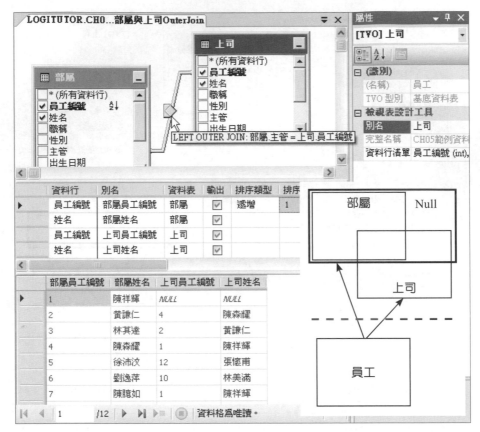

◉【檢視表】V05 部屬與上司 OuterJoin

其他特殊需求的合併

以上的合併條件，大部份皆是基於『相等』的聯結關係。以下將針對『不相等』的聯結關係進行說明。例如要查詢出每張訂單中的每項產品，業務人員並未依據『建議單價』銷售產品，也就是

實際單價 < 建議單價

實際操作方式，可分為兩種方式：

- 直接利用【篩選】欄位
- 先建立兩個屬性之間的聯結線，先點選該聯結線之後，再透過【屬性】視窗中的【檢視表設計工具】內的【聯結條件及型別】，點下最右邊的 按鈕，出現【聯結】對話框再更改比較的符號。

　　第一種方式是直接使用『實際單價』的【篩選】欄位，當輸入『< 建議單價』並按下 ENTER 鍵後，此篩選條件會消失掉，但會於【圖表】窗格中自動產生一條『實際單價』與『建議單價』之間的聯結線，比較關係自動產生為『<』。

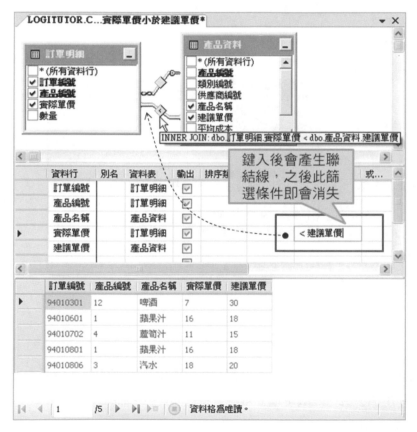

⦿ 【檢視表】V05 實際單價小於建議單價

第二種方式是透過【屬性】視窗中的【檢視表設計工具】內的【聯結條件及型別】,點下最右邊的按鈕,出現【聯結】對話框後,再點選下拉式表單,點選比較的符號為『<』。

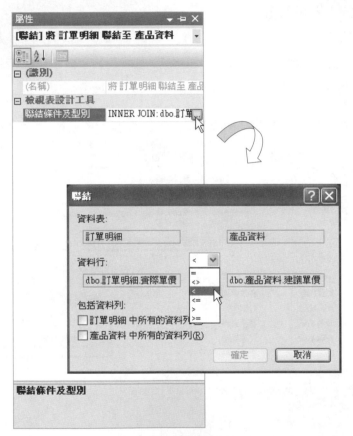

◉【檢視表】V05 實際單價小於建議單價

不過對於第二種的操作方式也有其無法達到的情形,例如現在所要查詢的條件並非單純的『實際單價』與『建議單價』兩個資料行的比較,而是如下

實際單價 < 建議單價 × 90%

也就是說要挑選出,有哪些訂單中的產品銷售『實際單價』是低於『建議單價』的九折。如此的操作方式只能使用以上的第一種方式,利用『實際單價』的【篩選】欄

位內填入『＜ 建議單價 * 0.9』，當鍵入 ENTER 後，此篩選條件會消失，並於【圖表】
窗格內產生一條新的聯結線，但此聯結線是由『訂單明細』資料表的『實際單價』資料
行，對應到『產品資料』資料表，而非其中的『建議單價』資料行。

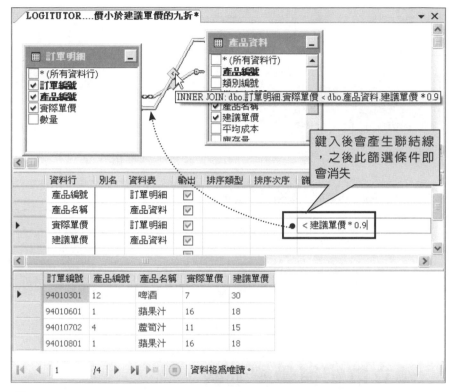

●【檢視表】V05 實際單價小於建議單價的九折

　　另一種特殊的合併方式，或許也沒出現於『實體關聯圖 ERD』的【資料庫圖表】，
而是臨時的一種查詢，只要雙方資料表所要進行聯結的資料行之資料型態相同，以及長
度也相同，即可進行合併查詢。

　　例如『供應商』與『客戶』兩個資料表，其中的供應商名稱與公司名稱之資料型態
與長度皆相同，就可進行比較與聯結。重點在於聯結後有何意義呢？若是使用『內部合
併』，代表參與聯結的左、右兩邊資料表共同的資料列，所以可以將此語義解釋成『既
是供應商又是客戶』的資料，也就是該公司既是本公司的上游供應商，又是本公司的下
游客戶，具有雙重關係。

● 【檢視表】V05 既是供應商也是客戶

5-5 建立群組與彙總函數

彙總函數是基於群組的一種計算函數,倘若在沒有分群組的情況下,彙總函數就會將全部資料當成一個大群組來計算。以下先來說明什麼叫『群組』,依據下圖的資料而言,可以依據『訂單編號』來當群組的依據,再將同一群的實際單價 * 數量進行加總計算,所得結果就是每一筆訂單的總金額。例如

- 訂單編號 94010104,總金額:(18 * 12)+(20 * 20)= 616
- 訂單編號 94010105,總金額:(15 * 10)+(25 * 20)= 650
- 訂單編號 94010201,總金額:(18 * 10)+(25 * 20)+(35 * 15)= 1205
- …

訂單編號	員工編號	客戶編號	訂貨日期	產品編號	產品名稱	實際單價	數量
94010104	7	C0007	2005-01-10	1	蘋果汁	18	12
94010104	7	C0007	2005-01-10	3	汽水	20	20
94010105	10	C0008	2005-01-11	4	蘆筍汁	15	10
94010105	10	C0008	2005-01-11	6	烏龍茶	25	20
94010201	10	C0003	2005-03-12	1	蘋果汁	18	10
94010201	10	C0003	2005-03-12	6	烏龍茶	25	20
94010201	10	C0003	2005-03-12	10	咖啡	35	15
94010202	6	C0005	2005-05-12	7	紅茶	15	30
94010301	8	C0016	2005-07-03	6	烏龍茶	25	20
94010301	8	C0016	2005-07-03	12	啤酒	7	22
94010302	10	C0012	2005-08-03	3	汽水	20	10
94010303	10	C0014	2005-09-03	10	咖啡	35	17
94010401	7	C0014	2005-11-04	3	汽水	20	9
94010401	7	C0014	2005-11-04	5	運動飲料	15	6
94010501	7	C0014	2005-12-15	3	汽水	20	9
94010601	8	C0011	2005-12-16	1	蘋果汁	16	50
94010601	8	C0011	2005-12-16	2	蔬果汁	20	10
94010701	9	C0016	2006-01-27	10	咖啡	35	13
94010702	10	C0009	2006-02-27	4	蘆筍汁	11	88
94010702	10	C0009	2006-02-27	6	烏龍茶	25	20
94010705	6	C0011	2006-02-17	2	蔬果汁	20	20
94010801	6	C0010	2006-04-18	1	蘋果汁	16	55
94010803	10	C0013	2006-05-20	10	咖啡	35	35
94010806	6	C0011	2006-11-08	1	蘋果汁	18	20
94010806	6	C0011	2006-11-08	3	汽水	18	55

▶ 彙總函數的說明

　　若是將分群的依據增加以下幾種情形，所得的總金額將會都一樣，所以在分群組時，可以依據需求來選擇所要輸出的資料行

- 訂單編號
- 訂單編號＋員工編號
- 訂單編號＋員工編號＋客戶編號
- 訂單編號＋員工編號＋客戶編號＋訂貨日期

以上所有依據分組模式，是因為一張訂單的訂單編號只會有一個員工編號承接此訂單，也只會有一個客戶編號，也只會有一個訂貨日期，所以這樣分群依據所計算出來的總金額結果都會一樣。反之，若是分群的依據改成

訂單編號 + 產品編號

此時的結果將會不一樣，因為一張訂單編號將會有多個不相同的產品編號，所以一旦使用『訂單編號 + 產品編號』為分群的依據，將會產生不同的結果。以訂單編號 94010201 為例，將由原本的一筆總金額，變成以下三筆：

- 訂單編號 94010201，產品編號 1，總金額：$(18 * 10) = 180$
- 訂單編號 94010201，產品編號 6，總金額：$(25 * 20) = 500$
- 訂單編號 94010201，產品編號 10，總金額：$(35 * 15) = 525$

以下列舉出五個為經常被使用的彙總函數：

- AVG()：計算平均值
- COUNT()：計算筆數或個數
- MAX()：找出最大值
- MIN()：找出最小值
- SUM()：計算加總

以實際的操作面而言，如下圖所示，先選擇所需要的資料表『訂單』與『訂單明細』，並進行聯結的動作，再將所要依據分組的『訂單編號 + 訂貨日期』資料行放入【準則】窗格之內，再加入群組依據，方式如下兩種：

(1) 在【準則】窗格內隨意處，點選滑鼠右鍵，在快顯功能表內點選【加入群組依據（G）】

(2) 在上面的工具列中，直到點選【加入群組依據】按鈕即可。

完成『訂單編號＋訂貨日期』的群組依據之後，便是要置入彙總函數，此處的目的是在計算每張訂單的總金額，計算公式如下：

總金額＝SUM（實際單價＊數量）

所以在【準則】窗格內新增一列的資料行，並填入以下資料後，及可執行此【檢視表】，結果如下圖所示：

- 資料行：實際單價＊數量
- 別名：總金額
- 群組依據：在下拉式表單中選擇『Sum』

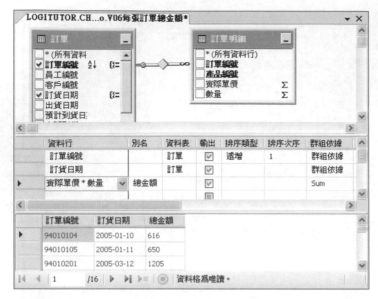

⬤ 【檢視表】V06 每張訂單總金額

條件篩選 ▪▪

　　對於群組與彙整函數而言，資料的篩選可分為兩個階段，第一個階段是針對原始資料的篩選，再進行彙總函數的計算，在計算完成之後，再於第二個階段篩選，也就是針對計算出來的結果來篩選。例如要查詢 2006/1/1（含）之後的訂單，並且毛利金額大於300 的資料。將此需求整理成以下兩個階段的篩選。

- 第一階段的篩選，挑選 2006/1/1（含）之後的訂單資料
- 第二階段的篩選，計算毛利 =（實際單價 – 平均毛利）* 數量，再挑選毛利 > 300 的資料

　　實際操作方式如下

(1) 進行合併動作

(2) 點選加入群組依據

(3) 第一階段的資料篩選，在『訂貨日期』的【篩選】欄位填入『>='2006/1/1'』

(4) 新增一個新資料行，填入『（實際單價 - 平均成本）* 數量』，並於【別名】欄位填
入『毛利』

(5) 第二階段篩選，在『毛利』資料行的【篩選】資料行填入『> 300』

(6) 執行此【檢視表】

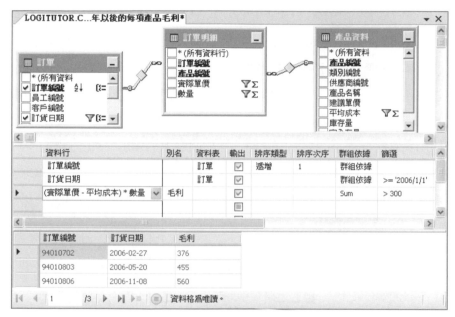

◉【檢視表】V06 計算 2006 年以後的毛利大於 300 的訂單資料

5-6　實作 ODBC 連線資料庫

　　全世界發展資料庫管理系統（Database Management System, 簡稱 DBMS）軟體的公
司相當多，每家軟體開發公司都會為了爭取市場的認同與採用，各自使用不同技術來加
強該公司產品的特色。由於如此，將會造成使用資料庫管理系統人員的很多麻煩。一旦
使用者面對不同資料庫管理系統時，就必須重新學習一套新的操作方式和存取語言，如
此亦會造成程式開發者的困擾。

很多的標準皆是因應不同的需求而被制定出來，讓各家資料庫軟體的開發廠商有依循的方向，也提供各自技術研發的空間。同時不會造成使用者在學習和使用上的困擾，所以使用者與資料庫管理系統之間，多了一道橋樑，就是所謂的『中介軟體』（Middleware）的轉換機制，讓使用者的應用程式開發工作可以更單純化，去除不需要的考慮因素。例如 ODBC（Open Database Connectivity）和 JDBC（Java Database Connectivity）皆是中介軟體的一種。

中介軟體不但可以扮演使用者與資料庫管理系統之間的轉換機制；更可以讓使用者與資料庫管理系統能透過不同的實體網路，或不同的網路協定來進行資料的存取，達到使用者對網路是透明化（transparent），也就是將不同的網路支援，交由中介軟體來負責，免除使用者直接面對不同網路協定時，增加開發上的麻煩。如下圖所示，使用者在存取資料的時候，只要面對中介軟體存取，其他的部份都是交由中介軟體負責。

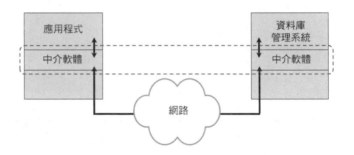

ODBC（唸法是由四個獨立的字母逐字唸，O..D..B..C）在 1992 年由 SQL Access Group 所開發出的一個資料庫存取標準，全名為『Open DataBase Connectivity』（簡稱為 ODBC）。主要功能在於應用程式與資料庫管理系統之間的轉換機制，扮演一個存取的共同介面，讓應用程式能簡單化，並藉由在應用程式與資料庫管理系統之間的『驅動程式』（Drivers），來達到與不同的資料庫管理系統溝通的橋樑，是不同的資料庫管理系統會有不同的『驅動程式』。通常資料庫管理系統的開發廠商都會免費提供『驅動程式』下載，或包裝於相對應的軟體內。例如微軟公司所開發的 Microsoft Office 內就會包含很多不同的驅動程式；所以安裝該套軟體後，就會自動將『ODBC 資料來源管理員』安裝於作業系統內。

　　微軟公司開發的『ODBC 資料來源管理員』，可將其分為兩大部份，一個是使用者所看見或根據連線用的『資料來源名稱』（Data Source Name，簡稱 DSN）；另一個是直接與資料庫管理系統有關的『驅動程式』（Driver），如下圖所示。只要將不同的資料庫管理系統的『驅動程式』，安裝在應用程式所在的電腦中，並設定好 ODBC 的『資料來源名稱』和對應的『驅動程式』，應用程式所面對的只是『資料來源名稱』而已。

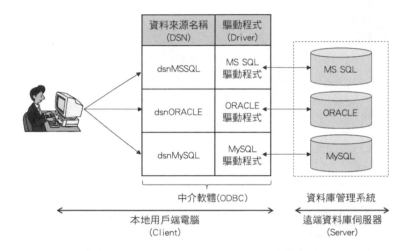

用戶端的 ODBC 設定

　　在練習以下的 ODBC 設定之前，請先將本書所附光碟內的『CH05 範例資料庫』附加到 MS SQL Server 2008 內，再依據以下步驟進行：

Step 1.　啟動【ODBC 資料來源管理員】，依據不同的作業系統，路徑如下。

- Windows XP：【開始】/【控制台（C）】/【效能及維護】/【系統管理工具】/【資料來源（ODBC）】。

- Windows VISTA：【開始】/【控制台（C）】/【系統管理工具】/【資料來源（ODBC）】。

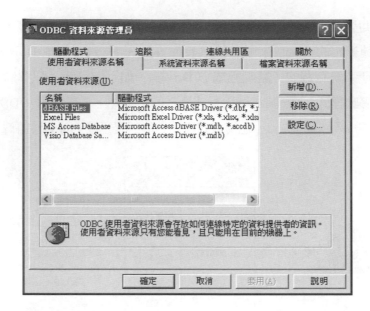

Step 2. 點選【系統資料來源名稱】標籤，並按下【新增（D）...】按鈕。

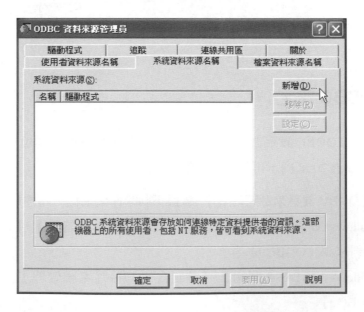

Step 3. 當出現【建立新增資料來源】對話框時，選擇適當的驅動程式，此處所選擇的
是 MS SQL Server 2008 的驅動程式，並按下【完成】按鈕。

- MS SQL Server 2000 選選【SQL Server】
- MS SQL Server 2005 選擇【SQL Native Client】
- MS SQL Server 2008 選擇【SQL Server Native Client 10.0】

Step 4. 完成『驅動程式』選擇後，會出現以下對話框，【名稱（M）】欄位處所要填入的即為『資料來源名稱』，例如輸入『dsnMSSQL2008，並於【伺服器（S）】欄位填入遠端 MS SQL Server 2008 的位址，以下用 192.168.0.1 為例說明，完成後按下【下一步（N）>】按鈕。

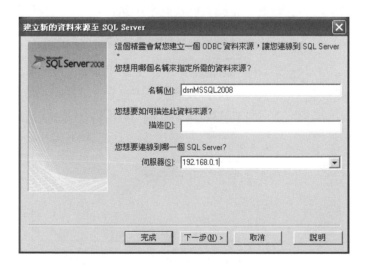

Step 5. 緊接要輸入的是登入資料庫的授權資料，分為【整合式 Windows 驗證（W）】
與【SQL Server 帳戶驗證（S）】兩種。以下選擇【SQL Server 帳戶驗證（S）】
模式，並於【登入識別碼（L）】輸入『sa』，【密碼（A）】輸入安裝時所設定的
密碼，完成後按下【下一步（N）>】按鈕

Step 6. 選擇連線資料庫，若是預設資料庫並非所要連線的資料庫，必須勾選【變更預
設資料庫為（D）】變更，並於下拉式選單中選擇所要的資料庫

Step 7. 當出現下面視窗時，只要使用預設設定即可，按下【完成】按鈕

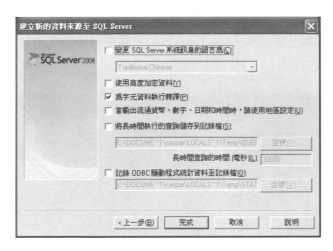

Step 8. 最後會出現一個對話框，將前述的設定顯示出來，可以按下【測試資料來源（T）...】來測試所設定的連線是否成功，當出現『成功的完成測試！』表示設定完成

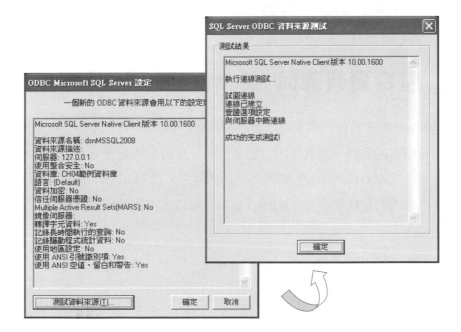

Step 9. 完成後可以在【系統資料來源名稱】標籤內看到新增的資料來源名稱『dsnMSSQL2008』，按下【確定】按鈕後，即完成 ODBC 的新增設定。以後若要使用此一連線至該主機（192.168.0.1），只要選擇資料名稱為『dsnMSSQL2008』即可連線。

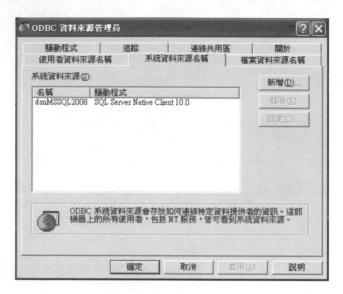

5-7 整合資料庫與 MS Word 的『合併列印』

什麼是 Word 的『合併列印』呢？以下圖來做一簡單說明。若是公司想要寄發一份相同的信件給所有的客戶，而文件內容除了收件者姓名不相同之外，其他的本文部份皆相同。此時可以透過公司內部資料庫取得客戶的姓名，透過 MS WORD 的『合併列印』功能，將資料庫內的資料套至 MS WORD 檔案，再合併出所需要的文件資料。

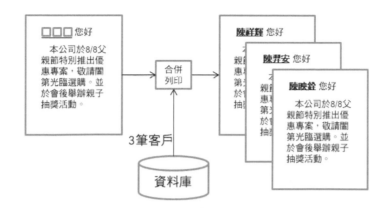

以下略將 WORD 合併列印信件的步驟先說明如下，再進行實際操作：

(1) 將本書所附光碟內的『CH05 範例資料庫』附加到 MS SQL Server 2008

(2) 新增一個 ODBC，將『資料來源名稱』設為『dsnMSSQL2008』，並連線到 MS SQL Server 2008，選擇『CH05 範例資料庫』資料庫

(3) 在 MS WORD 新增一份文件，於功能表上點選【郵件】/【啟動合併列印】/【信件（L）】。再準備一份共同的文件，將此檔案稱為『樣板檔』

(4) 【選取收件者】，透過資料來源名稱『dsnMSSQL2008』連至資料庫，選取所要存取的『資料表』或『檢視』，並設計『樣板檔』

(5) 進行【合併列印】

以上步驟的概略圖解如下所示：

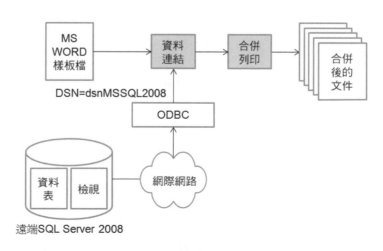

基本『信件』之合併列印

　　首先，啟動 MS WORD 2007 軟體後，並於功能表上選擇【郵件】頁籤，並點選【啟動合併列印】選擇所要的類型，以下直接設定成【信件（L）】類型來實作此範例。當所要合併的類型設定完成後，並不會出現任何的訊息或對話框。

　　設定合併文件類型之後，必須先編輯所要的文件內容，然後再將收件者資料套入。若要套入收件者資料，可以點選【選取收件者】，選擇資料來源，以下將使用 MS SQL Server 2008 內的資料，所以只要選擇【使用現有清單（E）】。

　　當選擇【使用現有清單（E）】後，便會進入一系列的對話框。首先出現的是【選取資料來源】，並按下【新來源（S）】按鈕。

CHAPTER · 5

『檢視表』的建立與應用

按下【選取資料來源】視窗中的【新來源（S）】按鈕之後，會出現【資料連線精靈】對話框。在資料連線的對話框當中，有四種連線方式，以下針對前兩種說明如下：

(1) 第一種是『Microsoft SQL Server』，以下是選擇『Microsoft SQL Server』模式來建立連線的情形，並按【下一步（N）...】按鈕。出現【連接至資料庫伺服器】對話框時，輸入【伺服器名稱（S）】，以及登入認證，可採用 MS SQL Server 的認證方式，並輸入【使用者名稱（U）】及【密碼（P）】。

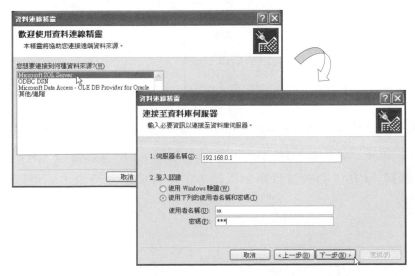

5-51

(2) 第二種就是使用『ODBC DSN』，以下是選擇『ODBC DSN』模式來建立連線的情形，並按【下一步（N）...】按鈕。出現【連接 ODBC 資料來源】對話框時，可以選擇前面所設定好的 ODBC 資料來源名稱為『dsnMSSQL2008』，並按【下一步（N）...】按鈕。出現【SQL Server 登入】對話框，輸入【登入識別碼（L）】及【密碼（P）】，並按下【確定】按鈕。

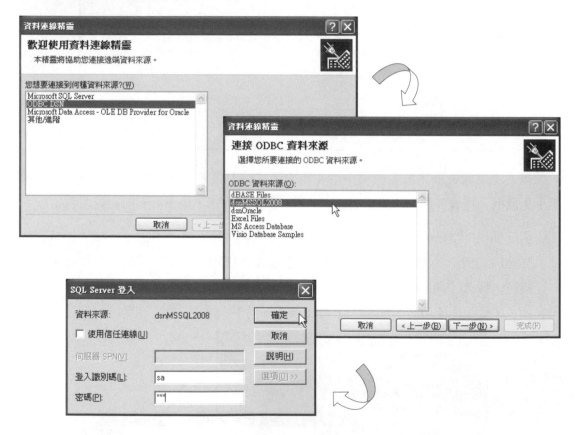

　　無論採用以上兩種的哪一種連線方式，皆會產生以下【選取資料庫及資料表】的對話框，只要選擇正確的資料庫『CH05 範例資料庫』，以及正確的『資料表』或『檢視』。以下選擇『CH05 範例資料庫』以及『W01 客戶』資料表，即可按下【下一步（N）...】按鈕。

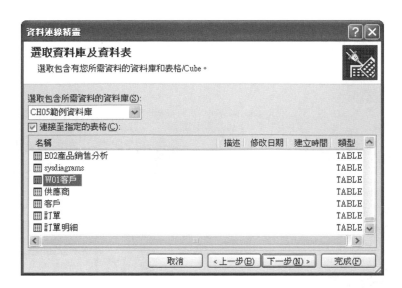

最後就是儲存前述的設定值，如下【儲存資料連線檔案和完成】的對話框，可以更改儲存的【檔案名稱（N）】以及【易記的名稱（I）】後，按下【完成（F）】按鈕。

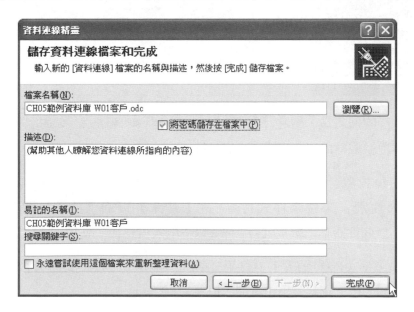

操作至此，MS WORD 與 MS SQL Server 資料連結動作已順利成功，接下來就是說明如何將資料表內的資料行嵌入 MS WORD 文件內。先在欲插入的位置點選後，再於【郵件】頁面下點選【插入合併欄位】，便會出現前面所選擇資料庫『W01 客戶』內的所有資料行名稱。例如在『您好』的前面利用滑鼠點一下後，再於【插入合併欄位】內點選『連絡人』資料行。

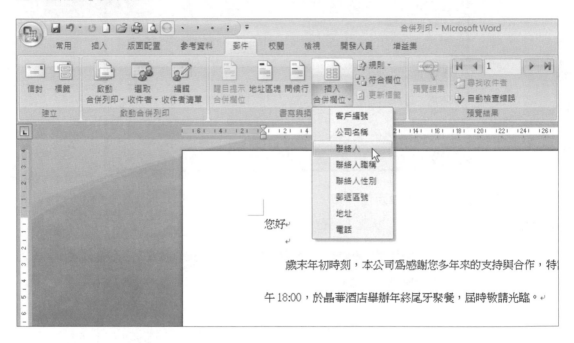

完成資料行的嵌入後，會在『您好』的前面出現 << 聯絡人 >> 的字樣，這就是來自於『W01 客戶』資料內的『聯絡人』資料行。

倘若要在每位收件人後面加上『先生』或『小姐』的稱呼，可以透過資料表內的『聯絡人性別』來做條件式判斷。在【郵件】頁面下的【規則】選擇【IF...Then...Else...（以條件評估引數）(I)】，依據以下填入資料後，就按下【確定】按鈕：

- 【功能變數名稱（F）】，在下拉式選單中選擇『聯絡人性別』之資料行
- 【比較（C）】，在下拉式選單中選擇『相等』
- 【比較值（T）】，填入『男』

■【插入此一文字（I）】，填入『先生』

■【否則插入此一文字（O）】，填入『小姐』

可以將以上的『規則』轉換成語意解說成，如果『聯絡人性別』等於『男』，符合此條件就輸出『先生』，不符合此條件就輸出『小姐』。

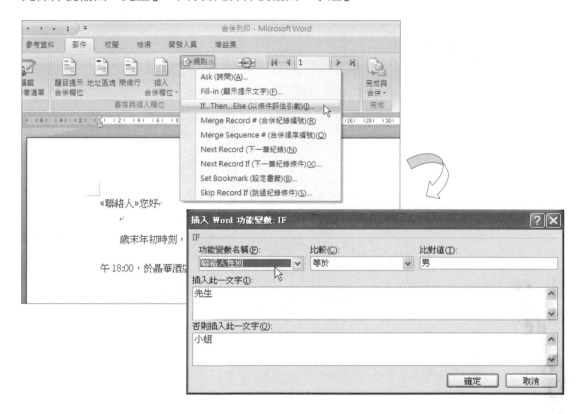

以上所完成的一份文件資料，可以稱之為『樣板』文件，也就是尚未真正將所有資料合併在一起，所以若是要異動文件內容，可以先於『樣板』文件內更改後，再重新進行合併的動作。進行資料合併只要點選【郵件】頁面下的【完成與合併】，此選項下有三種合法模式：

■【編輯個別文件（E）】，將樣板與資料合併後，輸出至另一份新文件檔案

■【列印文件（P）】，將樣板與資料合併後，將結果直接輸出至印表機列印

■【傳送電子郵件訊息（S）】，將樣板與資料合併後，透過電子郵件寄送出去

以下採用【編輯個別文件（E）】方式將合併後的結果輸出至另一個新文件檔案，並出現【合併到新文件】的對話框，直接選擇【全部（A）】選項，按下【確定】，即會產生合併後的結果。

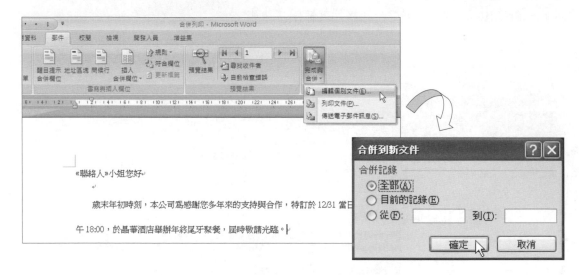

當所有紀錄合併之後，將會產生以下數份的文件資料，每份文件除了在頭銜的聯絡人姓名，以及利用『聯絡人性別』決定輸出稱謂是『先生』或『小姐』的不同之外，其餘內容都是相同。

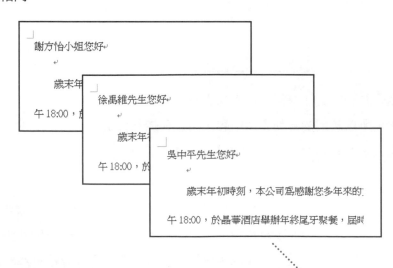

此節說明的重點在於，如何利用既有的公司資料，也就是資料庫內的既有資料，重複使用於不同的文件或報表，避免每次都要透過人工重新輸入相同的資料，藉此可以有效提升辦公室人員的工作效率。

5-8 整合資料庫與 MS Excel 的『樞紐分析』

上一節是利用 MS WORD 的資料合併列印，來重複使用資料庫內容。本節的重點在於使用 MS EXCEL『樞紐分析』，結合資料庫內的資料做不同的分析，也就是如何將資料轉換成不同維度的資訊。

『樞紐分析』是一種『多維度資料庫』（Multi-Dimension Database）分析方式的一種。也就是說，以多維度（Multi-dimensionality）的方式來分析不同的訊息，最主要的兩個項目名稱說明如下：

■『維度』（Dimension），係指某一些『質的資料』（qualitative data）或稱為『類別資料』（categorical data），也就是不可量化的資料，例如地區、業務員、時間（包括年、季、月、週、日、…）、產品、性別、教育程度、…等等，凡是不可計算或不可量化的變數皆有可能屬於『維度』。

■『事實』（Fact），係指一些『數量資料』（quantitative data），也就是可量化的資料且可以用來計算的資料，例如產品銷售量、銷售毛利、營業額、…等等，凡是可計算或可量化的變數皆有可能屬於『事實』。

使用兩個簡單範例說明如下：

■ 每一個『地區』對『產品』的『銷售量』分析，其中的『地區』與『產品』皆屬於『維度』；產品的『銷售量』則為『事實』。如下表與圖所展示即是『地區』對『產品』之『銷售量』的一種分析情形。

銷售量	C1型筆電	C2型筆電	C3型筆電	C4型筆電
台北地區	5,680	10,569	12,350	2,056
台中地區	3,759	9,600	5,341	15,984
台南地區	4,509	7,050	8,030	5,678

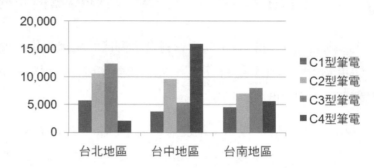

■『產品』的『毛利』成長情形，其中的『產品』屬於『維度』；『毛利』屬於『事實』。在此例子中，千萬別忽略掉另一個非常重要的『時間』維度。如下表與圖所展示即是『時間』對『產品』之『毛利』的一種成長趨勢分析。

毛利	C1型筆電	C2型筆電	C3型筆電	C4型筆電
2007年	95,680	23,759	24,509	78,330
2008年	110,569	99,600	17,050	68,606
2009年	112,350	95,341	38,030	71,300
2010年	122,056	115,984	75,678	40,998

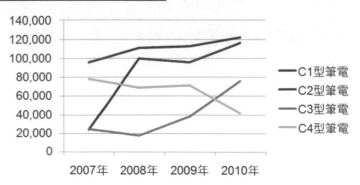

一般企業經營的過程，總會將所有商業行為的詳細資料記錄於公用的資料庫管理系統內；絕非儲存於個人的電腦檔案或像是 MS EXCEL 檔案中，否則將會失去資料分享的意義。

以下將要介紹的，是如何將資料庫內的『原始資料』（raw data），透過 MS EXCEL 的樞紐分析功能，將『資料』（data）轉換成決策者需要的『資訊』（information）之操作過程。

要將資料庫內的資料匯入 MS EXCEL 內進行樞紐分析，大致可分為以下兩種方式來進行，一種是直接透過資料庫來取得資料，另一種則是間接透過 MS SQL Server 的另一個服務，稱之為『Analysis Services』，分別說明如下：

(1) 直接透過 MS SQL Server 來匯入資料至 MS EXCEL，此種方式只適合於資料量不會太過於龐大時適用，倘若資料量過於龐大時，每一次在 MS EXCEL 中要更新資料，必定會處理非常久的時間，並不符合經濟效益。

(2) 間接透過 MS SQL Server 的另一個服務『Analysis Services』，也稱之為『線上分析處理』（On-Line Analytical Processing, 簡稱 OLAP）。此種方式必須對企業有可能使用的『維度』與『事實』作事前規劃與設計，設計出來的稱之為『Cube』。並且會經過預先計算，所以 MS EXCEL 透過『Analysis Services』取得相關資料會更快速。至於此部份並非本書所要探討的重點，所以將不再進一步的介紹與實作。

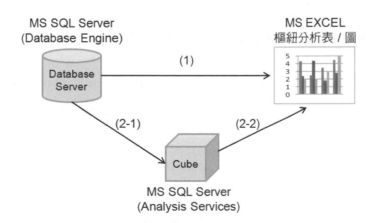

　　針對以上的第一種方式來進行實作，整個操作的流程如下圖所示，如同 MS WORD 的『合併列印』大致相同。必須先建立 ODBC 的資料來源名稱『dsnMSSQL2008』，倘若前面已建立過，此處就不用再重複建立，只要使用前面所建立的即可。然後再進行與 MS EXCEL 的『資料連結』與『匯入資料』，詳細方式介紹如下。

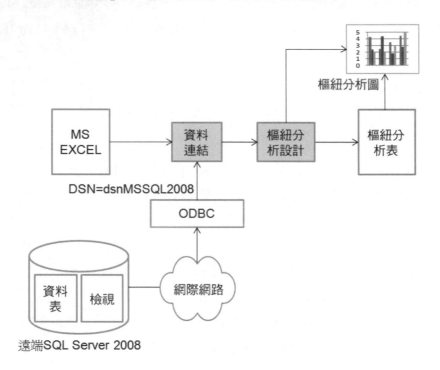

利用單一『資料表』產生樞紐分析表 / 圖

　　首先要將 MS EXCEL 與資料庫『CH05 範例資料庫』中的『E01 銷售資料』資料表進行連結。由於前一節中已建立 ODBC 的資料連源，本節就不再重複操作過程，僅用前一節的『dsnMSSQL2008』進行連線。

　　啟動 MS EXCEL 軟體後，先於 A1 儲存格點選一下，表示未來樞紐分析表所放位置。點選【插入】頁面，再點選【樞紐分析表】內的【樞紐分析表（T）】，此時會出現一個【建立樞紐分析表】的對話框，內容設定說明如下：

【選擇您要的分析資料】，此項目是設定所要分析的資料來源位於何處

■【選取表格或範圍（S）】，此一選項表示資料的來源，是位於 MS EXCEL 軟體的內部，可透過此選項來選取所要分析的資料。

■【使用外部資料來源（U）】，此一選項表示資料並不位於 MS EXCEL 軟體內，而是位於外部的資料庫，本範例是要與 MS SQL Server 連線，所以點選此一項目。

【選擇您要放置樞紐分析表的位置】，此項目是設定樞紐分析表將位於何處

■【新工作表（N）】，表示會另開一個新的工作表。

■【已經存在的工作表（E）】，表示位於目前工作表，但要設定其定位於何處，由於剛開啟 MS EXCEL 時，已用滑鼠於 A1 儲存格點選，所以預設位置就是剛剛所設定的 A1 儲存格，

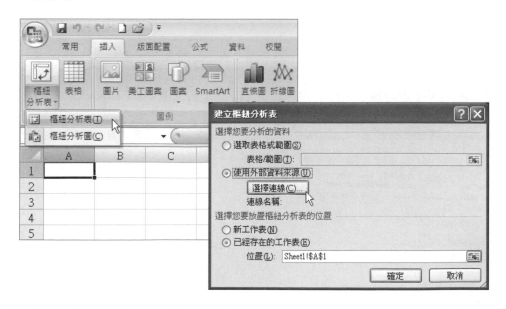

完成以上設定之後，可以按下【確定】按鈕後，即會出現【現有連線】的對話框，其中有一項目為『CH05 範例資料庫 W01 客戶』的連線檔案，是因為上一節執行 MS WORD 與 MS SQL Server 連線所新增出來的。此處要另外新增一個連線檔案，所以按下【瀏覽更多（B）...】按鈕。

隨即會出現【選取資料來源】的對話框，按下【新來源（S）...】按鈕。

當出現【資料連線精靈】，如同 MS WORD 連線 MS SQL Server 一般，可以使用【Microsoft SQL Server】的選項以及【ODBC DSN】，至於【Microsoft SQL Server Analysis Serviccs】則是前面提到的『線上分析處理』（On-Line Analytical Processing, 簡稱 OLAP）。此處僅就選用【ODBC DSN】來連線 MS SQL Server，按下【下一步（N）>】。

出現【連接 ODBC 資料來源】，選擇『dsnMSSQL2008』，按下【下一步（N）>】，會出現【SQL Server 登入】的對話框，只要輸入【登入識別碼（L）】與【密碼（P）】即可，也就是在安裝時所設定的密碼。

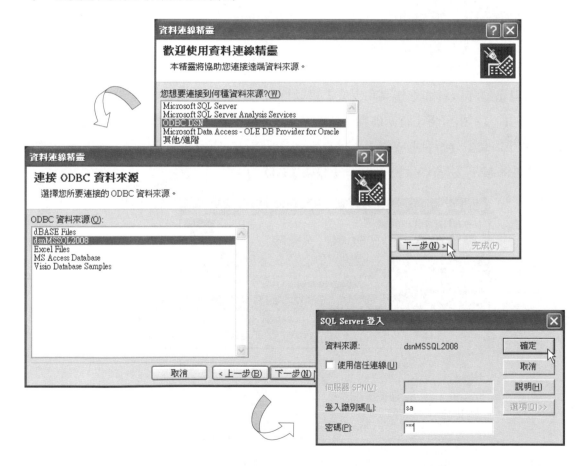

完成連線動作之後，將會出現【選取資料庫及資料表】的對話框，資料庫選擇『CH05 範例資料庫』，資料表則選擇『E01 銷售資料』，按下【下一步（N）>】。

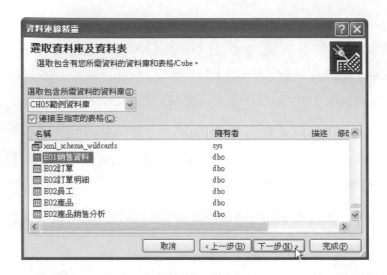

　　出現【儲存資料連線檔案和完成】對話框，可以更改【檔案名稱（N）】及【易記的名稱（I）】。亦可將【將密碼儲存在檔案中（P）】勾選，以免後續再開啟此設計好的 MS EXCEL 樞紐分析會造成錯誤；當勾選此選項時，會出現一個警告訊息提醒此方式的不安全性，按下【是（Y）】，再按下【完成（F）】。

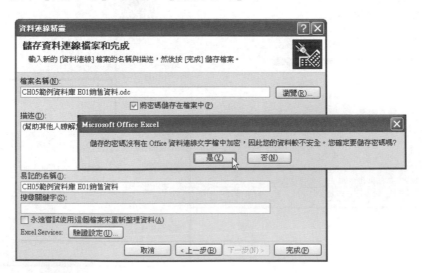

　　返回【建立樞紐分析表】的對話框時，可以發現在【選擇連線（C）...】按鈕下方的【連線名稱：】已出現『CH05 範例資料庫 E01 銷售資料』的字串，表示已完成所有連線動作。

完成『資料連結』之後將會出現以下畫面，再進行『樞紐分析設計』。在視窗右邊的【樞紐分析表欄位清單】，可以看到有四個欄位，包括『年』、『季』、『產品』及『數量』。其中的『年』、『季』和『產品』屬於『維度』欄位，『數量』則為『事實』欄位。依序執行以下動作：

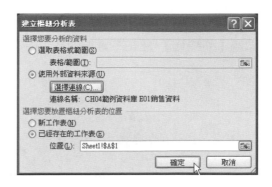

(1) 用滑鼠左鍵將欄位『年』拖曳至下面的【列標籤】

(2) 用滑鼠左鍵將欄位『季』拖曳至下面的【列標籤】

(3) 用滑鼠左鍵將欄位『產品』拖曳至下面的【欄標籤】

(4) 用滑鼠左鍵將欄位『數量』拖曳至下面的【Σ 值】

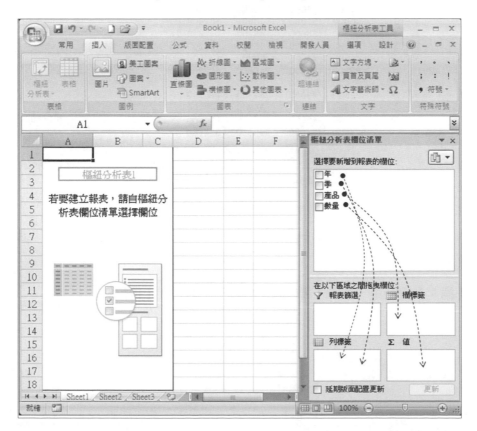

當完成以上的拖曳動作之後，在樞紐分析表內將會呈現出以下畫面，在左邊的維度即為【列標籤】，上方的維度即為【欄標籤】，中間的數值即為【Σ 值】。

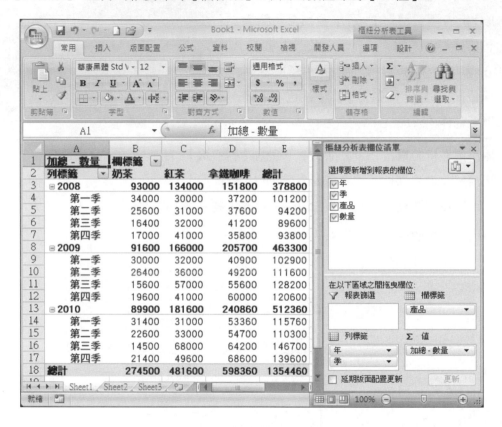

雖然在樞紐分析表中已呈現出不同維度的相對數字，以及所有的累計量，但仍無法很清楚表達出，成長趨勢會有哪些異常現象，所以以下將再加入統計圖表，也就是『樞紐分析圖』。

在【插入】頁面中，選取【折線圖】項目下的第一個【折線圖】。

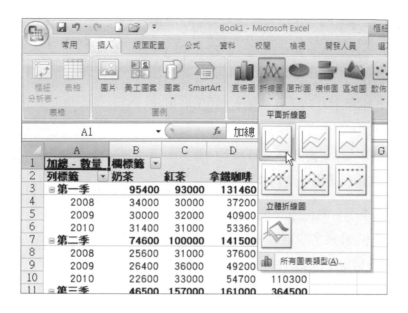

產生『樞紐分析圖』之後，此圖所表示的是依據時間序列表現出各個產品的成長情形，如圖中最上方的線條代表『拿鐵咖啡』呈現出穩定成長的狀態。

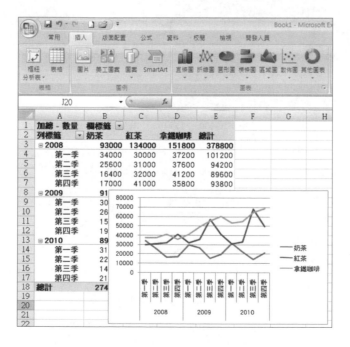

由於飲料類的產品銷售會和季節變化有關，不應該利用時間序列來比較產品銷售趨勢，而是在相同季節比較不同年度的產品銷售。操作方式是在【樞紐分析表欄位清單】視窗下方的【列標籤】，利用滑鼠左鍵按著『季』欄位，拖曳至『年』欄位上方，放開滑鼠左鍵，此時交換『年』與『季』的上下位置，表示以『季』為主要維度，『年』則為次要維度。

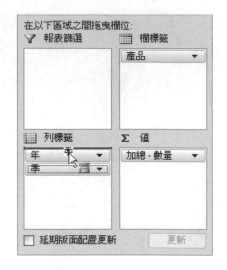

當『年』與『季』的位置交換之後，『樞紐分析表』與『樞紐分析圖』立即可改變維度的順序，如下畫面。『樞紐分析圖』的最下一條線代表『奶茶』的銷售量。飲料類產品的銷售通常會與季節變化相關，尤其會在第三季呈現出較高銷售量，但是『奶茶』在第三季呈現出全年最差的情況，彷彿是一個異常現象。

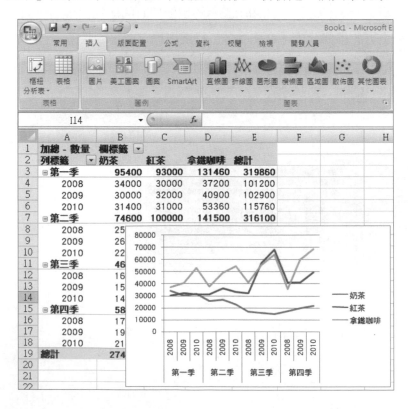

利用多個『資料表』產生樞紐分析表 / 圖

前段所使用的是資料庫內的單一資料表來取得分析資料，此為最單純且基本的作法。但是往往所要分析的資料（包括『維度』與『事實』）不會僅位於一個資料表，而是分佈於許多不同的資料表當中；此時就要透過本章前面所介紹的『合併』方式先產生一個『虛擬資料表』，也就是『檢視表』，如下圖所示。

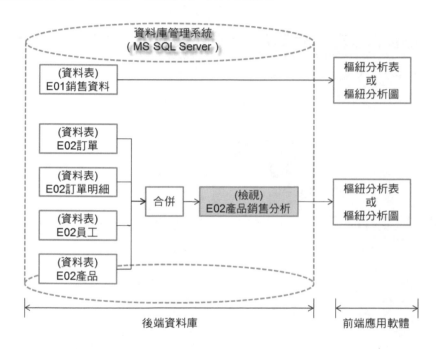

此段介紹會使用到的是『CH05 範例資料庫』內的四個資料表的資料行，以及一個衍生資料行：

- 『E02 訂單』資料表的『訂單編號』及『銷售地區』資料行
- 『E02 訂單明細』資料表的『數量』資料行
- 『E02 員工』資料表的『員工姓名』資料行
- 『E02 產品』資料表的『產品名稱』資料行
- 新增一個衍生資料行『毛利』，『毛利』可以透過以下的計算來獲得

毛利 =（ 實際售價 – 成本 ）× 數量

在【Microsoft SQL Server Management Studio】內新增一個新的【檢視表】，將『E02 訂單』、『E02 訂單明細』、『E02 員工』以及『E02 產品』四個資料表加入此『檢視表』內，並將以上所需的資料行逐一勾選，於【準則】窗格內新增一列資料行，並儲存此『檢視表』名為『E02 產品銷售分析』：

- ■【資料行】欄內填入『（實際售價 − 成本）* 數量』
- ■【別名】欄內填入『毛利』

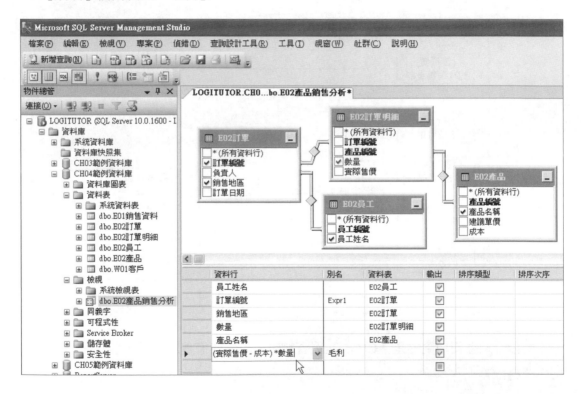

重新啟動 MS EXCEL 軟體，重複上一段的『資料連結』方式，唯有在【選取資料庫及資料表】的對話框內，會多出一項類型為『VIEW』的『E02 產品銷售分析』，此項目就是前面透過【Microsoft SQL Server Management Studio】新增出來的『檢視表』。點選此項目『E02 產品銷售分析』，並繼續完成後續所有的『資料連結』動作。

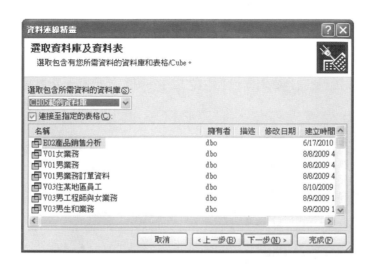

完成所有『資料連結』之後，將會出現以下的畫面，在【樞紐分析表欄位清單】內將會出現六個欄位，包括衍生出來的欄位『毛利』，以及『訂單編號』、『員工姓名』、『產品名稱』、『數量』以及『銷售地區』。

■【列標籤】加入『員工姓名』欄位

■【Σ值】加入『毛利』欄位

所得結果可以透過統計圖看出,哪些員工對公司的『毛利』貢獻度較大。

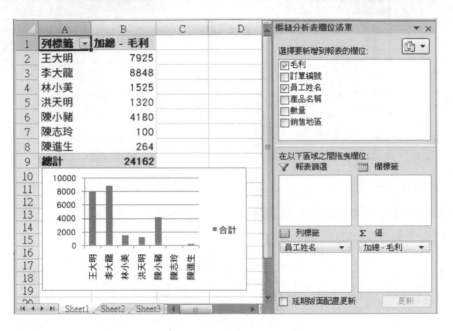

■【列標籤】加入『產品名稱』欄位

■【Σ值】依序加入『數量』與『毛利』欄位

所得結果可以透過統計圖看出,哪些產品對公司的『數量』與『毛利』貢獻度較大。

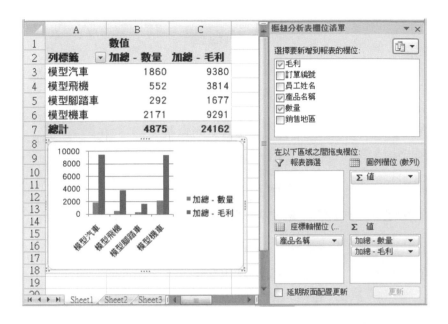

- 【列標籤】加入『銷售地區』欄位
- 【欄標籤】加入『產品名稱』欄位
- 【Σ 值】加入『數量』欄位

所得結果可以透過統計圖看出，哪些地區對公司的銷售『數量』貢獻度較大。

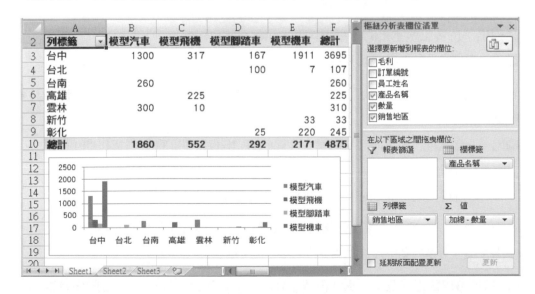

本章習題

請利用書附光碟中的『CH05 範例資料庫』來建立以下不同需求的檢視表。

1. 查詢『客戶』資料表中，職稱為『董事長』的資料。

   輸出（客戶編號，公司名稱，聯絡人，聯絡人職稱）

2. 查詢『客戶』資料表中，『男業務』與『女會計人員』。

   輸出（客戶編號，公司名稱，聯絡人，聯絡人職稱，聯絡人性別）

3. 查詢『員工』資料表中，當月壽星資料，並依據年資給予獎金，計算公式如下。

   獎金 = 年資 * 1000 ,（ 年資 = 今年 – 任用之年 ）

   輸出（員工編號，姓名，年齡，年資，獎金）

4. 查詢『員工』資料表中，地址位於台北縣和台中市的員工資料。

   輸出（員工編號，姓名，縣市，地址）

   [提示]『縣市』可從『地址』的前三位取得

5. 請列出每位員工所承接的訂單資料。（Inner Join）

   輸出（員工編號，姓名，訂單編號，訂貨日期）

6. 請列出每位員工所承接的訂單資料。（Outer Join）

   輸出（員工編號，姓名，訂單編號，訂貨日期）

7. 請列出每位員工所承接的訂單資料中，已出貨但未到貨的訂單資料，並依據訂單編號遞增排序。

   輸出（員工編號，姓名，訂單編號，訂貨日期，出貨日期，實際到貨日期）

   [提示] 判斷方式如下：

   　　　　出貨日期 is not null and 實際到貨日期 is null

8. 查詢出員工當中沒有承接過任何訂單的資料，並依據員工編號遞增排序。

   輸出（員工編號，姓名，主管姓名）

   [提示] 可以透過『員工』與『訂單』資料表的外部合併後，判斷『訂單編號 is null』

9. 請計算出每張訂單每項產品的毛利資料。

輸出（訂單編號，客戶的公司名稱，產品編號，產品名稱，實際單價，平均成本，數量，毛利）

[提示] 毛利計算公式如下：

毛利＝（實際單價－平均成本）＊數量

10. 請計算出每張訂單的毛利資料。

輸出（訂單編號，客戶的公司名稱，毛利）

[提示] 先建立和上題一樣的資料後，再利用群組方式計算

毛利計算公式如下：

毛利＝sum（（實際單價－平均成本）＊數量）

11. 請先自行安裝好一個 SQL SERVER 的環境，並將書附光碟中的『CH05 範例資料庫』附加上去。再透過 ODBC 管理員，新增一個名為『myMSSQLSERVER』的資料來源名稱，並連線至該資料庫。

12. 請利用微軟公司開發的 MS WORD 2007，並自行撰寫一篇客戶邀請函，並透過 WORD 的內建功能【郵件】標籤 \【規則】\【Skip Record If（篩選紀錄郵件）（S）】（如下圖所示），篩選『CH05 範例資料庫』內『W01 客戶資料表』的女性客戶資料。

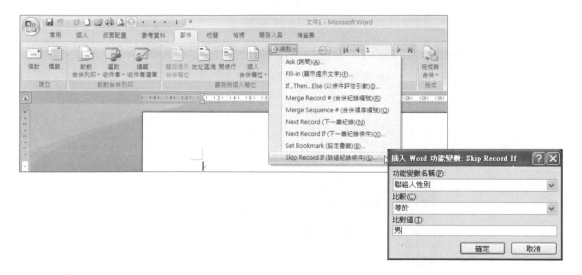

13. 倘若要透過『CH05 範例資料庫』內『E01 銷售
資料』資料表來製作以 Excel 的樞紐分析圖，
用來展現同一年同一產品的累加情形，例如
2008 年的第二季是將 2008 年的第一、二季相
同產品數量累加；2008 年的第三季是將 2008
年的第一、二、三季的相同產品數量累加，依
此類推…，所產生出來的樞紐分析圖與表。

加總 - 數量	欄標籤			
列標籤	奶茶	紅茶	拿鐵咖啡	總計
⊟2008	262600	318000	379800	960400
第一季	34000	30000	37200	101200
第二季	59600	61000	74800	195400
第三季	76000	93000	116000	285000
第四季	93000	134000	151800	378800
⊟2009	250000	391000	482400	1123400
第一季	30000	32000	40900	102900
第二季	56400	68000	90100	214500
第三季	72000	125000	145700	342700
第四季	91600	166000	205700	463300
⊟2010	243800	408600	574540	1226940
第一季	31400	31000	53360	115760
第二季	54000	64000	108060	226060
第三季	68500	132000	172260	372760
第四季	89900	181600	240860	512360
總計	756400	1117600	1436740	3310740

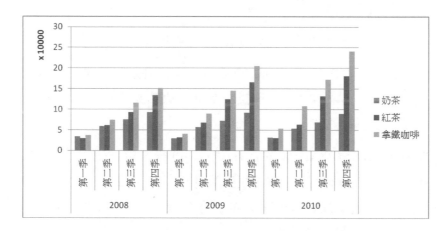

[提示] 先利用兩個『E01 銷售資料』資料表來產生一個名為『V 產品累進數量』
的檢視表，方式如下圖所示，重點在於以下三條關聯線。再透過 Excel 與
ODBC 取得『V 產品累進數量』檢視表來進行分析

左邊的『年』= 右邊的『年』

左邊的『季』>= 右邊的『季』

左邊的『產品』= 右邊的『產品』

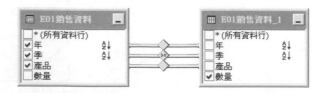

CHAPTER 6

資料操作 DML – 查詢（SELECT）

結構化查詢語言（Structured Query Language, 簡稱 SQL）主要分為三大類，第一類是定義資料的『資料定義語言』（Data Definition Language, 簡稱 DDL），包括建立、刪除以及維護資料庫、資料表、檢視表…等等。第二類是資料存取的『資料操作語言』（Data Manipulation Language, 簡稱 DML），包括針對資料的新增（INSERT）、刪除（DELETE）、修改（UPDATE）以及本章的重點查詢（SELECT）。第三類主要是針對安全管理的『資料控制語言』（Data Control Language, 簡稱 DCL），包括授權、撤銷…等等。

6-1　SQL 查詢的環境介紹

MS SQL Server 提供使用者一個非常方便的工具，可以連線到伺服器管理的 Microsoft SQL Server Management Studio。當使用者連線後可以如下圖所示，並在工具列上點選【新增查詢 (N)】，便會出現【SQLQuery】頁面視窗，所有下達 SQL 的語法皆可在此執行。

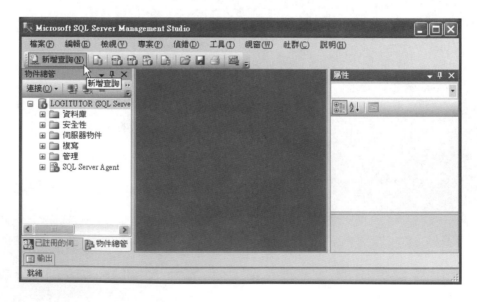

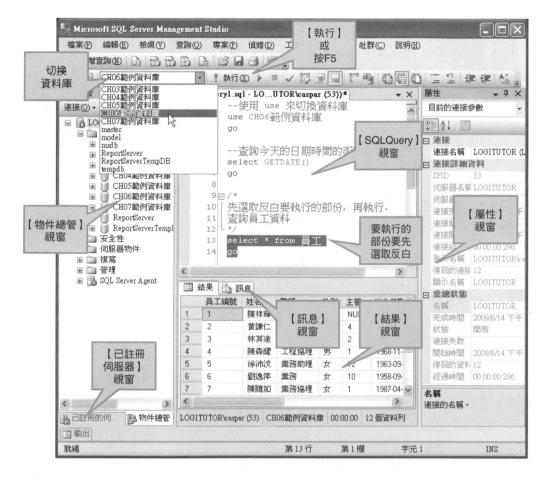

■【已註冊的伺服器】視窗，此視窗的目的是將常被管理的 SQL Server，先行在此
　SQL Server Management Studio 註冊，方便後續連線，不須重複輸入該主機位址。

■【物件總管】視窗，內含已連線的資料庫伺服器，與該伺服器內的所有物件，以及
　所有透過 SQL Server Management Studio 的相關管理。

■ 切換資料庫的下拉式表單，可以透過此下拉式表單切換所要使用的資料庫。

■【屬性】視窗，每一個物件皆有其屬性，而屬性值接位於【屬性】視窗內。

■【SQLQuery】視窗，此視窗是主要下達 SQL 指令的視窗。當要執行位於此視窗
　內的任何指令，必須先『選取要執行的部份』，再按執行按鍵，否則 SQL Server
　Management Studio 將會從第一行執行到最後。

- 【執行 (X)】，若要執行【SQLQuery】視窗中的 SQL 語法，必須先將所要執行的 SQL 語法選取，再按此按鈕或直接用快速鍵【F5】執行。
- 【結果】視窗，執行 SQL 之後的結果會展現於此視窗。
- 【訊息】視窗，執行 SQL 之後的一些相關訊息，不論是正確的訊息或錯誤訊息皆會出現於此視窗。若是利用 PRINT 來輸出資料，亦會將 PRINT 的資料輸出於【訊息】視窗。

6-2 常用函數的使用

基本輸出：

SELECT expression

- expression（運算式），利用運算式的方式來輸出所要的資料，運算式內可以包括資料行的計算、函數、常數以及其他不同的計算

輸出字串

```
SELECT ' 資料庫系統 '
```

【結果】

資料庫系統

輸出運算式

```
SELECT 3+5
```

【結果】

8

同時輸出多個項目

在 SELECT 後面要同時輸出多個項目時，必須使用逗號『,』隔開

```
SELECT 3+5,'資料庫系統'
```

【結果】

8, 資料庫系統

常用的數學函數

> **四捨五入函數：**
> ROUND（numeric_expression , length）
> **引數：**
> * numeric_expression 可以是精確數值或是近似數值的資料類型之運算式，但不可為 bit 資料類型。
> * length 表示 numeric_expression 捨入的有效位數。
> * length 是正數時，numeric_expression 會捨入到 length 所指定，在小數點右側的位數
> * length 是負數時，numeric_expression 會依照 length 所指定，在小數點左側捨入

四捨五入至小數點以下二位：

```
SELECT ROUND（84.94, 2）
```

【結果】

84.94

四捨五入至小數點以下一位：

```
SELECT ROUND（84.94, 1）
```

【結果】

84.90

四捨五入至整數第一位：

```
SELECT ROUND（84.94, 0）
```

【結果】

85.00

四捨五入至整數第二位：

```
SELECT ROUND（84.94, -1）
```

【結果】

80.00

$$8 \quad 4 \quad . \quad 9 \quad 4$$

$$\uparrow \qquad \uparrow \qquad \uparrow \qquad \uparrow$$

$$length= \quad -1 \quad 0 \quad 1 \quad 2$$

天花板（CEILING）與地板（FLOOR）函數：

CEILING（numeric_expression），傳回大於或等於指定數值運算式的最小整數

FLOOR（numeric_expression），傳回小於或等於指定數值運算式的最大整數

引數：

◆ numeric_expression，精確數值或近似數值資料型態的數值運算式，但不可為 bit 資料類型

天花板函數，小數以下無條件進位至整數

```
SELECT CEILING（59.3）
```

【結果】

60

天花板函數，小數以下無條件進位至整數

```
SELECT CEILING（59.8）
```

【結果】

60

地板函數，整數以下無條件捨去

```
SELECT FLOOR（59.3）
```

【結果】

59

地板函數，整數以下無條件捨去

```
SELECT FLOOR（59.8）
```

【結果】

59

開平方根（SQRT）與平方（SQUARE）函數：

SQRT（float_expression），傳回指定浮點值的平方根

SQUARE（float_expression），傳回指定浮點值的平方

引數：

◆ float_expression，float 型態或能夠隱含地轉換成 float 型態之運算式

```
SELECT SQRT（16）
```

【結果】

4

SELECT SQRT（16.556）

【結果】

4.06890648700606

SELECT SQUARE（3）

【結果】

9

SELECT SQUARE（11.25）

【結果】

126.5625

絕對值函數：

ABS（numeric_expression），可傳回指定數值運算式的絕對（正）值

引數：

◆ numeric_expression，精確數值或近似數值資料型態之運算式，但不可為 bit 資料型態。

SELECT ABS（-69）

【結果】

69

常用的轉換函數

資料型態轉換函數：

(1) CAST（expression AS data_type）

(2) CONVERT（data_type , expression）

引數：

- expression，任何有效的運算式
- data_type，欲轉換後的新資料型態，包括 xml、bigint 和 sql_variant

將數值 90 轉換成變動長度的字串

```
SELECT CAST（90 AS VARCHAR）
```

等同於

```
SELECT CONVERT（VARCHAR, 90）
```

【結果】

90　/* 此為變動長度的字串 */

具有固定有效位數和小數位數的數值資料類型

DECIMAL（p, [s]）

NUMERIC（p, [s]）

decimal 與 numeric 的功能相同。固定有效位數和小數位數的數字。

有效值介於 - 10^38 +1 到 10^38 - 1。

引數：

- p（有效位數），最大位數之總數，包括小數點左右兩側的位數在內。有效位數必須是 1 至最大有效位數 38 之間的值。預設有效位數是 18。
- s（小數位數），小數點右側的最大位數。小數位數必須是從 0 到 p 的值。只有在指定了有效位數時，才能指定小數位數。預設小數位數是 0。

將數值先經過四捨五入後，再轉換成固定長度型態

```
SELECT CAST（ROUND（87.994 , 0）AS NUMERIC（2,0））
```

等同於

```
SELECT CONVERT（NUMERIC（2, 0）, ROUND（87.994 , 0））
```

【結果】

88

取固定長度，總長度為 3，小數以下 1 位，取位前也會自動四捨五入處理

```
SELECT CAST（87.994 AS NUMERIC（3, 1））
```

等同於

```
SELECT CONVERT（NUMERIC（3, 1）, 87.994）
```

【結果】

88.0

取固定長度，總長度為 4，小數以下 2 位，取位前也會自動四捨五入處理

```
SELECT CAST（87.994 AS NUMERIC（4, 2））
```

等同於

```
SELECT CONVERT（NUMERIC（4, 2）, 87.994）
```

【結果】

87.99

常用的日期函數

> **目前系統日期時間函數**
> GETDATE( )，取自正在執行 SQL Server 執行個體之電腦的系統日期時間

```
SELECT GETDATE( )
```

【結果】

2009-08-25 15:14:19.903（此結果會依執行當時的日期時間顯示）

取得日期的部份資訊

DATEPART（datepart , date），取得一個日期中的某一部份

引數：

◆ datepart，這是指定傳回 date 的哪一部分。下表列出常用的 datepart

date的部份	縮寫
年(year)	yy , yyy
季(quarter)	qq , q
月(month)	mm , m
日(day)	dd , d
一年中的第幾週(week)	wk , ww
一週中的第幾天(weekday)	dw
時(hour)	hh
分(minute)	mi , n
秒(second)	ss , s

◆ date，可以是 time、date、smalldatetime、datetime、datetime2 或 datetimeoffset 值的運算式

僅查詢日期中之『年』的部份

```
SELECT DATEPART（year ,'2010/4/30'）
```

【結果】

2010

僅查詢日期中之『季』的部份

```
SELECT DATEPART（quarter ,'2010/4/30'）
```

【結果】

2

僅查詢日期中之『月』的部份

```
SELECT DATEPART（month ,'2010/4/30'）
```

【結果】

4

僅查詢日期中之『日』的部份

```
SELECT DATEPART（day ,'2010/4/30'）
```

【結果】

30

查詢該日期在一週中是第幾天

```
SELECT DATEPART（weekday , '2010/12/1'）
```

【結果】

4

【說明】

此函數是將週日當成一週中的第一天，所以週日會傳回 1、週一傳回 2、週二傳回 3、以此類推。所以此範例所傳回的 4，表示為週三。

日期累加函數

DATEADD（datepart , number , date），並將指定的 number（帶正負號的整數）加入至該 date 的指定 datepart。

引數：

* datepart，這是整數 number 要加入其中的 date 部分。可參考 DATEPART( ) 函數中的 datepart 引數之說明。

* number，要累加的數量

* date，可以是 time、date、smalldatetime、datetime、datetime2 或 datetimeoffset 值的運算式

將原本日期往前累加一年

```
SELECT DATEADD（year , 1 , '2010/05/01'）
```

【結果】

2011-05-01 00:00:00.000

將原本日期往前累加一個月

```
SELECT DATEADD（month , 1 , '2010/05/01'）
```

【結果】

2010-06-01 00:00:00.000

將原本日期往前累加一季

```
SELECT DATEADD（quarter , 1 , '2010/05/01'）
```

【結果】

2010-08-01 00:00:00.000

將原本日期往回推算三個月前

```
SELECT DATEADD（month , -3 , '2010/05/01'）
```

【結果】

2010-02-01 00:00:00.000

日期差異函數

DATEDIFF（datepart , startdate , enddate）

引數：

◆ datepart，指定 startdate 和 enddate 兩個日期的哪一部分來計算差距。可參考 DATEPART( ) 函數中的 datepart 引數之說明。

◆ startdate，起始日期，可以是 time、date、smalldatetime、datetime、datetime2 或 datetimeoffset 值的運算式。從 enddate 中扣除 startdate。

◆ enddate，終止日期，請參考 startdate 的說明

計算兩個日期在『年』的部份之差異

```
SELECT DATEDIFF（yy, '2009/12/05', '2010/01/01'）
```

【結果】

1

計算兩個日期在『年』的部份之差異（startdate 大於 enddate 時會出現負數值）

```
SELECT DATEDIFF（yy, '2012/12/05', '2010/01/01'）
```

【結果】

-2

計算兩個日期在『月』的部份之差異

```
SELECT DATEDIFF（mm, '2010/01/01', '2011/05/05'）
```

【結果】

16

計算兩個日期在『日』的部份之差異

```
SELECT DATEDIFF（dd, '2010/01/01', '2010/01/20'）
```

【結果】

19

計算兩個日期在『季』的部份之差異

```
SELECT DATEDIFF（qq, '2010/01/01', '2012/05/05'）
```

【結果】

9

常用的字串函數

大、小寫轉換函數

UPPER（character_expression），將小寫字元轉換成大寫字元的運算式

LOWER（character_expression），將大寫字元轉換成小寫字元的運算式

引數：

* character_expression，要轉換的字元資料之運算式。
* character_expression 可以是字元或二進位資料的常數、變數或資料行。
* character_expression 必須是可以隱含轉換成 varchar 的資料類型。否則，要利用 CAST( ) 或 CONVERT( ) 函數進行明確轉換 character_expression

SELECT UPPER（'AbCdE'）

【結果】

ABCDE

SELECT LOWER（'AbCdE'）

【結果】

abcde

計算字串長度函數

LEN（string_expression），計算指定字串運算式的字元數，但尾端空白不算

引數：

* string_expression，要計算長度的字串運算式。string_expression 可以是常數、變數或是字元或二進位資料的資料行

SELECT LEN（'abcde'）

【結果】

5

```
SELECT LEN（'我有幾個字呢？'）
```

【結果】

7

> **取得一個子字串在另一個字串的起始位置**
>
> CHARINDEX（expression1 ,expression2 [, start_location]），從 start_location 指定的位置開始搜尋，搜尋 expression1 在 expression2 中的開始位置
>
> **引數：**
>
> ◆ expression1，這是字元運算式，expression1 限制最長為 8000 個字元
>
> ◆ expression2，這是要搜尋的字元運算式。
>
> ◆ start_location，指定起始搜尋的位置。如果未指定此引數，或者它是負數或 0，搜尋就會從 expression2 的開始位置開始搜尋

沒有指定搜尋的起始位置，便會從頭開始搜尋

```
SELECT CHARINDEX（'DEF', 'ABCDEFGHABCDEFGH'）
```

【結果】

4

有指定搜尋的起始位置，便會從指定的位置開始搜尋

```
SELECT CHARINDEX（'DEF', 'ABCDEFGHABCDEFGH' , 5）
```

【結果】

12

試試中文字

```
SELECT CHARINDEX（'2 朵', '妳我是天上的 2 朵雲'）
```

【結果】

7

CHAPTER · 6

資料操作 DML– 查詢（SELECT）

取字串的左、右邊的子字串

LEFT（character_expression , integer_expression），從字元字串 character_expression 的最左邊開始，傳回指定字元個數 integer_expression 的字元字串

RIGHT（character_expression , integer_expression），從字元字串 character_expression 的最右邊開始，傳回指定字元個數 integer_expression 的字元字串

引數：

◆ character_expression，字元或二進位資料的運算式

◆ integer_expression，正整數，指定將傳回的 character_expression 字元數目

SELECT LEFT（'ABCDEFG', 3）

【結果】

ABC

SELECT RIGHT（'ABCDEFG' , 3）

【結果】

EFG

取一個字串中的子字串

SUBSTRING（value_expression , start_expression , length_expression）

引數：

◆ value_expression ，是 character、binary、text、ntext 或 image 運算式

◆ start_expression，指定傳回字元的起始位置

◆ length_expression，指定將傳回之 value_expression 的字元數

SELECT SUBSTRING（'abcdefg' , 2 , 3）

【結果】

bcd

```
SELECT SUBSTRING（'日一二三四五六', 4, 1）
```

【結果】

三

重複字串函數

REPLICATE（string_expression , integer_expression），將字串值重複指定的次數

引數：

◆ string_expression，這是字元字串或二進位資料型態的資料或運算式

◆ integer_expression，要重複輸出 string_expression 的個數

重複某字串數次

```
SELECT REPLICATE（'*', 5）
```

【結果】

*****

取當天的系統日期，並轉換成民國 XX 年 XX 月 XX 日 週 X

```
SELECT '民國'
      + CAST（DATEPART（YY,GETDATE()）- 1911 AS VARCHAR）+'年'
      + CAST（DATEPART（MM,GETDATE()）AS VARCHAR）+'月'
      + CAST（DATEPART（DD,GETDATE()）AS VARCHAR）+'日 週'
      + SUBSTRING（'日一二三四五六',DATEPART（DW,GETDATE()）,1）
```

【結果】

（假設執行當天 SQL Server 電腦的系統日期是 2009/8/20 週四）

民國 98 年 8 月 20 日 週四

如同前一範例，僅將輸出數字部份變該為固定長度 2，例如 2 月顯示成 02 月

```
SELECT ' 民國 '
    + CAST（DATEPART（YY,GETDATE( )) - 1911 as VARCHAR）+' 年 '
    + REPLICATE（'0', 2 - LEN（CAST（DATEPART（MM,GETDATE( )) as
      VARCHAR）））
    + CAST（DATEPART（MM,GETDATE( )) as VARCHAR）+' 月 '
    + REPLICATE（'0', 2 - LEN（CAST（DATEPART（DD,GETDATE( )) as
      VARCHAR）））
    + CAST（DATEPART（DD,GETDATE( )) as VARCHAR）+' 日  週 '
    + SUBSTRING（' 日一二三四五六 ',DATEPART（DW,GETDATE( )) ,1）
```

【結果】

（假設執行當天 SQL Server 電腦的系統日期是 2009/8/20 週四）

民國 98 年 08 月 20 日 週四

6-3　單一資料表的查詢

在資料操作語言（Data Manipulation Language, DML）當中，查詢操作（SELECT）屬於最複雜和多變化的一種操作，從單一資料表的查詢，到多個資料表的不同合併查詢，都是從最基本的實體『資料表』篩選出所需要的相關資料，或是再經過運算出來的衍生資料作為決策資訊。以下僅針對 SECLECT 基本和常用的語法列出。

SELECT 之基本語法：

SELECT *select_list* [INTO *new_table*]
FROM *table_source*
[WHERE *search_condition*]
[GROUP BY *group_by_expression*]
[HAVING *search_condition*]
[ORDER BY *order_expression* [ASC | DESC]]

以下為常用的慣用表示方法：

慣例	說　明
大寫	Transact-SQL 關鍵字
斜體字	由使用者提供的 Transact-SQL 語法參數
|（分隔號）	加上括號或大括號來分隔語法項目，其中只可以選擇一個項目
[ ]（中括號）	選擇性的語法項目，但不要輸入中括號

- SELECT select_list [INTO new_table]
  - □ select_list，可以是以下三種情形之一
    - ⊙ 萬用字元『*』，代表將資料表內的所有資料行全部輸出，但後面必須跟著關鍵字『FROM + 資料表或檢視』。
    - ⊙ 資料行名稱（column_name），若是僅要將資料表內的部份資料行輸出，即可打入資料行名稱，每個資料行名稱用逗號隔開即可，但後面必須跟著關鍵字『FROM + 資料表或檢視』。
    - ⊙ 運算式（expression），利用運算式的方式來輸出所要的資料，運算式內可以包括資料行的計算、函數、常數以及其他不同的計算。
  - □ new_table

    此處的 new_table 是指一個不存在的新資料表。也就是透過 SELECT 查詢其他資料表的資料，再重新建立一個新資料表寫入該資料。如下圖的示意，如同從左邊的資料表（檢視表）查詢出所要的資料，再寫入右邊新的資料表內。

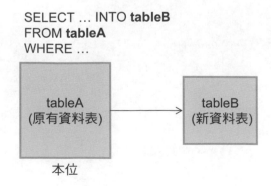

- FROM table_source

  此處的 table_source 指的是查詢的資料來源，可以是一個或多個『資料表』（table）
  或『檢視』（view）。

- [WHERE search_condition]

  WHERE 後面連接的是『資料行』的條件限制，進行資料篩選。也就是限制傳回資
  料列的條件。

- [GROUP BY group_by_expression]

  根據一個或多個資料行或是運算式的值，當成一個群組；而每一個群組都僅會傳回
  一個資料列。該資料列的內容與 SELECT 子句清單中的彙總函數有關，該彙總函數
  提供了每一個群組相關的彙總資訊。

- [HAVING search_condition]

  經過彙總函數計算後的結果，指定篩選的條件來限制傳回的結果。不過，在
  HAVING 子句中，不能使用 text、image 和 ntext 等資料類型。

- [ORDER BY order_expression [ASC | DESC]]

  針對查詢的資料進行排序的動作，ORDER BY 後面所接的 order_expression 是指要
  排序的『資料行』，『資料行』至少一個，也可以有多個，但會依據『資料行』的
  先後順序來排序。每一個『資料行』後面必須註明是『遞增』（ASC）或『遞減』
  （DESC）排序。

  □ ASC，代表遞增（ASCending）排序
  □ DESC，代表遞減（DESCending）排序

使用萬用字元『*』查詢資料表 - FROM

　　萬用字元『*』可以代表一個資料表（或檢視表）的所有資料行，省去一一輸入資
料行的麻煩，但也有其不好之處，待後續再敘述。

範例 6-1

查詢員工的所有資料

```
SELECT *
FROM 員工
```

【結果】

員工編號	姓名	職稱	性別	主管	出生日期	任用日期	區域號碼	地址	分機號碼
1	陳祥輝	總經理	男	NULL	1965-07-15	1992-11-13	114	台北市內湖區康寧 路23巷	1888
2	黃謙仁	工程師	男	4	1969-03-22	1992-11-26	407	台中市西屯區工業11路	3087
3	林其達	工程助理	男	2	1971-06-06	1992-12-06	235	台北縣中和市大勇街25巷	2138
4	陳森耀	工程協理	男	1	1968-11-14	1993-01-14	106	台北市大安區忠孝東路4段	3085
5	徐沛汶	業務助理	女	12	1963-09-30	1993-03-16	330	桃園縣桃園市縣府路	2234
6	劉逸萍	業務	女	10	1958-09-15	1993-05-23	111	台北市士林區士東路	2230
7	陳臆如	業務協理	女	1	1987-04-03	1993-09-24	114	台北市內湖區瑞光路513巷	2247
8	胡琪偉	業務	男	10	1963-08-12	1993-10-17	220	台北縣板橋市中山路一段	2238
9	吳志梁	業務	男	10	1960-05-19	1994-07-02	406	台中市北屯區太原路3段	2236
10	林美滿	業務經理	女	7	1958-02-09	1994-08-27	104	台北市中山區 一江街	2344
11	劉嘉雯	業務	女	10	1968-02-07	1994-11-05	111	台北市士林區福志路	2234
12	張懷甫	業務經理	男	7	1952-09-16	1994-12-26	106	台北市大安區仁愛路四段	2342

使用個別資料行輸出查詢資料表 - FROM ▚

範例 6-2

查詢員工的所有資料

```
SELECT 員工編號, 姓名, 職稱, 性別, 出生日期, 任用日期, 區域號碼, 地址, 分機號碼,
    主管
FROM 員工
```

【結果】

員工編號	姓名	職稱	性別	出生日期	任用日期	區域號碼	地址	分機號碼	主管
1	陳祥輝	總經理	男	1965-07-15	1992-11-13	114	台北市內湖區康寧 路23巷	1888	NULL
2	黃謙仁	工程師	男	1969-03-22	1992-11-26	407	台中市西屯區工業11路	3087	4
3	林其達	工程助理	男	1971-06-06	1992-12-06	235	台北縣中和市大勇街25巷	2138	2
4	陳森耀	工程協理	男	1968-11-14	1993-01-14	106	台北市大安區忠孝東路4段	3085	1
5	徐沛汶	業務助理	女	1963-09-30	1993-03-16	330	桃園縣桃園市縣府路	2234	12
6	劉逸萍	業務	女	1958-09-15	1993-05-23	111	台北市士林區士東路	2230	10
7	陳臆如	業務協理	女	1987-04-03	1993-09-24	114	台北市內湖區瑞光路513巷	2247	1
8	胡琪偉	業務	男	1963-08-12	1993-10-17	220	台北縣板橋市中山路一段	2238	10
9	吳志梁	業務	男	1960-05-19	1994-07-02	406	台中市北屯區太原路3段	2236	10
10	林美滿	業務經理	女	1958-02-09	1994-08-27	104	台北市中山區 一江街	2344	7
11	劉嘉雯	業務	女	1968-02-07	1994-11-05	111	台北市士林區福志路	2234	10
12	張懷甫	業務經理	男	1952-09-16	1994-12-26	106	台北市大安區仁愛路四段	2342	7

使用萬用字元『*』與將每一個資料行名稱寫出，輸出結果彷彿是一樣的，是否乾脆就使用萬用字元『*』呢？其實不然，使用萬用字元『*』會有以下幾個問題會產生：

- 將所有的資料行輸出，無法僅輸出部份資料行
- 輸出資料行的順序，一定與原資料表的順序一樣，無法更改順序，可注意以上兩個範例的輸出，『主管』資料行的位置並不同
- 若是在應用程式中採用萬用字元『*』，而資料庫管理者若將資料表的資料行變更順序，有可能會造成該應用程式突然發生錯誤
- 無法使用資料行的別名

重複值僅輸出一筆紀錄 - DISTINCT

當一個資料表中的某一個資料行或多個資料行的組合輸出時，相同的資料會重複出現情形時，可以利用 DISTINCT 來過濾掉重複的資料僅出現一筆。

範例 6-3

透過『員工』資料表查詢該公司有多少種不同的職務。

■ 相同職稱會重複輸出

```
SELECT 職稱
FROM 員工
```

■ 相同職稱僅會出現一筆

```
SELECT DISTINCT 職稱
FROM 員工
```

■ 輸出兩個資料行時，會以兩個資料行的組合來判斷重複性，可與上一例做比較

```
SELECT DISTINCT 職稱 , 姓名
FROM 員工
```

【結果】

	職稱
1	總經理
2	工程師
3	工程助理
4	工程協理
5	業務助理
6	業務
7	業務協理
8	業務
9	業務
10	業務經理
11	業務
12	業務經理

	職稱
1	工程助理
2	工程協理
3	工程師
4	業務
5	業務助理
6	業務協理
7	業務經理
8	總經理

	職稱	姓名
1	工程助理	林其達
2	工程協理	陳森燿
3	工程師	黃謙仁
4	業務	吳志梁
5	業務	胡琪偉
6	業務	劉逸萍
7	業務	劉嘉雯
8	業務助理	徐沛汶
9	業務協理	陳臆如
10	業務經理	林美滿
11	業務經理	張懷甫
12	總經理	陳祥輝

相同『職稱』
會重複輸出

使用DISTINCT後相同
『職稱』僅會出現一筆

是區分 (職稱+姓名) 之值
不是僅區分『職稱』

資料的基本條件篩選 - WHERE

範例 6-4

查詢職稱為業務的員工。

【輸出】（員工編號 , 姓名 , 職稱）

【結果】

```
SELECT 員工編號 , 姓名 , 職稱
FROM 員工
WHERE 職稱 = ' 業務 '
```

員工編號	姓名	職稱
6	劉逸萍	業務
8	胡琪偉	業務
9	吳志梁	業務
11	劉嘉雯	業務

範例 6-5

查詢公司有哪些男業務。

【輸出】（員工編號 , 姓名 , 職稱 , 性別）

> ⚠ **提示**▶ 男業務代表所要篩選的條件為，『性別』等於 ' 男 '，且『職稱』等於 ' 業務 '

【結果】

員工編號	姓名	職稱	性別
8	胡琪偉	業務	男
9	吳志梁	業務	男

```
SELECT 員工編號 , 姓名 , 職稱 , 性別
FROM 員工
WHERE 職稱 = ' 業務 'AND 性別 = ' 男 '
```

範例 6-6

查詢男工程師和女業務的基本資料。

【輸出】（員工編號 , 姓名 , 職稱 , 性別）

> **⚠ 提示▶** 男工程師和女業務代表所要篩選的條件為,(『性別』等於'男'且『職稱』等於'工程師')或(『性別』等於'女'且『職稱』等於'業務')

【結果】

員工編號	姓名	職稱	性別
2	黃謙仁	工程師	男
6	劉逸萍	業務	女
11	劉嘉雯	業務	女

```
SELECT 員工編號, 姓名, 職稱, 性別
FROM 員工
WHERE (性別 =' 男 ' AND 職稱 =' 工程師 ') OR
      (性別 =' 女 ' AND 職稱 =' 業務 ')
```

資料行與函數的結合運算

範例 6-7

查詢當月生日的員工資料。

【輸出】(員工編號, 姓名, 出生日期)

> **⚠ 提示▶** 必須使用 getdate( ) 函數取得當天日期,再使用 datepart( ) 或 month( ) 函數來取得出生日期與當天的月份來比對。

```
SELECT 員工編號, 姓名, 出生日期
FROM 員工
WHERE datepart (month, 出生日期) = datepart (month, getdate( ))
```

【結果】(假設執行當時的資料庫伺服器電腦的系統日期為 8 月)

員工編號	姓名	出生日期
8	胡琪偉	1963-08-12

資料行的別名

　　雖然每一個資料表的資料行皆有名稱，但有時該名稱無法適切的表達出意義，或是因為數個資料表經過合併之後，造成某些資料行的名稱重複，此時可以利用『別名』的方式將輸出的資料行重新命名。表示方式只要在資料行後面加上『 AS 別名 』即可，亦可將 AS 省略不寫，只寫『別名』。

範例 6-8

　　列出每一位員工的主管之員工編號，將員工的『姓名』更名為『員工姓名』、『主管』更名為『上司編號』。

【輸出】（員工編號, 員工姓名, 上司編號）

```
SELECT 員工編號, 姓名 AS 員工姓名, 主管 AS 上司編號
FROM 員工
```

　　省略『AS』的寫法

```
SELECT 員工編號, 姓名 員工姓名, 主管 上司編號
FROM 員工
```

【結果】

員工編號	員工姓名	上司編號
1	陳祥輝	NULL
2	黃謙仁	4
3	林其達	2
4	陳森耀	1
5	徐沛汶	12
6	劉逸萍	10
7	陳瞻如	1
8	胡琪偉	10
9	吳志梁	10
10	林美滿	7
11	劉嘉雯	10
12	張懷甫	7

衍生資料行的計算與輸出 ■■

　　『衍生資料行』（derived column）是指原本並不存在於資料表或檢視表內的資料行，它是透過運算式所產生的資料行。例如員工的『年齡』，可以透過員工的出生日期和今天日期計算出來；訂單的『總金額』，可以透過訂單的單品數量和售價計算出來，…等等。

範例 6-9

　　查詢每位員工的『年齡』。

【輸出】（員工編號 , 姓名 , 出生日期 , 年齡）

> (!)**提示**▶ 年齡 = 當日的年份 − 出生年份

```
SELECT 員工編號 , 姓名 , 出生日期 , datediff（year, 出生日期 , getdate( )）AS 年齡
FROM 員工
```

【結果】（假設執行當時的資料庫伺服器電腦的系統日期為 2009 年）

員工編號	姓名	出生日期	年齡
1	陳祥輝	1965-07-15	44
2	黃謙仁	1969-03-22	40
3	林其達	1971-06-06	38
4	陳森耀	1968-11-14	41
5	徐沛汶	1963-09-30	46
6	劉逸萍	1958-09-15	51
7	陳臆如	1987-04-03	22
8	胡琪偉	1963-08-12	46
9	吳志梁	1960-05-19	49
10	林美滿	1958-02-09	51
11	劉嘉雯	1968-02-07	41
12	張懷甫	1952-09-16	57

範例 6-10

查詢從任用日期計算起，超過 16 年（含）年資的員工，預計在 25 年後退休的資料。

【輸出】（員工編號 , 姓名 , 任用日期 , 預計退休日）

> ⚠ **提示▶** [1] 預計退休日＝任用日期＋25 * 12 個月（25 年，每年 12 個月）
>
> [2] 篩選條件：任用日期至當月超過（含）16 * 12 個月（16 年，每年 12 個月）

```
SELECT 員工編號 , 姓名 , 任用日期 , dateadd（month, 25*12, 任用日期）AS 預計退休日
FROM 員工
WHERE datediff（month, 任用日期 , getdate( )）>= 16*12
```

【結果】（假設執行當時的資料庫伺服器電腦的系統日期為 2009 年 8 月）

員工編號	姓名	任用日期	預計退休日
1	陳祥輝	1992-11-13	2017-11-13
2	黃謙仁	1992-11-26	2017-11-26
3	林其達	1992-12-06	2017-12-06
4	陳森耀	1993-01-14	2018-01-14
5	徐沛汶	1993-03-16	2018-03-16
6	劉逸萍	1993-05-23	2018-05-23

資料排序 Order By …[ASC | DESC]

輸出的資料可以依據資料表或檢視表中的資料行來排列，可分為『遞增』（ASC）排序和『遞減』（DESC）排序；若不特別指定排序方式，MS SQL Server 預設的排序方式是『遞增』。倘若有多個資料行進行排序，會依據 ORDER BY 之後的資料行順序排序，第一個資料行先進行排序，當資料相同時，再進行第二個資料行排序，依此類推。

範例 6-11

請列出所有員工資料，並依據單一『任用日期』資料行的遞減排序。

【輸出】（員工編號, 姓名, 職稱, 任用日期）

```
SELECT 員工編號, 姓名, 職稱, 任用日期
FROM 員工
ORDER BY 任用日期 DESC
```

【結果】

	員工編號	姓名	職稱	任用日期
1	7	陳臆如	業務協理	2009-08-01
2	11	劉嘉雯	業務	2005-11-05
3	12	張懷甫	業務經理	1994-12-26
4	10	林美滿	業務經理	1994-08-27
5	9	吳志梁	業務	1994-07-02
6	8	胡琪偉	業務	1993-10-17
7	6	劉逸萍	業務	1993-05-23
8	5	徐沛汶	業務助理	1993-03-16
9	4	陳森耀	工程協理	1993-01-14
10	3	林其達	工程助理	1992-12-06
11	2	黃謙仁	工程師	1992-11-26
12	1	陳祥輝	總經理	1992-11-13

範例 6-12

請列出所有員工資料，並依據『職稱』與『員工編號』多個資料行的排序，其中『職稱』資料行遞減排序，『員工編號』資料行遞增排序。

【輸出】（員工編號, 姓名, 職稱, 任用日期）

```
SELECT 員工編號, 姓名, 職稱, 任用日期
FROM 員工
ORDER BY 職稱 DESC, 員工編號 ASC
```

【結果】

	員工編號	姓名	職稱	任用日期
1	1	陳祥輝	總經理	1992-11-13
2	10	林美滿	業務經理	1994-08-27
3	12	張懷甫	業務經理	1994-12-26
4	7	陳臆如	業務協理	2009-08-01
5	5	徐沛汶	業務助理	1993-03-16
6	6	劉逸萍	業務	1993-05-23
7	8	胡琪偉	業務	1993-10-17
8	9	吳志梁	業務	1994-07-02
9	11	劉嘉雯	業務	2005-11-05
10	2	黃謙仁	工程師	1992-11-26
11	4	陳森耀	工程協理	1993-01-14
12	3	林其達	工程助理	1992-12-06

輸出前 <n> 筆（或百分比）資料 – TOP <n>

　　MS SQL Server 提供使用 SELECT 查詢資料，可以僅查詢前 <n> 筆資料，亦或是前面的 <n> 百分比的資料。使用 TOP 敘述，通常會搭配 ORDER BY 的排序，再取排序後的前 <n> 筆（或百分比）的資料較有其意義。

　　若是經過 ORDER BY 排序後取前 <n> 筆（或百分比）的資料時，若是剛好排序所依據的資料行之值相同，會因為受 <n> 的限制而僅輸出前 <n> 筆，其他相同值的紀錄不會輸出。倘若是想將相同值也都同時輸出時，可以在 TOP <n>（PERCENT）後面加上 WITH TIES。

範例 6-13

　　試將員工先依據『職稱』遞增排序後，再取其前 5 筆資料。也試著比較加入 WITH TIES 後的結果。

【輸出】（員工編號 , 姓名 , 職稱）

```
SELECT TOP 5 員工編號 , 姓名 , 職稱
FROM 員工
ORDER BY 職稱


SELECT TOP 5 WITH TIES 員工編號 , 姓名 , 職稱
FROM 員工
ORDER BY 職稱
```

【結果】

	員工編號	姓名	職稱
1	3	林其達	工程助理
2	4	陳森燿	工程協理
3	2	黃謙仁	工程師
4	6	劉逸萍	業務
5	8	胡琪偉	業務

	員工編號	姓名	職稱
1	3	林其達	工程助理
2	4	陳森燿	工程協理
3	2	黃謙仁	工程師
4	6	劉逸萍	業務
5	8	胡琪偉	業務
6	9	吳志梁	業務
7	11	劉嘉雯	業務

不使用 WITH TIES　　　　　　　　使用 WITH TIES

範例 6-14

　　試將員工先依據『職稱』遞增排序後，再取其前 50% 的資料。也試著比較加入 WITH TIES 後的結果。

【輸出】（員工編號 , 姓名 , 職稱）

```
SELECT TOP 50 PERCENT 員工編號 , 姓名 , 職稱
FROM 員工
ORDER BY 職稱


SELECT TOP 50 PERCENT WITH TIES 員工編號 , 姓名 , 職稱
FROM 員工
ORDER BY 職稱
```

【結果】

	員工編號	姓名	職稱
1	3	林其達	工程助理
2	4	陳森燿	工程協理
3	2	黃謙仁	工程師
4	6	劉逸萍	業務
5	8	胡琪偉	業務
6	9	吳志梁	業務

	員工編號	姓名	職稱
1	3	林其達	工程助理
2	4	陳森燿	工程協理
3	2	黃謙仁	工程師
4	6	劉逸萍	業務
5	8	胡琪偉	業務
6	9	吳志梁	業務
7	11	劉嘉雯	業務

不使用 WITH TIES　　　　　　　使用 WITH TIES

複製資料與結構到另一個新的資料表 SELECT ... INTO ...

使用 SELECT 一般都是從資料表或檢視表來查詢資料，並透過標準輸出來呈現；SELECT 亦可將查詢出來的結果，透過 INTO 來轉入另一個不存在的新資料表。此時，系統會先依據所查詢出來的結構，自動建立一個新資料表，再將查詢出來的資料存入該資料表中。

範例 6-15

從員工資料表中挑選出女性員工，並輸出至另一個新的資料表。

【輸出】（員工編號 , 姓名 , 職稱 , 性別）

```
SELECT 員工編號 , 姓名 , 職稱 , 性別 INTO 女員工
FROM 員工
WHERE 性別 ='女'
```

【結果】

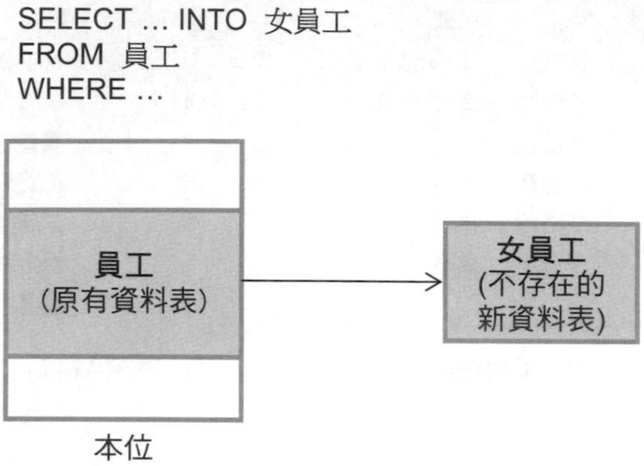

```
SELECT ... INTO 女員工
FROM 員工
WHERE ...
```

員工
（原有資料表）　　→　　女員工
（不存在的
新資料表）

本位

複製結構到另一個新的資料表 SELECT ... INTO ...WHERE 1=0

　　有時只是想將查詢出來結果，建立出一個空的資料表，留於之後再來寫入資料，便可以利用 WHERE 1 = 0 的矛盾方式，複製結構到另一個新的資料表，而不將資料複製過去。

範例 6-16

　　將員工資料表中（員工編號，姓名，職稱，性別）的結構，複製到另一個新的資料表『tmp_員工』，並將『姓名』資料行更名為『員工姓名』。

```
SELECT 員工編號, 姓名 AS 員工姓名, 職稱, 性別 INTO tmp_員工
FROM 員工
WHERE 1=0
```

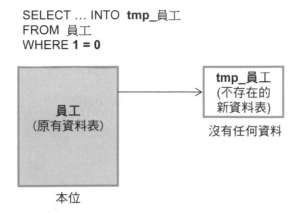

```
SELECT … INTO tmp_員工
FROM 員工
WHERE 1 = 0
```

員工
（原有資料表）

本位

tmp_員工
(不存在的
新資料表)

沒有任何資料

6-4 多個資料表的查詢

設計一個好的資料庫，必定會先將所有的資料表經過正規化的處理，也就是做適當的切割，當需要查詢的資料是跨越數個資料表時，再經過合併的方式，將幾個資料表合併成一個『虛擬資料表』（也就是檢視表），方便使用者對資料的查詢。以下將針對幾種不同合併來進行 SELECT 的查詢。

進行多個資料表的合併查詢，初步學習可以參考以下流程來撰寫 SQL 的 SELECT 查詢語法，不僅可以避免掉很多未經理解僅靠記憶的撰寫模式，更能提升撰寫 SQL 的靈活運用程度。

Step 1. 找出需要的『資料表』（以資料表 1, 資料表 2, 資料表 3 為例），以步驟的結果等同於『交叉合併』（CROSS JOIN）

```
SELECT *
FROM 資料表 1, 資料表 2, 資料表 3
```

Step 2. 進行『合併』（以內部合併為例）

```
SELECT *
FROM 資料表 1, 資料表 2, 資料表 3
WHERE（資料表 1 與 資料表 2 的關聯性）AND
      （資料表 2 與 資料表 3 的關聯性）
```

Step 3. 加入『篩選』條件

```
SELECT *
FROM 資料表 1, 資料表 2, 資料表 3
WHERE（（資料表 1 與 資料表 2 的關聯性）AND
       （資料表 2 與 資料表 3 的關聯性））AND
      （條件 1 AND 條件 2）
```

Step 4. 填入要輸出的『資料行』

```
SELECT 資料行 1, 資料行 2, ...
FROM 資料表 1, 資料表 2, 資料表 3
WHERE（（資料表 1 與 資料表 2 的關聯性）AND
       （資料表 2 與 資料表 3 的關聯性））AND
      （條件 1 AND 條件 2）
```

Step 5. 『群組與彙總函數』計算

```
SELECT 資料行 1, 資料行 2, 彙總函數 1, 彙總函數 2
FROM 資料表 1, 資料表 2, 資料表 3
WHERE（（資料表 1 與 資料表 2 的關聯性）AND
       （資料表 2 與 資料表 3 的關聯性））AND
      （條件 1 AND 條件 2）
GROUP BY 資料行 1, 資料行 2
```

Step 6. 彙總函數後的結果篩選

> SELECT 資料行 1, 資料行 2, 彙總函數 1, 彙總函數 2
> FROM 資料表 1, 資料表 2, 資料表 3
> WHERE （（資料表 1 與 資料表 2 的關聯性）AND
> 　　　　（資料表 2 與 資料表 3 的關聯性））AND
> 　　　　（條件 1 AND 條件 2）
> GROUP BY 資料行 1, 資料行 2
> **HAVING 彙總函數的條件篩選**

Step 7. 資料行的『排序』（以資料行 1 遞增, 彙總函數 2 遞減為例）

> SELECT 資料行 1, 資料行 2, 彙總函數 1, 彙總函數 2
> FROM 資料表 1, 資料表 2, 資料表 3
> WHERE （（資料表 1 與 資料表 2 的關聯性）AND
> 　　　　（資料表 2 與 資料表 3 的關聯性））AND
> 　　　　（條件 1 AND 條件 2）
> GROUP BY 資料行 1, 資料行 2
> HAVING 彙總函數的條件篩選
> **ORDER BY 資料行 1 ASC, 彙總函數 2 DESC**

Step 8. 其他

> 再加入其他不同的需求

『內部合併』的基本方法

　　以下依據以上八個步驟，先針對一個『內部合併』範例，逐一完成一個 SELECT 『語法』轉換『語意』的過程。倘若對於尚不熟悉者，建議後續每一個範例皆能依據以上八步驟來完成。如此的訓練，是期望讀者能對 SELECT 『語法』轉換成『語意』的真正瞭解，進而能活用 SELECT 的不同變化來查詢所要的資料。若有不需要的步驟可以省略，並非每一個需求都要經過八個步驟。

範例 6-17

查詢有承接訂單的男業務資料，依員工編號遞增排序，訂單編號遞減排序。

【輸出】（員工編號 , 姓名 , 性別 , 職稱 , 訂單編號 , 訂貨日期 , 產品編號 , 數量）

> **！提示▶** 此範例主要是進行『員工』與『訂單』基本的『內部合併』

Step 1. 找出需要的資料表，此步驟的結果就是『交叉合併』

```
SELECT *
FROM 員工 , 訂單 , 訂單明細
```

Step 2. 進行『內部合併』

```
SELECT *
FROM 員工 , 訂單 , 訂單明細
WHERE 員工 . 員工編號 = 訂單 . 員工編號 AND
        訂單 . 訂單編號 = 訂單明細 . 訂單編號
```

【補充說明】

由於『員工』與『訂單』皆有『員工編號』，『訂單』與『訂單明細』皆有『訂單編號』相同資料行的名稱，為了避免系統混淆，必須於資料行名稱前，加上各自的資料表名稱來區分該資料行的來源。資料表與資料行之間要用『.』隔開。

Step 3. 加入『篩選』條件，性別是男生且職稱是業務

> SELECT *
> FROM 員工,訂單,訂單明細
> WHERE（員工.員工編號＝訂單.員工編號 AND
> 　　　　訂單.訂單編號＝訂單明細.訂單編號）**AND**
> 　（**性別＝'男' AND 職稱＝'業務'**）

Step 4. 填入要輸出的『資料行』

> **SELECT** 員工.員工編號,姓名,性別,職稱,訂單.訂單編號,訂貨日期,
> 　　　　產品編號,數量
> FROM 員工,訂單,訂單明細
> WHERE（員工.員工編號＝訂單.員工編號 AND
> 　　　　訂單.訂單編號＝訂單明細.訂單編號）AND
> 　（性別＝'男' AND 職稱＝'業務'）

Step 5. 『群組與彙總函數』計算

> 此需求沒必要此步驟

Step 6. 彙總函數後的結果篩選

> 此需求沒必要此步驟

Step 7. 資料行的『排序』

> SELECT 員工.員工編號,姓名,性別,職稱,訂單.訂單編號,訂貨日期,
> 　　　　產品編號,數量
> FROM 員工,訂單,訂單明細

```
WHERE（員工.員工編號＝訂單.員工編號 AND
          訂單.訂單編號＝訂單明細.訂單編號）AND
      （性別＝'男' AND 職稱＝'業務'）
ORDER BY 員工.員工編號 ASC, 訂單.訂單編號 DESC
```

【結果】

	員工編號	姓名	性別	職稱	訂單編號	訂貨日期	產品編號	數量
1	8	胡琪偉	男	業務	94010601	2005-12-16	1	50
2	8	胡琪偉	男	業務	94010601	2005-12-16	2	10
3	8	胡琪偉	男	業務	94010301	2005-07-03	6	20
4	8	胡琪偉	男	業務	94010301	2005-07-03	12	22
5	9	吳志梁	男	業務	94010701	2006-01-27	10	13

資料表的『別名』

有時資料表的名稱過於冗長，為了減少程式撰寫的麻煩；或是一個資料表要扮演多個不同角色（例如：自我合併），再進行不同的合併時，可以給定資料表一個『別名』來解決此問題。表示方式只要在資料表後面加上『 AS 別名 』即可，亦可將 AS 省略不寫，只寫『別名』。不過，一旦資料表給定別名之後，在 SELECT 中的敘述都必須使用該『別名』，不得再使用原資料表名稱。

範例 6-18

查詢出 2005 年第 4 季，有承接訂單的員工與其訂單相關資料，並依據員工編號及訂單編號遞增排序。

【輸出】（員工編號, 姓名, 訂單編號, 訂貨日期, 產品名稱, 數量）

```
SELECT E.員工編號, 姓名, O.訂單編號, 訂貨日期, 產品名稱, 數量
FROM 員工 AS E, 訂單 AS O, 訂單明細 OD, 產品資料 P
WHERE（E.員工編號＝O.員工編號 AND
```

> O. 訂單編號＝OD. 訂單編號 AND
>
> OD. 產品編號＝P. 產品編號）AND
>
> （datepart（year, 訂貨日期）＝2005 AND datepart（quarter, 訂貨日期）＝4）
>
> ORDER BY E. 員工編號 ASC, O. 訂單編號 ASC

【結果】

員工編號	姓名	訂單編號	訂貨日期	產品名稱	數量
7	陳臆如	94010401	2005-11-04	汽水	9
7	陳臆如	94010401	2005-11-04	運動飲料	6
7	陳臆如	94010501	2005-12-15	汽水	9
8	胡琪偉	94010601	2005-12-16	蘋果汁	50
8	胡琪偉	94010601	2005-12-16	蔬果汁	10

可以將以上的範例用下圖的方式來解釋，此範例必須使用最下層的四個實體資料表，包括『員工』、『訂單』、『訂單明細』以及『產品資料』，各自又另取不同的『別名』，分別為『E』、『O』、『OD』以及『P』，再將此四個新『別名』進行『內部合併』處理後，從此結果再篩選出所要的資料。

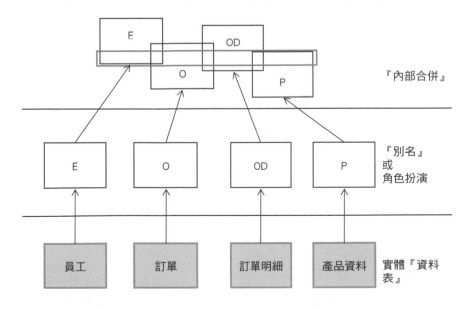

合併的另一種語法 – JOIN ... ON ...

範例 6-19

題目如同 [範例 6-18]，將 SELECT 語法改用 JOIN...ON... 的方式寫出

```
SELECT E. 員工編號, 姓名, O. 訂單編號, 訂貨日期, 產品名稱, 數量
FROM    員工 AS E
        INNER JOIN 訂單 AS O ON E. 員工編號 = O. 員工編號
        INNER JOIN 訂單明細 AS OD ON O. 訂單編號 = OD. 訂單編號
        INNER JOIN 產品資料 AS P ON OD. 產品編號 = P. 產品編號
WHERE datepart（year, 訂貨日期）= 2005 AND datepart（quarter, 訂貨日期）= 4
ORDER BY E. 員工編號 ASC, O. 訂單編號 ASC
```

此種『語法』可以將它解釋成一種『語意』。如下圖所示，先將『員工』與『訂單』進行 INNER JOIN，合併後的結果（如圖中的虛線框（1）），再與『訂單明細』進行 INNER JOIN，合併後的結果（如同中的虛線框（2）），再與『產品資料』進行 INNER JOIN，得出最後的結果。

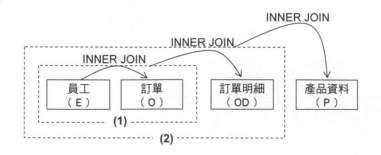

外部合併

外部合併就是在兩個資料表之間的關聯，以其中一個資料表為主要的輸出，該資料表內有的資料皆會輸出，對應不到另一資料表的資料行將會填入空值（Null Value）。

範例 6-20

查詢每一位員工所承接的訂單資料，縱使沒有承接訂單的員工也要列出，並依據員工編號遞增排序。

【輸出】（員工編號,姓名,訂單編號,訂貨日期）

```
SELECT 員工.員工編號,姓名,訂單編號,訂貨日期
FROM 員工 LEFT OUTER JOIN 訂單 ON 員工.員工編號＝訂單.員工編號
ORDER BY 員工.員工編號
```

【結果】

員工編號	姓名	訂單編號	訂貨日期
1	陳祥輝	NULL	NULL
2	黃謙仁	NULL	NULL
3	林其達	NULL	NULL
4	陳森耀	NULL	NULL
5	徐沛汶	NULL	NULL
6	劉逸萍	94010202	2005-05-12
6	劉逸萍	94010705	2006-02-27
6	劉逸萍	94010801	2006-04-18
6	劉逸萍	94010806	2006-11-08
7	陳臆如	94010104	2005-01-10
7	陳臆如	94010401	2005-11-04
7	陳臆如	94010501	2005-12-15
7	陳臆如	94010804	2006-06-20
7	陳臆如	94010805	2006-09-20
8	胡琪偉	94010301	2005-07-03
8	胡琪偉	94010601	2005-12-16
9	吳志梁	94010701	2006-01-27
10	林美滿	94010105	2005-01-11
10	林美滿	94010201	2005-03-12
10	林美滿	94010302	2005-08-03
10	林美滿	94010303	2005-09-03
10	林美滿	94010702	2006-02-27
10	林美滿	94010803	2006-05-20
11	劉嘉雯	NULL	NULL
12	張懷甫	NULL	NULL

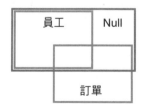

範例 6-21　（易犯錯）

查詢出 2005 年第 4 季，所有員工與其訂單相關資料，並依據員工編號及訂單編號遞增排序，無承接訂單之員工也要全部列出

【輸出】（員工編號,姓名,訂單編號,訂貨日期,產品名稱,數量）

【錯誤寫法】

```
SELECT E. 員工編號 , 姓名 , O. 訂單編號 , 訂貨日期 , 產品名稱 , 數量
FROM  員工 AS E
        LEFT OUTER JOIN 訂單 AS O ON E. 員工編號 = O. 員工編號
        LEFT OUTER JOIN 訂單明細 AS OD ON O. 訂單編號 = OD. 訂單編號
        LEFT OUTER JOIN 產品資料 AS P ON OD. 產品編號 = P. 產品編號
WHERE datepart（year, 訂貨日期）= 2005 AND datepart（quarter, 訂貨日期）= 4
ORDER BY E. 員工編號 ASC, O. 訂單編號 ASC
```

【錯誤結果】（外部合併的結果卻與內部合併一樣，問題在哪？）

	員工編號	姓名	訂單編號	訂貨日期	產品名稱	數量
1	7	陳臆如	94010401	2005-11-04	汽水	9
2	7	陳臆如	94010401	2005-11-04	運動飲料	6
3	7	陳臆如	94010501	2005-12-15	汽水	9
4	8	胡琪偉	94010601	2005-12-16	蘋果汁	50
5	8	胡琪偉	94010601	2005-12-16	蔬果汁	10

【正確寫法】

```
SELECT E. 員工編號 , 姓名 , O. 訂單編號 , 訂貨日期 , 產品名稱 , 數量
FROM 員工 AS E
        LEFT OUTER JOIN（SELECT *
                        FROM 訂單
                        WHERE datepart（year, 訂貨日期）= 2005 AND
                                datepart（quarter, 訂貨日期）= 4）
```

> AS O ON E. 員工編號＝O. 員工編號
> LEFT OUTER JOIN 訂單明細 OD ON O. 訂單編號＝OD. 訂單編號
> LEFT OUTER JOIN 產品資料 P ON OD. 產品編號＝P. 產品編號
> ORDER BY E. 員工編號 ASC, O. 訂單編號 ASC

【正確結果】

員工編號	姓名	訂單編號	訂貨日期	產品名稱	數量
1	陳祥輝	NULL	NULL	NULL	NULL
2	黃謙仁	NULL	NULL	NULL	NULL
3	林其達	NULL	NULL	NULL	NULL
4	陳森懋	NULL	NULL	NULL	NULL
5	徐沛汶	NULL	NULL	NULL	NULL
6	劉逸萍	NULL	NULL	NULL	NULL
7	陳臆如	94010401	2005-11-04	汽水	9
7	陳臆如	94010401	2005-11-04	運動飲料	6
7	陳臆如	94010501	2005-12-15	汽水	9
8	胡琪偉	94010601	2005-12-16	蘋果汁	50
8	胡琪偉	94010601	2005-12-16	蔬果汁	10
9	吳志梁	NULL	NULL	NULL	NULL
10	林美滿	NULL	NULL	NULL	NULL
11	劉嘉雯	NULL	NULL	NULL	NULL
12	張懷甫	NULL	NULL	NULL	NULL

試比較錯誤寫法與正確寫法之間的差異性：

- 錯誤寫法，先經過『外部合併』後，再經過條件的篩選，此時會將『員工』對應不到『訂單』的那些資料過濾掉，因此所查詢出來的結果會與『內部合併』的結果相同。

- 正確寫法，先將符合的訂單資料挑選出來，再進行『外部合併』。

試比較下圖兩種的寫法，原本錯誤寫法是將『訂單』重新給別名為『O』，並且條件篩選寫於 WHERE 子句內。正確寫法是先將訂單中符合的資料篩選出來，同樣重新命名為『O』，再進行『外部合併』，即可得到符合需求的條件。

[錯誤寫法]
SELECT E.員工編號, 姓名, O.訂單編號, 訂貨日期, 產品名稱, 數量
FROM 員工 AS E
　　　LEFT OUTER JOIN 訂單 AS **O** ON E.員工編號 = O.員工編號
　　　LEFT OUTER JOIN 訂單明細 OD ON O.訂單編號 = OD.訂單編號
　　　LEFT OUTER JOIN 產品資料 P ON OD.產品編號 = P.產品編號
　　　WHERE datepart(year, 訂貨日期) = 2005 AND datepart(quarter, 訂貨日期) = 4
ORDER BY E.員工編號 ASC, O.訂單編號 ASC

[正確寫法]
SELECT E.員工編號, 姓名, O.訂單編號, 訂貨日期, 產品名稱, 數量
FROM 員工 AS E
　　　LEFT OUTER JOIN **(SELECT ***
　　　　　　FROM 訂單
　　　　　　WHERE datepart(year, 訂貨日期) = 2005 AND
　　　　　　　　datepart(quarter, 訂貨日期) = 4)
　　　AS **O** ON E.員工編號 = O.員工編號
　　　LEFT OUTER JOIN 訂單明細 OD ON O.訂單編號 = OD.訂單編號
　　　LEFT OUTER JOIN 產品資料 P ON OD.產品編號 = P.產品編號
ORDER BY E.員工編號 ASC, O.訂單編號 ASC

再以『語意』的圖解來說明此範例的差異性，下圖所示的兩個圖，僅針對『員工』與『訂單』資料表來討論。左圖是代表 [錯誤寫法]，右圖代表 [正確寫法] 的圖解『語意』：

- [錯誤寫法] 的圖解『語意』，如下圖（a）

　(1) 先進行『外部合併』，如圖中（a）的虛線部份。

　(2) 再針對此虛線進行 2005 年第 4 季的條件篩選，結果如圖中（a）的實線部份。

- [正確寫法] 的圖解『語意』，如下圖（b）

　(1) 先進行 2005 年第 4 季的條件篩選，如圖中（b）的虛線部份。

　(2) 再進行『外部合併』，結果如圖中（b）的實線部份。

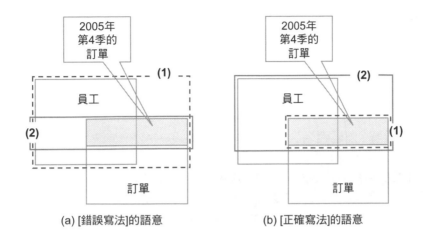

<table>
<tr><td>2005年
第4季的
訂單</td><td></td><td>2005年
第4季的
訂單</td></tr>
</table>

(a) [錯誤寫法]的語意   (b) [正確寫法]的語意

自我合併 + 內部合併

範例 6-22

試將所有業務和業務助理的上司資料列出。

【輸出】（部屬編號, 部屬姓名, 上司編號, 上司姓名）

```
SELECT 部屬.員工編號 AS 部屬編號, 部屬.姓名 AS 部屬姓名,
       上司.員工編號 AS 上司編號, 上司.姓名 AS 上司姓名
FROM 員工 AS 部屬, 員工 AS 上司
WHERE 部屬.主管 = 上司.員工編號 AND
      (部屬.職稱 = ' 業務 ' OR 部屬.職稱 = ' 業務助理 ')
```

【結果】

	部屬編號	部屬姓名	上司編號	上司姓名
1	5	徐沛汶	12	張懷甫
2	6	劉逸萍	10	林美滿
3	8	胡琪偉	10	林美滿
4	9	吳志梁	10	林美滿
5	11	劉嘉雯	10	林美滿

自我合併 + 外部合併 ▪▪

範例 6-23

查詢全公司員工與其上司的基本資料，縱使沒有上司也必須列出該筆資料。

【輸出】（部屬編號, 部屬姓名, 上司編號, 上司姓名）

```
SELECT 部屬. 員工編號 AS 部屬編號, 部屬. 姓名 AS 部屬姓名,
       上司. 員工編號 AS 上司編號, 上司. 姓名 AS 上司姓名
FROM 員工 AS 部屬 LEFT OUTER JOIN 員工 AS 上司 ON 部屬. 主管＝上司. 員工編號
```

【結果】

	部屬編號	部屬姓名	上司編號	上司姓名
1	1	陳祥輝	NULL	NULL
2	2	黃謙仁	4	陳森耀
3	3	林其達	2	黃謙仁
4	4	陳森耀	1	陳祥輝
5	5	徐沛汝	12	張懷甫
6	6	劉逸萍	10	林美滿
7	7	陳臆如	1	陳祥輝
8	8	胡琪偉	10	林美滿
9	9	吳志梁	10	林美滿
10	10	林美滿	7	陳臆如
11	11	劉嘉雯	10	林美滿
12	12	張懷甫	7	陳臆如

以上兩個範例皆是透過『自我合併』的基本方式，更重要的是利用『別名』來將一個實體的『員工』資料表，扮演成兩個不同的虛擬資料表『部屬』與『上司』，再利用這兩個虛擬資料表進行不同的合併處理，如下圖所示。

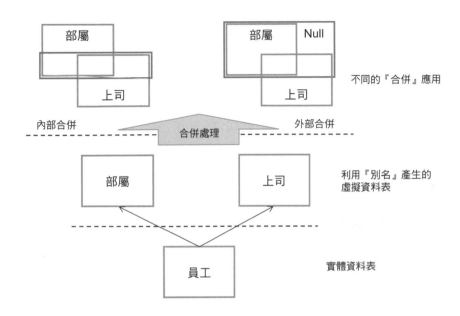

UNION、INTERSECT 和 EXCEPT

集合有幾個不同的操作，包括『聯集』（UNION）、『交集』（INTERSECT）與『差集』（DIFFERENCE），各別可以對應到 SQL 語法中的 UNION、INTERSECT 與 EXCEPT 三個操作。若有兩個集合 A 與 B，以下分別說明這三個操作：

- UNION（聯集）：當 A 聯集 B 之後的結果，包括 A 與 B 兩者所有的元素，若有重複的元素只會出現一次。在 SQL SERVER 中倘若希望重複的元素也能重複出現，必須在 UNION 後面再加上 ALL。
- INTERSECT（交集）：當 A 交集 B 之後的結果，僅包括 A 與 B 兩者共同有的元素。
- EXCEPT（排除或差集）：當 A 差集 B 之後的結果，會從 A 中扣除 B 也有的元素。反之，當 B 差集 A 之後的結果，會從 B 中扣除 A 也有的元素。

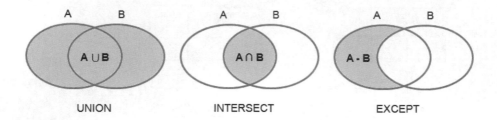

UNION INTERSECT EXCEPT

範例 6-24

將『客戶』與『供應商』的資料聯集，重複資料僅會出現一筆 – 使用 UNION。

【輸出】（公司名稱）

```
SELECT 公司名稱
FROM 客戶
UNION
SELECT 供應商名稱
FROM 供應商
```

【結果】

	公司名稱
1	丁泉
2	五金行
3	心宥川公司
4	日盛金樓
5	日新日公司
6	正心
7	妙恩
8	宏詮工業
9	東信銀行
10	林木材料
11	玫瑰花卉
12	信義建設
13	科瑞楼藝品
14	悦式海鮮店
15	富同公司
16	新統
17	業永房屋
18	優勢企業
19	權勝

範例 6-25

將『客戶』與『供應商』的資料聯集，所有重複資料皆會出現 – 使用 UNION ALL。

【輸出】（公司名稱）

【結果】

```
SELECT 公司名稱
FROM 客戶
UNION ALL
SELECT 供應商名稱
FROM 供應商
```

	公司名稱
1	心宥川公司
2	玫瑰花卉
3	日盛金樓
4	東信銀行
5	五金行
6	優勢企業
7	業永房屋
8	信義建設
9	林木材料
10	悅式海鮮店
11	丁泉
12	富同公司
13	權勝
14	科瑞樓藝品
15	宏詮工業
16	日新日公司
17	新統
18	權勝
19	妙恩
20	丁泉
21	正心

範例 6-26

查詢既是『客戶』也是『供應商』的資料 – 使用 INTERSECT。

【輸出】（公司名稱）

【結果】

```
SELECT 公司名稱
FROM 客戶
INTERSECT
SELECT 供應商名稱
FROM 供應商
```

	公司名稱
1	丁泉
2	權勝

範例 6-27

查詢單純是『客戶』，不是『供應商』的資料 – 使用 EXCEPT。

【輸出】（公司名稱）

```
SELECT 公司名稱
FROM 客戶
EXCEPT
SELECT 供應商名稱
FROM 供應商
```

【結果】

	公司名稱
1	五金行
2	心宥川公司
3	日盛金樓
4	日新日公司
5	宏詮工業
6	東信銀行
7	林木材料
8	玫瑰花卉
9	信義建設
10	科瑞棧藝品
11	悅式海鮮店
12	富同公司
13	業永房屋
14	優勢企業

6-5 不同的條件篩選方式

前面所使用的條件篩選大部份是針對單一值的比對關係，或是完全比對，本節所要介紹的是多值的比對、區間比對以及部份比對的不同篩選方式。

利用 IN 篩選資料

若是所要比對的對象不是單一個值，而是多個值（或稱為集合）時，可以使用 IN 的篩選方式，使用方式如下

[NOT] IN（單值或多值的運算式）

範例 6-28

從『客戶』資料表中挑選出住在台北市或高雄市的客戶資料。

【輸出】（客戶編號, 公司名稱, 聯絡人, 地址）

```
SELECT 客戶編號, 公司名稱, 聯絡人, 地址
FROM 客戶
WHERE LEFT（地址, 3）='台北市' OR
      LEFT（地址, 3）='高雄市'
```

等同於以下寫法

```
SELECT 客戶編號, 公司名稱, 聯絡人, 地址
FROM 客戶
WHERE LEFT（地址, 3）IN（'台北市', '高雄市'）
```

【結果】

客戶編號	公司名稱	聯絡人	地址
C0001	心宥川公司	謝方怡	台北市南港區忠孝東路五段
C0002	玫瑰花卉	徐禹維	高雄市三民區克武路4巷
C0004	東信銀行	謝世彬	高雄市楠梓區興楠路
C0007	業永房屋	蔡爵如	台北市中山區八德路
C0008	信義建設	林美玟	台北市松山區健康路
C0009	林木材料	吳嘉修	高雄市三民區金山路
C0012	富同公司	邵雲龍	台北市中山區農安街

範例 6-29

查詢員工編號為 1、3、5、7 和 9 的員工資料。

【輸出】(員工編號,姓名,職稱,地址)

```
SELECT 員工編號,姓名,職稱,地址
FROM 員工
WHERE 員工編號 = 1 OR 員工編號 = 3 OR 員工編號 = 5 OR
      員工編號 = 7 OR 員工編號 = 9
```

等同於以下寫法

```
SELECT 員工編號,姓名,職稱,地址
FROM 員工
WHERE 員工編號 IN (1, 3, 5, 7, 9)
```

【結果】

員工編號	姓名	職稱	地址
1	陳祥輝	總經理	台北市內湖區康寧 路23巷
3	林其達	工程助理	台北縣中和市大勇街25巷
5	徐沛汶	業務助理	桃園縣桃園市縣府路
7	陳臆如	業務協理	台北市內湖區瑞光路513巷
9	吳志梁	業務	台中市北屯區太原路3段

利用 BETWEEN...AND... 篩選資料 ▪▪

當要篩選一個範圍內(或外)的資料時,可以使用 >、>=、<、<= 來限制資料的有效範圍,亦可使用以下的方式來篩選。

```
[NOT] BETWEEN 起始運算式 AND 終止運算式
```

範例 6-30

查詢員工編號為 7 至 11 的員工資料。

【輸出】（員工編號,姓名,職稱,地址）

```
SELECT 員工編號,姓名,職稱,地址
FROM 員工
WHERE 員工編號 >= 7 AND 員工編號 <= 11
```

等同於以下寫法，注意在 BETWEEN...AND... 的兩個邊界值是有被包括。

```
SELECT 員工編號,姓名,職稱,地址
FROM 員工
WHERE 員工編號 BETWEEN 7 AND 11
```

【結果】

員工編號	姓名	職稱	地址
7	陳臆如	業務協理	台北市內湖區瑞光路513巷
8	胡琪偉	業務	台北縣板橋市中山路一段
9	吳志梁	業務	台中市北屯區太原路3段
10	林美滿	業務經理	台北市中山區 一江街
11	劉嘉雯	業務	台北市士林區福志路

利用 LIKE 篩選資料

前面針對資料行的篩選，都是使用完全比對，也就是整個資料行的資料來進行比對，以下將介紹另一個常被使用的方式『LIKE』，可以針對部份字串比對，使用方式如下：

```
[NOT] LIKE pattern [ ESCAPE escape_character ]
```

■ pattern 的內容介紹如下表

萬用字元	描述	範例
%	含有任何零個或多個字元的字串	WHERE 書名 LIKE '% 資料庫 %' 可查詢出所有書名中含有 ' 資料庫 ' 這三個字的任何書名資料
_（底線）	含有任何單一字元	WHERE 書名 LIKE '＿＿ 庫' 可查詢出所有以 ' 庫 ' 結尾，且只有三個字的書名（例如『資料庫』或『知識庫』等書名）
[ ]	包含指定範圍（[A-F]）中的任何單一字元，也就是包括 A 到 F 的字元，等同於 [ABCDEF]	WHERE 城市 LIKE ' 台北 [市縣]' 可查詢出『台北市』和『台北縣』的城市
[^]	排除指定範圍（[^A-F]）中的任何單一字元，也就是排除 A 到 F 的字元，等同於 [^ABCDEF]	WHERE 地址 LIKE ' 台 [^ 北][縣市]%' 可查詢出所有 除了『台北縣』和『台北市』的其他地址

■ escape_character（跳脫字元）

由於 pattern 內所使用的萬用字元也有可能會出現在資料內部，所以要將這些萬用字元當成一般的字元，就必須使用『跳脫字元』來告訴系統，緊鄰『跳脫字元』後方的萬用字元只是一般的字元，而且只有單一字元。

範例 6-31

查詢住在『中山區』的客戶資料。也就是在地址的第四至第六個字元為『中山區』，第一至第三個字元可為任意字元，第七字元之後就為任何字且任何字數。

【輸出】（客戶編號 , 公司名稱 , 地址）　　　　【結果】

```
SELECT 客戶編號 , 公司名稱 , 地址
FROM 客戶
WHERE 地址 LIKE '＿＿＿ 中山區 %'
```

客戶編號	公司名稱	地址
C0007	業永房屋	台北市中山區八德路
C0012	富同公司	台北市中山區農安街

範例 6-32

查詢客戶地址的第一個字為『宜』或『花』或『高』的客戶資料，並依地址遞增排序。

【輸出】（客戶編號 , 公司名稱 , 地址）

```
SELECT 客戶編號 , 公司名稱 , 地址
FROM 客戶
WHERE 地址 LIKE ' [ 宜花高 ]% '
ORDER BY 地址
```

【結果】

客戶編號	公司名稱	地址
C0006	優勢企業	宜蘭縣頭城鎮協天路706巷
C0005	五金行	花蓮縣壽豐鄉大學路二段
C0002	玫瑰花卉	高雄市三民區克武路4巷
C0009	林木材料	高雄市三民區金山路
C0004	東信銀行	高雄市楠梓區興楠路

範例 6-33

查詢客戶地址的第一個字排除『宜』、『花』、『高』的客戶資料。也就是地址的第一個字不是『宜』、『花』、『高』的客戶資料，並依地址遞增排序。

【輸出】（客戶編號 , 公司名稱 , 地址）

```
SELECT 客戶編號 , 公司名稱 , 地址
FROM 客戶
WHERE 地址 LIKE ' [^ 宜花高 ]% '
ORDER BY 地址
```

【結果】

客戶編號	公司名稱	地址
C0013	權勝	台中市仁愛路四段59號
C0016	日新日公司	台中市西屯區協和里工業區37路
C0003	日盛金樓	台中市南屯區向學路
C0007	業永房屋	台北市中山區八德路
C0012	富同公司	台北市中山區農安街
C0008	信義建設	台北市松山區健康路
C0001	心宥川公司	台北市南港區忠孝東路五段
C0014	科瑞楼藝品	台北縣汐止市大同路三段
C0010	悅式海鮮店	台北縣汐止市莊敬街
C0011	丁泉	屏東縣石光村中巷1號
C0015	宏詮工業	新竹縣竹北市光明六路

利用 NOT 的『互補性』篩選資料

一般的查詢皆是採用『正向思考』，也就是查詢『正面的資料』；往往也需要一些『反向思考』，也就是查詢『反面的資料』。用以下的例子來比較正向與反向思考的差異，也就是所謂的『互補性』。

■『正面的資料』（正向思考），例如，曾經接過訂單的員工資料
■『反面的資料』（反向思考），例如，從未接過訂單的員工資料

以上兩者的資料總合就等於全部的資料，如下圖所示。

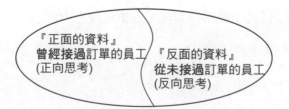

範例 6-34

從『客戶』資料表中挑選出 **不住在** 台北市和高雄市的客戶資料。

【輸出】（客戶編號 , 公司名稱 , 聯絡人 , 地址）

```
SELECT 客戶編號 , 公司名稱 , 聯絡人 , 地址
FROM 客戶
WHERE LEFT（地址 , 3）NOT IN（' 台北市 ', ' 高雄市 '）
```

【結果】

客戶編號	公司名稱	聯絡人	地址
C0003	日盛金樓	吳中平	台中市南屯區向學路
C0005	五金行	莊海川	花蓮縣壽豐鄉大學路二段
C0006	優勢企業	劉顯忠	宜蘭縣頭城鎮協天路706巷
C0010	悅式海鮮店	王中志	台北縣汐止市莊敬街
C0011	丁泉	周俊安	屏東縣石光村中巷1號
C0013	權勝	李姿玲	台中市仁愛路四段59號
C0014	科瑞棧藝品	黃婧貿	台北縣汐止市大同路三段
C0015	宏詮工業	朱晉陞	新竹縣竹北市光明六路
C0016	日新日公司	李豫恩	台中市西屯區協和里工業區37路

範例 6-35

查詢員工編號在 7 至 11 以外的員工資料。

【輸出】（員工編號 , 姓名 , 職稱 , 地址）

```
SELECT 員工編號 , 姓名 , 職稱 , 地址
FROM 員工
WHERE 員工編號 NOT BETWEEN 7 AND 11
```

【結果】

員工編號	姓名	職稱	地址
1	陳祥輝	總經理	台北市內湖區康寧路23巷
2	黃謙仁	工程師	台中市西屯區工業11路
3	林其達	工程助理	台北縣中和市大勇街25巷
4	陳森耀	工程協理	台北市大安區忠孝東路4段
5	徐沛汝	業務助理	桃園縣桃園市縣府路
6	劉逸萍	業務	台北市士林區士東路
12	張懷甫	業務經理	台北市大安區仁愛路四段

範例 6-36

　　查詢客戶地址的第一個字排除『宜』、『花』、『高』的客戶資料。也就是地址的第一個字不是『宜』、『花』、『高』的客戶資料，並依地址遞增排序。

【輸出】（客戶編號, 公司名稱, 地址）

```
SELECT 客戶編號, 公司名稱, 地址
FROM 客戶
WHERE 地址 NOT LIKE ' [ 宜花高 ]% '
ORDER BY 地址
```

　　結果和寫法等同於 [範例 6-33]，就是利用『LIKE '[^ 宜花高]%' 』

利用 ALL 與 ANY 篩選資料

　　倘若有兩個集合 A = { 10, 20, 50, 60, 80, 95 } 與 B = { 25, 35, 45, 55, 70 } 相互比較，欲從 A 集合中挑選出資料，那些資料必須比 B 集合大於（等於）或小於（等於）的相關資料，可以使用 ALL 與 ANY 來篩選符合的資料。分別說明如下：

(1) A > ALL B（或 A >= ALL B）

從 A 集合中挑選出資料，那些資料必須大於（等於）B 集合的每一個資料。等同於，從 A 集合中挑選出資料，該資料必須大於（等於）B 集合中『最大的值』。如下圖中的 (1)，A 集合只要與 B 集合中的 { 70 } 比較即可，結果 ={ 80, 95 }。

(2) A < ALL B（或 A <= ALL B）

從 A 集合中挑選出資料，那些資料必須小於（等於）B 集合的每一個資料。等同於，從 A 集合中挑選出資料，該資料必須小於（等於）B 集合中『最小的值』。如下圖中的 (2)，A 集合只要與 B 集合中的 { 25 } 比較即可，結果 ={ 10, 20 }。

(3) A > ANY B（或 A >= ANY B）

從 A 集合中挑選出資料，那些資料只要大於（等於）B 集合中的任何一個資料即可。等同於，從 A 集合中挑選出資料，該資料必須大於（等於）B 集合中『最小的值』即可。如下圖中的 (3)，A 集合只要與 B 集合中的 { 25 } 比較即可，結果 ={ 50, 60, 80, 95 }。

(4) A < ANY B（或 A <= ANY B）

從 A 集合中挑選出資料，那些資料只要小於（等於）B 集合中的任何一個資料即可。等同於，從 A 集合中挑選出資料，該資料必須小於（等於）B 集合中『最大的值』即可。如下圖中的 (4)，A 集合只要與 B 集合中的 { 70 } 比較即可，結果 ={ 10, 20, 50, 60 }。

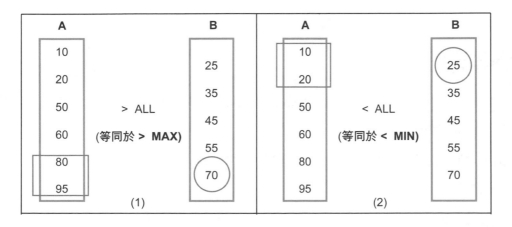

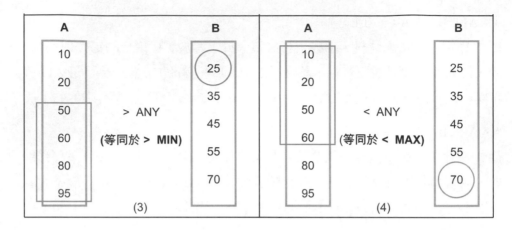

以下兩個範例是基於表列的兩個檢視表，分別為『果汁類產品』與『茶類產品』，並透過 ALL 與 ANY 來比較兩個類別產品的建議單價。對於檢視表的使用方式與資料表方式是一樣的，同樣使用 SELECT 來進行查詢即可。

果汁類產品資料

	類別編號	類別名稱	產品編號	產品名稱	建議單價
1	1	果汁	1	蘋果汁	18
2	1	果汁	2	蔬果汁	20
3	1	果汁	4	蘆筍汁	15

茶類產品資料

	類別編號	類別名稱	產品編號	產品名稱	建議單價
1	2	茶類	6	烏龍茶	25
2	2	茶類	7	紅茶	15

範例 6-37

查詢『茶類產品資料』中有哪些產品的『建議單價』比『果汁類產品資料』中所有產品的『建議單價』高。

【輸出】（類別名稱 , 產品名稱 , 建議單價）

```
SELECT 類別名稱, 產品名稱, 建議單價
FROM 茶類產品資料
WHERE 建議單價 > ALL（SELECT 建議單價 FROM 果汁類產品資料）
```

【結果】

	類別名稱	產品名稱	建議單價
1	茶類	烏龍茶	25

範例 6-38

　　查詢『果汁類產品資料』中有哪些產品的『建議單價』比『茶類產品資料』中任何一項產品的『建議單價』高。

【輸出】（類別名稱, 產品名稱, 建議單價）

```
SELECT 類別名稱, 產品名稱, 建議單價
FROM 果汁類產品資料
WHERE 建議單價 > ANY（SELECT 建議單價 FROM 茶類產品資料）
```

【結果】

	類別名稱	產品名稱	建議單價
1	果汁	蘋果汁	18
2	果汁	蔬果汁	20

篩選空值（Null）的資料

　　空值的條件判斷方式與一般的文字或數字不同，不可以使用等號（＝）來比對，而是使用『is null』或『is not null』。

范例 6-39

查詢訂單資料表中，貨品尚未到達的資料，也就是判斷實際到貨日期是否為空值。

【輸出】（訂單編號, 姓名, 公司名稱, 訂貨日期, 預計到貨日期, 實際到貨日期）

```
SELECT 訂單編號, 姓名, 公司名稱, 訂貨日期, 預計到貨日期, 實際到貨日期
FROM 員工 E, 訂單 O, 客戶 C
WHERE E. 員工編號 = O. 員工編號 AND
      O. 客戶編號 = C. 客戶編號 AND
      實際到貨日期 is null
```

【結果】

訂單編號	姓名	公司名稱	訂貨日期	預計到貨日期	實際到貨日期
94010702	林美滿	林木材料	2006-02-27	2006-03-03	NULL
94010803	林美滿	權勝	2006-05-20	2005-06-01	NULL
94010804	陳麗如	日新日公司	2006-06-20	2006-07-01	NULL
94010806	劉逸萍	丁泉	2006-11-08	2006-11-12	NULL

6-6 彙總函數與 GROUP BY...HAVING...

若是依據 SELECT 敘述的執行先後順序而言，會先進行合併處理，再進行條件篩選處理之後，才會進行群組化以及彙總函數。在進行群組化之前都是針對『原始資料』（raw data）的處理。群組化以及彙總函數則是將同一組群的資料進行彙總處理，可以將資料量濃縮成較少，且有統計意義的資訊。

范例 6-40

計算每位員工承接的每張訂單之總金額，並依據員工姓名與訂單編號遞增排序。

【輸出】（姓名, 訂單編號, 訂貨日期, 總金額）

SELECT 姓名 , 訂單 . 訂單編號 , 訂貨日期 , sum（實際單價 * 數量）AS 總金額
FROM 員工 , 訂單 , 訂單明細
WHERE 員工 . 員工編號 = 訂單 . 員工編號 AND
          訂單 . 訂單編號 = 訂單明細 . 訂單編號
GROUP BY 姓名 , 訂單 . 訂單編號 , 訂貨日期
ORDER BY 姓名 ASC, 訂單 . 訂單編號 ASC

【結果】

	姓名	訂單編號	訂貨日期	總金額
1	吳志梁	94010701	2006-01-27	455
2	林美滿	94010105	2005-01-11	650
3	林美滿	94010201	2005-03-12	1205
4	林美滿	94010302	2005-08-03	200
5	林美滿	94010303	2005-09-03	595
6	林美滿	94010702	2006-02-27	1468
7	林美滿	94010803	2006-05-20	1225
8	胡琪偉	94010301	2005-07-03	654
9	胡琪偉	94010601	2005-12-16	1000
10	陳臆如	94010104	2005-01-10	616
11	陳臆如	94010401	2005-11-04	270
12	陳臆如	94010501	2005-12-15	180
13	劉逸萍	94010202	2005-05-12	450
14	劉逸萍	94010705	2006-02-27	400
15	劉逸萍	94010801	2006-04-18	880
16	劉逸萍	94010806	2006-11-08	1350

範例 6-41

挑選出 2006 年（含）以後的訂單，並計算出每位員工所承接的每張訂單之總金
額，並依據員工姓名與訂單編號遞增排序。

【輸出】（姓名,訂單編號,訂貨日期,總金額）

```
SELECT 姓名,訂單.訂單編號,訂貨日期,sum（實際單價＊數量）AS 總金額
FROM 員工,訂單,訂單明細
WHERE 員工.員工編號＝訂單.員工編號 AND
      訂單.訂單編號＝訂單明細.訂單編號 AND
      訂貨日期 >= '2006/01/01'
GROUP BY 姓名,訂單.訂單編號,訂貨日期
ORDER BY 姓名 ASC,訂單.訂單編號 ASC
```

【結果】

	姓名	訂單編號	訂貨日期	總金額
1	吳志梁	94010701	2006-01-27	455
2	林美滿	94010702	2006-02-27	1468
3	林美滿	94010803	2006-05-20	1225
4	劉逸萍	94010705	2006-02-27	400
5	劉逸萍	94010801	2006-04-18	880
6	劉逸萍	94010806	2006-11-08	1350

範例 6-42

挑選出 2006 年（含）以後的訂單,而且單筆訂單總金額超過 1000 元（不含）的資料,並依據員工姓名與訂單編號遞增排序。

【輸出】（姓名,訂單編號,訂貨日期,總金額）

```
SELECT 姓名,訂單.訂單編號,訂貨日期,sum（實際單價＊數量）AS 總金額
FROM 員工,訂單,訂單明細
WHERE 員工.員工編號＝訂單.員工編號 AND
      訂單.訂單編號＝訂單明細.訂單編號 AND
      訂貨日期 >= '2006/01/01'
GROUP BY 姓名,訂單.訂單編號,訂貨日期
HAVING sum（實際單價＊數量）> 1000
ORDER BY 姓名 ASC,訂單.訂單編號 ASC
```

【結果】

	姓名	訂單編號	訂貨日期	總金額
1	林美滿	94010702	2006-02-27	1468
2	林美滿	94010803	2006-05-20	1225
3	劉逸萍	94010806	2006-11-08	1350

　　參考下圖並比較一下以上三個範例的計算流程，可以發現，[範例 6-40] 的結果包含 [範例 6-41]，[範例 6-41] 的結果包含 [範例 6-42]，此結果是因為經過一次又一次的條件篩選，導致資料越來越少。

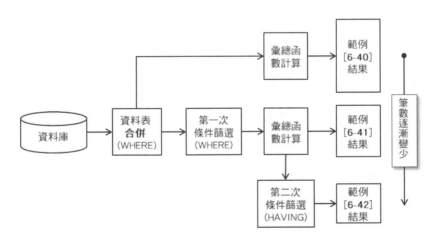

6-7　子查詢（Sub-Query）

　　所謂的『 子查詢 』就是在 SELECT 敘述內還有 SELECT 敘述，位於內部的 SELECT 敘述就稱為『 子查詢 』（Sub-Query），並且在子查詢的整個敘述，必須使用小括弧 ( ) 括起來，否則會造成語法上的錯誤。子查詢與原本的主要查詢之間，可以依據相依關係分為『獨立子查詢』與『相互關聯子查詢』兩種 ，分別說明如後。

　　子查詢的傳回資料可分為三種不同的結果，分別說明如下：

■ 單一欄位單筆紀錄，此種情況就是在子查詢傳回單一個值，所以可以直接使用比較運算元（ = , != , > , >= , < , <=）來比較。

- 單一欄位多筆紀錄，此種情況如同子查詢傳回一個集合，所以必須使用 IN、ALL 或 ANY... 等等的方式來比較。
- 多個欄位多筆紀錄，可以使用存在性的測試，也就是 EXISTS，或是將其當成一個虛擬資料表來處理。

獨立子查詢

所謂『獨立子查詢』就是該子查詢與原本的主要查詢之間並沒有直接關聯性；也就是說，該子查詢是可以獨立執行產生資料的查詢。

範例 6-43　單一欄位多筆紀錄

從所有供應商中，查詢出有哪些供應商也有提供編號為 'S0001' 供應商所提供的類別產品。

【輸出】（供應商編號 , 供應商名稱 , 類別編號）

```
SELECT DISTINCT 供應商 . 供應商編號 , 供應商名稱 , 類別編號
FROM 供應商 , 產品資料
WHERE 供應商 . 供應商編號＝產品資料 . 供應商編號 AND
         類別編號 IN（SELECT DISTINCT 類別編號
                  FROM 產品資料
                  WHERE 供應商編號＝'S0001'）
ORDER BY 供應商編號
```

【結果】

供應商編號	供應商名稱	類別編號
S0001	新統	1
S0001	新統	3
S0002	權勝	1

此範例中的 IN 子句內即是 SELECT 的子查詢，並可以透過直接執行後的結果為一個集合 {1, 3}，也就是單一欄位且多筆資料。

```
SELECT DISTINCT 供應商.供應商編號, 供應商名稱, 類別編號
FROM 供應商, 產品資料
WHERE 供應商.供應商編號 = 產品資料.供應商編號 AND
       類別編號 IN ( SELECT DISTINCT 類別編號
                    FROM 產品資料
                    WHERE 供應商編號 = 'S0001' )
ORDER BY 供應商編號
```

獨立子查詢
可以獨立執行
結果：{ 1, 3 }

範例 6-44　多個欄位多筆紀錄

計算在 2006/01/01（含）之後的訂單資料，列出每位員工單筆訂單總金額有超過 1000 元的訂單筆數。

【輸出】（員工姓名, 筆數）

```
SELECT 姓名 AS 員工姓名 , COUNT（姓名）AS 筆數
FROM
(
 SELECT 姓名 , 訂單 . 訂單編號 , 訂貨日期 , sum（實際單價 * 數量）AS 總金額
 FROM 員工 , 訂單 , 訂單明細
 WHERE 員工 . 員工編號 = 訂單 . 員工編號 AND
        訂單 . 訂單編號 = 訂單明細 . 訂單編號 AND
        訂貨日期 >= '2006/01/01'
 GROUP BY 姓名 , 訂單 . 訂單編號 , 訂貨日期
 HAVING sum（實際單價 * 數量）> 1000
) AS 績優業績表
GROUP BY 姓名
```

【結果】

員工姓名	筆數
林美滿	2
劉逸萍	1

此範例的查詢，可以視為是先將 [範例 6-42] 的查詢結果，先當成一個名為『績優業績表』的資料表（或檢視表），針對『績優業績表』再進行一次的彙總函數的計數。如下圖所示，[範例 6-42] 的 SELECT 子句成為此範例的一個『獨立子查詢』。

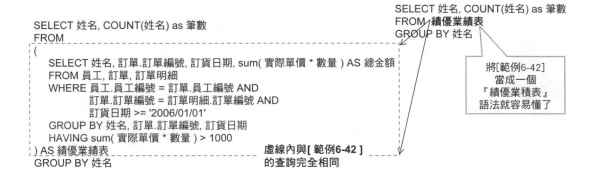

相互關聯子查詢

所謂『相互關聯子查詢』就是該子查詢與原本的主要查詢之間有直接關聯性；也就是說，該子查詢是不能脫離原本的主要查詢，而獨立執行產生資料的查詢。

範例 6-45　題目與結果同於 [範例 6-26]

查詢既是『客戶』也是『供應商』的資料 – 使用子查詢。

【輸出】（公司名稱）

```
SELECT 公司名稱
FROM 客戶
WHERE 公司名稱 IN（SELECT 供應商名稱
                  FROM 供應商
                  WHERE 供應商名稱＝公司名稱）
```

等同於以下直接使用內部合併方式和結果

【輸出】（公司名稱）

```
SELECT 客戶.公司名稱
FROM 客戶,供應商
WHERE 公司名稱＝供應商名稱
```

範例 6-46　題目與結果同於 [範例 6-27]

查詢單純是『客戶』，不是『供應商』的資料－使用子查詢。

【輸出】（公司名稱）

```
SELECT 公司名稱
FROM 客戶
WHERE 公司名稱 NOT IN（SELECT 供應商名稱
                      FROM 供應商
                      WHERE 供應商名稱＝公司名稱）
```

此範例無法與上一個範例一樣，直接使用內部合併來查詢。

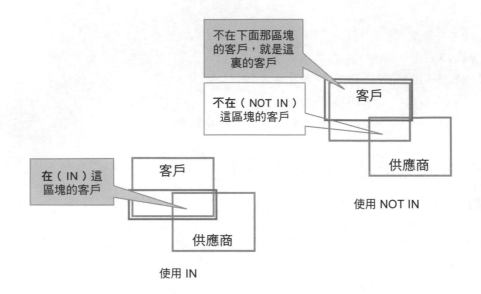

存在性測試的 EXISTS

範例 6-47	題目與結果同於 [範例 6-45]

查詢既是『客戶』也是『供應商』的資料 – 使用 EXISTS。

```
SELECT 公司名稱
FROM 客戶
WHERE EXISTS（SELECT *
          FROM 供應商
          WHERE 供應商名稱＝公司名稱）
```

等同於 [範例 6-45] 的兩種寫法和結果

範例 6-48	題目與結果同於 [範例 6-46]

查詢單純是『客戶』，不是『供應商』的資料 – 使用 NOT EXISTS。

```
SELECT 公司名稱
FROM 客戶
WHERE NOT EXISTS（SELECT *
                  FROM 供應商
                  WHERE 供應商名稱＝公司名稱）
```

等同於 [範例 6-46] 的寫法和結果

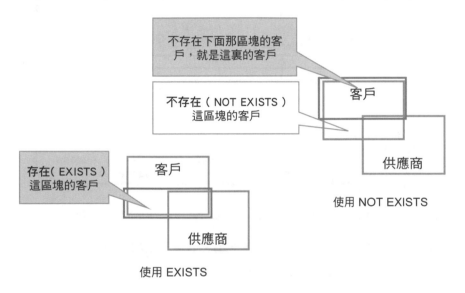

使用 NOT EXISTS

使用 EXISTS

6-8 連結遠端資料庫伺服器的應用

連結遠端資料庫伺服器，通常是應用在分散式查訊中，也就是所需要的資料表並非集中於一部資料庫伺服器，而是分佈於不同資料庫伺服器，甚至於分佈於不同地方的異質資料庫系統，可參考下圖。

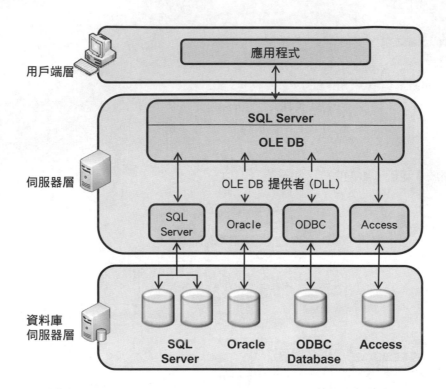

參考資料來源：http://msdn.microsoft.com/zh-tw/library/ms188279.aspx

　　利用連結伺服器組態的方式，可以讓 SQL Server 對遠端伺服器上的 OLE DB 資料來源執行命令。連結伺服器有以下優點：

- 可以存取遠端伺服器的物件
- 可以在企業之間的異質資料來源（或稱異質資料庫），執行分散式查詢、更新、命令與交易的能力
- 同時處理不同資料來源的能力

連結遠端伺服器

　　開啟 SQL Server Management Studio 後，在物件總管開啟【伺服器物件】→【連結的伺服器】上按滑鼠右鍵→【新增連結的伺服器 (N)...】，如同以下畫面。

後續會出現【新增連結的伺服器】視窗，先點選做邊的【一般】頁面，並填入以下資訊：

- 連結的伺服器 (N)：輸入遠端伺服器的電腦名稱或是 IP 位址。
- 伺服器類型：

  - **SQL Server (Q)**：若是連結的遠端伺服器同為 SQL Server，可以直接點選此處即可。

  - **其他資料來源 (H)**：當遠端的資料庫伺服器不是微軟公司所開發的 SQL Server 時，可以點選此選項，並於下方的【提供者 (P)】下拉式選單選擇對應的『OLE DB 提供者』，並完成下方的其他欄位。

　　完成【一般】頁面設定後，再切換到左邊【選取頁面】中的【安全性】頁面。在此頁面主要是設定如何登入遠端資料庫伺服器的安全性。SQL Server 對遠端資料庫伺服器的安全性處理，可分為以下兩大類：

■ 本機伺服器登入與遠端伺服器登入對應：
　　在 SQL Server 中的帳號稱為『登入』（login），此處可以加入本機『登入』對應到遠端伺服器另一個『登入』的對應關係。例如圖中本機『登入』為 jacky 對應到遠端伺服器的 amy 及密碼為 111，當本機 jacky 登入時，即可同時利用 amy 登入至遠端伺服器。
　　若是勾選其中的『模擬』選項，則會用本機相同的登入和密碼模擬成遠端的使用者和密碼來進行登入，所以右側的『遠端使用者』和『遠端密碼』就不用輸入；但必

須本機和遠端有相同的使用者和密碼才行。例如圖中 caspar

■ 如果不是上述清單中所定義的登入，則連接將會：

□ 不建立 (E)，表示未列於上方對應清單中的『登入』，皆不得存取遠端伺服器。

□ 不使用安全性內容建立 (N)，表示未列於上方對應清單中的『登入』，皆不使用安全性內容存取遠端的伺服器。因此僅可以存取未設安全控制的資料庫，例如 Access。

□ 使用登入的目前安全性內容建立 (S)，表示未列於上方對應清單中的『登入』，皆會嘗試以本機相同的登入和密碼來進行遠端伺服器的登入。倘若遠端伺服器內沒有相同的登入與密碼則無法進行存取。

□ 使用此安全性內容建立 (M)，直接透過以下輸入遠端登入和指定密碼來存取遠端伺服器。

⊙ 遠端登入 (R)：

⊙ 指定密碼 (P)：

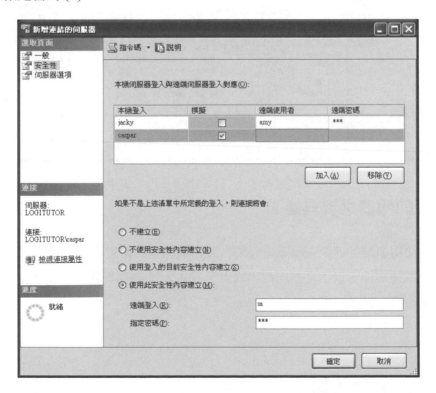

　　當完成以上的連結步驟後，在【物件總管】視窗內的【連結的伺服器】展開後會發現多了一部伺服器（192.168.0.237）。再展開【目錄】即可看到遠端的資料庫和相關物件。

　　與之前進行 SELECT 查詢一樣，可以按下【新增查詢 (N)】來新增一個 SQLQuery，並於該視窗內執行相關的 SQL。

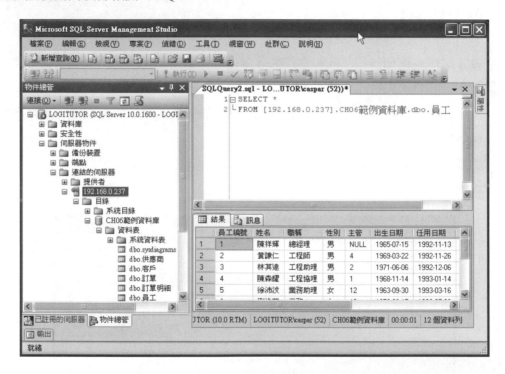

查詢遠端伺服器之資料庫

　　若是要使用遠端的連結資料庫，必須告訴系統完整的路徑名稱，否則系統預設會認為是要存取本機物件，以下是列出物件的表示方式，只要能讓系統辨識出該物件的所在位置，即可省略部份名稱不寫。

『資料表』、『檢視表』或其他的物件名稱表示方法

■ 伺服器名稱 . 資料庫名稱 . 結構描述名稱 . 物件名稱

■ 資料庫名稱 . 結構描述名稱 . 物件名稱

■ 結構描述名稱 . 物件名稱

■ 物件名稱

以上的任何名稱有較為特殊的情況時，物件名稱前後必須使用中括弧 [ ] 括起來，否則會容易造成混淆。

例如：伺服器名稱為 192.168. 0.237，因為 IP 位址的每一個數字之間都會有一個『點』，就會造成系統無法辨識，所以就必須表示成 [192.168.0.237]。若是深怕會犯錯，將每一個都用中括弧括起來也可以。

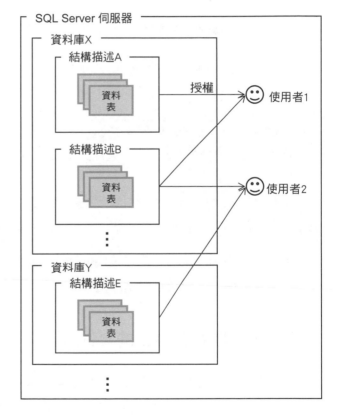

在 SQL Server 2000 之前，是使用『資料庫擁有者』（dbo）來代表此處的『結構描述』（schema），因為資料庫擁有者僅能擁有一個帳號，所以在管理上並不是很方便。因此在 SQL Server 2005 之後改以『結構描述』（schema）的方式來管理，『結構描述』如同一個容器一般，如圖所示。一部 SQL Server 伺服器可以同時有數個資料庫，每一個資料庫又可同時有數個『結構描述』，每一個『結構描述』又可同時包括數個不同的物件（例如資料表、檢視表 ... 等等）。

SQL Server 預設的『結構描述』名稱為 dbo，所以有很多的物件名稱皆為 dbo. XXX。管理者可以自行再建立其他不同『結構描述』名稱，再將『結構描述』授權給不同的使用者，被授權的使用者即可擁有該『結構描述』下所有物件的使用權。

範例 6-49

連結遠端伺服器（假設遠端另一部的 SQL SERVER 之 IP 位址為 192.168.0.237），並查詢每位供應商有提供哪些產品。

【輸出】（供應商編號, 供應商名稱, 產品編號, 產品名稱）

```
SELECT S. 供應商編號 , 供應商名稱 , 產品編號 , 產品名稱
FROM [192.168.0.237].CH06 範例資料庫 .dbo. 供應商 AS S,
      [192.168.0.237].CH06 範例資料庫 .dbo. 產品資料 AS P
WHERE S. 供應商編號 = P. 供應商編號
ORDER BY S. 供應商編號
```

本範例所使用的每一個資料表或檢視表，都必須採用全名的方式來查詢。若是本地端剛好有相同的資料表時，將會造成資料來源的誤取。

也由於本範例所使用的都是遠端伺服器的資料表，所以該資料表的全名非常的長，故建議給予一個別名會較為簡潔方便。

本地端與遠地端資料庫的合併查詢

當所要查詢的資料表是橫跨在不同的資料庫伺服器上，甚至是位於異質的資料庫，透過連接伺服器的方式可以達到異質資料庫之間的分散式查詢、更新、命令與交易的能力。以下將針對資料表位於兩台不同的資料庫伺服器來進行合併查詢。

範例 6-50 跨本地端與遠地端資料庫的合併查詢

　　使用遠端（192.168.0.237）MS SQL Server 中『CH06 範例資料庫』內的『員工』資料表，以及使用本地端『CH06 範例資料庫』內的訂單資料表，查詢出有承接訂單的員工相關資料。

【輸出】（員工編號 , 姓名 , 訂單編號 , 訂貨日期）

```
SELECT E. 員工編號 , 姓名 , 訂單編號 , 訂貨日期
FROM [192.168.0.237].CH06 範例資料庫 .dbo. 員工 AS E, 訂單 AS O
WHERE E. 員工編號 = O. 員工編號
ORDER BY E. 員工編號
```

6-9 SELECT 語法轉換語意之剖析整理

　　本節主要是針對 SELECT 的一些基本語法和子句進行整理與剖析，目的是讓讀者很清楚地將生硬的 SELECT『語法』轉變成『語意』，也就是瞭解每一個 SELECT 子句所要代表的含意，這將對於不同個案的變化會有所幫助。

　　以下圖的觀點來解釋與說明，最後再以 [範例 6-51] 的實例來進行驗證。圖中將 SELECT 的基本語法分為六個階段，由於每個子句的變化相當多，以下僅針對較常遇到的使用方式來進行剖析。

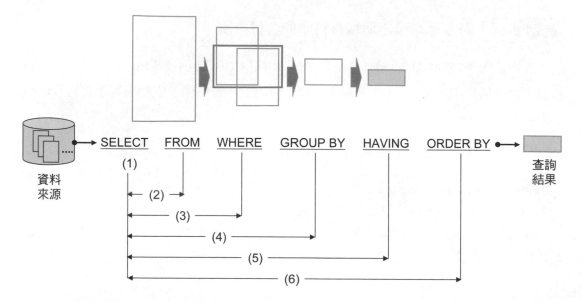

資料來源

SELECT　　FROM　　WHERE　　GROUP BY　　HAVING　　ORDER BY

(1)

(2)

(3)

(4)

(5)

(6)

查詢結果

以下將針對於上圖中 (1) 至 (6) 的『語法』轉換成『語意』的說明和比較：

(1) SELECT 子句主要是針對『運算式』的輸出，『運算式』是包括一些數學運算或是資料行的輸出。

(2) FROM 後面倘若接的是數個資料表，所輸出的結果即為『交叉合併』（CROSS JOIN）。

(3) WHERE 後面主要可為以下兩種情形

□『關聯性』，兩個資料表之間的關聯性，通常就是 PK 與 FK 之間的對應關係。此關聯性建立後，等同於從 (2) 的『交叉合併』轉變為『內部合併』（INNER JOIN）。

□『條件篩選』，就是對於『內部合併』後的結果再進行條件篩選。

(4) 在以上 (1) 至 (3) 都是針對於『原始資料』（raw data）的處理，此處的 GROUP BY 是針對一些資料行當成分群的依據，再進行資料的彙總（aggregation）處理。也就是針對於同一群的資料進行加總（SUM）、計數（COUNT）、平均（AVERAGE）、最大（MAX）和最小（MIN）值 ... 等等的運算處理。

(5) 針對於 (4) 的彙總後的結果再進行一次資料的條件篩選。此處的條件篩選是針對於彙總後的資料進行篩選；而 (3) 的條件篩選是針對於原始資料的篩選，所以是完全不相同。

(6) 當資料處理完成後，最後就是將資料進行排序。

範例 6-51

計算 2006/01/01（含）之後每張訂單的獲利大於 300 的相關資料。

【輸出】（負責人姓名 , 訂單編號 , 客戶公司名稱 , 毛利）

毛利計算＝SUM（（實際單價 – 平均成本）＊數量）

本範例主要是將 SELECT 敘述整體再進行一次的分解說明，所以在撰寫的過程會以分解步驟來說明，並以上圖 (1)-(6) 的標號來對照說明。

(1)–(2) 交叉合併

```
SELECT *
FROM 員工 , 訂單 , 訂單明細 , 產品資料 , 客戶
```

(3) 內部合併與條件篩選

```
SELECT *
FROM 員工 , 訂單 , 訂單明細 , 產品資料 , 客戶
WHERE 員工 . 員工編號＝訂單 . 員工編號 AND
      訂單 . 訂單編號＝訂單明細 . 訂單編號 AND
      訂單明細 . 產品編號＝產品資料 . 產品編號 AND
      訂單 . 客戶編號＝客戶 . 客戶編號
```

```
SELECT *
FROM 員工, 訂單, 訂單明細, 產品資料, 客戶
WHERE  員工.員工編號 = 訂單.員工編號 AND
       訂單.訂單編號 = 訂單明細.訂單編號 AND
       訂單明細.產品編號 = 產品資料.產品編號 AND
       訂單.客戶編號 = 客戶.客戶編號 AND
       訂貨日期 >= '2006/01/01'
```

(4) 分群組與彙總函數計算

```
SELECT 姓名 AS 負責人姓名, 訂單.訂單編號, 公司名稱 AS 客戶公司名稱,
       sum((實際單價 - 平均成本) * 數量) AS 毛利
FROM 員工, 訂單, 訂單明細, 產品資料, 客戶
WHERE  員工.員工編號 = 訂單.員工編號 AND
       訂單.訂單編號 = 訂單明細.訂單編號 AND
       訂單明細.產品編號 = 產品資料.產品編號 AND
       訂單.客戶編號 = 客戶.客戶編號 AND
       訂貨日期 >= '2006/01/01'
GROUP BY 姓名, 訂單.訂單編號, 公司名稱
```

(5) 彙整函數後的條件篩選

```
SELECT 姓名 AS 負責人姓名, 訂單.訂單編號, 公司名稱 AS 客戶公司名稱,
       sum((實際單價 - 平均成本) * 數量) AS 毛利
FROM 員工, 訂單, 訂單明細, 產品資料, 客戶
WHERE  員工.員工編號 = 訂單.員工編號 AND
       訂單.訂單編號 = 訂單明細.訂單編號 AND
       訂單明細.產品編號 = 產品資料.產品編號 AND
       訂單.客戶編號 = 客戶.客戶編號 AND
       訂貨日期 >= '2006/01/01'
GROUP BY 姓名, 訂單.訂單編號, 公司名稱
HAVING sum((實際單價 - 平均成本) * 數量) > 300
```

(6) 排序

SELECT 姓名 AS 負責人姓名, 訂單. 訂單編號, 公司名稱 AS 客戶公司名稱,
        sum（（實際單價 - 平均成本）* 數量）AS 毛利
FROM 員工, 訂單, 訂單明細, 產品資料, 客戶
WHERE 員工. 員工編號＝訂單. 員工編號 AND
        訂單. 訂單編號＝訂單明細. 訂單編號 AND
        訂單明細. 產品編號＝產品資料. 產品編號 AND
        訂單. 客戶編號＝客戶. 客戶編號 AND
        訂貨日期 >= '2006/01/01'
GROUP BY 姓名, 訂單. 訂單編號, 公司名稱
HAVING sum（（實際單價 - 平均成本）* 數量）> 300
ORDER BY 姓名 ASC, 訂單. 訂單編號 ASC

本章習題

請利用書附光碟中的『CH06 範例資料庫』，依據以下不同的需求，寫出 SELECT 敘述。

1. 請利用日期函數與字串函數，將今日的上一週和下一週同一天的日期，轉換成類似以下的格式。例如今日為 99/02/17、上一週同一天為 99/02/10、下一週同一天為 99/02/24

    輸出格式：民國 99 年 02 月 01 日星期一

2. 查詢『員工』資料表中，當月壽星資料，並依據年資給予獎金，計算公式如下，並將輸出資料存至另一名為『獎金』的新資料表。

    獎金 = 年資 * 1000 , (年資 = 今年 – 任用之年)

    輸出 (核發年度 , 員工編號 , 姓名 , 年齡 , 年資 , 獎金)

    [提示] 核發年度為執行此 SELECT 敘述的當年年度。

3. 請查詢客戶資料表中，『聯絡人職稱』有哪幾種，重複資料僅出現一次，不可重複出現。

    [提示] 使用 DISTINCT

4. 查詢『客戶』資料表中，『男業務』與『女會計人員』。

    輸出 (客戶編號 , 公司名稱 , 聯絡人 , 聯絡人職稱 , 聯絡人性別)

5. 查詢產品種類為『果汁』、『茶類』與『咖啡類』，有哪些產品？並先依據『類別編號』遞增排序，再依據『產品編號』遞減排序。

    輸出 (類別編號 , 類別名稱 , 產品編號 , 產品名稱)

6. 查詢有提供『果汁』類的相關產品的供應商有哪些？並依據供應商名稱遞增排序，再依據產品編號遞減排序。

    輸出 (類別編號 , 類別名稱 , 產品編號 , 產品名稱 , 供應商名稱)

7. 同上題 (6)，改用 INNER JOIN…ON 的方式撰寫。

8. 查詢 2005 年第三季所有員工承接訂單的情形。(使用 OUTER JOIN)

  輸出 (年度 , 季 , 員工編號 , 員工姓名 , 訂單編號 , 訂貨日期)

9. 根據上題 (8) 查詢出來的資料再進行計算每位員工承接訂單的筆數。

  輸出 (年度 , 季 , 員工編號 , 員工姓名 , 訂單總筆數)

  [注意] 沒有承接訂單的資料也必須表列出來。

10. 查詢出 2006 年第四季沒有承接任何訂單的員工資料。並依據上司姓名遞增排序，再依據員工姓名遞增排序。

  輸出 (年度 , 季 , 員工編號 , 員工姓名 , 上司姓名)

MEMO

CHAPTER 7

資料操作 DML – 異動（INSERT、UPDATE 及 DELETE）

『結構化查詢語言』（Structured Query Language, 簡稱 SQL）中的『資料操作語言』（Data Manipulation Language, 簡稱 DML）除了在前一章已經介紹過的 SELECT 查詢之外，尚有其他三種常用來對資料異動（新增、更新與刪除）的敘述，分別為 INSERT（新增）、UPDATE（更新）與刪除（DELETE）三種，本章主要將針對此三種敘述來一一說明。

7-1 新增資料的 INSERT

INSERT 敘述主要是針對整筆『資料列』的新增，所以在新增時必須要給予的資訊包括『資料表』（或檢視表）、『資料行』以及所要新增的資料，也就是 VALUES，基本的語法如下：

INSERT 的基本語法

INSERT [INTO] *table_or_view_name* [(*column_list*)]
VALUES ({ DEFAULT | NULL | *expression* } [,...*n*]) [,...*n*]

table_or_view_name 的格式可為以下幾種，視需要而定：

+ server_name.database_name.schema_name.table_or_view_name
+ database_name. [schema_name] .table_or_view_name
+ schema_name.table_or_view_name
+ table_or_view_nam

預設的 schema_name 為 dbo

以下為常用的慣用表示方法：

慣例	說明
大寫	Transact-SQL 關鍵字
斜體字	由使用者提供的 Transact-SQL 語法參數
|（分隔號）	被分隔號所分隔的所有項目當中，可以選擇其中的一個項目

慣例	說明
[ ]（中括號）	選擇性的語法項目，但不要輸入中括號
{ }（大括號）	必要的語法項目，請不要輸入大括號
[,...n]	指出前一個項目可以重複 n 次，以逗號分隔項目

範例 7-1　未指定 column_list 的 INSERT

依據資料表的資料行順序，新增一筆產品資料到『產品資料』資料表內。

```
INSERT 產品資料
VALUES（13, 7, 'S0005' , ' 陳年紹興 ' , 300, 250, 300,150）
```

當新增成功之後，在 SQL Server Management Studio 下方的訊息頁面內會出現（1個資料列受到影響），表示已經成功地新增一筆新資料。

當此範例的 INSERT 敘述，以原本的參數內容再執行一次時，即會發生如下的錯誤訊息。第一次執行順利，是因為在資料表『產品資料』內並沒有產品編號為 13 的產品，新增一次之後再新增一次，即會違反『主索引鍵』（PRIMARY KEY）不可有重複值的限制，於是系統不會執行第二次的 INSERT 敘述，而是產生以下的錯誤訊息。

範例 7-2　指定 column_list 的 INSERT

新增一筆產品資料到『產品資料』資料表內，並指定出資料行名稱。

```
INSERT　產品資料（產品編號, 類別編號, 供應商編號, 產品名稱, 建議單價, 平均成本,
　　　　庫存量, 安全存量）
VALUES（14, 8, 'S0005', ' 藍山經典咖啡 ', 35, 25, 500,200）
```

結果將等同於下列的寫法。也就是說，column_list 內的資料行順序可以和真實資料表內的順序不同；只要 VALUES 內的值能夠配合對應到 column_list 內的資料行即可。倘若 VALUES 內的值對應至不對的資料行，或許資料會被新增進去，但是對於資料的意義而言，已經發生了錯誤。

```
INSERT　產品資料（產品編號, 產品名稱, 類別編號, 供應商編號, 建議單價, 平均成本,
　　　　庫存量, 安全存量）
VALUES（14, ' 藍山經典咖啡 ', 8, 'S0005', 35, 25, 500,200）
```

範例 7-3　給定預設值 DEFAULT 的 INSERT

新增一筆產品資料到『產品資料』資料表內，並指定出資料行名稱，以及使用資料表內所設定的預設值。

> ⚠️提示▶ 先開啟 SQL Server Management Studio，在『產品資料』資料表上方按下滑鼠右鍵，並點選【設計 (G)】。開啟『產品資料』資料表的設計模式時，分別點選及觀察『庫存量』與『安全存量』資料行，從下方【資料行屬性】中的【預設值或繫結】欄位，可找到這兩個資料行的預設值分別為 0 與 100。

INSERT　產品資料（產品編號，類別編號，供應商編號，產品名稱，建議單價，平均成本，
　　　　庫存量，安全存量）
VALUES（15, 7, 'S0005', ' 紅葡萄酒 ', 850, 650, **DEFAULT**, **DEFAULT**）

　　以上所新增的資料，由於『庫存量』與『安全存量』是給予『DEFAULT』的預設值，所以新增後的『產品資料』資料表中，紅葡萄酒的『庫存量』為 0，『安全存量』為 100。

產品編號	類別編號	供應商編號	產品名稱	建議單價	平均成本	庫存量	安全存量
1	1	S0001	蘋果汁	18	12	390	50
2	1	S0001	蔬果汁	20	13	117	50
3	3	S0001	汽水	20	10	213	200
4	1	S0002	藍筍汁	15	9	110	120
5	5	S0002	運動飲料	15	10	210	100
6	2	S0003	烏龍茶	25	15	320	300
7	2	S0003	紅茶	15	8	450	500
8	6	S0003	礦泉水	18	10	339	200
9	4	S0004	牛奶	45	25	250	300
10	8	S0004	咖啡	35	22	131	150
11	4	S0005	奶茶	25	12	220	200
12	7	S0004	啤酒	30	22	635	300
13	7	S0005	陳年紹興	300	250	300	150
14	8	S0005	藍山經典咖啡	35	25	500	200
15	7	S0005	紅葡萄酒	850	650	0	100

範例 7-4　同時新增多筆資料的 INSERT

　　利用一個 INSERT 敘述來完成新增三筆產品資料。

INSERT　產品資料（產品編號, 類別編號, 供應商編號, 產品名稱, 建議單價, 平均成本,
　　　　庫存量, 安全存量）
VALUES（**16, 8, 'S0004', '** 雙倍濃縮咖啡 **', 50, 35, 100, DEFAULT**），
　　　　（**17, 7, 'S0001', '** 黑麥啤酒 **', 85, 65, DEFAULT, DEFAULT**），
　　　　（**18, 7, 'S0005', '** 生啤酒 **', 45, 35, 500, 150**）

　　此範例的主要重點在於 VALUES 後面連接了三筆資料，每一筆資料之間，切記要
使用逗號（,）隔開，否則會造成語法上的錯誤。

範例 7-5　結合函數的 INSERT

　　假設公司所承接的訂單，『預計到貨日期』是『訂貨日期』後的七日，請新增一筆
訂單資料。

> INSERT　訂單（訂單編號, 員工編號, 客戶編號, 訂貨日期, 預計到貨日期, 付款方式,
> 　　　　交貨方式）
> VALUES（'98090201', 7, 'C0012', '2009/09/28', **DATEADD（DAY, 7, '2009/09/28'）**,
> 　　　　'支票', '快遞'）

本範例的訂貨日期假設是 2009/09/28，預計到貨日期則為該日的七日後，所以使用 DATEADD( ) 函數直接計算，並新增至『訂單』資料表。

另外，在此範例中，新增一筆訂單資料的當下，資料行『出貨日期』與『實際到貨日期』尚未有資料，所以並沒有這兩個資料行的出現，系統暫時會以『空值』（null value）填入該欄位，直到後續實際交貨時才會利用 UPDATE 方式去更新相關資料行。

考量 INSERT 資料表之間的順序問題

由於在關聯式資料庫中，兩兩資料表之間可能會存在一個關聯性（relationship），通常此關聯性是由一個資料表的『主索引鍵』與另一資料表的『外部索引鍵』所構成；也就是說，是由『外部索引鍵值』參考（reference）『主索引鍵值』。

以下圖的部份 ERD 圖表而言，只要經過正規化處理後，每一個資料表都會有一個『主索引鍵』且只會有一個，例如每一個資料表的『主索引鍵』如下：

- ■『員工』→『員工編號』
- ■『客戶』→『客戶編號』
- ■『訂單』→『訂單編號』
- ■『訂單明細』→『訂單編號』+『產品編號』

圖中每一個資料表會在其資料行前面標示一個『金鑰』來表示該資料行為該資料表的『主索引鍵』。其中要特別注意的是『訂單明細』資料表，一個『主索引鍵』是由『訂單編號』和『產品編號』兩個資料行所構成，千萬不可以解讀成『訂單明細』資料表有兩個『主索引鍵』。

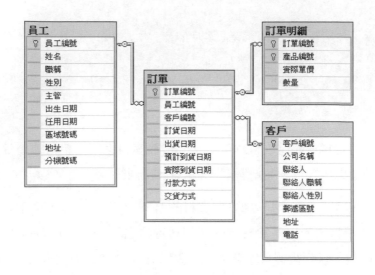

在圖中的資料表之間存在一條連結線，此連結線就代表這兩個資料表的『關聯性』。以『員工』與『訂單』資料表而言，是由『訂單』中的『員工編號』（外部索引鍵表示成∞）參考『員工』中的『員工編號』（主索引鍵表示成金鑰），這樣的情形可稱『員工』為『父資料表』，『訂單』則為『子資料表』，可將上圖的 ERD 整理成下圖的關係，上一層的資料表為下一層的『父資料表』，下一層則為上一層的『子資料表』。

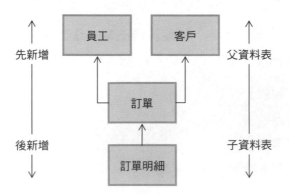

在父、子關係的資料表，是由子資料表參考父資料表，因此，父資料表的『主索引鍵值』不存在時，子資料表的『外部索引鍵值』也不可能存在，或先輸入。例如『員工』資料表中倘若沒有員工編號為 20 的員工，就不能先新增一筆訂單，此筆訂單的員工編號為 20 的資料。但是，可以先新增一筆訂單，而該筆訂單中的『員工編號』暫時填入『空值』（null value）是可以被允許的，整理如下：

- ■『主索引鍵值』不可以是『空值』，也不可有重複值
- ■『外部索引鍵值』可以是『空值』，也可以有重複值

範例 7-6 | 新增一筆訂單以及該筆訂單會有三樣產品。

⚠ **提示**▶ 先新增『訂單』資料表，再新增『訂單明細』資料表。

INSERT　訂單（訂單編號,員工編號,客戶編號,訂貨日期,預計到貨日期,付款方式,
交貨方式）
VALUES（'98120101', 7, 'C0005', '2009/12/01', '2009/12/10', ' 支票 ', ' 快遞 '）

INSERT　訂單明細（訂單編號,產品編號,實際單價,數量）
VALUES（'98120101', 13, 270, 100）,
　　　　（'98120101', 14, 30, 150）,
　　　　（'98120101', 16, 50, 60）

此範例若是先新增『訂單明細』時，由於『訂單明細』的訂單編號 98120101 無法
參考到『訂單』中相同的訂單編號，就是發生以下的錯誤訊息。

🔲 訊息
訊息 547，層級 16，狀態 0，行 1
INSERT 陳述式與 FOREIGN KEY 條件約束 "FK_訂單明細_訂單" 衝突。衝突發生在資料庫 "CH07範例資料庫"，資料表 "dbo.訂單", column '訂單編號'。
陳述式已經結束。

7-2　引用其他資料來源的 INSERT

SQL 的 INSERT 敘述除了使用 VALUES 來新增資料來源之外，尚有其他兩種方式
來新增，就是透過 SQL 的 SELECT 敘述與預存程序（Stored Procedure）的方式，從其
他資料表或檢視表的查詢來當成新增的資料來源，語法如下：

參考其他資料來源的 INSERT 語法

INSERT [INTO] *table_or_view_name* [(*column_list*)]

{

VALUES ({ DEFAULT | NULL | *expression* } [,...*n*]) [,...*n*] |

SQL statement |

execute_statement

}

在 SQL 的新增（INSERT）敘述中，除了使用 VALUES 方式的人工給定資料外，尚有其他兩種方式來新增資料，比較一下以下三種不同的資料來源的 INSERT。

- VALUES，在 VALUES 後面是使用小括弧將所要新增的運算式，新增至資料表（或檢視表）當中，這種屬於人工指定值或經由運算式計算出來的值。

- SQL statement，在上一章中介紹過很多不同變化的 SQL statement，而 SQL statement 最主要的是從資料表（或檢視表）當中挑選出所要的資料，所以在此 INSERT 的語法中，就是利用 SELECT 從其他資料表挑選出資料，直接新增進此資料表，此種方式是一次新增多筆紀錄的方式。

- execute_stement

  □ exec procedure_name，執行預存程序（Stored Procedure）

  □ exec（sql_string），執行 SQL statement 的字串，此處要特別注意小括弧 ( ) 不可漏掉，否則將會出現語法錯誤的訊息。小括弧內則是一個 SQL 語法的字串型態。

透過 SQL statement 的 INSERT

範例 7-7　透過 SELECT 查詢的 INSERT（單一資料表）

比較以下兩個需求，一個使用 SELECT...INTO...，另一個使用 INSERT...SELECT...，以及兩個不同的概念。

(1) 從『員工』資料表中挑選出女性員工，並輸出至另一個新的資料表『T 女員工』。
此範例與 [範例 6-15] 相同。

(2) 從『員工』資料表中挑選出男性員工，並新增至另一個已存在的資料表『T 男員工』。

【輸出】（員工編號 , 姓名 , 職稱 , 性別）

(1) 將資料『推出去』，以下的語法中，若暫不看『INTO T 女員工』，就是一般的
SELECT 查詢，再將此查詢結果，透過 INTO 到另一個新資料表。

```
SELECT  員工編號 , 姓名 , 職稱 , 性別 INTO T 女員工
FROM    員工
WHERE   性別 = ' 女 '
```

(2) 將資料『拉進來』，以下的語法中，若暫不看『SELECT...FROM...WHERE...』，就
是一般的 INSERT 新增。只是將原本使用『VALUES』來當資料輸入的管道，改由
『SELECT...FROM...WHERE...』從其他資料表挑選出結果，再新增到『T 男員工』
資料表。

```
INSERT  T 男員工（員工編號 , 姓名 , 職稱 , 性別）
SELECT  員工編號 , 姓名 , 職稱 , 性別
FROM    員工
WHERE   性別 = ' 男 '
```

藉由下圖來比較『SELECT...INTO... 』與『INSERT...SELECT... 』兩個語法在『語
意』上的差異性。以輸出『結果』而論，兩者的結果會是相同的；以資料表的『結構』
（或是否存在）而言，一個事先不得存在，另一個事先要先存在。

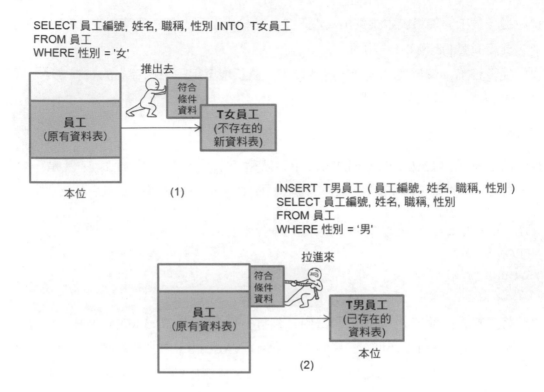

```
SELECT 員工編號, 姓名, 職稱, 性別 INTO T女員工
FROM 員工
WHERE 性別 = '女'
```

推出去

符合條件資料

員工
(原有資料表)

T女員工
(不存在的新資料表)

本位   (1)

```
INSERT T男員工 ( 員工編號, 姓名, 職稱, 性別 )
SELECT 員工編號, 姓名, 職稱, 性別
FROM 員工
WHERE 性別 = '男'
```

拉進來

符合條件資料

員工
(原有資料表)

T男員工
(已存在的資料表)

本位

(2)

範例 7-8　透過 SELECT 查詢的 INSERT（多個資料表）

比較以下兩個需求，一個使用 SELECT...INTO...，另一個使用 INSERT...SELECT...，以及兩個不同的概念。

(1) 從『員工』、『訂單』及『客戶』資料表中挑選出 2005 年訂單資料，並輸出至另一個新的資料表『T2005 年員工訂單情形』。

(2) 從『員工』、『訂單』及『客戶』資料表中挑選出 2006 年訂單資料，並新增至另一個已存在的資料表『T2006 年員工訂單情形』。

【輸出】（員工編號 , 姓名 , 訂單編號 , 訂貨日期 , 客戶編號 , 公司名稱）

(1) 將資料『推出去』，以下的語法中，若暫不看『INTO T2005 年員工訂單情形』，就是一般的 SELECT 的 JOIN 查詢，再將此查詢結果，透過 INTO 到另一個新資料表。

```
SELECT   員工.員工編號,姓名,訂單編號,訂貨日期,客戶.客戶編號,公司名稱 INTO
         T2005 年員工訂單情形
FROM     員工,訂單,客戶
WHERE    員工.員工編號 = 訂單.員工編號 AND
         訂單.客戶編號 = 客戶.客戶編號 AND
         year（訂貨日期）= 2005
```

(2) 將資料『拉進來』，以下的語法中，若暫不看『SELECT...FROM...WHERE...』的多資料表 JOIN，就是一般的 INSERT 新增。只是將原本使用『VALUES』來當資料輸入管道，改由『SELECT...FROM...WHERE...』從其他多個資料表 JOIN 結果，挑選出結果再新增到『T2006 年員工訂單情形』資料表。

```
INSERT   T2006 年員工訂單情形
SELECT   員工.員工編號,姓名,訂單編號,訂貨日期,客戶.客戶編號,公司名稱
FROM     員工,訂單,客戶
WHERE    員工.員工編號 = 訂單.員工編號 AND
         訂單.客戶編號 = 客戶.客戶編號 AND
         year（訂貨日期）= 2006
```

若將以上 (1) 與 (2) 用圖解來表達出『語意』，如下圖所示，兩者皆是先將所要的資料表進行『內部合併』（INNER JOIN），如同圖中的虛線框起來的部份。由其中各自挑選出 2005 及 2006 年的訂單資料，再分別推至另一個資料表，和拉進另一個資料表。

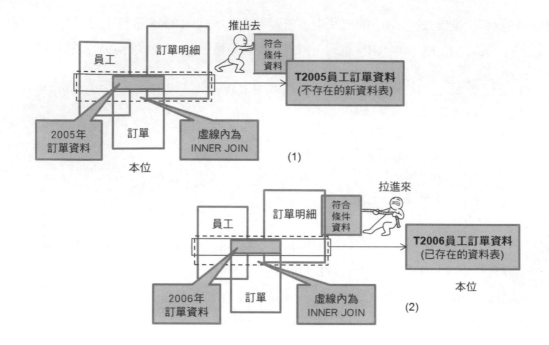

透過 execute_statement 的 INSERT

INSERT 的資料來源除了 VALUES 與 SELECT 敘述之外,尚有一種常被使用的方式,就是透過『執行敘述』(execute_statement)。『執行敘述』尚可分為兩種常用方式,其一為透過『預存程序』(Stored Procedure),其二為透過執行 SQL 字串方式,以下面範例來直接說明。

範例 7-9 透過執行『預存程序』的 INSERT

題目如同 [範例 7-7],從員工資料表挑選出男性員工,新增到『T 男員工』資料表,並限制使用執行『預存程序』的方式。

> ⚠ **提示▶** 由於尚未介紹什麼是『預存程序』,以及如何撰寫預存程序,所以本範例預先準備好一個名為『P 挑選男員工資料』的預存程序來說明用法。

INSERT　T 男員工（員工編號 , 姓名 , 職稱 , 性別）
exec　P 挑選男員工資料

　　本範例使用到『P 挑選男員工資料』的預存程序，可以透過 SQL Server Management Studio，並根據以下的操作步驟找到該預存程序，如圖所示。

　　【物件總管】\【資料庫】\【CH07 範例資料庫】\【可程式性】\【預存程序】

　　也可以直接點選【新增查詢（N）】後，在 SQLQuery 視窗中執行以下敘述，看其結果是否皆是男性員工。

exec　P 挑選男員工資料

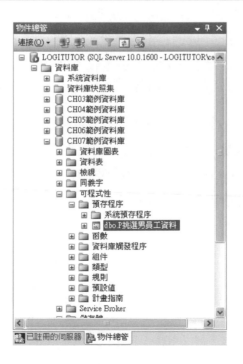

範例 7-10　透過執行『SQL 字串』的 INSERT

題目如同 [範例 7-7]，從員工資料表挑選出男性員工，新增到『T 男員工』資料表，並限制使用 execute SQL statement 的方式。

```
INSERT T 男員工（員工編號 , 姓名 , 職稱 , 性別）
exec（'SELECT 員工編號 , 姓名 , 職稱 , 性別 FROM 員工 WHERE 性別 = '' 男 '''）
```

此範例的需求與 [範例 7-7] 是相同的，只是將原本使用『VALUES』或『SELECT...FROM...WHERE...』為資料來源，改採用執行 SQL 字串的方式

```
exec (sql_string)
```

因為在後續章節中將會介紹到 T-SQL 的環境變數，sql_string 可以是一個變動的 SQL 字串，隨著使用者輸入不同的需求來產生不同的 sql_string，也就產生出不同的結果，此處要特別注意，小括弧千萬不能被忽略掉，否則會產生語法錯誤。只是在本範例中的 sql_string 會發現在條件限制中的『男』，為何會有那麼多個上引號『'』？

如圖說明，第一個與最後一個上引號是代表這整個 sql_string 的字串引號。由於上引號有其特殊的用途，就是用在字串的表示，所以必須使用跳脫字元方式來處理。也就是緊接在跳脫字元後的特殊符號會失去原有特殊的含意，變成一個普通的字元。所以在『男』的前、後皆有兩個上引號，第一個上引號代表跳脫字元，第二個上引號代表單純字元。

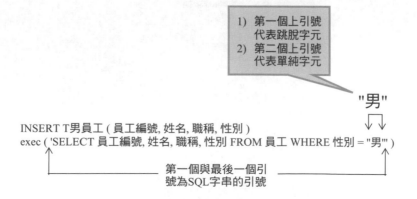

7-3 更新資料的 UPDATE

　　更新資料的 UPDATE，主要是針對已經存在的資料異動，所以在更新資料時，必須告訴系統的資訊包括資料表（或檢視表）、指定的資料行及其新值和要更新資料的篩選條件。倘若不指定更新資料的篩選條件，將會造成整個資料表的內容全部被更新，基本語法如下：

UPDATE 的基本語法

UPDATE *table_or_view_name*
SET { *column_name* = { *expression* | DEFAULT | NULL } } [*...n*]
WHERE *search_condition*

table_or_view_name 的格式可為以下幾種，視需要而定：

* server_name.database_name.schema_name.table_or_view_name
* database_name. [schema_name] .table_or_view_name
* schema_name.table_or_view_name
* table_or_view_nam

預設的 schema_name 為 dbo

範例 7-11　條件式更新

　　凡是在『產品資料』資料表內的庫存量為 0 的產品，全部將庫存量更改為 200。

⚠️ 提示▶ 在更新資料時，一定要特別注意到目的資料的條件為何，倘若沒有加上 WHERE 的條件篩選，將會造成整個資料表內容統統被更新。

UPDATE　產品資料
SET　　　庫存量 = 200
WHERE　庫存量 = 0

範例 7-12　同時更新多個資料行

　　將訂單編號為 98120101 的『出貨日期』改為 2009/12/09 16:00、『實際到貨日期』改為 2009/12/10 10:30。

> **！提示▶** 只要在 SET 後面加入所要更改的資料行與新值，每個資料行之間用逗號『,』隔開即可。

```
UPDATE  訂單
SET      出貨日期 = '2009/12/09 16:00', 實際到貨日期 = '2009/12/10 10:30'
WHERE    訂單編號 = '98120101'
```

範例 7-13　更新資料為空值（null value）

　　將訂單編號為 98120101 的『實際到貨日期』清空。

> **！提示▶** 所謂清空就是將其值更新為『空值』（null value）。

```
UPDATE  訂單
SET      實際到貨日期 = null
WHERE    訂單編號 = '98120101'
```

範例 7-14　利用運算式更新資料

　　挑選 2009/01/01 之前的訂單資料，若是『實際到貨日期』為空值的資料列，全部依據該筆訂單的『出貨日期』再加三天填入『實際到貨日期』。

> **！提示▶** 可以使用 DATEADD( ) 函數

```
UPDATE  訂單
SET     實際到貨日期 = dateadd（day, 3, 出貨日期）
WHERE   訂貨日期 < '2009/01/01' AND
        實際到貨日期 is null
```

7-4　參考其他資料來源的 UPDATE

在前一節的 UPDATE 敘述較為單純，也就是說，欲更新的目標資料行以及用來篩選條件的資料行，皆位於同一個資料表內。本節所要介紹的是更新的目標資料行與篩選條件用的資料行位於不同資料表內，語法如下，主要是多了一個 FROM 子句，以及在 WHERE 中必須指定多個資料表的 JOIN 條件。

參考其他資料來源的 UPDATE 語法

UPDATE *table_or_view_name*
SET { *column_name* = { *expression* | DEFAULT | NULL } } [*,...n*]
FROM *table_source*
WHERE *search_condition*

範例 7-15

將客戶編號 C0016 的所有『訂單明細』中的『實際單價』全數打九折。

```
UPDATE  訂單明細
SET     實際單價 = 實際單價 * 0.9
FROM    訂單
WHERE   訂單 . 訂單編號 = 訂單明細 . 訂單編號 AND
        客戶編號 = 'C0016'
```

在此範例中，由於篩選條件的『客戶編號』資料行是位於『訂單』資料表，但要更新的目標資料表是『訂單明細』，所以將 UPDATE 的語法轉換成語意，可以轉換成：

■ 參考『訂單』資料表的『客戶編號』，
■ UPDATE 目標資料表『訂單明細』的『實際單價』

所以在 UPDATE 後面緊接著是『訂單明細』，FROM 接的是被參考的資料表『訂單』，WHERE 後面接的則是『訂單』與『訂單明細』JOIN 的對應關係，以及篩選的條件。可以參考下圖的語意圖解。

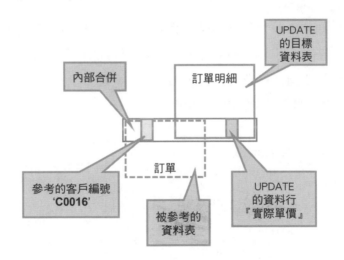

範例 7-16

將客戶之『公司名稱』為『日新日公司』的『訂單明細』中的『實際單價』全數打九折。

```
UPDATE  訂單明細
SET     實際單價＝實際單價＊0.9
FROM    客戶，訂單
WHERE   客戶．客戶編號＝訂單．客戶編號 AND
        訂單．訂單編號＝訂單明細．訂單編號 AND
        公司名稱＝'日新日公司'
```

在此範例中，由於篩選條件之客戶的『公司名稱』資料行是位於『客戶』資料表，但要更新的目標資料表是『訂單明細』，所以將 UPDATE 的語法轉換成語意，可以轉換成：

- 參考『客戶』資料表的『公司名稱』，
- UPDATE 目標資料表『訂單明細』的『實際單價』

在 UPDATE 後面緊接著是『訂單明細』，但由於『客戶』與『訂單明細』資料表是透過『訂單』資料表，所以 FROM 接的是被參考的資料表『客戶』與『訂單』，WHERE 後面接的則是『客戶』、『訂單』與『訂單明細』JOIN 的對應關係，以及篩選的條件。可以參考下圖的語意圖解。

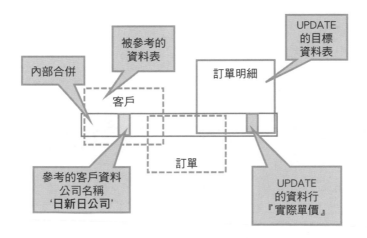

7-5 刪除資料的 DELETE 與 TRUNCATE

刪除資料列的 DELETE 敘述，主要是針對已經存在的資料異動，所以在刪除資料時，必須告訴系統的資訊包括資料表（或檢視表）、指定要刪除的篩選條件。倘若不指定刪除資料列的篩選條件，將會造成整個資料表的內容全部被刪除，結果將會等同於 TRUNCATE，基本語法如下：

DELETE 與 TRUNCATE 的基本語法

DELETE [FROM] *table_or_view_name*
WHERE *search_condition*

TRUNCATE t*able_or_view_name*

table_or_view_name 的格式可為以下幾種，視需要而定：

* server_name.database_name.schema_name.table_or_view_name
* database_name. [schema_name] .table_or_view_name
* schema_name.table_or_view_name
* table_or_view_nam

預設的 schema_name 為 dbo

範例 7-17

將『T男員工』資料表全部清空。

DELETE T男員工
或
TRUNCATE T男員工

當使用 DELETE 敘述刪除資料表內的全部資料，也就是沒有使用 WHERE 篩選資料時；如同使用 TRUNCATE 敘述，刪除資料表內的全部資料的結果是一樣的。但是，資料庫管理系統的處理過程卻是不相同，如下圖所示，並分別說明如下。

- DELETE table_name，使用 DELETE 敘述，會先將所有刪除的動作和資料全寫入『記錄檔』（log file），再從『記錄檔』更新至『資料檔』（data file）。

- TRUNCATE TABLE table_name，使用 TRUNCATE 敘述，會直接將『資料檔』（data file）內的資料全部刪除，所以刪除的速度會比 DELETE 有效率。除此之外，若是在該資料表中有使用到『識別資料』型態的欄位，會將『識別種子』重設，也就是從初始值開始。

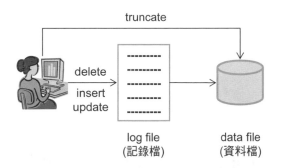

『資料檔』（data file）是真正儲存資料的檔案；『記錄檔』（log file）則是記錄所有異動過程（insert, update, delete）的檔案，主要目的在於資料庫管理系統用來備份與還原的依據。由於 truncate 的執行過程會跳過『記錄檔』，所以建議在執行 truncate 之後，做一次資料庫的『完整備份』；避免未來系統若是發生問題，在執行系統還原後，刪除掉的資料莫名地全部又出現。

DELETE 與 INSERT 敘述一樣都是針對整筆的資料列進行異動，所以會因為資料表之間的關聯性（relationship）而受到牽制。INSERT 敘述必須先新增『父資料表』的資料列，再新增『子資料表』的資料列，主要是受限於『主索引鍵』與『外部索引鍵』的關係。同理，DELETE 敘述也是因為此原因，只是操作的順序剛好相反，如下圖所示，必須先刪除『子資料表』的資料列，再刪除『父資料表』的資料列，避免破壞資料表之間的『參考完整性』。

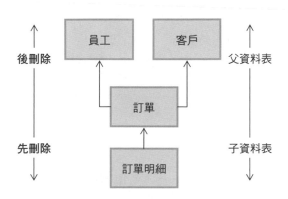

範例 7-18

將訂單編號 98120101 的所有『訂單』及『訂單明細』資料表全數刪除。

> ⚠ 提示▶ 刪除的順序應該先刪『訂單明細』，再刪『訂單』資料表

```
DELETE  訂單明細
WHERE   訂單編號 = '98120101'

DELETE  訂單
WHERE   訂單編號 = '98120101'
```

7-6 參考其他資料來源的 DELETE

　　在前一節的 DELETE 敘述較為單純，也就是說，欲刪除的目標資料列以及用來篩選條件的資料行，皆位於同一個資料表內。本節所要介紹的是刪除的目標資料列與篩選條件用的資料行位於不同資料表內，語法如下，主要是多了一個 FROM 子句，以及在 WHERE 中必須指定多個資料表的 JOIN 條件。

參考其他資料來源的 DELETE 語法

```
DELETE [ FROM ] table_or_view_name
FROM table_source
WHERE search_condition
```

範例 7-19

將客戶編號 C0016 的所有『訂單』及『訂單明細』資料表全數刪除。

> ⚠ 提示▶ 刪除的順序應該先刪『訂單明細』，再刪『訂單』資料表

```
DELETE  訂單明細
FROM    訂單
WHERE   訂單.訂單編號＝訂單明細.訂單編號 AND
        客戶編號 = 'C0016'
```

在此範例中，由於『客戶編號』資料行是位於『訂單』資料表，但要刪除的目標資料表是『訂單明細』，所以 DELETE 的語法轉換成語意，可以轉換成：

參考『訂單』資料表的『客戶編號』，DELETE 目標資料表『訂單明細』

在 DELETE 後面接的是欲刪除的目標資料表，也就是『訂單明細』；FROM 接的是被參考的資料表『訂單』；WHERE 後面接的是『訂單』與『訂單明細』的 JOIN 對應關係，以及篩選的條件。可以參考下圖的語意圖解。

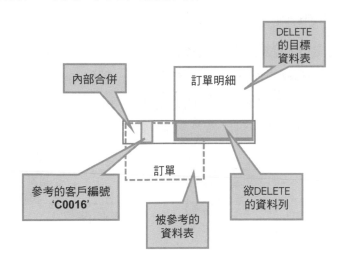

範例 7-20

將客戶的公司名稱『日新日公司』的所有『訂單』及『訂單明細』資料表全數刪除。

> **!提示▶** 刪除的順序應該先刪『訂單明細』，再刪『訂單』資料表

```
-- 先刪除『訂單明細』
DELETE  訂單明細
FROM    客戶, 訂單
WHERE   客戶.客戶編號 = 訂單.客戶編號 AND
        訂單.訂單編號 = 訂單明細.訂單編號 AND
        公名名稱 = '日新日公司'
```

在此範例中，由於篩選條件之客戶的『公司名稱』資料行是位於『客戶』資料表，但要更新的目標資料表是『訂單明細』，所以將 DELETE 的語法轉換成語意，可以轉換成：

參考『客戶』資料表的『公司名稱』，DELETE 目標資料表『訂單明細』

在 DELETE 後面接的是欲刪除的目標資料表，也就是『訂單明細』；『客戶』是透過中間的『訂單』資料表與『訂單明細』產生關聯，所以 FROM 接的是被參考的資料表『客戶』與『訂單』；WHERE 後面接的則是『客戶』、『訂單』與『訂單明細』JOIN 的對應關係，以及篩選的條件。可以參考下圖的語意圖解。

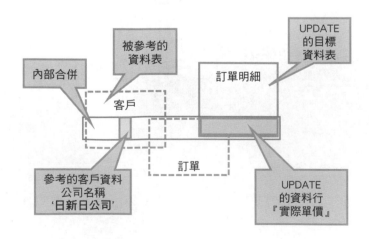

```
-- 後刪除『訂單』
DELETE 訂單
FROM 客戶
WHERE 客戶.客戶編號＝訂單.客戶編號 AND
      公司名稱＝'日新日公司'
```

7-7　異動操作與【強制使用外部索引鍵條件約束】

　　異動資料有可能會遇到什麼問題呢？首先先透過 SQL Server Management Studio 來開啟『CH07 範例資料庫』，並展開【資料庫圖表】\【實體關聯圖 ERD】，將如下圖所示，呈現出所有資料表之間的『關聯性』，也就是每一條的連結線。

每一個資料表與另一個資料表之間的關聯性，通常是透過『父資料表』的『主索引鍵』與『子資料表』的『外部索引鍵』之間的對應關係。但此對應關係可以有很多的意義，包括僅僅代表兩個資料表的關係，在異動資料時並不會強制執行之間的關係，但此情形下有可能會造成資料表之間的資料不一致性。

以上圖中『訂單』與『訂單明細』之間的關聯性而言，先使用滑鼠點選其連結線，在右方的【屬性】視窗展開『INSERT 與 UPDATE 規格』，會出現如下圖，其中一個是變更【強制使用外部索引鍵條件約束】為『是』或『否』；另一個變更【刪除規則】或【更新規則】的四種情形，將說明如下。

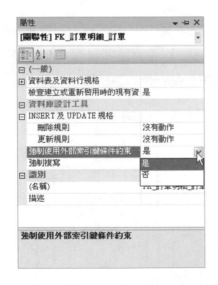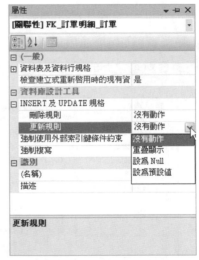

- 強制使用外部索引鍵條件約束：『是』

  當使用者試圖去異動某些資料列的資料，而這些資料列與另一資料表的『外部索引鍵』具有關聯時，系統會有以下四種處理方式。也就是說，當使用者異動『父資料表』時，系統如何處理『子資料表』。

  □ 沒有動作（No Action），當『違反外部索引鍵條件』時，系統會發出錯誤訊息告訴使用者，所有的異動操作將會受到限制，也就是不允許刪除或更新的操作。

  □ 重疊顯示（Cascade）

- □ 刪除規則（Delete Cascade），刪除父資料表之資料列時，參考到這些資料列的子資料表之資料列也會一併被刪除。
- □ 更新規則（Update Cascade），更新父資料表之『主索引鍵值』時，參考到這些『主索引鍵值』的『外部索引鍵值』也會一併被更新成相同值。
  - ⊙ 設為 null（Set Null），子資料表的『外部索引鍵』會被設為『null』。
  - ⊙ 設為預設值（Set Default），若是子資料表的『外部索引鍵』有定義預設值，就會被設為『預設值』。
- ■ 強制使用外部索引鍵條件約束：『否』

  當資料庫設計者在關聯性的【屬性】視窗中的『強制使用外部索引鍵條件約束』設為『否』時，則系統會接受使用者任何的異動操作，若是使用者自己沒有注意資料之間的關聯性，就會產生資料表之間的參考不完整性。

本章習題

請利用書附光碟中的『CH07 範例資料庫』，依據以下不同的需求，必須依據題號逐一寫出不同的敘述。

1. 依據下列資料，分別針對『產品類別』和『產品資料』兩資料表新增相關資料。

類別編號	類別名稱	產品編號	產品名稱	供應商編號	建議單價	平均成本	庫存量	安全存量
9	豆奶	13	黃豆奶	S0003	18	12	--	--
9	豆奶	14	綠豆奶	S0003	15	10	--	--
10	養生茶	15	枸杞茶	S0004	30	18	1000	800
10	養生茶	16	桂圓茶	S0003	40	25	1200	850
11	純果汁	17	柳丁汁	S0005	50	40	300	200

2. 請將『黃豆奶』和『綠豆奶』產品的庫存量更改為 1500，安全存量為庫存量的 80%。

3. 請將類別編號為『10』的所有產品之『安全存量』減少 200。

4. 請依據以下資料，新增至『訂單』與『訂單明細』資料表。

訂單編號	員工編號	客戶編號	訂貨日期	出貨日期	預計到貨日期	實際到貨日期	付款方式	產品編號	實際單價	數量
99010101	7	C0010	當日	--	訂貨7日後	--	支票	15	28	300
99010101	7	C0010	當日	--	訂貨7日後	--	支票	16	38	500
99010101	7	C0010	當日	--	訂貨7日後	--	支票	17	45	120
99010102	1	C0007	當日	--	訂貨7日後	--	現金	13	15	300
99010102	1	C0007	當日	--	訂貨7日後	--	現金	14	13	500
99010103	3	C0005	當日	--	訂貨7日後	--	現金	17	48	50

5. 當完成上題 (4) 之後，凡是『訂貨日期』為當天的訂單資料，根據『訂單明細』資料表，將『產品資料』資料表內的『庫存量』扣除掉『訂單明細』資料表內的『數量』。

6. 請將訂單編號為『99010102』的訂單刪除，但別忘了也要刪除『訂單明細』內的相關資料，還要將『訂單明細』的『數量』加回『產品資料』資料表的『庫存量』。

[提示] 要注意整個異動資料表的順序為：

(1) 更新『產品資料』的『庫存量』

(2) 刪除『訂單明細』

(3) 刪除『訂單』

MEMO

CHAPTER 8

建立資料庫

　　由於 SQL Server 是一種大型的資料庫管理系統，不像一般辦公室人員所使用的小型資料庫 ACCESS，所儲存的資料量不會過於龐大。SQL Server 是屬於企業級的用戶使用，所以資料的成長會非常快速與龐大；因此，在建立資料庫之初必須先瞭解 SQL Server 的底層架構，也就是檔案系統的檔案與資料庫之間的對應關係，以及如何有效擴展底層檔案，用以擴充上層資料庫用戶的儲存空間。

8-1　SQL Server 的相關資料庫

　　當開啟 SQL Server Management Studio 的【物件總管】，可以看到下圖中，有很多不同的資料庫，但這些資料庫並非全部是在 SQL Server 安裝完成後就具有。在此視窗中，可分為三大類的資料庫：其一為 SQL Server 安裝完成後就必備的『系統資料庫』，所有屬於系統層級的資料庫都歸於一個【系統資料庫】的資料夾內；其二為 AdventureWorks 系列的『範例資料庫』，這些資料庫是由微軟公司所提供給使用者練習使用的；其三為『使用者自建資料庫』，例如圖中的『CHXX 範例資料庫』即為作者自建的資料庫，用以本書範例說明使用。以下將真對這三大類不同的資料庫特性，個別說明如後。

系統資料庫

- **master**：『master』資料庫是屬於系統層級的資料庫，也就是一個核心資料庫，對於 MS SQL Server 而言是一個非常重要的資料庫，如果此資料庫有所損毀，MS SQL Server 也將無法正常啟動。其中所記錄的包括登入帳號、被管理的端點伺服器（endpoints）、分散式處理中被鏈結的伺服器（linked servers）以及 SQL Server 系統的所有設定項目。除此之外，master 資料庫中也記錄了在 SQL Server 中的所有資料庫資訊，包括這些資料庫的實體檔案位置和 SQL Server 的初始資訊。
- **model**：『model』資料庫的目的是當成所有新建資料庫所參考的一個樣版資料庫，也就是在新增一個資料庫時，系統會參考此 model 資料庫來新增出新的資料庫。例如在 model 資料庫中新增一個名為 testTBL 的資料表；以後使用者新增出來的所有資料庫內都會有 testTBL 資料表。
- **msdb**：『msdb』資料庫是讓『SQL Server Agent』服務所使用的，讓此代理程式（Agent）記錄排程警告、排程作業和其他相關作業之用。
- **tempdb**：『tempdb』是一個全域性的資料庫，可以提供給使用者暫時儲存資料的一個資料庫，或是使用者在經過龐大資料計算時暫存的一個資源。不過要注意的，存於此資料庫內的資料都是暫存性的，如果系統重新啟動之後，所有的資料將會全部被清除掉。

範例資料庫

微軟公司所研發的 SQL Server 產品，一直以來都會內附範例資料庫（Adventure Works），提供給一般學習資料庫者可以透過範例資料庫來學習。不過現在 SQL Server 2008 在安裝時，預設已不再自動安裝，但使用者仍可自行至 CodePlex 網址（http://codeplex.com/SqlServerSamples）下載安裝。

若要安裝微軟公司所提供的範例資料庫 AdventureWorks 系列，在使用 Windows 的套件安裝程式（.msi）過程會出現以下畫面，也就是告知使用者在安裝此範例程式時，必須先符合以下兩項要求。

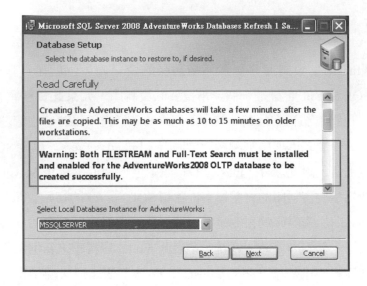

■ **必須安裝全文檢索功能並啟動**

【Microsoft SQL Server 2008】\【組態工具】\【SQL Server 組態管理員】\【SQL Server 服務】\ 啟動『SQL Full-text Filter Daemon Launcher』

■ **必須啟動 FILESTREAM**

【Microsoft SQL Server 2008】\【組態工具】\【SQL Server 組態管理員】\【SQL Server 服務】\【SQL Server】服務上按滑鼠右鍵，選【內容】\點選【FILESTREAM】頁籤\勾選【啟用 FILESTREAM 的 Transact-SQL 存取（E）】。

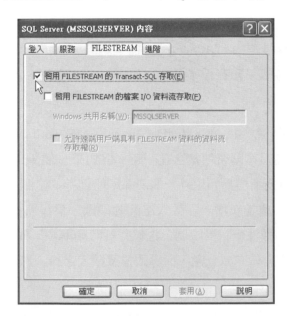

使用者自建資料庫

　　凡是由使用者自建的資料庫都屬於使用者資料庫，例如本書所附的所有範例資料庫皆是使用者資料庫。在下一節開始將介紹在 SQL Server 中如何建立自己的資料庫，以及資料庫組成的基本要素。

8-2 建立資料庫前的觀念

對於使用或設計資料庫人員而言，所有資料是儲存在一個邏輯概念上的『資料庫』。但實際上，這些資料是以『檔案』形式儲存於儲存體（例如硬碟），其實是由作業系統管理的『檔案系統』，經由『資料庫管理系統』（Database Management System, 簡稱 DBMS）的對應，也就是經由 SQL Server 將檔案資料轉換成『資料庫』內不同的『物件』（包括資料表、檢視表、預存程序、... 等等）。以下將針對 SQL Server 建立資料庫的前置考量與規劃做一說明。

一般使用者所使用的軟體系統，諸如 MS Excel、MS Word 或是 MS Access，這些的應用軟體，都是與實體檔案緊密地結合在一起。但如果一個 MS Excel、MS Word 或是 MS Access 檔案的資料逐漸增長到超過一個硬碟所能儲存的空間，此時所面臨的問題，將會是換掉一顆硬碟，或是新增一顆較大空間的硬碟，然後將此檔案移至較大之新硬碟，如此在檔案擴增的彈性上較受限制，也較為耗時和麻煩，如下圖中的 (A)，就是因為應用程式與實體層沒有做有效分割，而導致檔案擴大之後，無法彈性地為該應用程式擴建出新檔案以供使用。

反之，由於 SQL Server 是屬於大型的資料庫管理系統，在資料的儲存上有可能非常快速地擴展，所以在實體層的管理上必須有很好的擴展機制。SQL Server 資料庫管理系統很明確地將實體層與邏輯層分割出來。如下圖中的（b），上層的邏輯層是一般資料庫使用者或是資料庫設計師（Database Designer）所認為的『資料庫』觀點。以『資料庫』觀點而言，應該可以不用擔心實體層的空間是否足以應付資料的增加。實體層的維護應該交由『資料庫管理師』（Database Administrator，DBA）來負責整個系統的正常運作，因此在硬碟的管理上，必須可以很彈性地擴增硬碟空間，隨時提供給上層的資料庫使用者或資料庫設計師使用。所以在新建一個資料庫前，必須先瞭解與規劃該資料庫的實體檔案配置情形。

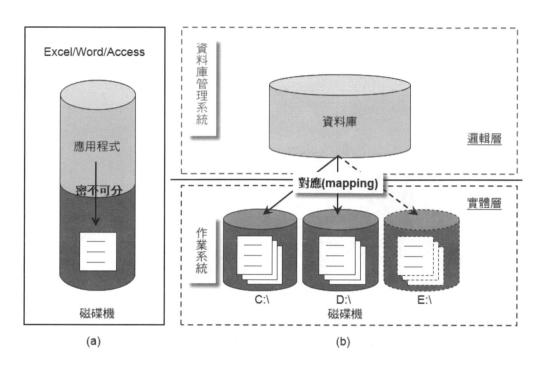

(a)　　　　　　　　　(b)

　　『資料庫管理師』（Database Administrator，DBA）建立一個新的資料庫之前所要關心的在於該資料庫該如何配置於磁碟機、資料庫的初始大小以及資料庫未來成長情形的相關議題考量，以下將逐一介紹。

SQL Server 的實體檔案類型

　　SQL Server 的管理方式，在檔案的部份可分為『邏輯檔案名稱』（logic_file_name），此檔案是 SQL Server 資料庫管理系統所掌控，另一檔案為『作業系統檔案名稱』（os_file_name），此檔案是由作業系統來掌控，也就是前面所提的『實體檔案』。『邏輯檔案』與『作業系統檔案』之間是由資料庫管理系統來負責彼此的對應關係（mapping）。

　　『作業系統檔案』如下圖所示，可區分為兩大類型，分別為『記錄檔』（log file）與『資料檔』（data file）兩種。『記錄檔』（log file）又稱為『交易記錄檔』，主要是儲存使用者所有的交易過程，目的在預防資料庫管理系統在非毀壞性故障時，能透過此檔案將交易正常恢復。SQL Server 2005 以前版本的『資料檔』只有一種類型；而今 SQL Server 2008 的『資料檔』可分為兩類：『資料列資料』與『檔案資料流資料』（FILESTREAM）。

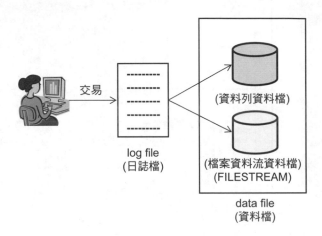

『資料列資料』的檔案又可分為兩主類型：一為『主要資料檔』（primary data file），主要負責記錄該資料庫的起動資訊；一為『次要資料檔』（secondary data file），主要是可以用來擴充『資料庫』的儲存空間，詳細說明如下表所列。副檔名的部份，微軟公司只是建議使用下表中的名稱，沒有強制一定要採用該副檔名命名。

檔案類型	說明	建議副檔名
主要資料檔 (Primary Data File)	『主要資料檔』包含資料庫的啟動資訊，也就是記錄所有其他檔案的相關資訊。 每一個資料庫必須有一個，而且僅能有一個『主要資料檔』。	.mdf
次要資料檔 (Secondary Data File)	『次要資料檔』是除了主要資料檔以外的資料檔。 一個資料庫可以沒有次要資料檔，亦可擁有數個次要資料檔。	.ndf
記錄檔 (Log File)	『記錄檔』是保存所有交易的歷程，可用來復原資料庫的所有記錄資訊。 每一個資料庫至少要有一個記錄檔，當然也可以有多個記錄檔來儲存。	.ldf

SQL Server 雖然不會強制使用 .mdf、.ndf 及 .ldf 的副檔名，但是使用這些副檔名就可協助不同的管理者，輕易地識別出不同類型的檔案及用途。所以為了避免未來在檔名上的混淆，在此仍然建議採用 SQL Server 所建議的副檔名。

SQL Server 的檔案群組

　　『檔案群組』（filegroup）可以將散佈在不同硬碟中的檔案歸納成一個群組；也就是說，一個『檔案群組』的檔案可以分佈在不同的實體硬碟。倘若有一個資料量很大且經常被存取的資料表，可以將此資料表配置於一個『檔案群組』，再新增幾個檔案於不同的實體硬碟。當資料在存取時，實體硬碟可以同時進行搜尋資料，所以在效率上可以較為快速。例如下圖所示，『檔案 01』、『檔案 02』與『檔案 04』歸屬於『檔案群組 G1』，再將『產品資料表』指定存放到『檔案群組 G1』；這樣系統就會將『產品資料表』的資料分散儲存於這三個檔案，當使用者在搜尋『產品資料表』內的資料，由於三部磁碟機是獨立作業，所以會同時進行搜尋的動作，直到其中一部磁碟機找到資料回傳為止，這將會提升查詢上的效益。

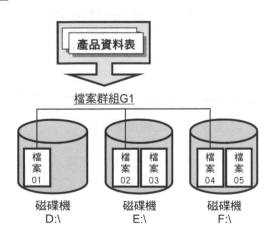

8-3 建立資料庫

以下將建立一個名為『圖書借閱管理』資料庫為例，分別以三個不同的範例來逐一建立並說明。詳細規格如下，後續再以 SQL Server Management Studio 的圖形介面與 SQL 的 DDL 語言兩種方式各別來實作。

- 範例 8-1，給定一個資料庫名稱，其他使用系統之預設值來建立資料庫。
- 範例 8-2，建立兩個『資料列資料檔』與兩個『記錄檔』，並設定檔案的『自動成長』參數。
- 範例 8-3，利用多個檔案群組來建立資料庫。

| 範例 8-1 | 『圖書借閱管理 8-1』資料庫規格

利用 SQL Server 的預設值，新建『圖書借閱管理 8-1』的資料庫，內容如下表規格。

檔案群組	邏輯檔案	OS 檔案	自動成長參數
Primary Filegroup	預設值	預設值	預設值
Log file	預設值	預設值	預設值

| 範例 8-2 | 『圖書借閱管理 8-2』資料庫規格

新建『圖書借閱管理 8-2』的資料庫，在『主要檔案群組』（Primary Filegroup）下建立兩個『資料列資料檔』、兩個『交易記錄檔』（log file），以及使用相同的成長參數，內容如下表規格。

檔案群組	邏輯檔案	OS 檔案	自動成長參數
Primary Filegroup	P1 P2	C:\8-2\P1.MDF D:\8-2\P2.NDF	Size=5MB，MaxSize=5GB， Filegrowth=10%
Log file	Log1 Log2	C:\8-2\Log1.LDF D:\8-2\Log2.LDF	

範例 8-3　『圖書借閱管理 8-3』資料庫規格

　　新建『圖書借閱管理 8-3』的資料庫，利用預設的『主要檔案群組』（Primary Filegroup），並另建兩個『檔案群組』，分別為 G1 以及 G2，另外有兩個『交易記錄檔』，以及使用相同的檔案『自動成長』參數，內容如下表規格。

檔案群組	邏輯檔案	OS 檔案	自動成長參數
Primary Filegroup	P1 P2	C:\8-3\P1.MDF D:\8-3\P2.NDF	
G1	G11 G12	C:\8-3\G11.NDF D:\8-3\G12.NDF	Size=5MB，MaxSize=5GB， Filegrowth=10%
G2	G21 G22	C:\8-3\G21.NDF D:\8-3\G22.NDF	
Log file	Log1 Log2	C:\8-3\Log1.LDF D:\8-3\Log2.LDF	

　　在此可將較複雜的【範例 8-3】表示成下圖，方便說明和瞭解。在資料庫的使用者（End User）或是資料庫設計者（Database Designer）的觀點而言，是『一個』資料庫；但是對於資料庫管理師（Database Administrator，DBA）而言，卻是『數個』不同的檔案所組成。如圖所示，在資料庫管理系統中區分為四個不同的群組，其中的 Primary、G1 與 G2 皆為儲存資料的『資料列資料檔』的檔案群組，而 log 則為資料庫管理系統中的『交易記錄』（Transaction Log）群組。

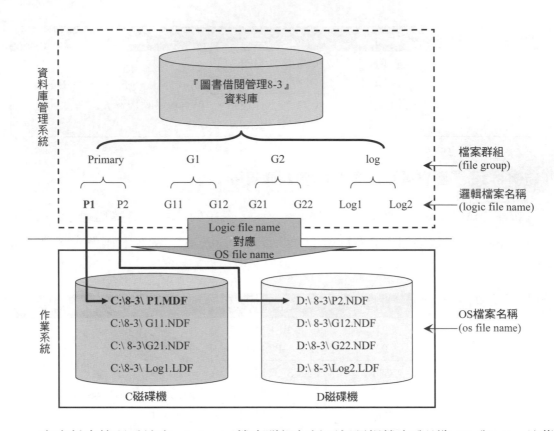

　　在資料庫管理系統中，Primary 檔案群組包括兩個邏輯檔案分別為 P1 與 P2，並藉由資料庫管理系統『對應』（mapping）到作業系統（Operating System，OS）中的實體檔案，分別名為 C:\8-3\P1.MDF 與 D:\8-3\P2.NDF。相同地，G1、G2 與 log 群組都包括兩個邏輯檔案，也分別對應到不同磁碟機中的不同檔案名稱。以下將分為兩種分式來建立此三個範例的資料庫，透過 SQL Server Management Studio 的圖形介面與使用 SQL 的 DDL 方式建立。

圖形介面建立新資料庫

| 範例 8-1 | 利用圖形介面建立『圖書借閱管理 8-1』資料庫 |

首先啟動 Microsoft SQL Server Management Studio，並且在【資料庫】物件上按下滑鼠右鍵，將會如圖所示，再點選【新增資料庫 (N)】之後會出現【新增資料庫】視窗。

如圖出現【新增資料庫】視窗後，只要於【資料庫名稱 (N)】處填入『圖書借閱管理 8-1』，再按下【確定】按鍵後，即可完成此範例的資料庫。由於此範例是使用系統的預設值，所以不用在下方【資料庫檔案 (F)】更改任何資料。

此範例在一開始出現【新增資料庫】視窗後，下方的【資料庫檔案 (F)】就會預先出現兩個檔案，一個為『資料列資料』（也就是前面所言的資料檔的一種）；另一個為『記錄檔』。當使用者在【資料庫名稱 (N)】處填入『圖書借閱管理 8-1』後，系統會自動在【邏輯名稱】欄位中填入名為『圖書借閱管理 8-1』的『資料列資料』，填入名為『圖書借閱管理 8-1_log』的『記錄檔』，此處名稱亦可由使用者自行更改，待後續的範例將會再說明。

在【路徑】的欄位中，系統的預設路徑是設在『C:\Program Files\Microsoft SQL Server\MSSQL10.MSSQLSERVER\MSSQL\DATA』下。【檔案名稱】即為前面所提的實體檔案名稱或 OS 檔案名稱，預設為空白，可以不用填入任何檔名，系統則會使用【邏輯名稱】為檔案名稱，以及根據【檔案類型】給予副檔名。此範例的【檔案名稱】分別為『圖書借閱管理 8-1.MDF』和『圖書借閱管理 8-1_log.LDF』。

範例 8-2　利用圖形介面建立『圖書借閱管理 8-2』資料庫

如同【範例 8-1】的操作步驟，但是要先建立實體檔案要儲存的目錄，包括『C:\8-2』與『D:\8-2』；然後啟動 SQL Server Management Studio，並且在【資料庫】上按下滑鼠右鍵，選擇【新增資料庫 (N)】之後，會出現【新增資料庫】視窗。並於【資料庫名稱 (N)】處填入『圖書借閱管理 8-2』，於下方的【資料庫檔案 (F)】，會自動出現『圖書借閱管理 8-2』邏輯名稱的『資料列資料』，與『圖書借閱管理 8-2_log』邏輯名稱的『記錄檔』。將此兩者的邏輯名稱分別改成『P1』與『Log1』。

按下【加入 (A)】的按鍵來新增另兩個檔案，分別為『P2』與『Log2』；並將『P2』的檔案類型改為『資料列資料』、『Log2』的檔案類型改為『記錄檔』。

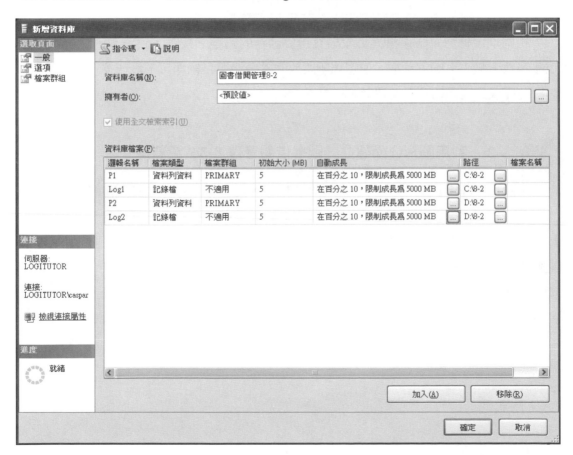

並一一點選每一個檔案中的【自動成長】的 ... 按鍵，將會出現下圖的自動成長對話框，並依據此範例的規格設定，並按下【確定】。

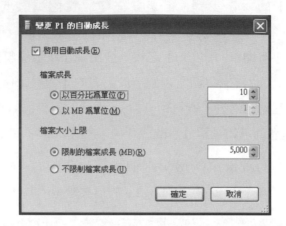

相同地，針對每一個檔案更改檔案所要儲存的路徑，按下【路徑】的 ... 按鍵，出現【尋找資料夾】的對話框，並選擇所要放的磁碟機與目錄即可。最後按下【確定】按鍵即可完成此範例的資料庫情形。

範例 8-3　**利用圖形介面建立『圖書借閱管理 8-3』資料庫**

本範例與【範例 8-2】的操作步驟大致相同，先建立實體檔案要儲存的目錄，包括『C:\8-3』與『D:\8-3』；然後啟動 SQL Server Management Studio，並且在【資料庫】上按下滑鼠右鍵，選擇【新增資料庫 (N)】之後，會出現【新增資料庫】視窗。但由於此範例除了 PRIMARY 的檔案群組外，尚有 G1 與 G2，所以要先建立 G1 與 G2 的檔案群組。在【新增資料庫】視窗左邊的【選取頁面】點選【檔案群組】，並於上方的【資料列 (O)】按下【加入 (A)】，新增兩個檔案群組 G1 與 G2。

　　再於【新增資料庫】視窗左邊的【選取頁面】點選【一般】，並於【資料庫名稱 (N)】處填入『圖書借閱管理 8-3』，於下方的【資料庫檔案 (F)】，會自動出現『圖書借閱管理 8-3』邏輯名稱的『資料列資料』，與『圖書借閱管理 8-3_log』邏輯名稱的『記錄檔』。將此兩者的邏輯名稱分別改成『P1』與『Log1』。

　　按下【加入 (A)】的按鍵來新增其他檔案，分別為『P2』、『Log2』、『G11』、『G12』、『G21』與『G22』，並將『Log2』的檔案類型改為『記錄檔』。由於 G11、G12、G21 與 G22 分屬檔案群組 G1 與 G2，所以在檔案群組欄位點選下拉式選單，點選所屬的檔案群組。由於前面已先建立 G1 與 G2 檔案群組，此處就會直接出現，否則可以點選 < 新增檔案群組 >。

最後，如同【範例 8-2】修改【初始大小】、【自動成長】與【路徑】即可完成此範例的需求，並按下【確定】。

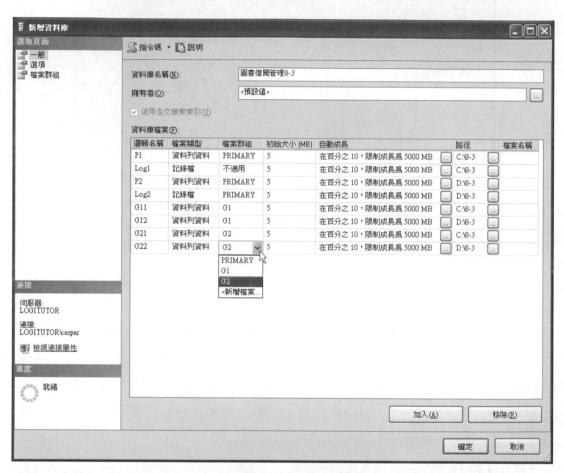

利用 SQL 之 CREATE DATABASE 建立資料庫

　　如同前面兩章的 DML，SQL Server 的管理端軟體為『Microsoft SQL Server Management Studio』，此為一個圖形化的使用者介面，可透過此介面對 SQL Server 端進行不同的管理工作，倘若要在文字模式下操作 SQL 語法，只要在 SQL Server Management Studio 的左上角，按下【新增查詢】之後，會在右邊產生一個 SQLQuery. sql 的視窗，此視窗便是執行 SQL 語法的地方。

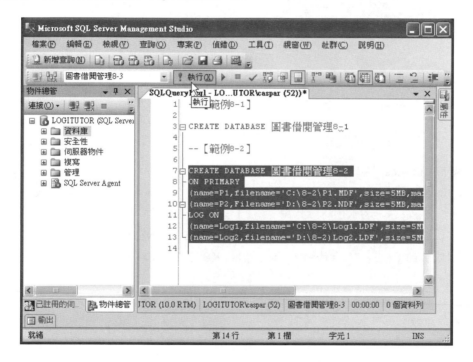

建立資料庫（CREATE DATABASE）之語法（Syntax）：

```
CREATE DATABASE database_name
    [ ON [ PRIMARY ]                          ← 主要群組
[ <filespec> [ ,...n ]                        ← 在主要群組下的檔案群定義
    [ , <filegroup> [ ,...n ] ]               ← 其他群組和其所屬之檔案群定義
    [ LOG ON { <filespec> [ ,...n ] } ]       ← 系統日誌檔之定義
    ]
]
[;]


[ 檔案定義 ]
<filespec> ::=
{
    (
    NAME = logical_file_name ,
    FILENAME = 'os_file_name'
        [ , SIZE = size [ KB | MB | GB | TB ] ]
        [ , MAXSIZE = { max_size [ KB | MB | GB | TB ] | UNLIMITED } ]
        [ , FILEGROWTH = growth_increment [ KB | MB | GB | TB | % ] ]
    ) [ ,...n ]
}
[ 定義新群組名稱與所屬檔案定義 ]
<filegroup> ::=
{
FILEGROUP filegroup_name [ DEFAULT ]
    <filespec> [ ,...n ]
}
```

【語法參數說明】

- **ON**：後面承接的是提供給資料庫儲存資料的磁碟檔案，也就是資料檔的定義資料。

- **PRIMARY**：後面承接 PRIMARY 群組內的資料檔案定義。由於此參數是選擇性的，若是被省略時，第一個檔案將會被當成主要檔案。

- **<filespec>**：定義檔案的詳細規格，包括項目如下：

  □ NAME=logical_file_name：設定資料檔的邏輯檔案名稱，該檔名主要是由 SQL Server 來當檔案識別之用，故不可有重複名稱。

  □ FILENAME='os_file_name'：設定實體資料檔的檔案名稱，也就是在作業系統下的名稱，包括完整的目錄和檔案名稱。例如：『C:\SQLDATA\ 圖書借閱管理 .MDF 』

  □ SIZE=size：指定初始建立的檔案大小，可加讓檔案大小的單位，包括 KB、**MB（預設單位）**、GB 和 TB。沒有設定此項目時，主資料檔的預設初始大小為 3MB，次資料檔和記錄檔的預設初始大小為 1MB。

  □ MAXSIZE=maxsize | UNLIMITED：設定該檔案能自動成長的最大容量的上限。可使用的單位包括 KB、**MB（預設單位）**、GB 和 TB，例如：MAXSIZE=20 或 MAXSIZE=20MB 是相同意義。亦可不限制上限大小，直到整個儲存空間滿為止，可以設定成 MAXSIZE=UNLIMITED。

  □ FILEGROWTH=grow_increment：當檔案容量已經發生不足現象，且該檔案的容量尚未超過 MAXSIZE 所設定的大小時，系統可以允許自動成長，設定方式有以下三種。

    ⊙ 不自動成長：直接設成 0 即可，FILEGROWTH=0。

    ⊙ 以指定大小成長，給定成長大小的數值並加上單位，可用單位為 KB、**MB（預設單位）**、GB 和 TB。

    ⊙ 以百分比成長，給定成長大小的數值並加上百分比的符號 %。

  若此項目被省略不設定時，預設情形下，資料檔會以 1MB 成長，記錄檔會以 10% 成長。

- **<filegroup>**：定義 PRIMARY 以外的檔案群組，包括檔案群組名稱，以及該檔案群組下的所有檔案定義。

- **LOG ON**：後面承接的是該資料庫儲存交易記錄檔（log file）的檔案定義。

範例 8-1 利用 SQL 建立『圖書借閱管理 8-1』資料庫

檔案群組	邏輯檔案	OS 檔案	自動成長參數
Primary Filegroup	預設值	預設值	預設值
Log file	預設值	預設值	預設值

CREATE DATABASE [圖書借閱管理 8-1]

範例 8-2 利用 SQL 建立『圖書借閱管理 8-2』資料庫

檔案群組	邏輯檔案	OS 檔案	自動成長參數
Primary Filegroup	P1 P2	C:\8-2\P1.MDF D:\8-2\P2.NDF	Size=5MB，MaxSize=5GB，Filegrowth=10%
Log file	Log1 Log2	C:\8-2\Log1.LDF D:\8-2\Log2.LDF	

【注意】由於在資料庫檔名使用到特殊符號『-』，所以在資料庫的名稱前後要使用中括弧 [ ] 前後括起來，否則會發生語法上的錯誤。

本範例必須先建立『C:\8-2』與『D:\8-2』目錄來儲存實體檔案，DML 語言不會主動建立 OS 的系統檔案目錄。

```
CREATE DATABASE [ 圖書借閱管理 8-2]
ON PRIMARY
  (name=P1,filename='C:\8-2\P1.MDF',size=5MB,maxsize=5GB,filegrowth=10%) ,
  (name=P2,Filename='D:\8-2\P2.NDF',size=5MB,maxsize=5GB,filegrowth=10%)
LOG ON
  (name=Log1,filename='C:\8-2\Log1.LDF',size=5MB,maxsize=5GB,filegrowth=10%) ,
  (name=Log2,filename='D:\8-2)Log2.LDF',size=5MB,maxsize=5GB,filegrowth=10%)
```

範例 8-3　利用 SQL 建立『圖書借閱管理 8-3』資料庫

檔案群組	邏輯檔案	OS 檔案	自動成長參數
Primary Filegroup	P1 P2	C:\8-3\P1.MDF D:\8-3\P2.NDF	
G1	G11 G12	C:\8-3\G11.NDF D:\8-3\G12.NDF	Size=5MB，MaxSize=5GB， Filegrowth=10%
G2	G21 G22	C:\8-3\G21.NDF D:\8-3\G22.NDF	
Log file	Log1 Log2	C:\8-3\Log1.LDF D:\8-3\Log2.LDF	

【注意】由於在資料庫檔名使用到特殊符號『-』，所以在資料庫的名稱前後要使用
中括弧 [ ] 前後括起來，否則會發生語法上的錯誤。

本範例必須先建立『C:\8-3』與『D:\8-3』目錄來儲存實體檔案，DML 語言不會主
動建立 OS 的系統檔案目錄。

```
CREATE DATABASE [ 圖書借閱管理 8-3]
ON PRIMARY
  (name=P1,filename='C:\8-3\P1.MDF',size=5MB,maxsize=5GB,filegrowth=10%),
  (name=P2,Filename='D:\8-3\P2.NDF',size=5MB,maxsize=5GB,filegrowth=10%),
FILEGROUP G1
  (name=G11,filename='C:\8-3\G11.NDF',size=5MB,maxsize=5GB,filegrowth=10%),
  (name=G12,filename='D:\8-3\G12.NDF',size=5MB,maxsize=5GB,filegrowth=10%),
FILEGROUP G2
  (name=G21,filename='C:\8-3\G21.NDF',size=5MB,maxsize=5GB,filegrowth=10%),
  (name=G22,filename='D:\8-3\G22.NDF',size=5MB,maxsize=5GB,filegrowth=10%)
LOG ON
  (name=Log1,filename='C:\8-3\Log1.LDF',size=5MB,maxsize=5GB,filegrowth=10%),
  (name=Log2,filename='D:\8-3\Log2.LDF',size=5MB,maxsize=5GB,filegrowth=10%)
```

組織 CREATE DATABASE 的語法結構

　　經過以上使用 DDL 來建立資料庫的過程，或許會覺得 CREATE DATABASE 的語法非常的複雜，在此將以【範例 8-3】為說明，將 CREATE DATABASE 的語法以區塊（block）方式組織整體架構。如下圖所示，在『CREATE DATABASE 圖書借閱管理 8-3』之下，可以區分為四大區塊如下，其中 (1)~(3) 皆為『資料列資料檔』，(4) 為『記錄檔』（log file）：

(1)　第一區塊為『主要檔案群組』（ON PRIMARY），內含兩個『資料列資料檔』（P1 與 P2）。

(2)　第二區塊為『G1』檔案群組（FILEGROUP G1），內含兩個『資料列資料檔』（G11 與 G12）。

(3)　第三區塊為『G2』檔案群組（FILEGROUP G2），內含兩個『資料列資料檔』（G21 與 G22）。

(4) 第四區塊為交易記錄檔（Transaction Log）（LOG ON），內含兩個『記錄檔』（Log1
與 Log2）。

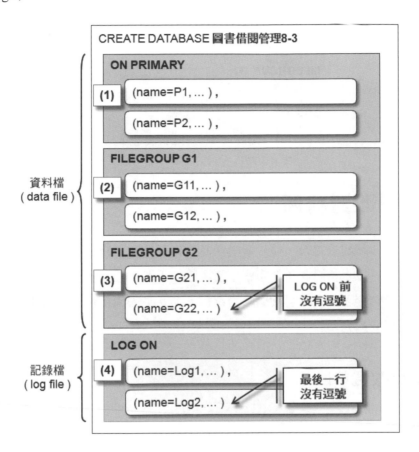

　　根據以上的圖解後，再將其簡化成下圖所示。在撰寫 CREATE DATABASE 語法
時，建議先將 CREATE DATABASE 框架先寫出來。也就是將所有的『檔案群組』以及
『記錄檔』先寫出；剩餘的是『檔案規格』先用小括弧來暫代，該有的逗號『,』也必須
先標示出來。要特別注意圖中特別標示出『沒有逗號』的是常出錯的地方。最後，再將
每一個檔案的名稱、大小、... 寫進小括弧內，即可輕鬆地完成建立資料庫的語法。

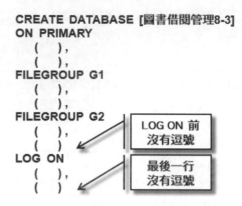

```
CREATE DATABASE [圖書借閱管理8-3]
ON PRIMARY
    (    ),
    (    ),
FILEGROUP G1
    (    ),
    (    ),
FILEGROUP G2
    (    ),
    (    ),
LOG ON
    (    ),
    (    )
```

LOG ON 前
沒有逗號

最後一行
沒有逗號

8-4 更改資料庫

當一個資料庫新建立之後，並未新增任何資料至此資料庫之前，倘若要更改其中的檔案配置，當然可以直接將此資料庫刪除後重建；不過，在此資料庫建立並運作一陣子之後，裏面已經儲存了很多不可被刪除的資料，那就必須使用更改資料庫的方式來更改此資料庫的配置或擴充。

圖形介面更改資料庫

範例 8-4

倘若已存在一個資料庫名為『圖書借閱管理 8-2』，如同【範例 8-2】建立後的結果。若是要再擴建兩個群組 G1 與 G2，分別各有兩個檔案 G11、G12 以及 G21、G22，如下灰底內的資料，最後結果會和【範例 8-3】一樣。

檔案群組	邏輯檔案	OS檔案	自動成長參數
Primary Filegroup	P1 P2	C:\8-2\P1.MDF D:\8-2\P2.NDF	
G1	**G11 G12**	**C:\8-2\G11.NDF D:\8-2\G12.NDF**	Size=5MB, MaxSize=5GB, Filegrowth=10%
G2	**G21 G22**	**C:\8-2\G21.NDF D:\8-2\G22.NDF**	
Log file	Log1 Log2	C:\8-2\Log1.LDF D:\8-2\Log2.LDF	

首先在要更改的資料庫『圖書借閱管理 8-2』上按右鍵,點選【屬性 (R)】,如圖所示。

當【資料庫屬性】視窗出現後，在【選取頁面】中點選【檔案群組】，並在右邊的
視窗中，點選【加入 (A)】，新增出兩個檔案群組，分別為『G1』與『G2』，如圖。

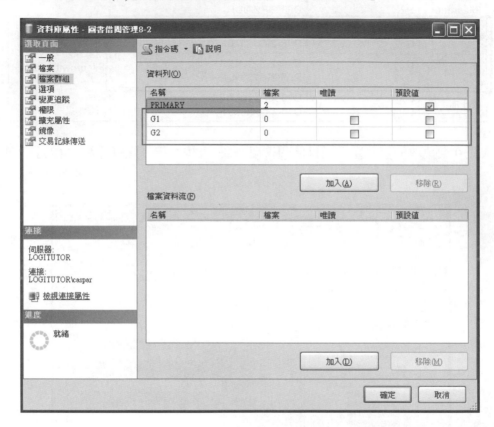

再利用滑鼠點選在【選取頁面】中的【檔案】，並點選【加入 (A)】，新增出四個檔
案，分別為 G11、G12、G21 以及 G22。並將 G11 與 G12 的檔案群組改成『G1』，G21
與 G22 的檔案群組改成『G2』。在此四個檔案的初始大小（MB）欄位上皆填入 5，再
更改【自動成長】的欄位之後，如圖。最後再按下【確定】按鈕，即可完成此範例的擴
增資料列資料檔的目的。

利用 SQL 之 ALTER DATABASE 更改資料庫

除了透過 SQL Server Management Studio 的圖形介面更改資料庫外,亦可透過 SQL 的 DML 語言 ALTER DATABASE 敘述來異動資料庫的結構。ALTER DATABASE 的基本語法如下:

更改資料庫（ALTER DATABASE）之語法（Syntax）：

```
ALTER DATABASE database_name
{
  ADD FILE <filespec> [ ,...n ]
      [ TO FILEGROUP { filegroup_name | DEFAULT } ]
  | ADD LOG FILE <filespec> [ ,...n ]
  | REMOVE FILE logical_file_name
  | MODIFY FILE <filespec>
  | ADD FILEGROUP filegroup_name
  | REMOVE FILEGROUP filegroup_name
  | MODIFY FILEGROUP filegroup_name
  | MODIFY NAME = new_database_name
}
[;]
<filespec>::=
(
  NAME = logical_file_name
  [ , NEWNAME = new_logical_name ]
  [ , FILENAME = 'os_file_name' ]
  [ , SIZE = size [ KB | MB | GB | TB ] ]
  [ , MAXSIZE = { max_size [ KB | MB | GB | TB ] | UNLIMITED } ]
  [ , FILEGROWTH = growth_increment [ KB | MB | GB | TB| % ] ]
  [ , OFFLINE ]
)
```

範例 8-5

　　依據以下的資料庫規格，先建立一個初始名為『圖書借閱管理 8-5』的資料庫，再透過 ALTER DATABASE 來擴充及改變原有的資料庫，成為另一個新的資料庫規格。

初始資料庫規格

檔案群組	邏輯檔案	OS檔案	自動成長參數
Primary Filegroup	P1	C:\8-5\P1.MDF	Size=5MB，MaxSize=5GB，Filegrowth=10%
Log file	Log1	C:\8-5\Log1.LDF	

改變後的資料庫規格

檔案群組	邏輯檔案	OS檔案	自動成長參數
Primary Filegroup	P1 **P2**	C:\8-5\P1.MDF **D:\8-5\P2.NDF**	
G1	**G11** **G12**	**C:\8-5\G11.NDF** **D:\8-5\G12.NDF**	Size=5MB，**MaxSize=10GB**，**Filegrowth=20%**
G2	**G21** **G22**	**C:\8-5\G21.NDF** **D:\8-5\G22.NDF**	
Log file	Log1 **Log2**	C:\8-5\Log1.LDF **D:\8-5\Log2.LDF**	

[建立新資料庫]

```
CREATE DATABASE [ 圖書借閱管理 8-5]
ON PRIMARY
  (name=P1,filename='C:\8-5\P1.MDF',size=5MB,maxsize=5GB,filegrowth=10%)
LOG ON
  (name=Log1,filename='C:\8-5\Log1.LDF',size=5MB,maxsize=5GB,filegrowth=10%)
```

【注意】由於在資料庫檔名使用到特殊符號『-』，所以在資料庫的名稱前後要使用
中括弧 [ ] 前後括起來，否則會發生語法上的錯誤。

由於 ALTER DATABASE 的語法，不能一次同時新增多個『檔案群組』，因此要分
為兩次來建立 G1 與 G2 的檔案群組，再依據檔案群組，分別將檔案一次加入所歸屬的
檔案群組內。

[新增檔案群組 G1] – 使用 ADD FILEGROUP

```
ALTER DATABASE [ 圖書借閱管理 8-5]
ADD FILEGROUP G1
```

[新增檔案群組 G2] – 使用 ADD FILEGROUP 與 REMOVE FILEGROUP

不小心將檔案群組名稱 G2 打成 G5

```
ALTER DATABASE [ 圖書借閱管理 8-5]
ADD FILEGROUP G5
```

刪除錯誤的檔案群組名稱 G5

```
ALTER DATABASE [ 圖書借閱管理 8-5]
REMOVE FILEGROUP G5
ALTER DATABASE [ 圖書借閱管理 8-5]
ADD FILEGROUP G2
```

[同時新增兩個檔案（G11、G12）至 檔案群組 G1] – 使用 ADD FILE

```
ALTER DATABASE [ 圖書借閱管理 8-5]
ADD FILE
(name=G11,filename='C:\8-5\G11.NDF',size=5MB,maxsize=10GB,filegrowth=20%),
(name=G12,filename='D:\8-5\G12.NDF',size=5MB,maxsize=10GB,filegrowth=20%)
TO FILEGROUP G1
```

[同時新增兩個檔案（G21、G22）至 檔案群組 G2] – 使用 ADD FILE

```
ALTER DATABASE [ 圖書借閱管理 8-5]
ADD FILE
(name=G21,filename='C:\8-5\G21.NDF',size=5MB,maxsize=10GB,filegrowth=20%),
(name=G22,filename='D:\8-5\G22.NDF',size=5MB,maxsize=10GB,filegrowth=20%)
TO FILEGROUP G2
```

[新增一個檔案到 PRIMARY 群組] – 使用 ADD FILE

```
ALTER DATABASE [ 圖書借閱管理 8-5]
ADD FILE (name=P2,Filename='D:\8-5\P2.NDF',size=5MB,maxsize=10GB,filegrowth=20%)
TO FILEGROUP [PRIMARY]
```

【注意】由於 PRIMARY 是保留字，所以要用中括弧 [ ] 前後括起來，否則會發生語
法錯誤

[新增一個記錄檔] – 使用 ADD LOG FILE

```
ALTER DATABASE [ 圖書借閱管理 8-5]
ADD LOG FILE (name=Log2,filename='D:\8-5\Log2.LDF',size=5MB,maxsize=10GB,
              filegrowth=20%)
```

[變更原本已建立的檔案格式] – 使用 MODIFY FILE

```
ALTER DATABASE [ 圖書借閱管理 8-5]
MODIFY FILE (name=P1,maxsize=10GB,filegrowth=20%)
```

```
ALTER DATABASE [ 圖書借閱管理 8-5]
MODIFY FILE (name=Log1,maxsize=10GB,filegrowth=20%)
```

[更改資料庫名稱] – 使用 MODIFY NAME

若是覺得『圖書借閱管理 8-5 』每次都要使用中括弧很麻煩，那就可以透過更改資
料庫名稱方式解決，以後任何的操作就不用再刻意使用中括弧。

```
ALTER DATABASE [ 圖書借閱管理 8-5]
MODIFY NAME= 圖書借閱管理 85
```

8-5 刪除資料庫

圖形介面刪除資料庫

　　在 SQL Server Management Studio 的管理工具要要刪除一個資料庫，或是刪除其他不同的物件（包括資料表、檢視、…）其實很容易，只要在【物件總管】中選擇所要刪除的資料庫按右鍵，選擇【刪除 (D)】，此時會出現一個確認對話框，再選擇【確定】即可，如圖所示。

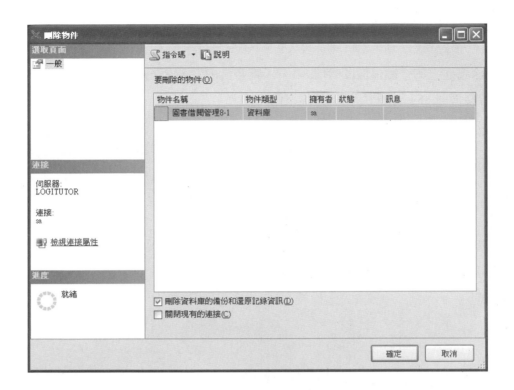

利用 SQL 之 DROP DATABASE 刪除資料庫

刪除資料庫（DROP DATABASE）之語法（Syntax）：

DROP DATABASE database_name [,...n] [;]

倘若要將圖書借閱資料庫刪除，可以使用 DROP DATABASE 的指令如下，此一指令不但會將資料庫從 SQL Server Management Studio 中刪除，亦會將磁碟機中的所有實體檔案一併刪除掉。

範例 8-6

刪除已建立的『圖書借閱管理 8-1』、『圖書借閱管理 8-2』、『圖書借閱管理 8-3』與『圖書借閱管理 85』，並將所有底層檔案刪除掉。

一次刪除一個資料庫

```
DROP DATABASE [ 圖書借閱管理 8-1]
```

一次刪除多個資料庫

```
DROP DATABASE [ 圖書借閱管理 8-2], [ 圖書借閱管理 8-3], 圖書借閱管理 85
```

本章習題

1. SQL SERVER 資料庫的檔案副檔名分為三種，分別為 mdf, ndf 以及 ldf，mdf 主要是記錄該資料庫所有重要資訊所在之處，所以只能有一個副檔名為 mdf，卻又沒有強硬限制。倘若是一個資料庫建立了兩個 *.mdf 檔會如何呢？

2. 使用 SQL 的 DDL 建置以下規格的資料庫『員工薪資資料庫 01』。建置完成之後，並寫出所有的檔案位於何處？

員工薪資資料庫01

檔案群組	邏輯檔案	OS檔案	自動成長參數
Primary Filegroup	預設值	預設值	預設值
Log file	預設值	預設值	預設值

3. 使用 SQL 的 DDL 建置以下規格的資料庫『員工薪資資料庫 02』。

員工薪資資料庫02

檔案群組	邏輯檔案	OS檔案	自動成長參數
Primary Filegroup	Salary1 Salary2	C:\Disk1\Salary1.MDF C:\Disk2\Salary2.NDF	Size=10MB， MaxSize=1GB， Filegrowth=25%
Log file	Salary_log1 Salary_log2	C:\Disk3\Salary_log1.LDF C:\Disk3\Salary_log2.LDF	

4. 使用 SQL 的 DDL 建置以下規格的資料庫『員工薪資資料庫 03』。

員工薪資資料庫03

檔案群組	邏輯檔案	OS檔案	自動成長參數
Primary Filegroup	SalaryP1 SalaryP2	C:\Disk1\SalaryP1.MDF C:\Disk1\SalaryP2.NDF	
G1	SalaryG11 SalaryG12	C:\Disk2\SalaryG11.NDF C:\Disk3\SalaryG12.NDF	Size=15MB， MaxSize=2GB， Filegrowth=20%
G2	SalaryG21 SalaryG22	C:\Disk2\SalaryG21.NDF C:\Disk3\SalaryG22.NDF	
Log file	Salary_log1 Salary_log2	C:\Disk1\Salary_log1.LDF C:\Disk1\Salary_log2.LDF	

MEMO

CHAPTER 9

建立資料表與資料庫圖表

以資料庫設計師（Database Designer）的設計觀點而言，必須考量到所設計的資料表在異動（新增、刪除及修改）之後，仍可保持一致性的原則，更要避免掉新增異常、刪除異常以及修改異常等問題，所以必須要透過正規化的過程，也就是將一個資料表做適當地切割成不同的資料表。

換言之，資料庫設計師（Database Designer）的重點工作，應該不在於如何建立資料庫，更不需要在乎於資料庫底層的設計，也就是實體層的檔案配置方式和策略規劃。反之，資料庫設計師（Database Designer）必須將重點針對資料庫終端使用者的需求，先設計出『實體關聯圖』（Entity Relationship Diagram，ERD），進行資料表的正規化（Normal Form），也就是將資料表做適當的切割，並以 SQL Server 建立『資料庫圖表』（Database Diagram）。

9-1 資料型別

SQL Server 有一組內定的系統資料型別來定義 SQL Server 所能使用的所有資料型別，亦可透過使用者的自訂型態來定義 SQL Server 的資料型別。SQL Server 的系統內定資料類型可分為七種類型：精確數值、近似數值、日期和時間、字元字串、Unicode 字元字串、二進位字串以及其他資料類型，分別說明如下：

『精確數值』資料型別

精確數值的資料型別可再細分為三種型態，分別為『整數型態』、『具有固定有效位數和小數位數的數值資料類型』以及『貨幣型態』，分別說明如下。

■ 整數型態
顧名思義，整數型態的資料當然只可以儲存整數的資料，例如：123、5168。包括正整數、零與負整數。整數型態可區分四種子類型，包括 bigint、int、smallint 以及 tinyint，主要的差異在於所佔位元數長度不同，也影響所能儲存資料的最大與最小範圍區間，詳細請參考下表所列。雖然此處將 bit 型態歸類於整數型態，但此種型態僅能儲存 0、1 與 Null 三種資料。

資料類型	範圍	位元數長度
bigint	-2^{63} (-9,223,372,036,854,775,808) 至 2^{63}-1 (9,223,372,036,854,775,807)	8 Bytes
int	-2^{31} (-2,147,483,648) 至 2^{31}-1 (2,147,483,647)	4 Bytes
smallint	-2^{15} (-32,768) 至 2^{15}-1 (32,767)	2 Bytes
tinyint	0 至 255	1 Bytes
bit	0 或 1 或 NULL	1 bit

- **具有固定有效位數和小數位數的數值資料類型**

此種資料類型可以用來定義整數及小數位數的個數，例如 168.33、1968.00 都是此種類型的資料。這樣類型的型態有兩種，分別為 numeric 以及 decimal，這兩種型態完全一樣。

定義方式為 numeric（p, s）及 decimal（p, s），其中的 p 代表有效位數，也就是包括整數及小數位數的個數，s 代表小數以下的位數個數。例如 numeric（6，2）代表整數位數有 4 位，小數位數有 2 位。反之，若要表達出 51968.000 或 51968.123 就必須定義成 numeric（8，3）或 decimal（8，3）。有效位數 p 的預設值為 18，所以該資料若只定義成 numeric 或 decimal 的形式，也就等同於是定義成 numeric（18，0）和 decimal（18，0），詳細資料如下表。

資料類型	範圍	有效位數 p	位元數長度
numeric(p, s)	-10^{38}+1 至 10^{38}-1	p = 1 ~ 9	5 Bytes
		p = 10 ~ 19	9 Bytes
decimal(p, s)		p = 20 ~ 28	13 Bytes
		p = 29 ~ 38	17 Bytes

- **貨幣型態**

依據能儲存資料的大小定義貨幣型態可分為 money 以及 smallmoney 兩種，所能儲存的範圍如下表所示。因為在貨幣的表示上，習慣上會每三位數加上一個逗號

（,），因此貨幣型態就是用來定義此種需求，允許使用者輸入資料時能依據每三位數加上一個逗號的方式輸入，但儲存後所展現的逗號將會被省略而不被顯示出來。

資料類型	範圍	位元數長度
money	-922,337,203,685,477.5808 至 922,337,203,685,477.5807	8 Bytes
smallmoney	-214,748.3648 至 214,748.3647	4 Bytes

『近似數值』資料型別

近似數值資料型別是用儲存較大數值使用，會以科學符號的方式來表示，但無法完全精準地表達出該值，僅能以近似值的方式來儲存。例如 1,234,567,890 可以表示成科學符號表示法 1.23E+10（也是 1.23×10+10），其中 E 表示以十為底的指數，+10 表示次方；並且在轉換成近似數值前會先經過四捨五入，所以無法精確表達出實際數值。此類形的資料型態包括 float 和 real，差異性也在於所能表達的範圍大小。

資料類型	範圍	位元數長度
float (n)	-1.79E+308 到 -2.23E-308、0 及 2.23E-308 至 1.79E+308 (n 的預設值為 53)	當n=53時, 8 Bytes
real (n)	- 3.40E + 38 到 -1.18E - 38、0 及 1.18E - 38 至 3.40E + 38	4 Bytes

『日期和時間』資料型別

日期和時間的資料型別，依據資料精確度共分為六種，time 僅可用來表示時間，date 僅用來表達日期，smalldatetime、datetime 、datetime2 以及 datetimeoffset 則為 time 與 date 的合併，可同時定義日期與時間的資料型態，只是個別的精準度有所不同，有關於定義的精準度及輸出格式如下表所列。

資料類型	輸出之範例格式
time	10:36:39. 1234567
date	2009-12-01
smalldatetime	2009-12-01 10:36:39
datetime	2009-12-01 10:36:39.123
datetime2	2009-12-01 10:36:39. 1234567
datetimeoffset	2009-12-01 10:36:39.1234567 +12:15

datetime 與 smalldatetime 是 SQL Server 2008 之前的版本中用來表示日期型態的資料類型，由於有種種的問題，建議使用者在新建的資料庫中不要再繼續使用。應該採用 SQL Server 提供新的日期及時間資料類型，包括 datetime2、date、time 及 datetimeoffset。

datetime 與 smalldatetime 的主要問題可分為以下兩個：

■ **日期與時間合併在一起**

容易造成資料篩選上的錯誤。例如某一個資料行的資料類型若是設為 smalldatetime，其值若為『2009-12-01 10:36:00』。此時若要挑選日期為『2009-12-01』，此筆資料將不會被挑選出來，原因是系統會將『2009-12-01』視為『2009-12-01 00:00:00』進行比對，所以會產生錯誤。

■ **時間部份的有效位數**

datetime 的最小時間單位為每 3 奈秒（smalldatetime 則為每 1 分鐘），所以每一天的時間將從『00:00:00.000』至『23:59:59.997』。若是 23:59:59.998 將被進位處理成 23:59:59.997；若是 23:59:59.999 則會被進位處理成隔天的 00:00:00.000。

『字元字串』資料型別

字元字串資料型別主要可分為兩大類，就是『固定長度』與『可變長度』兩種。char (N) 就是屬於固定長度的字元字串，一旦宣告 n 的值之後，它所佔的空間大小就固定，例如宣告為 char（10），縱使所儲存的資料為 'abc' 三個字元，它仍會佔用 10 個字元大小。

可變長度的字元字串所宣告的 n，是代表可以儲存的最大空間，所佔的大小空間會依據所輸入的實際資料大小而定。例如 varchar（10）代表最多僅能儲存 10 個字元，若是儲存的資料為 'abc' 三個字元，它僅會佔用 3 個字元大小，不會佔用 10 個位元組，這樣會比固定長度的字元字串節省空間。其他詳細資料如下表。

資料類型	範圍	位元數長度
char(n)	n = 1 至 8,000 個固定長度之字元	8,000 Bytes
varchar(n)	n = 1 至 8,000 個可變長度之字元	可變長度至多 8,000 Bytes
varchar(max)	max是保留字, 可用範圍 1 至 2^{31}-1 個可變長度之字元	可變長度至多 2^{31}-1 Bytes
text	最大長度是 2^{31}-1 (2,147,483,647) 個字元	可變長度至多 2GB

『Unicode 字元字串』資料型別

『Unicode 字元字串』大致於上一個『字元字串』一樣，唯一的差異性在於所儲存的資料為 unicode（萬用碼），而每一個 unicode 的字元會佔用 2 個位元組，所以它所佔實際長度剛好是能使用範圍的 2 倍關係，如下表所示。

資料類型	範圍	位元數長度
nchar(n)	n = 1 至 4,000 個字元	8,000 Bytes
nvarchar(n)	n = 1 至 4,000 個字元	可變長度至多 8,000 Bytes
nvarchar(max)	max是保留字, 表示可用範圍 1 至 2^{30}-1 個字元	可變長度，一個字元佔2 Bytes，總長度與實際字元佔位元數相同
ntext	最大長度是 2^{30}-1 (1,073,741,823) 個字元	變動長度至多為輸入字元的兩倍的位元組

『二進位字串』資料型別

　　『二進位字串』與『字元字串』大致也是相同的，唯一的差異也是在於所儲存的資料型態。二進位字串的資料型別是用來儲存二進位碼，詳細資料如下表所示。

資料類型	範圍	位元數長度
binary(n)	n = 1 至 8,000 個固定長度之二進位資料	固定長度nBytes 至多8,000 Bytes
varbinary(n)	n = 1 至 8,000 個可變長度之二進位資料	可變 長度至多 8,000 Bytes
varbinary(max)	max是保留字, 可用範圍 1 至 2^{31}-1 個二進位資料	實際輸入資料的 長度再加2Bytes
image	0至2^{31}-1 (2,147,483,647) 個位元組的可變長度之二進位資料	可變長度，與輸入資料長度相同

『其他』資料型別

　　其他剩下的資料型別，依據其特性再細分為『識別碼』、XML 以及『其他』三種，個別說明如下：

- **識別碼**

　　識別碼的資料型別主要是可以當成該區域內的唯一識別，屬於此類型的包括 rowversion（也就是 Timestamp）和 Uniqueidentifier 兩種。Timestamp 是在資料庫內自動產生的唯一二進位數字的資料類型，通常用來做為版本戳記資料表資料列的機制。儲存體大小是 8 位元組。只會遞增的數字，因此不會保留日期或時間。若要記錄日期或時間，就要使用 datetime2 資料類型。微軟已慢慢使用 rowversion 取代 Timstamp，所以建議在開發新專案時不要再使用 Timestamp。

　　Timestamp 僅限於資料庫的唯一識別，Uniqueidentifier 則是屬於全域性的唯一識別資料類型，所以 Uniqueidentifier 的儲存體空間會較 Timestamp 為大，兩者比較如下表所列。

資料類型	範圍	位元數長度
Timestamp （rowversion）	8 bytes的16進位識別碼 表示格式為0xhhhhhhhhhhhhhhhh （其中 h 表示 16 進位值） 例如：0x000F2580ab177cc1	8 Bytes
Uniqueidentifier	16 bytes的16進位識別碼 表示格式為 xxxxxxxx-xxxx-xxxx-xxxx-xxxxxxxxxxxx （其中 x 表示 16 進位值 ） 例如：6F9619FF-8B86-D011-B42D- 00C04FC964FF	16 Bytes

■ **XML**

只要是符合 XML 格式的資料皆可使用 XML 的資料型別。

資料類型	範圍	位元數長度
xml	符合xml資料格式的資料	至多不可超過 2GB

■ **其他**

其他尚有 cursor、sql_variant、table 以及 hierarchyid。Cursor 是一個具有資料指標型態的資料集，如同一個查詢出來的資料表一般，只是多了一個可移動的資料指標來逐一移動所指的資料列。Sql_variant 是一個包容度最大的資料型態，除了少數幾種資料型別不可儲存之外，其他皆可使用 sql_variant 來儲存，詳細可參考以下列表。Table 就是一種資料表型別，可以將變數宣告成 table 型別，並將此變數當成資料（table）來使用。Hierarchyid 是一種可變長度的系統資料類型，可以用來代表階層中的位置，但不會自動代表樹狀目錄。

資料類型	範圍	位元數長度
cursor	一種具有資料指標型態的資料集	
sql_variant	除了text、ntext、image、timestamp之外，可存放各種 資料型別的資料，	最大長度為 8016個位元
table	資料表型式的資料	
hierarchyid	代表階層中的位置	

9-2 建立資料表

　　資料表的建立，主要可分為兩個重點，一個是資料表本身的資料行定義與其限制，另一個即是資料表之間的關聯性，也就是『主索引』與『外部索引』之間的參考（reference）關係。以下將根據下圖『圖書借閱資料庫 9-1』的結構來建置相關的資料表。

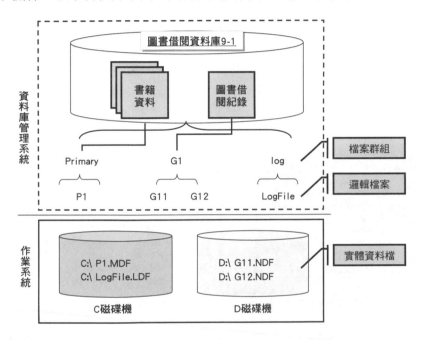

[建立以上資料庫的參考語法]

```
CREATE DATABASE [ 圖書借閱資料庫 9-1]
ON PRIMARY
    (name=P1,filename='C:\P1.MDF') ,
FILEGROUP G1
    (name=G11,filename='D:\G11.NDF') ,
    (name=G12,filename='D:\G12.NDF')
LOG ON
    (name=LogFile,filename='C:\LogFile.LDF')
```

　　基於以上的資料庫環境，再根據下圖的『資料庫圖表』來建立所有的資料表，並且分為圖形介面的建立操作，以及透過 SQL 的 DDL 語言 CREATE TABLE 來建立資料表。

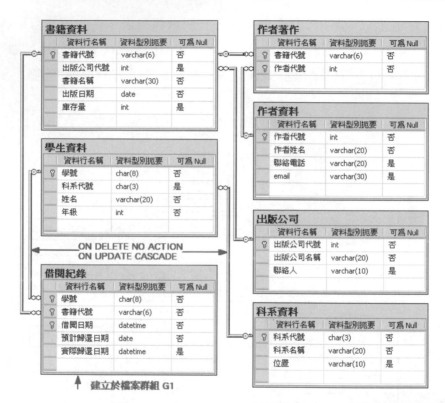

↑ 建立於檔案群組 G1

　　根據以上的『資料庫圖表』或稱為『實體關聯圖』（Entity Relationship Diagram, 簡稱 ERD），在資料表之間的連接線，呈現出『金鑰』符號的一方為『父資料表』；呈現出『∞』符號的一方為『子資料表』。建立資料表的過程中，必須先建立父資料表再建立子資料表，否則當子資料表要參考（reference）尚未存在的父資料表時，就會發生參考錯誤而無法正常建立。所以將以上『資料庫圖表』整理成下方的圖示，位於上方的資料表必須先建立，才能再建立下方的資料表。圖中利用數字 (1)~(7) 標示出其中一種正確的建立順利，亦可選擇其他合理的建立順序。

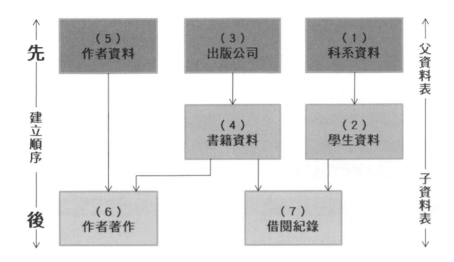

利用圖形介面建立資料表

透過圖形介面新建資料表，以下將新建的過程分為兩個部份，或是當成兩個建立步驟也行：

1. **建立資料表的基本屬性**

   此步驟主要是建立資料表名稱、資料行名稱、資料型別、是否允許空值（Null）、預設值（default）、設定主索引鍵、規則（rule）、限制 ... 等等。

2. **建立資料表之間的關聯性**

   資料表之間的關聯性，主要是建立在『主索引鍵』與『外部索引鍵』之間的參考關係。所以建立資料表之後，建議將所有資料表之間的關聯性建立，以及建立該資料庫的『資料庫圖表』。透過視覺化的『資料庫圖表』，不論是系統分析師、資料庫設計師或是程式設計人員，都可以很清楚地瞭解資料表之間的關係。

建立資料表的基本屬性

利用 SQL Server Management Studio 建立資料庫，只要在【物件總管】中，展開
【資料庫】物件中的『圖書借閱資料庫 9-1』，並於該資料庫內的【資料表】物件上按滑
鼠右鍵，並選擇【新增資料表 (N)】。在右邊視窗會出現資料表的設計畫面，如圖中的框
線內部；主要包括在上方可輸入資料行名稱、資料類型以及是否允許空值的輸入視窗，
下方是針對資料行屬性的設定視窗，右邊則是針對資料表屬性的設定視窗。

1. 建立『科系資料』

    點選【新增資料表 (N)】之後，可於右邊【資料表屬性】視窗內，設定資料表名稱
    為『科系資料』。『科系資料』資料表包括三個資料行：『科系代號』、『科系名稱』
    以及『位置』。分別輸入完成之後，再設定每一個資料行的資料類型。在資料行名
    稱右邊【資料類型】的下拉式選單選擇，亦可於下方【資料行屬性】頁籤內的【資

料類型】設定，並於【資料行屬性】頁籤中設定該資料型別的【長度】。每一個資料行後面勾選是否允許『空值』(null)；被設為『主索引鍵』之資料行，系統會主動將那些資料行設為不允許『空值』(null)。

依據前面『資料庫圖表』的規格並沒有特別指定此資料表要儲存於哪一個檔案群組，所以系統將會儲存於預設檔案群組『PRIMARY』。所以在右邊的【資料表屬性】內【檔案群組或資料分割配置名稱】欄位內的預設值為『PRIMARY』，不需要再特別更改。

最後要設定此資料表的『主索引鍵』，此資料表的主索引鍵為『科系代號』，只要先用滑鼠在該列前面點選後，再於上方工具列點選『主索引』的圖示 。若是要取消該資料行的『主索引鍵』，只要再按一下『主索引』的圖示 即可取消。

2. **建立『學生資料』**

『學生資料』資料表依據以上的『資料庫圖表』規格，建立如下圖所示。

3. 建立『出版公司』

　　『出版公司』資料表依據以上的『資料庫圖表』規格,建立如下圖所示。

4. **建立『書籍資料』**

『書籍資料』資料表除了依據以上的『資料庫圖表』規格建立之外，倘若『庫存量』資料行在使用者輸入時並沒有給任何值時，希望系統能主動填入數值『0』時。可先點選『庫存量』資料行，並於下方的【資料行屬性】內【預設值或繫結】欄位填入『0』即可。

5. 建立『作者資料』

   『作者資料』資料表依據以上的『資料庫圖表』規格,建立如下圖所示。

6. **建立『作者著作』**

『作者著作』資料表與其他資料表不同之處，『主索引鍵』是由『書籍代號』與『作者代號』兩個資料行所組成。所以在設定上必須同時點選兩個資料行後，再於上方工具列點選『主索引』的圖示 。點選數個資料行的方式可以利用『CTRL』鍵，再加上滑鼠點選來選取分散的數個資料行；亦可利用『SHIFT』鍵，再加上滑鼠點選第一個及最後一個，來選取連續的資料行。

7. 建立『借閱紀錄』

『借閱紀錄』資料表被設計成儲存在檔案群組為『G1』。所以要在【資料表屬性】視窗的【檔案群組或資料分割配置名稱】欄位內利用下拉式選單，此時會出現『PRIMARY』與『G1』兩個檔案群組，此處點選『G1』即可。『PRIMARY』為預設且必定會存在的檔案群組；『G1』是因為前面在建立『圖書借閱資料庫9-1』資料庫時新建立的檔案群組，所以在此會出現這兩個檔案群組名稱供設計者點選。

倘若『借閱日期』的預設值為輸入此筆資料的當天日期，可以利用 GETDATE( ) 函數當成預設值（default）；『預計歸還日期』的預設日期為當天日期後七日，可以利用 GETDATE( )+ 7 來當成預設值（default）。所以要分別點選『借閱日期』與『預計歸還日期』，並在下方的【資料行屬性】頁籤內【預設值或繫結】欄位內分別輸入『GETDATE( )』與『GETDATE( )+7』。

建立資料表之間的關聯性

以上所建立的每一個資料表都是獨立存在，彼此之間並沒有關聯性，也就是並沒有形成參考關係。以下將藉由兩種建立關聯性的方式，來展現出完整的『資料庫圖表』。

1. 利用『外部索引鍵』建立關聯性

若是要建立以下的『資料庫圖表』，必須建立出資料表之間的『關聯性』。以『借閱紀錄』資料表而言，和『學生資料』與『書籍資料』兩個資料表有其關聯性。以下將分別將這兩個關聯性建立。

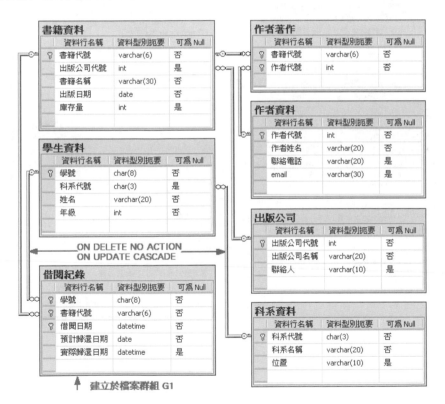

『借閱紀錄』資料表的外部索引鍵『學號』，參考『學生資料』資料表的主索引鍵『學號』；所以『借閱紀錄』在此為子資料表，『學生資料』為父資料表。此關聯性也被限制為『ON DELETE NO ACTION』與『ON UPDATE CASCADE』。要設定關聯性必須從子資料表，以此關聯性而言就是『借閱紀錄』。

『物件總管』視窗中用滑鼠右鍵點選『借閱紀錄』資料表，並選擇【設計】，並於上面工具列點選【關聯性】的圖示 。

點選【關聯性】圖示後會出現【外部索引鍵關聯性】視窗，首先先按下【加入 (A)】按鍵。如下圖中的【選取的關聯性 (S):】視窗，會出現一個暫以 FK 為首的關聯性名稱為『FK_ 借閱紀錄 _ 借閱紀錄』，這是微軟公司用來表示該外部索引鍵是由哪兩個資料表所構成的。當後續設定完成後，此命名將會被變更，亦可由使用者於【識別】下的【名稱】自行更改，但更改的意義其實並不是很大，所以建議以預設名稱即可。接著先開始設定『借閱紀錄』與『學生資料』之間的關聯性，點選【資料表與資料行規格】旁的 ⋯ 小圖示。

　　當出現【資料表與資料行】的對話框時，由下圖 (1) 預設是設定成『借閱紀錄』自己的對應關係。因為設定關聯性必須是透過子資料表，也就是在外部索引鍵的資料表之處更改，所以在【外部索引鍵資料表】是無法更改的，只能更改【主索引鍵資料表(P)】。透過 (2) 在【主索引鍵資料表 (P)】下方的下拉式選單選擇『學生資料』資料表，並於下方選擇對應的資料行『學號』，也就是『學生資料』資料表的主索引鍵。再透過 (3) 將『借閱紀錄』的外部索引鍵設成『學號』，將原本的『書籍代號』與『借閱日期』透過下拉式選單，選擇 < 無 >，該資料行即會消失，如圖 (4)，並按下【確定】以完成關聯性的建立。

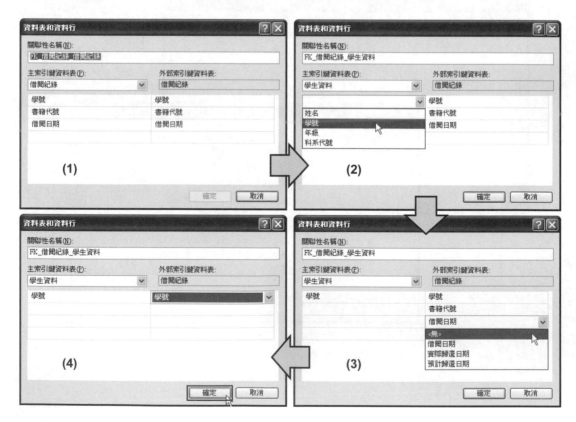

在返回【外部索引鍵關聯性】視窗後，因為此關聯性被限制以下兩種規則，所以必須先展開【INSERT 及 UPDATE 規格】，將【刪除規格】設為『沒有動作』，【更新規格】設為『重疊顯示』。

- ON DELETE NO ACTION
- ON UPDATE CASCADE

如此已完成『學生資料』與『借閱紀錄』之間的關聯性，可以發現在【選取的關聯性 (S)】內的外部索引鍵關聯性名稱，已由原本的『FK_ 借閱紀錄 _ 借閱紀錄』自動轉變成『FK_ 借閱紀錄 _ 學生資料』，如此的限制名稱（constraint name）較容易讓人望文生義。

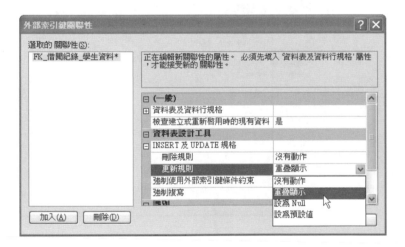

接著再建立『書籍資料』與『借閱紀錄』之間的關聯性，只要在【外部索引鍵關聯性】中按下【加入(A)】按鈕，將會再出現一個暫名為『FK_借閱紀錄_借閱紀錄』的外部索引鍵關聯性，點選它之後，再於【資料表及資料行規格】點選⋯小圖示，如同前面設定方式，設定成下圖所示，並按下【確定】按鈕。

返回【外部索引鍵關聯性】視窗後，只要再確認【強制使用外部索引鍵條件約束】是否為『是』。倘若設定為『否』，在【INSERT 及 UPDATE 規格】內的【刪除規格】與【更新規格】將不會有任何作用發生。也就是【強制使用外部索引鍵條件約束】必須設為『是』，【INSERT 及 UPDATE 規格】才會有作用產生。

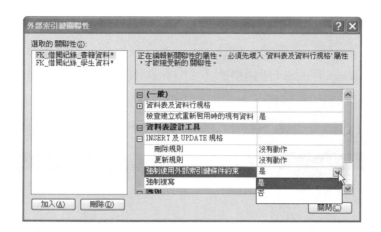

當關閉【外部索引鍵關聯性】視窗後，會出現一個【儲存】視窗來警告使用者這樣的改變會影響那些資料表。由於這次是新增以下兩個『關聯性』：

■『書籍資料』與『借閱紀錄』

■『學生資料』與『借閱紀錄』

所以共影響了三個資料表，分別為『書籍資料』、『學生資料』以及『借閱紀錄』資料表，如下圖所示，只要按下【是(Y)】確認即可關掉該對話框。

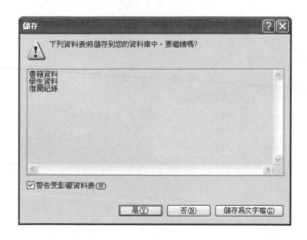

2. **利用『資料庫圖表』建立關聯性**

透過前面的方式建立關聯性，在設計上較不具直覺性，另一種方式可以透過 SQL Server Management Studio 所提供的【資料庫圖表】來建立。若是第一次點選 SQL Server Management Stuio 物件總管中的【資料庫圖表】，將會出現以下的畫面，只要按下【是 (Y)】，進行建立資料庫圖表的工作。

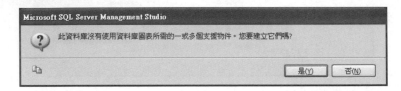

利用滑鼠右鍵點選 SQL Server Management Stuio 物件總管中的【資料庫圖表】，並點選【新增資料庫圖表 (N)】。

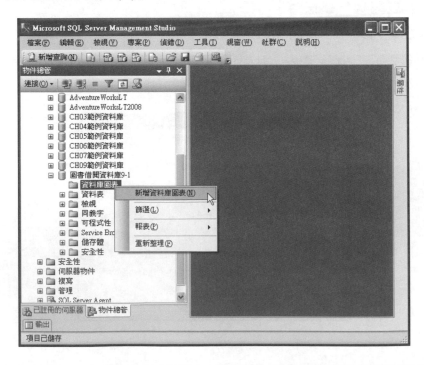

首先會出現【加入資料表】的對話框，點選所要建立關聯性的相關資料表，並按下【加入 (A)】。

倉若在前一個動作忽略要加入的資料表，尚可透過三個方式來加入其他資料表，並會出現前一個畫面的【加入資料表】對話框，分別說明如下：

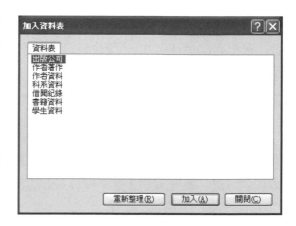

- 利用工具列上的【加入資料表】。
- 利用功能表上【資料庫圖表】\【加入資料表 (B)】。
- 直接利用滑鼠在空白處按下右鍵，點選【加入資料表 (B)】。

若是要從該資料庫圖表移除資料表，必須先用滑鼠在該資料表上點選後，依然可以透過『工具列』、滑鼠右鍵的『快取功能表』以及『功能表』上的【從圖表移除】。千萬不要點選【從資料庫刪除 (D)】，這將會造成該資料表直接從該資料庫被刪除掉，而非只是從資料庫圖表中移除。

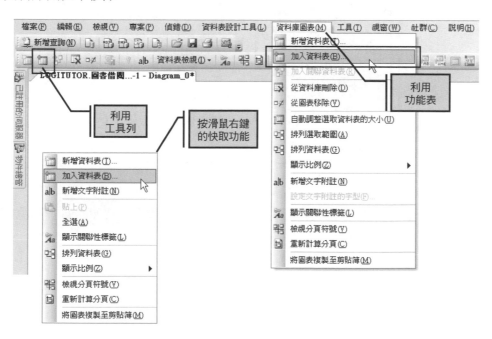

　　當加入相關資料表之後，會出現類似以下的圖表，配置可依自己喜好排列，而其中會出現已有兩個關聯性，『學生資料』與『借閱紀錄』、『書籍資料』與『借閱紀錄』，是因為在前一種建立關聯性的方法中已建立，此處只要加入相關資料表，該關聯性即會呈現出來。

　　以下再以『作者著作』與『書籍資料』為例，必須事先在建立資料表時，將每一個資料表的主索引鍵設定好。如下圖，用滑鼠點選『作者著作』資料表的『書籍代號』前方灰色方塊，並拖曳到『書籍資料』資料表的『書籍代號』放開滑鼠即可。

　　此時會出現設定彼此對應的資料行，如下圖。此處的設定方式如同前一種建立關聯性方式一樣，所以請直接參考前一種方式的說明。

當關聯性設定好之後,在【資料庫圖表】中的『作者著作』與『書籍資料』之間即會出現一條連結線,表示該關聯性已建立完成。其他資料表之間的關聯性仿照相同作法將其建立。

利用 SQL 之 DDL 建立資料表 ■

資料表的建立，除了單一資料表的屬性以及相關之屬性限制之外，尚有資料表之間的參考關係（reference），或稱為『關聯性』（Relationship），以下為資料表建立之語法。

建立資料表（Table）之語法（Syntax）：

```
CREATE TABLE
    [ database_name . [ schema_name ] . | schema_name . ] table_name
        ({ <column_definition> | <computed_column_definition> }
        [ <table_constraint> ] [ ,...n ])
    [ ON { filegroup | "default" } ]
[ ; ]
<column_definition> ::=
column_name <data_type>
    [ NULL | NOT NULL ]
    [
        [ CONSTRAINT constraint_name ] DEFAULT constant_expression ]
        | [ IDENTITY [（seed ,increment）]
    ]
    [ <column_constraint> [ ...n ] ]

<column_constraint> ::=
[ CONSTRAINT constraint_name ]
{ { PRIMARY KEY | UNIQUE }
 | [ FOREIGN KEY ]
     REFERENCES [ schema_name . ] referenced_table_name [（ref_column）]
     [ ON DELETE { NO ACTION | CASCADE | SET NULL | SET DEFAULT } ]
     [ ON UPDATE { NO ACTION | CASCADE | SET NULL | SET DEFAULT } ]
 | CHECK（logical_expression）
}
```

```
<computed_column_definition> ::=
column_name AS computed_column_expression



< table_constraint > ::=
[ CONSTRAINT constraint_name ]
{
  { PRIMARY KEY | UNIQUE }
| FOREIGN KEY（column [ ,...n ]）
    REFERENCES referenced_table_name [（ref_column [ ,...n ]）]
    [ ON DELETE { NO ACTION | CASCADE | SET NULL | SET DEFAULT } ]
    [ ON UPDATE { NO ACTION | CASCADE | SET NULL | SET DEFAULT } ]
| CHECK（logical_expression）
}
```

　　以區塊（block）方式來剖析與簡化資料表建立之語法 CREATE TABLE 的整體架構，常用的功能主要可分為四個區塊，分別為『資料表名稱』、『資料行定義』、『資料表限制』以及『指定檔案群組』三部份。

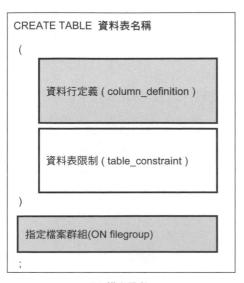

(a) 橫向思考

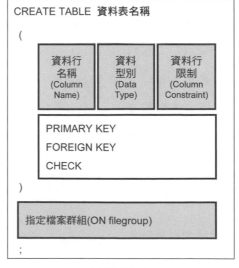

(b) 縱向思考

從上圖 (A) 橫向思考而言，建立一個資料表，主要可分為『資料表名稱』、『資料行定義』、『資料表限制』，以及『指定檔案群組』四大區塊。以（b）縱向思考而言，可以將每一區塊再縱向切割成不同部份。以下分別針對四個區塊說明：

- **資料表名稱**：資料表的表示方式可分為以下三種

  (1) 資料庫名稱 . 結構描述名稱 . 資料表名稱

  (2) 結構描述名稱 . 資料表名稱

  (3) 資料表名稱

- **資料行定義**：資料行的定義，可分為兩種型式，其一為基本資料行的定義，其二為運算式的定義，也就是經由其他資料行或計算所導出的。再以縱向來思考，如上圖，可分為『資料行名稱』、『資料型別』以及『資料行的限制』。

- **資料表限制**：資料表限制的層級比資料行定義較為高，因為在資料行定義當中，僅能就單一資料行定義，無法跨越多個資料行之間的限制。例如某個資料表主要鍵（Primary Key）是由多個資料行所組成，如此的限制條件就不能在資料行定義中描述，就必須置於『資料表限制』。

- **指定檔案群組**：此區塊的目的是將新建的資料表，特別指定於哪一個檔案群組，如果適當的指定將可提高此資料表的存取效率；若是不特別指定，將會儲存於預設的檔案群組。例如某一個資料表的資料量較高，也較常被存取使用，若將此資料表獨立於一個檔案群組，此檔案群組也獨立於其他檔案群組之外的其他實體硬碟，當然在存取效率上能有所增加。

以下將針對前一小節透過圖形介面建立的資料，改由 DDL 的 CREATE TABLE 來建立，在建立的過程當中，一併將所有的關聯性也建立。在執行以下說明時，必須先將資料庫切換至 [圖書借閱資料庫 9-1]

0. 切換資料庫

利用『USE database_name』來切換使用的資料庫

USE [圖書借閱資料庫 9-1]

1. **建立『科系資料』**

   由於此資料表的主要鍵（Primary Key）為『科系代號』，所以在該資料行後面多一個資料行限制為 PRIMARY KEY，只要被設為 PRIMARY KEY 就一定不可為空值，所以不用特別再限制。而『科系名稱』不可為空值，所以資料行後面的限制多一個 NOT NULL。

```
CREATE TABLE 科系資料
(
    科系代號 CHAR(3)        PRIMARY KEY ,
    科系名稱 VARCHAR(20)  NOT NULL ,
    位置        VARCHAR(10)
);
```

2. **建立『學生資料』**

   此資料表與前一資料表的差異，在於『科系代號』的屬性參考『科系資料』資料表的主要索引鍵『科系代號』，並且限制此關聯為 ON DELETE NO ACTION & ON UPDATE CASCADE，所以在資料行限制處，多一個『REFERENCES 科系資料（科系代號）ON DELETE NO ACTION ON UPDATE CASCADE』

```
CREATE TABLE 學生資料
(
    學號      CHAR(8)         PRIMARY KEY ,
    科系代號 CHAR(3)        REFERENCES 科系資料（科系代號）
                            ON DELETE  NO ACTION
                            ON UPDATE  CASCADE ,
    姓名    VARCHAR(20)  NOT NULL ,
    年級    INT              NOT NULL
);
```

3. 建立『出版公司』

```
CREATE TABLE 出版公司
(
    出版公司代號 INT            PRIMARY KEY ,
    出版公司名稱 VARCHAR(20) NOT NULL ,
    聯絡人         VARCHAR(10)
);
```

4. 建立『書籍資料』

```
CREATE TABLE 書籍資料
(
    書籍代號       VARCHAR(6)  PRIMARY KEY ,
    出版公司代號 INT            REFERENCES 出版公司（出版公司代號），
    書籍名稱       VARCHAR(30) NOT NULL ,
    出版日期       DATE          NOT NULL ,
    庫存量         INT
);
```

5. 建立『作者資料』

```
CREATE TABLE 作者資料
(
    作者代號 INT            PRIMARY KEY ,
    作者姓名 VARCHAR(20)  NOT NULL ,
    聯絡電話 VARCHAR(20),
    email     VARCHAR(30)
);
```

6. 建立『作者著作』

此資料表較為特殊之處在於主要鍵是由兩個屬性『書籍代號』+『作者代號』所組

成，所以此限制不可定義於『屬性定義』的區塊內，必須定義於『資料表限制』區塊內。

```
CREATE TABLE 作者著作
(
    書籍代號  VARCHAR(6) REFERENCES 書籍資料（書籍代號），
    作者代號  INT            REFERENCES 作者資料（作者代號），
    PRIMARY KEY（書籍代號，作者代號）
);
```

7. 建立『借閱紀錄』

這個資料表是在此實體資料模型中較為複雜的一個，除了『學號』與『書籍代號』為外部索引鍵（Foreign Key）之外，『借閱日期』與『預計歸還日期』皆有預設值。『借閱日期』的預設日期為當日，可利用 MS SQL Server 的內建日期函數 GETDATE( ) 來取得當日日期，而『預計歸還日期』則利用 GETDATE( )+7 來表示預計七日後歸還。

最後，此資料表所歸屬的檔案群組為 G1，所以在最後的括弧外的『指定檔案群組』區塊內加上 ON G1。

```
CREATE TABLE 借閱紀錄
(
    學號          CHAR(8)        REFERENCES 學生資料（學號），
    書籍代號      VARCHAR(6)  REFERENCES 書籍資料（書籍代號）
                                ON UPDATE CASCADE
                                ON DELETE CASCADE ,
    借閱日期      DATETIME    DEFAULT GETDATE( ) NOT NULL,
    預計歸還日期 DATE          DEFAULT GETDATE( )+7  NOT NULL,
    實際歸還日期 DATETIME ,
    PRIMARY KEY（學號，書籍代號，借閱日期）
)
ON G1 ;
```

9-3 修改資料表

　　當一個資料表建立後，在尚未鍵入任何資料之前，或許可以選擇先刪除資料表，再重新建立一個新的資料表。倘若該資料表已有使用者將資料鍵入其中，刪除該資料表將會造成所有資料的流失，此時可以選擇使用修改資料表的方式來進行。

利用圖形介面修改資料表

　　利用在 SQL Server Management Studio 修改資料表，只要在物件總管中，在所要被修改的資料表上按右鍵，點選【設計 (G)】，該資料表的定義將會出現在右邊視窗中，其操作方式和新增資料表一樣，只要在修改後按下儲存即可。

利用 SQL 之 DDL 修改資料表 ◼

```
修改資料表（Table）之基本語法（Syntax）：

ALTER TABLE
    [ database_name . [ schema_name ] . | schema_name . ] table_name
{
  ALTER COLUMN column_name { type_name [ NULL | NOT NULL ] }
| ADD
  {
  <column_definition> | <computed_column_definition> | <table_constraint>
  } [ ,...n ]
| DROP
  {
  [ CONSTRAINT ] constraint_name | COLUMN column_name
  } [ ,...n ]
}
[ ; ]
```

在修改資料表的語法中，後面緊接跟隨的是資料表的名稱，如同資料表的建立一樣有三種資料表名稱表示方式，分別為

- 資料庫名稱 . 結構描述名稱 . 資料表名稱
- 結構描述名稱 . 資料表名稱
- 資料表名稱

再者，即是修改資料表的三種基本操作：

- 更改（ALTER COLUMN）屬性的資料型態，和是否允許 Null Value。
- 新增（ADD）屬性定義或資料表限制（table_constraint）。
- 刪除（DROP）限制（constraint）或屬性。

　　以下將建立一個『借閱紀錄』資料表,再重新建立一個新的『借閱紀錄』資料表,再經過幾次不同的 ALTER TABLE 來修改資料表的定義。

■ **先刪除原有的『借閱紀錄』資料表**

```
DROP TABLE 借閱紀錄
```

■ **建立一個新的『借閱紀錄』資料表**

```
CREATE TABLE 借閱紀錄
(
    學號       CHAR(8)      REFERENCES 學生資料（學號）not null ,
    書籍代號 VARCHAR(6)  REFERENCES 書籍資料（書籍代號）
                           ON UPDATE CASCADE
                           ON DELETE CASCADE  not null,
    借閱日期 DATETIME     DEFAULT GETDATE( ),
    歸還日期 SMALLDATETIME ,
    逾期罰金 INT
)
ON G1 ;
```

■ **更改『歸還日期』的資料型態**

```
ALTER TABLE 借閱紀錄
  ALTER COLUMN 歸還日期 DATETIME
```

■ **刪除『歸還日期』和『逾期罰金』**

```
ALTER TABLE 借閱紀錄
  DROP COLUMN 歸還日期 , 逾期罰金
```

■ 更改 [借閱日期] 的限制為不可為空值

```
ALTER TABLE 借閱紀錄
  ALTER COLUMN 借閱日期 DATETIME NOT NULL
```

　　新增兩個資料行『預計歸還日期』與『實際歸還日期』,『預計歸還日期』必須設定當天的七日後為預設歸還日,且不可為空值。以及設定『學號』+『書籍代號』+『借閱日期』為主索引鍵(Primary Key)

```
ALTER TABLE 借閱紀錄
  ADD 預計歸還日期 DATE    DEFAULT GETDATE( )+7 NOT NULL,
      實際歸還日期 DATETIME ,
      PRIMARY KEY(學號,書籍代號,借閱日期)
```

9-4　刪除資料表

　　當資料表建立之後,該資料表不再使用而欲刪除時,會因為資料表之間關聯性而產生刪除的順序會有所不同。以下針對兩種情形說明。

1.　沒有建立關聯性

因為資料表之間並沒有相依性,所以刪除資料表並無順序限制。

2.　已經建立關聯性

因為資料表之間已經存在相依性,所以要刪除資料表時,必須考量到刪除的先後順序。刪除的順序剛好與建立資料表的順序相反,也就是要先刪除外部索引鍵的子資料表再刪除主索引鍵的父資料表。依據前面的範例而言,刪除順序如下圖所示,越下面的資料表要先刪除,再刪除上面的資料表。

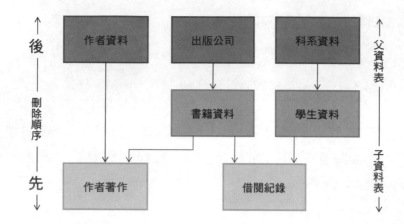

利用圖形介面刪除資料表

在練習資料表的刪除之前，先透過 SQL Server Management Studio 的管理介面來查看該資料表的相依性。從前圖的關係中，以『書籍資料』資料表為例會有兩種不同的關係：

1. **相依於『書籍資料』的資料表有『作者著作』與『借閱紀錄』**

    『書籍資料』的主索引鍵『書籍代號』被『作者著作』的外部索引鍵『書籍代號』參考；而且，『書籍資料』的主索引鍵『書籍代號』被『借閱紀錄』的外部索引鍵『書籍代號』參考。

2. **『書籍資料』所相依的資料表為『出版公司』**

    『書籍資料』的外部索引鍵『出版公司代號』參考『出版公司』的主索引鍵『出版公司代號』。

可以透 SQL Server Management Studio 的圖形介面來觀察資料表之間的相依性，例如要觀察『書籍資料』的相依性，可以在該資料表上按滑鼠右鍵，並點選【檢視相依性(V)】。

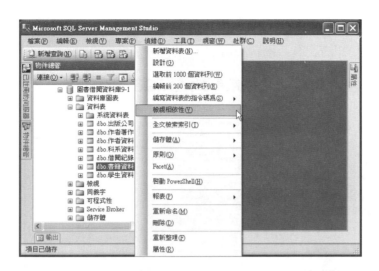

　　將會出現『書籍資料』的【物件相依性】視窗，在上方分為兩個部份的相依，一個是哪些資料表相依於『書籍資料』，另一個則是『書籍資料』相依於哪些資料表，說明如下：

■ 相依於 [書籍資料] 的物件 (O)

　　點選此項後可以查出有『作者著作』與『借閱紀錄』。

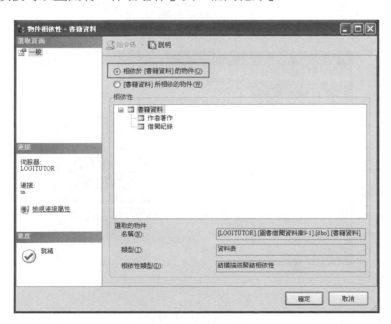

■ **[書籍資料] 所相依的物件 (W)**

點選此項後可以查出有『出版公司』。

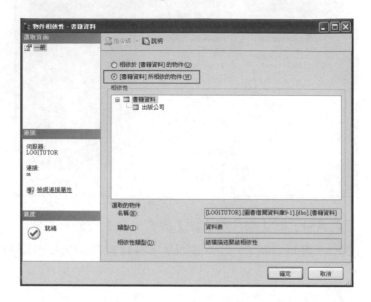

利用【物件相依性】視窗可以判斷出欲刪除的資料表,是否有未被其他資料表所相依或參考,以判斷是否可以直接將其刪除。刪除方式亦可透過 SQL Server Management Studio,選擇所要刪除的資料表,在該資料表上按滑鼠右鍵,並點選【刪除 (D)】。

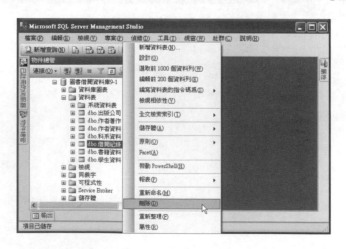

點選【刪除 (D)】之後會出現【刪除物件】視窗,並按下【確定】按鈕即可刪除該資料表。或是透過【顯示相依性 (H)】來查看該資料表的所有相依性,再決定是否要刪除。

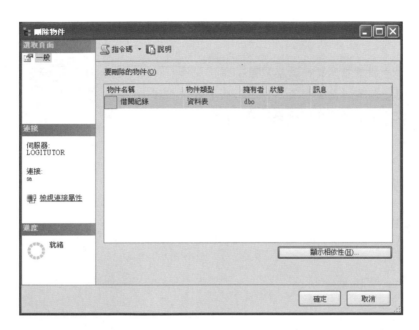

利用 SQL 之 DML 刪除資料表

刪除資料表(Table)之語法(Syntax):
DROP TABLE [database_name . [schema_name] . | schema_name .]
    table_name [,...n]
[;]

在刪除資料表的語法中,除了保留字 DROP TABLE 外,後面所跟隨的是資料表的名稱,如同資料表的建立一樣有三種資料表名稱表示方式,分別為

- 資料庫名稱 . 結構描述名稱 . 資料表名稱
- 結構描述名稱 . 資料表名稱
- 資料表名稱

資料表的刪除會受到『關聯性』（Relationship）的限制，所以刪除亦有先後順序，只是刪除的先後順序，剛好與建立的順序相反。以下利用三種不同的資料表表示方式來刪除資料表。

依序刪除所有前面所建立之資料表

```
DROP TABLE [ 圖書借閱資料庫 9-1].dbo. 借閱紀錄 ;
DROP TABLE [ 圖書借閱資料庫 9-1].dbo. 作者著作 ;
DROP TABLE [ 圖書借閱資料庫 9-1].dbo. 作者資料 ;


DROP TABLE  dbo. 書籍資料 ;
DROP TABLE  dbo. 出版公司 ;


DROP TABLE 學生資料 ;
DROP TABLE 科系資料 ;
```

本章習題

請依據下列的實體關聯圖建置以下四個資料表，以及資料庫圖表

1. 員工
2. 員工核薪資料
3. 薪資項目
4. 實際核算薪資

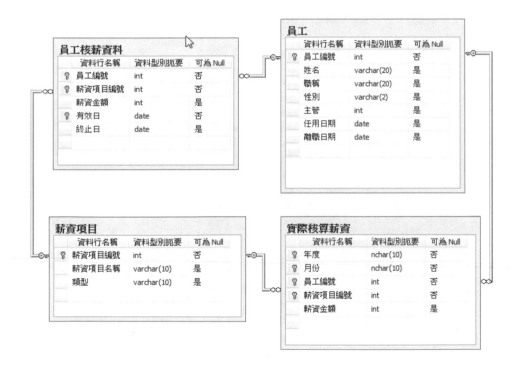

再利用 DML 的 SQL 敘述新增以下各個資料表的資料

1. 『員工』資料表：

員工編號	姓名	職稱	性別	主管	任用日期	離職日期
1	陳祥輝	總經理	男	NULL	1992-11-13	NULL
2	陳臆如	業務協理	女	1	2009-08-01	NULL
3	林其達	工程助理	男	2	1992-12-06	NULL
4	陳森耀	工程協理	男	1	1993-01-14	2012-12-31
5	黃謙仁	工程師	男	4	1992-11-26	2009-12-31

2. 『員工核薪資料』資料表：

員工編號	薪資項目編號	薪資金額	有效日	終止日
1	1	60000	2000-01-01	2002-12-31
1	1	62000	2003-01-01	2012-12-31
1	2	1500	2000-01-01	NULL
1	3	2000	2000-01-01	NULL
1	5	-3600	2000-01-01	NULL
2	1	30000	2000-01-01	2005-12-31
2	1	35000	2006-01-01	NULL
2	5	-1800	2000-01-01	2005-12-31
2	5	-2000	2006-01-01	NULL
3	1	40000	2006-02-01	NULL
3	5	-400	2006-02-01	NULL
4	1	20000	2009-01-01	NULL
5	1	20000	2009-10-01	NULL

3. 『薪資項目』資料表：

薪資項目編號	薪資項目名稱	類型
1	本薪	支付
2	交通津貼	支付
3	伙食津貼	支付
4	全勤獎金	支付
5	所得稅	代扣
6	房貸	代扣

當完成建立以上三個資料表的資料建立之後，再利用以下的 DML 敘述完成以下的需求。

```
INSERT 實際核發薪資 (……)
      SELECT datepart(yy,getdate()), datepart(mm,getdate()), …
      FROM 員工 , 員工核薪資料

      WHERE …
```

根據『員工核薪資料』資料表的每位員工有效之核薪資料，再為每位在職的員工，建立當月的核發薪資，寫入『實際核算薪資』資料表，完成後的結果應該如下 9 筆記錄，請寫出以上完整的 DML 敘述。

年度	月份	員工編號	薪資項目編號	薪資金額
2010	2	1	1	62000
2010	2	1	2	1500
2010	2	1	3	2000
2010	2	1	5	-3600
2010	2	2	1	35000
2010	2	2	5	-2000
2010	2	3	1	40000
2010	2	3	5	-400
2010	2	4	1	20000

MEMO

CHAPTER 10

建立檢視表

前面章節曾提到 DML 語言中的 SELECT 查詢，此查詢僅能臨時性地查詢出所要的資料，當某一個需求是經常會被使用到的查詢，即可透過『檢視表』來達到此目的。當一個『檢視表』被建立之後，就可以將其當成『資料表』一般來使用；但大部份會被使用在查詢，而非用於異動（新增、刪除及修改），因為不當的異動有可能會造成一些異想不到的問題。

10-1 檢視表的用途

『檢視表』也稱為『虛擬資料表』，之所以會被稱為『虛擬資料表』是因為『檢視表』看起來彷彿是一個『資料表』的模樣，但其實它並不儲存任何的資料，而資料皆是即時地從最底層的『資料表』所取得。如下圖所示，虛線以下是實體儲存資料的『資料表』，再透過『資料行』的選取與『資料列』的篩選，以及各種不同的合併方式建立上層的『檢視表』，如此可以將使用者的需求用一個『檢視表』來呈現。

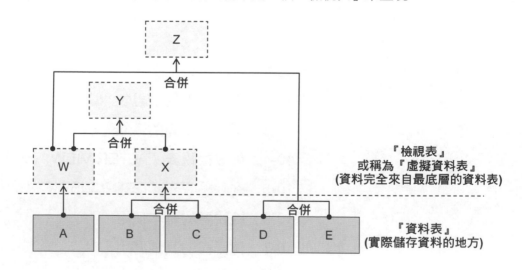

例如在一家公司中會經常查詢男業務與女業務，即可透過建立『男業務』與『女業務』的檢視表。若是又會經常查詢男業務的訂單資料，亦可直接透過『男業務』的檢視表與『訂單』和『客戶』兩個資料表進行合併，另外建立一個『男業務訂單資料』檢視表，以供以後經常性的查詢。

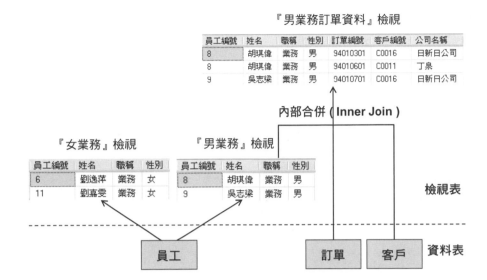

10-2 建立基本的檢視表（CREATE VIEW）

　　建立檢視表依然會有兩種方式，一種是透過 SQL Server Management Studio 的圖型介面建立，於本書的第五章已經介紹過，此處不再重覆介紹；第二種就是透過 DDL 的 CREATE VIEW 語言建立，以下是 CREATE VIEW 的基本語法。

CREATE VIEW 的基本語法
CREATE VIEW view_name [（column [,…]）]
AS
select_statement

建立單一資料表的 VIEW

範例 10-1

建立兩個與業務相關的檢視表，分別為『男業務』與『女業務』

【輸出】(員工編號,姓名,職稱,性別)

```
CREATE VIEW 男業務
AS
SELECT 員工編號,姓名,職稱,性別
FROM 員工
WHERE 性別 = ' 男 ' AND 職稱 like '% 業務 %'

CREATE VIEW 女業務
AS
SELECT 員工編號,姓名,職稱,性別
FROM 員工
WHERE 性別 = ' 女 ' AND 職稱 like '% 業務 %'
```

建立多個資料表（或檢視表）的 VIEW

建立一個『檢視表』的下層資料來源，可以是基於一個或多個『資料表』，亦可以是基於一個或多個『檢視表』，或是『資料表』與『檢視表』混合來建立，以下使用兩個範例來說明。

範例 10-2　使用三個資料表建立 VIEW

建立一個檢視表『尚未出貨訂單』，查詢至今尚未出貨的訂單資料

> ⚠️ **提示**▶ 判斷『訂單』資料表的資料行『出貨日期』為空值（null）之紀錄

【輸出】（客戶編號，公司名稱，經手人姓名，訂貨日期，今天日期）

```
CREATE VIEW 尚未出貨訂單
AS
SELECT 客戶 . 客戶編號，公司名稱，姓名 AS 經手人姓名，訂貨日期，
        CAST（GETDATE（）AS DATE）AS 今天日期
FROM 員工，客戶，訂單
WHERE 員工 . 員工編號＝訂單 . 員工編號 AND
        客戶 . 客戶編號＝訂單 . 客戶編號 AND
        出貨日期 IS NULL
```

範例 10-3 使用一個檢視表、兩個資料表建立 VIEW

建立一個新的檢視表『男業務訂單資料』，查詢男業務的訂單情形。

> **⚠ 提示▶** 利用 [範例 10-1] 建立的『男業務』檢視表，以及『訂單』與『客戶』兩個資料表進
> 行外部合併查詢

【輸出】（員工編號，姓名，職稱，性別，訂單編號，客戶編號，公司名稱）

```
CREATE VIEW 男業務訂單資料
AS
SELECT 男業務 . 員工編號，姓名，職稱，性別，訂單編號，訂單 . 客戶編號，公司名稱
FROM 男業務 LEFT OUTER JOIN 訂單 ON 男業務 . 員工編號＝訂單 . 員工編號
          LEFT OUTER JOIN 客戶 ON 訂單 . 客戶編號＝客戶 . 客戶編號
```

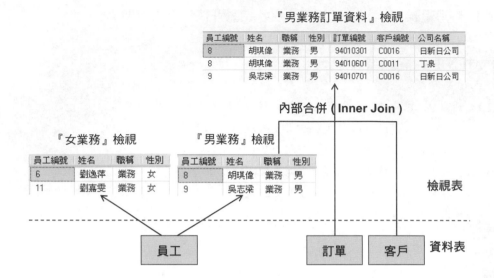

指定資料行別名的 VIEW

範例 10-4

建立兩個檢視表『當月壽星 01』與『當月壽星 02』，可以查詢當月員工的壽星資料。『當月壽星 01』使用別名於 select_statement、『當月壽星 02』使用別名於 CREATE VIEW（別名…）。

> **提示▶** 年齡＝YEAR（GETDATE（））–YEAR（出生日期）

【輸出】（壽星姓名 , 生日 , 年齡）

■ **直接在 select_statement 內給資料行特定的別名**

```
CREATE VIEW 當月壽星 01
AS
SELECT 姓名 AS 壽星姓名 , 出生日期 AS 生日 ,
       YEAR（GETDATE（））- YEAR（出生日期）AS 年齡
FROM 員工
WHERE MONTH（出生日期）= MONTH（GETDATE（））
```

■ 在 CREATE VIEW 後面加入資料行對應的別名

```
CREATE VIEW 當月壽星 02（壽星姓名,生日,年齡）
AS
SELECT 姓名,出生日期,YEAR（GETDATE（））-YEAR（出生日期）
FROM 員工
WHERE MONTH（出生日期）= MONTH（GETDATE（））
```

10-3　建立檢視表的其他選項

```
CREATE VIEW 的其他選項
CREATE VIEW view_name
[WITH { ENCRYPTION | SCHEMABINDING } [ ,…n ] ]
AS
select_statement
[WITH CHECK OPTION]
```

利用 WITH ENCRYPTION 加密 VIEW 的設計

倘若設計者所撰寫的 VIEW，不希望被使用者看到 VIEW 的設計內容（select_statement）時，可以利用 CREATE VIEW 內的『WITH ENCRYPTION』選項，在建立 VIEW 的同時設定加密的選項。不過要特別注意，一旦被加密的 VIEW，就無法再將加密的 VIEW 進行解密，唯一的方式只能重寫。所以在使用該選項時，建議設計者自己要先儲存一份未加密的 VIEW，避免未來要維護時不知該 VIEW 的內容是什麼。

範例 10-5 │ 使用 WITH ENCRYPTION

倘若要建立一個檢視表『v2005 年核計獎金』，可以用來計算 2005 年有承接訂單的業務人員之獎金核發，但又不希望核算的方式被任何人看見，即可以使用 WITH ENCRYPTION 選項加密。

【輸出】（員工編號 , 姓名 , 獎金）

```
CREATE VIEW v2005 年核計獎金
WITH ENCRYPTION
AS
SELECT 員工 . 員工編號 , 姓名 , ROUND（SUM（數量 * 實際單價）/1000 , 0）*500 AS 獎金
FROM 員工 , 訂單 , 訂單明細
WHERE 員工 . 員工編號＝訂單 . 員工編號 AND
      訂單 . 訂單編號＝訂單明細 . 訂單編號 AND
      YEAR（訂貨日期）＝2005
GROUP BY 員工 . 員工編號 , 姓名
```

從 SQL Server Management Studio 的【物件總管】中的【檢視】，可以發現在『v2005 年核計獎金』檢視表前面的圖示，多了一個鎖頭圖樣；或是在其上方按下滑鼠右鍵，快取功能表上的【設計 (G)】功能，呈現淺灰色無法使用，表示該檢視表已經被加密，無法觀看設計的內容。

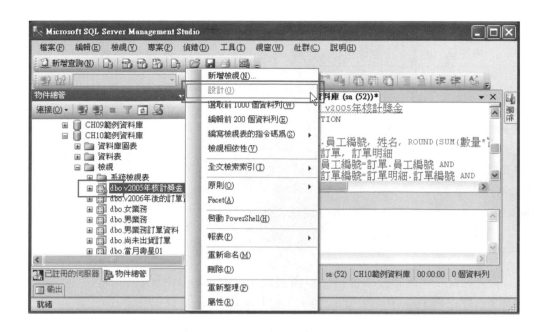

利用 WITH SCHEMABINDING 繫結底層資料表的結構

　　由於每一個 VIEW 的資料來源，都是透過最底層的資料表。下層資料表若是結構發生異動，例如被 VIEW 所引用的資料行被刪除，或是資料型別的改變；當參考到該資料表的 VIEW 被開啟時將會發生錯誤。為了避免這樣的錯誤，可以使用 WITH SCHEMABINDING 選項，繫結下層被 VIEW 使用到的相關資料表結構。被繫結的資料表若是不小心發生被異動的情形，系統將會產生警告訊息來避免錯誤發生。

範例 10-6　使用 WITH SCHEMABINDING

　　建立一個檢視表『v2006 年後的訂單資料』，用來查詢 2006 年（含）以後的訂單資料。為避免所使用的底層資料表結構描述被更改，請利用 WITH SCHEMABINDING 選項。

【輸出】（員工編號 , 姓名 , 訂單編號 , 訂貨日期 , 出貨日期）

> **⚠ 提示▶** 使用 WITH SCHEMABINDING 時，資料表名稱的表示，必須使用『結構描述．資料表名稱』的方式，否則會發生錯誤，例如『dbo．員工』與『dbo．訂單』。

```
CREATE VIEW v2006 年後的訂單資料
WITH SCHEMABINDING
AS
SELECT 員工．員工編號，姓名，訂單編號，訂貨日期，出貨日期
FROM dbo．員工，dbo．訂單
WHERE 員工．員工編號＝訂單．員工編號 AND
        訂貨日期 >= '2006/01/01'
```

由於『v2006 年後的訂單資料』檢視表使用 WITH SCHEMABINDING 選項，並且使用到『員工』資料表中的『員工編號』和『姓名』，以及『訂單』資料表中的『訂單編號』、『訂貨日期』和『出貨日期』五個資料行。所以此檢視表將會限制底層『員工』和『訂單』資料表的五個相關資料行被修改，如下圖所示。

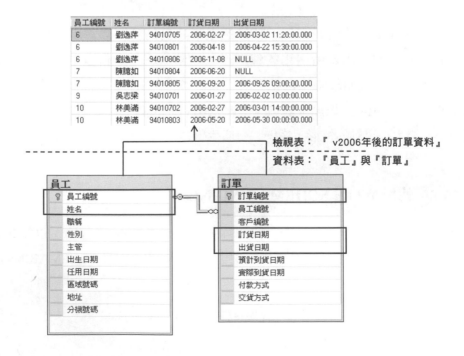

一旦資料庫管理者不小心要異動以上的五個相關資料行時，例如要更改『訂單』資料表中的『訂貨日期』之資料型別，SQL Server 將會出現如下的【驗證警告】對話框提醒管理者，『訂單』的結構描述（SCHEMA）已被『v2006 年後的訂單資料』檢視表繫結，若是要強制儲存對『訂單』資料表中的『訂貨日期』之資料型別的修改，系統將會移除『v2006 年後的訂單資料』檢視表中的繫結選項。也就是說，建立 VIEW 中的 WITH SCHEMABINDING 選項並非強制性限於底層資料表結構描述的修改，而是讓 SQL Server 提醒管理者，該資料表已被某些『檢視表』所繫結而已。

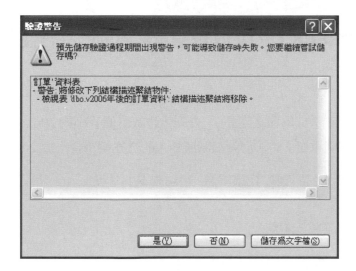

同時加密和繫結結構

範例 10-7　使用 WITH ENCRYPTION, SCHEMABINDING

同 [範例 10-6] 的需求，建立另一個檢視表『v2006 年後的訂單資料 02』，不但要繫結底層資料表的結構描述，也要將所設計的內容加密。

```
CREATE VIEW v2006 年後的訂單資料 02
WITH ENCRYPTION, SCHEMABINDING
AS
SELECT 員工.員工編號,姓名,訂單編號,訂貨日期,出貨日期
FROM dbo.員工, dbo.訂單
WHERE 員工.員工編號 = 訂單.員工編號 AND
        訂貨日期 >= '2006/01/01'
```

利用 WITH CHECK OPTION 檢驗資料異動的符合性

範例 10-7

　　建立一個檢視表『低單價之產品』，查詢『建議單價』小於 20 元之產品資料。透過此檢視表更改『建議單價』時，必須限制所輸入的值亦要符合小於 20 的限制。

【輸出】（產品編號,產品名稱,建議單價,平均成本）

```
CREATE VIEW 低單價之產品
AS
SELECT 產品編號,產品名稱,建議單價,平均成本
FROM 產品資料
WHERE 建議單價 < 20
WITH CHECK OPTION
```

　　如下圖，透過檢視表『低單價之產品』，將資料列 3 產品名稱為運動飲料之建議單價由原本的 15 改成 30 後，當系統要將資料寫入資料庫時，將會出現【沒有更新任何資料列】的警告對話框，通知使用者因為該檢視表已經使用 WITH CHECK OPTION 來強制執行『建議單價 < 20』的條件限制。

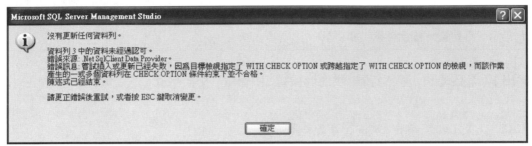

範例 10-9

　　建立一個檢視表『低單價或低成本之產品』，查詢『建議單價』小於 20 元或是『平均成本』小於 10 之產品資料。透過此檢視表更改『建議單價』與『平均成本』時，必須限制所輸入的值必須符合『建議單價 < 20 OR 平均成本 < 10』的限制。

【**輸出**】（產品編號 , 產品名稱 , 建議單價 , 平均成本）

```
CREATE VIEW 低單價或低成本之產品
AS
SELECT 產品編號 , 產品名稱 , 建議單價 , 平均成本
FROM 產品資料
WHERE 建議單價 < 20 OR 平均成本 < 10
WITH CHECK OPTION
```

範例 10-10

建立一個檢視表『庫存量低於安全存量之產品』，查詢出『庫存量』低於『安全存量』之產品資訊。透過此檢視表更改『庫存量』與『安全存量』時，必須限制所輸入的值必須符合『庫存量 < 安全存量』的限制。

⚠ 提示 ▶ 不足量 = 安全存量 - 庫存量

【輸出】(產品編號, 產品名稱, 供應商編號, 庫存量, 安全存量, 不足量)

```
CREATE VIEW 庫存量低於安全存量之產品
AS
SELECT 產品編號, 產品名稱, 供應商編號, 庫存量, 安全存量,
       (安全存量 - 庫存量) AS 不足量
FROM 產品資料
WHERE 庫存量 < 安全存量
WITH CHECK OPTION
```

10-4 更改檢視表（ALTER VIEW）

一個已經存在的 VIEW，因為需求的改變，必須更改其內容或是選項時，可以使用 ALTER VIEW 的方式來進行更改（或是覆蓋）。或是先刪除該 VIEW 再重新建立，效果是相同的。ALTER VIEW 的語法與 CREATE VIEW 語法完全相同，差別只在於要使用 ALTER VIEW 時，該 VIEW 必須已存在。

```
ALTER VIEW 基本語法
ALTER VIEW view_name
[WITH { ENCRYPTION | SCHEMABINDING } [ ,…n ] ]
AS
select_statement
[WITH CHECK OPTION]
```

範例 10-11 | 更改 select_statement

將 [範例 10-4] 所建立的檢視『當月壽星 02』，更改查詢的條件，年齡超過 50 歲以上的當月壽星資料。

```
ALTER VIEW 當月壽星 02（壽星姓名, 生日, 年齡）
AS
SELECT 姓名, 出生日期, YEAR（GETDATE（ ））- YEAR（出生日期）
FROM 員工
WHERE MONTH（出生日期）= MONTH（GETDATE（ ））AND
        YEAR（GETDATE（ ））- YEAR（出生日期）> 50
```

範例 10-12 | 消除 ENCRYPTION 選項

將 [範例 10-5] 所建立的檢視表『v2005 年核計獎金』，消除掉 WITH ENCRYPTION 的選項。

```
ALTER VIEW v2005 年核計獎金
AS
SELECT 員工. 員工編號, 姓名, ROUND（SUM（數量 * 實際單價）/1000, 0）*500 AS 獎金
FROM 員工, 訂單, 訂單明細
WHERE 員工. 員工編號＝訂單. 員工編號 AND
        訂單. 訂單編號＝訂單明細. 訂單編號 AND
        YEAR（訂貨日期）=2005
GROUP BY 員工. 員工編號, 姓名
```

消除掉 WITH ENCRYPTION 選項，切勿當成是將『加密』的檢視表進行『解密』。因為設定 WITH ENCRYPTION 選項之後，是沒辦法經過『解密』看到原來所設計的 select_statement。[範例 10-12] 若是沒有原來的 select_statement，也無法完成此範例，與其說 ALTER VIEW 是更改檢視表，倒不如說『重寫檢視表，再覆蓋原有的檢視表』。

範例 10-13 消除 SCHEMABINDING 選項

將 [範例 10-6] 所建立的檢視表『v2006 年後的訂單資料』，消除掉 WITH SCHEMABINDING 的選項。

```
ALTER VIEW v2006 年後的訂單資料
AS
SELECT 員工 . 員工編號 , 姓名 , 訂單編號 , 訂貨日期 , 出貨日期
FROM dbo. 員工 , dbo. 訂單
WHERE 員工 . 員工編號 = 訂單 . 員工編號 AND
        訂貨日期 >= '2006/01/01'
```

10-5 刪除檢視表（DROP VIEW）

刪除『檢視表』的語法非常單純，也比刪除『資料表』較為容易，因為『資料表』之間會有關聯性的限制，『檢視表』並沒有這樣的問題，語法如下。

```
DROP VIEW 基本語法
DROP VIEW view_name [ ,…n ]
```

範例 10-14 刪除單一檢視表

刪除『女業務』檢視表。

```
DROP VIEW 女業務
```

範例 **10-15** 同時刪除多個檢視表

同時刪除『男業務訂單資料』、『男業務』、『當月壽星 01』以及『當月壽星 02』四個檢視表。

> **⚠ 提示▶** 每個『檢視表』之間要用逗號（,）隔開。

```
DROP VIEW 男業務訂單資料 , 男業務 , 當月壽星 01, 當月壽星 02
```

10-6 檢視表的基本使用

『檢視表』也稱為『虛擬資料表』，所以在查詢的方式上幾乎是相同的，可以利用 DML 的 SELECT 語法來對檢視表進行查詢，甚至是再與其他資料表或檢視表進行合併（JOIN）都是相同的。

範例 **10-16** 同時刪除多個檢視表

透過檢視表『v2005 年核計獎金』，查詢所核發的『獎金』大於或等於 500 以上的資料。

```
SELECT *
FROM v2005 年核計獎金
WHERE 獎金 >= 500
```

範例 10-17

由於檢視表『v2005 年領獎金人員資料』只有（員工編號，姓名，獎金）三個資料行，若是另一個需求希望將領獎金人的任用日期與年資計算出來，可以利用『員工』資料表，與已現有的『v2005 年領獎金人員資料』檢視表進行內部合併查詢。

```
CREATE VIEW v2005 年領獎金人員資料
AS
SELECT v2005 年核計獎金 .*, 任用日期 ,
        （YEAR（GETDATE（)）- YEAR（任用日期））AS 年資
FROM 員工 , v2005 年核計獎金
WHERE 員工 . 員工編號 = v2005 年核計獎金 . 員工編號 AND
        獎金 >= 500
```

10-7　檢視表的其他應用

一般企業所使用的某些資料，同質性可能非常高，例如往來的廠商當中，有些具有供應商的身份，也同時具有客戶的身份，但這些資料因為資料庫設計時將其分佈在不同的資料表。若要查詢也必須分別針對不同的資料表進行 SELECT 查詢，會造成諸多不方便。此時便可以利用集合的各類操作（聯集、交集和差集），將分佈於不同資料表的資料進行不同的操作，並建立於同一個檢視表內來查詢。

利用下圖來進行不同操作之間的比較，先以『合併』（INNER JOIN 或 OUTER JOIN）而言，除了將資料列進行不同的比較（對應）之外，最主要還是將不同資料表的資料行橫向結合。集合的操作包括聯集、交集和差集，是針對不同資料表，但具有共同資料行來進行資料列的操作（聯集、交集和差集）。

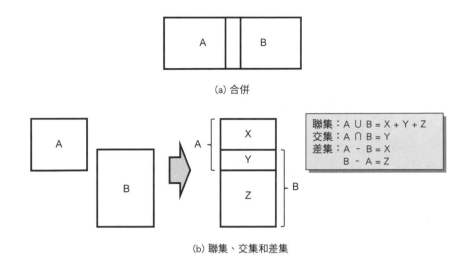

(a) 合併

聯集：A∪B = X + Y + Z
交集：A∩B = Y
差集：A − B = X
　　　B − A = Z

(b) 聯集、交集和差集

基於『合併』的檢視表

範例 10-18

建立一個檢視表『供應商所提供的產品資料』，查詢供應商所提供產品的資訊。

> **!提示▶** 由於所要輸出的資料行橫跨在『供應商』、『產品資料』以及『產品類別』三個資料表，所以可以利用『合併』的方式來進行操作。

【輸出】(供應商名稱, 產品名稱, 庫存量, 類別名稱)

```
CREATE VIEW 供應商所提供的產品資料
AS
SELECT S.供應商名稱, P.產品名稱, P.庫存量, C.類別名稱
FROM 供應商 AS S, 產品資料 AS P, 產品類別 AS C
WHERE S.供應商編號 = P.供應商編號 AND
      P.類別編號 = C.類別編號
```

基於『聯集』的檢視表 ▪▪

範例 10-19

建立一個檢視表『來往廠商名單』，將所有的『供應商』與『客戶』的資料合併在一起。

【輸出】（廠商編號, 廠商名稱, 聯絡人姓名, 聯絡電話）

```
CREATE VIEW 來往廠商名單（廠商編號, 廠商名稱, 聯絡人姓名, 聯絡電話）
AS
SELECT 供應商編號, 供應商名稱, 聯絡人, 電話 FROM 供應商
UNION
SELECT 客戶編號, 公司名稱, 聯絡人, 電話 FROM 客戶
```

基於『交集』的檢視表 ▪▪

範例 10-20

建立一個檢視表『雙重身份廠商名單』，將具有『供應商』與『客戶』雙重身份的資料。

【輸出】（廠商編號, 廠商名稱, 聯絡人姓名, 聯絡電話）

```
CREATE VIEW 雙重身份廠商名單（廠商編號, 廠商名稱, 聯絡人姓名, 聯絡電話）
AS
SELECT 供應商編號, 供應商名稱, 聯絡人, 電話
FROM 供應商
WHERE 供應商名稱 IN（SELECT 供應商名稱 FROM 供應商
                    INTERSECT
                    SELECT 公司名稱 FROM 客戶）
```

基於『差集』的檢視表

範例 10-21

建立一個檢視表『僅具客戶身份名單』，僅具有『客戶』身份的資料。

【輸出】（廠商編號,廠商名稱,聯絡人姓名,聯絡電話）

```
CREATE VIEW 僅具客戶身份名單(廠商編號,廠商名稱,聯絡人姓名,聯絡電話)
AS
SELECT 客戶編號,公司名稱,聯絡人,電話
FROM 客戶
WHERE 公司名稱 NOT IN(SELECT 供應商名稱 FROM 供應商)
```

10-8　異動檢視表的資料

對資料庫的資料異動（新增、刪除及修改），通常建議直接透過單一『資料表』來逐一異動；若是要透過『檢視表』進行不同異動操作，可能會產生一些異想不到的異常發生，以下分別針對新增、刪除以及修改三種可能產生的異常進行說明。

檢視表的資料『新增』

透過檢視表來新增資料，其實是不太建議的方式，若是該檢視表底層只有單一個資料表，新增資料時，只要能符合底層資料表對資料行的限制條件，新增就沒有問題。但一個檢視表底層若是有多個資料表，如下圖所示，由於透過檢視表會同時影響到數個資料表，資料表之間有著關聯性，所以系統會限制使用者直接對具有多個資料表的『檢視表』進行新增動作。

【檢視表】V01訂單基本資料查詢

訂單號碼	訂單日期	產品編號	數量	單價
0001	2009/12/1	P001	30	100
0001	2009/12/1	P003	80	1500
0002	2009/12/12	P002	100	350
0003	2010/1/7	P003	60	1500
0004	2010/2/11	P005	95	250
0001	2010/2/11	P002	90	300

新增 ① ②

訂單號碼	訂單日期	客戶編號
0001	2009/12/1	C001
0002	2009/12/12	C002
0003	2010/1/7	C001
0004	2010/2/11	

主索引鍵　　　【資料表】T01訂單

訂單號碼	產品編號	數量	單價
0001	P001	30	100
0001	P003	80	1500
0002	P002	100	350
0003	P003	60	1500
	P005	95	250
	P002	90	300

外部索引鍵　　　【資料表】T01訂單明細

針對上圖的情形，透過『v01訂單基本資料查詢』檢視表新增紀錄，可分為兩個個案來探討，如圖中標示的『1』與『2』，分別說明如下：

(1) 新增一筆新的訂單編號 0004

由於底層兩個資料表會有主索引與外部索引的關聯性，可能會造成『訂單號碼』資料行只寫入『T01訂單』資料表，而沒有寫入『T01訂單明細』資料表，造成彼此失去關聯性。

(2) 新增一筆已經存在的訂單編號 0001

由於訂單編號 0001 在父資料表『T01訂單』已經存在，系統該不該再將其覆蓋寫入呢？此會造成系統的混淆。

因此，只要是橫跨兩個或兩個以上資料表的檢視表，新增操作就會同時關聯到數個資料表，系統將會出現【沒有更新任何資料列】的訊息對話框，警告使用者此操作是不被允許的，使用者只能關閉該對話框後，按【ESC】放棄剛剛的新增資料。

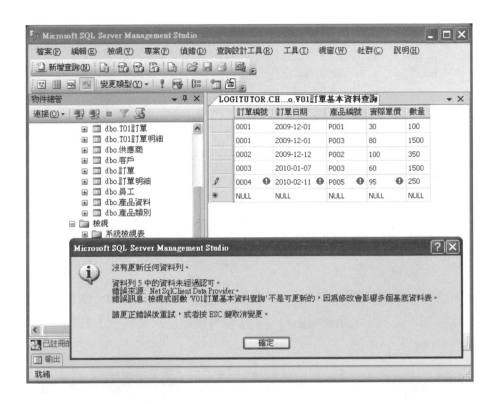

檢視表的資料『刪除』

　　透過檢視表刪除資料，以下圖而言，若是要將第一筆的紀錄刪除掉，換成語意的解釋，應該可以說成要將訂單編號 0001 的產品編號 P001 刪除掉，也就是該筆訂單要減少一項產品，只剩產品編號為 P003 的資料。由於底層也是由兩個資料表所構成的，一旦透過此檢視表『v01 訂單基本資料查詢』來刪除資料，系統該不該將底層『T01 訂單』的訂單編號 0001 也刪除呢？又會造成系統的混淆。倘若要將『T01 訂單』的訂單編號 0001 也一併刪除，將會造成子資料表『T01 訂單明細』的參考完整性出現問題，也就是產品編號 0001 無法對應到父資料表『T01 訂單』中的資料。

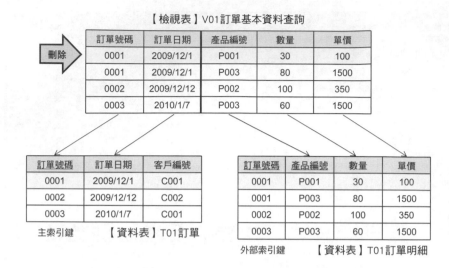

【檢視表】V01訂單基本資料查詢

訂單號碼	訂單日期	產品編號	數量	單價
0001	2009/12/1	P001	30	100
0001	2009/12/1	P003	80	1500
0002	2009/12/12	P002	100	350
0003	2010/1/7	P003	60	1500

刪除

訂單號碼	訂單日期	客戶編號
0001	2009/12/1	C001
0002	2009/12/12	C002
0003	2010/1/7	C001

主索引鍵　　　　【資料表】T01訂單

訂單號碼	產品編號	數量	單價
0001	P001	30	100
0001	P003	80	1500
0002	P002	100	350
0003	P003	60	1500

外部索引鍵　　　　【資料表】T01訂單明細

因此，透過檢視表要刪除資料，若是底層所參考的資料表超過一個，系統是不允許使用者刪除。如下圖所示，系統會出現一個【沒有刪除任何資料列】的訊息對話框，通知使用者該刪除動作被取消。

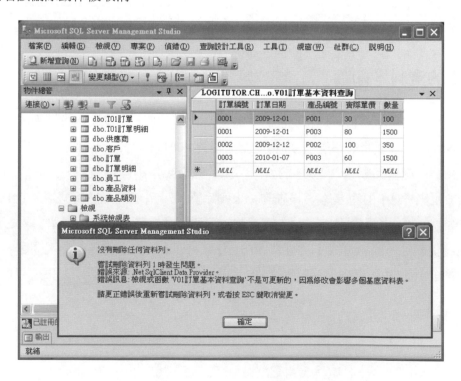

檢視表的資料『修改』

透過檢視表修改資料，原則上只要不更改到底層資料表的『主索引鍵』與『外部索引鍵』的值，並遵循底層資料表對每一個資料行的條件限制，就不會發生異常錯誤。

若是修改的剛好是主索引或外部索引鍵值，就會產生不同的問題。以下圖而言，『V01 訂單基本資料查詢』中僅有主索引，若要將第一筆的訂單編號從 0001 更改成 0005，相對應到底層的『T01 訂單』資料表。一旦『T01 訂單』資料表的『訂單號碼』被更改成 0005，將會發生子資料表『T01 訂單明細』中有兩筆訂單號碼 0001 對應不到『T01 訂單』資料表的資料。

【檢視表】V01訂單基本資料查詢

訂單號碼	訂單日期	產品編號	數量	單價
0005	2009/12/1	P001	30	100
0001	2009/12/1	P003	80	1500
0002	2009/12/12	P002	100	350
0003	2010/1/7	P003	60	1500

修改

訂單號碼	訂單日期	客戶編號
0005 ？	2009/12/1	C001
0002	2009/12/12	C002
0003	2010/1/7	C001

主索引鍵　　　【資料表】T01訂單

訂單號碼	產品編號	數量	單價
0001	P001	30	100
0001	P003	80	1500
0002	P002	100	350
0003	P003	60	1500

外部索引鍵　　　【資料表】T01訂單明細

因此僅修改主索引鍵值，而未同步修改外部索引鍵值，將會發生以下的錯誤訊息。

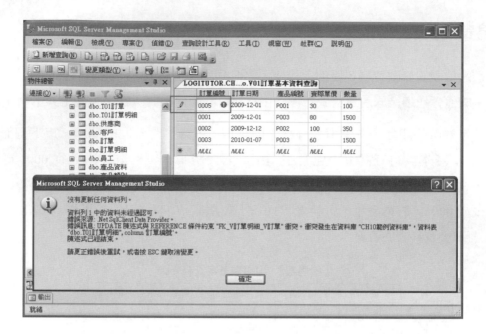

　　若是換個檢視表『V01 含 PK 與 FK 的訂單基本資料查詢』，此檢視表同時具有『主索引鍵』與『外部索引鍵』。透過此檢視表同時修改『主索引鍵』與『外部索引鍵』值。如下圖所示，將第一筆的『訂單號碼 PK』與『訂單號碼 FK』為 0001，同時更改成 0005，再觀察底層的兩個資料表，若是 PK 與 FK 都被更改後，『T01 訂單明細』中的訂單號碼 0001 又成了孤兒，對應不到父資料表『T01 訂單』中的資料。

【檢視表】V01含PK與FK的訂單基本資料查詢

訂單號碼PK	訂單日期	訂單號碼FK	產品編號	數量	單價
0005	2009/12/1	0005	P001	30	100
0001	2009/12/1	0001	P003	80	1500
0002	2009/12/12	0002	P002	100	350
0003	2010/1/7	0003	P003	60	1500

修改

訂單號碼	訂單日期	客戶編號
0005 ?	2009/12/1	C001
0002	2009/12/12	C002
0003	2010/1/7	C001

主索引鍵　　　　【資料表】T01訂單

訂單號碼	產品編號	數量	單價
0005	P001	30	100
0001	P003	80	1500
0002	P002	100	350
0003	P003	60	1500

外部索引鍵　　　　【資料表】T01訂單明細

因此，系統為了避免發生不同的修改異常，縱使同時更改 PK 與 FK 的值，仍會被禁止。如下圖所示，會出現【沒有更新任何資料列】的訊息對話框，通知使用者此操作將會被取消，使用者關閉該對話框之後，可以按下【ESC】放棄剛剛的異動。

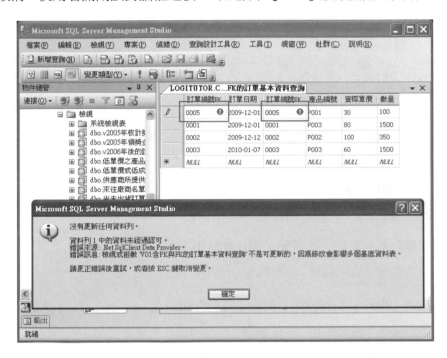

本章習題

請利用書附光碟中的『CH10 範例資料庫』，依據以下不同的需求，使用 CREATE VIEW 的敘述建立檢視表。

1. 請利用日期函數與字串函數，將今日的上一週和下一週同一天的日期，轉換成類似以下的格式。例如今日為 99/02/17、上一週同一天為 99/02/10、下一週同一天為 99/02/24。並將此 VIEW 加密。

   輸出格式：民國 99 年 02 月 01 日星期一

2. 查詢『員工』資料表中，當月壽星資料，並依據年資給予獎金，計算公式如下，並將輸出資料存至另一名為『獎金』的新資料表。

   獎金＝年資＊1000,（年資＝今年－任用之年）

   輸出（核發年度, 員工編號, 姓名, 年齡, 年資, 獎金）

   [提示] 核發年度為執行此 SELECT 敘述的當年年度。

3. 請查詢客戶資料表中,『聯絡人職稱』有哪幾種,重複資料僅出現一次,不可重複出現。

   [提示] 使用 DISTINCT

4. 查詢『客戶』資料表中,『男業務』與『女會計人員』。並使用 WITH SCHEMABINDING 將底層資料表繫結。

   輸出（客戶編號, 公司名稱, 聯絡人, 聯絡人職稱, 聯絡人性別）

5. 查詢產品種類為『果汁』、『茶類』與『咖啡類』,有哪些產品？

   輸出（類別編號, 類別名稱, 產品編號, 產品名稱）

6. 查詢有提供『果汁』類的相關產品的供應商有哪些？

   輸出（類別編號, 類別名稱, 產品編號, 產品名稱, 供應商名稱）

7. 同上題 (6)，改用 INNER JOIN…ON 的方式撰寫。

8. 查詢 2005 年第三季所有員工承接訂單的情形。（使用 OUTER JOIN）

   輸出（年度, 季, 員工編號, 員工姓名, 訂單編號, 訂貨日期）

9. 根據上題 (8) 查詢出來的資料再進行計算每位員工承接訂單的筆數。

   輸出（年度, 季, 員工編號, 員工姓名, 訂單總筆數）

   [注意] 沒有承接訂單的資料也必須表列出來。

10. 查詢出 2006 年第四季沒有承接任何訂單的員工資料。

    輸出（年度, 季, 員工編號, 員工姓名, 上司姓名）

CHAPTER 11

T-SQL 設計

前面章節曾提到『檢視表』的建立與不同的查詢應用，但這些的查詢較為偏向靜態性查詢，也就是沒有太多的運算式或流程控制的處理。若是要能有效且有彈性地處理不同的需求，必須有更多的功能來支援，所以 SQL Server 自原有的 ANSI-SQL 延伸發展出自己的 SQL 語言，稱之為 Transact-SQL，或簡稱為 T-SQL。本章所要探討的就是除了前面幾章所提到的 SQL 語法之外，還可以使用哪些方式來處理不同的需求。

⑪-1　什麼是 T-SQL

一般對資料庫進行資料存取，都是使用『結構化的查詢語言』（Structured Query Language, 簡稱 SQL），而 SQL 查詢語言主要是針對一個『集合』來進行操作，也就是一次針對多筆紀錄，而非單一筆紀錄逐一處理。

微軟（Microsoft）公司所發展的資料庫管理系統稱之為『SQL Server』，賽貝斯（SYBASE）公司所發展的資料庫管理系統稱之為『Adaptive Server Enterprise』，兩者所使用的 SQL 是從 ANSI-SQL 延伸出來的，都稱之為『Transact-SQL』（簡稱為『T-SQL』）；而甲骨文（ORACLE）公司所發展使用的資料庫管理系統稱之為『Oracle』，其所使用的 SQL 則稱之為『PL/SQL』（Procedural Language/Structured Query Language）。

T-SQL 本身是從 ANSI-SQL 所延伸出來的一種結構化查詢語言，並強化及增加了以下幾種功能，包括流程控制、區域變數、迴圈使用、加強字串及數學運算能力以及強化 INSERT、UPDATE 與 DELETE 的功能，個別說明如下：

- **流程控制**

  T-SQL 主要提供流程判斷的『IF…ELSE…』、『CASE … WHEN…ELSE』子句的處理，可以提高程式設計人員有效且彈性地處理所要的不同需求和功能。

- **區域變數**

  SQL Server 本身提供兩種變數，其一為系統本身預先定義的『全域變數』，以及 T-SQL 所提供的『區域變數』。區域變數可以提供給程式設計人員自行定義與使用，並可使用在批次處理、預存程序、自訂函數、自訂規則、…等等。

■ **迴圈使用**

『WHILE』迴圈可以提供設計人員簡化很多重複且有規律性的處理流程，讓程式的靈活度及可用性更高。

■ **加強字串及數學運算能力**

由於 T-SQL 提供了區域變數的功能，所以同時也提升了很多字串的處理，以及數學運算的能力。

■ **強化 INSERT、UPDATE 與 DELETE 的功能**

在前面幾章曾介紹過 INSERT 可以一次同時增加數筆記錄，而不是一筆一筆地新增。至於 UPDATE 與 DELETE 也擴展出，可以參考其他資料表的資料為異動的依據。

11-2 使用註解說明

■ **單行註解**

在 T-SQL 中若是僅有一行的註解說明文字，也就是在該行文字前面加上兩個『減號』(--)，例如：

```
-- 此行為註解說明文字，以下是查詢員工資料表的所有資料行
SELECT *
FROM 員工
```

或是以下將註解說明置於 T-SQL 的子句後面也可以

```
SELECT * -- 此行為註解說明文字，這是查詢員工資料表的所有資料行
FROM 員工
```

■ **多行註解**

在 T-SQL 中除了可以單行註解說明文字外，也可以同時擁有連續的多行說明文字，不用在每一行最前面加上兩個減號 (--)，只要在最前面加上『/*』，以及最後面加上『*/』及可，例如：

```
/*
這是多行的註解說明文字
以下是針對員工資料表的查詢
*/
SELECT *
FROM 員工
```

11-3 批次處理

所謂『批次處理』（batch processing）是將數個操作集合在一起，再一次交給系統逐一地處理，通常在批次的最後一行會加上一個『GO』，用來表示該批次的結束點。系統會先將該批次內的所有敘述先進行『編譯』（compile），編譯的目的在於將批次內的每一個敘述編碼成系統認識的語言，主要是針對設計者所撰寫『語法』（syntax）正確性的檢查。完成編譯處理後，再進行『執行』（execute），通常結束時會有 go。

『編譯時期』（compile time），系統會先將一個批次內的每一個操作進行『編譯』（compile），經過編譯正確後再進入『執行時期』。『編譯』主要是針對每一個操作的『語法』（syntax）進行驗證，只要語法通過驗證，編譯器（compiler）並不會檢驗被引用到的『物件』（例如資料表、檢視表…）是否存在；縱使被引用的物件不存在，編譯器也不會發出任何訊息。若是在『編譯時期』（compile time）發生任何錯誤，系統將會中止該批次，也就是說中止所有的操作進行處理。

『執行時期』（runtime），經過編譯後即進入執行時期，在執行每一個操作之前，系統會先檢驗所引用的『物件』（例如資料表、檢視表…）是否存在，以及每個『物件』本身所設定的『條件限制』（constraint）是否符合。只要是屬於物件不存在的情形是屬於較為嚴重的情況；至於違反物件的條件限制是屬於較輕微的錯誤。

以下將針對三種錯誤情形逐一舉例說明，分別為『編譯中發生錯誤』與『執行中發生錯誤』兩大類。『執行中發生錯誤』可再細分為『嚴重錯誤』與『輕微錯誤』兩種。所以共有三種可能的錯誤情形，各別說明如下：

1. **編譯中發生錯誤**

   若是一個批次內有三個操作，分別如下三個 SELECT 敘述，其中第二個 SELECT 敘述的語法誤將『FROM』打錯成『FRMO』而造成編譯錯誤。

   ```
   -- (1) 以下是正確查詢
   SELECT * FROM 供應商
   -- (2) 以下的語法錯誤，將 FROM 誤打成 FRMO
   SELECT * FRMO 員工
   -- (3) 以下是正確查詢
   SELECT * FROM 產品資料
   GO
   ```

   依據以上的批次，由於第二個 SELECT 敘述語法錯誤，所以會產生以下的錯誤訊息而中斷批次的執行。**也就是說，『編譯中發生錯誤』的批次，將不會有任何操作被執行。**

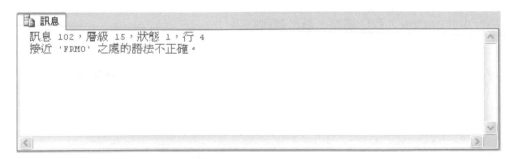

```
訊息 102，層級 15，狀態 1，行 4
接近 'FRMO' 之處的語法不正確。
```

2. **執行中（runtime）發生錯誤，屬於嚴重錯誤**

   若是一個批次內有三個操作，分別如下三個 SELECT 敘述，其中第二個 SELECT 敘述中使用到的資料表，誤將『員工』打錯成『員公』而造成執行中的嚴重錯誤。

```
-- (1) 以下是正確查詢
SELECT * FROM 供應商
-- (2) 執行中（runtime）發現『員公』資料表不存在，正確應該為『員工』
SELECT * FROM 員公
-- (3) 以下是正確查詢
SELECT * FROM 產品資料
GO
```

依據以上的批次，由於第二個 SELECT 敘述發生執行中的嚴重錯誤，所以會產生以下的錯誤訊息而中斷批次的執行。**也就是說，『執行中（runtime）發生錯誤，屬於嚴重錯誤』的批次，發生錯誤敘述的前面敘述會正常被執行，發生錯誤敘述的後續敘述就不再被執行。**

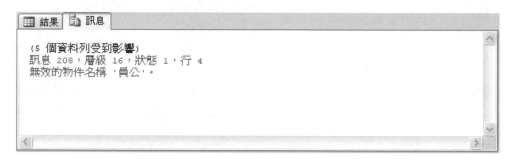

3. **執行中（runtime）發生錯誤，屬於輕微錯誤**

    若是一個批次內有三個操作，分別如下三個 SELECT 敘述，其中第二個 INSERT 敘述中，新增一筆已存在主索引鍵值（員工編號），造成執行中的輕微錯誤。

```
-- (1) 以下是正確查詢
SELECT * FROM 供應商
-- (2) 員工資料表的員工編號『12』已存在，再新增一次員工編號 12 會造成錯誤
INSERT 員工（員工編號）VALUES（12）
-- (3) 以下是正確查詢
SELECT * FROM 產品資料
GO
```

依據以上的批次，由於第二個 INSERT 敘述發生執行中的輕微錯誤，所以會產生以下的錯誤訊息。**也就是說，『執行中（runtime）發生錯誤，屬於輕微錯誤』的批次，發生錯誤敘述的前面敘述會正常被執行，發生錯誤敘述的後續敘述亦會繼續執行完畢，唯有錯誤之處會被忽略掉。**

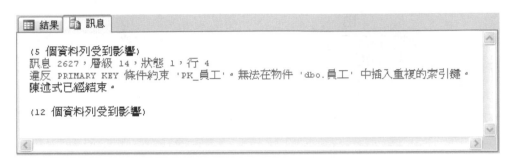

11-4　區域變數與全域變數

首先，必須先介紹什麼是『變數』（variable），變數原本是不存在的，必須經由宣告其能儲存的資料類型之後，即可將資料暫時儲存其中的一個儲存體，例如宣告一個整數型別的變數名稱為『MyIntVariable』，並將 10 暫放於此；也就是說，將 10 指定給 MyIntVariable，可表示成

MyIntVariable = 10

如下圖所示：

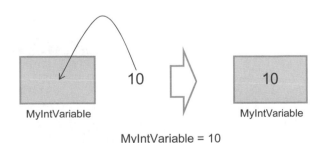

MyIntVariable = 10

若是要將此變數 MyIntVariable 再加 8，可表示成

MyIntVariable = MyIntVariable + 8

如下圖所示：

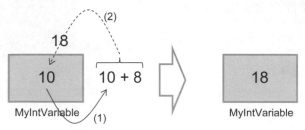

MyIntVariable = MyIntVariable + 8

區域變數的宣告與應用

T-SQL 的變數可分為兩種，分別為『區域變數』（local variable）與『全域變數』（global variable）。『區域變數』是提供給使用者定義和使用，可讓使用者應用在批次處理、自訂函數、預存程序、觸發程序…等等。變數名稱的表示方式，必須以 @ 為變數名稱的第一個字，例如：@MyIntVariable。以下是用來宣告（declare）以及指派（assign）變數值的語法。

```
宣告區域變數（declare local variable）
DECLARE @local_variable [AS] data_type [ , … ]

利用 SET 指派值（assign value）
SET @local_variable = value

利用 SELECT 指派值（assign value）
SELECT @local_variable = expression [ , … ]
同時宣告區域變數與指派值
DECLARE @local_variable [AS] data_type = value [ , … ]

[ 註 ] 語法中的 AS 可省略不寫
```

區域變數的基本宣告、指派值與輸出 ▪▪

```
--[ 宣告區 ]，將所有的區域變數在此宣告，包括一次宣告一個及多個區域變數
DECLARE  @MyIntVariable int
DECLARE  @TodayDate date ,
         @MyChar char (20), @MyVarChar varchar (20),
         @OutStr01 varchar (40) , @OutStr02 varchar (40)


--[ 指派區 ]，利用 SET 指派所有區域變數的初始值
SET @MyIntVariable = 10
SET @TodayDate = getdate ( )
SET @MyChar = 'SQL Server'
SET @MyVarChar = ' 正在學習 '


--[ 運算區 ]，利用 SET 來進行區域變數的計算
SET @MyIntVariable = @MyIntVariable + 8
SET @OutStr01 = @MyChar + @MyVarChar
SET @OutStr02 = @MyVarChar + @MyChar


--[ 輸出區 ]，利用 SELECT 將區域變數輸出
SELECT @MyIntVariable
SELECT @TodayDate
SELECT @OutStr01
SELECT @OutStr02
GO
```

【輸出結果】

```
18
2009-10-22
SQL Server            正在學習
正在學習 SQL Server
```

【說明】

　　區域變數的宣告，並沒有特別規定要寫在程序中的哪一個位置，只要在使用該區域變數前宣告即可。但仍建議在撰寫時，習慣將所有區域變數宣告，統一寫在程序的最前面，方便閱讀該程序者以及後續維護的便利性。以上故意將程序劃分為四個基本區塊（宣告區、指派區、運算區及輸出區），但並非一定要如此撰寫，只是方便讀者能有條理的閱讀，和養成撰寫 T-SQL 的好習慣；後面範例將不再強調這四個區塊的概念。

　　在上面的輸出的部份，值得一提的是 @OutStr01 與 @OutStr02 的輸出結果，因為 @OutStr01 的前面變數 @MyChar 是固定字元 CHAR 型態，所以造成『SQL Server』與『正在學習』字串之間多空出 10 個空格。而 @OutStr02 的前面變數 @MyVarChar 是可變長度的字元，所以『SQL Server』與『正在學習』字串之間不會有空格出現。

宣告與指派動作一次進行

```
DECLARE @MyIntVariable int = 10 , @TodayDate date = getdate( )

SET @MyIntVariable = @MyIntVariable + 8

SELECT @MyIntVariable
SELECT @TodayDate
GO
```

【輸出結果】

```
18
2009-10-22
```

利用 SELECT 對區域變數指派值及運算

```
-- 宣告區域變數
DECLARE @EmpName varchar (10) , @EmpBirthday date
-- 利用 SELECT 指派區域變數的值
SELECT @EmpName = ' 陳小東 ' , @EmpBirthday = '1980-04-17'
-- 輸出區域變數
SELECT @EmpName + ' 先生 ' , @EmpBirthday
GO
```

從『資料表』取資料,指派給區域變數

```
DECLARE @EmpNo int , @EmpName varchar (10)

-- 從資料表查詢出資料存入區域變數內
SELECT @EmpNo = 員工編號 , @EmpName = 姓名
FROM 員工
WHERE 員工編號 = 1

SELECT @EmpNo AS 員工編號 , @EmpName AS 員工姓名
GO
```

　　以上的範例只挑選出『員工編號 =1』的員工資料,由於員工編號為主索引鍵,所以回傳值最多也僅會有一筆紀錄,所以不會有問題。但是,要將整個資料表的員工姓名回傳給一個區域變數時,如下的寫法就會發生錯誤。

```
DECLARE @EmpName varchar (200) = '' -- '' 這是兩個單引號

SELECT @EmpName = 姓名
FROM 員工
```

```
SELECT @EmpName AS 所有員工姓名
GO
```

【輸出結果】

張懷甫

　　從輸出結果可以看出，整個資料表的資料不只一筆，但輸出的結果卻只出現『員工』資料表中的最後一筆紀錄。很明顯地，是因為 SELECT 查詢結果會從資料表逐一回傳，後一筆紀錄會覆蓋（或取代）前一筆紀錄，不斷覆蓋的情形下，結果就只剩最後一筆紀錄。

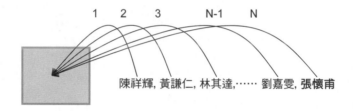

　　將以上的作法改寫成以下的方式，讓區域變數不斷地將回傳的資料逐一串接在一起，最後的結果就是全部資料表內的紀錄。本範例為了區隔每一筆資料，所以在每個員工姓名前後加上 [ ]，方便讀者閱讀，並沒有其他特別的用意。

```
-- 若是不指定初始值, 最後結果會是空值
DECLARE @EmpName varchar (200) = ''

SELECT @EmpName = @EmpName + '[' + 姓名 + '] '
FROM 員工
SELECT @EmpName AS 所有員工姓名
GO
```

【輸出結果】

> [陳祥輝] [黃謙仁] [林其達] [陳森耀] [徐沛汶] [劉逸萍] [陳臆如] [胡琪偉] [吳志
> 梁] [林美滿] [劉嘉雯] [張懷甫]

　　由於『空值』（Null）是一個很特殊的值，若是利用『空值』與其他字串連接在一起，最後結果仍會是『空值』。例如以下範例。

```
DECLARE @myStr varchar (10)  -- 未指定初始值 , 預設將為 Null
SET @myStr = @myStr + 'ABC'
SELECT @myStr
GO
```

【輸出結果】

> NULL

使用 TABLE 資料型別的區域變數

　　區域變數亦可宣告成 table 資料型別，宣告後就如同一個資料表一樣，可以針對此區域變數進行 INSERT、DELETE、UPDATE 以及 SELECT 的操作，甚至區域變數之間的不同合併（join），或是與真實資料表之間的不同合併（join）皆可。但是要特別注意，區域變數的生命週期只隨著該批次消失，同時消失不見。所以 table 資料型別的區域變數，僅能當成暫時性資料使用。宣告 table 資料型別區域變數的語法如下。

```
DECLARE @local_variable TABLE（<table_definition>）
```

　　此處的 <table_definition> 與前面 CREATE TABLE 語法相同，不過 table 資料型別的區域變數只能使用以下三種條件限制：

1. Primary Key

2. Unique Key

3. Null

■ TABLE 資料型別之『區域變數』與『資料表』之間的合併查詢

```
-- 宣告一個 table 資料型別之區域變數
DECLARE @vFemaleEmp TABLE (EmpNo int Primary key ,
                           EmpName varchar (20) NOT NULL,
                           EmpGender varchar (2))


-- 挑選出女員工資料至區域變數 @vFemaleEmp
INSERT @vFemaleEmp
SELECT 員工編號 , 姓名 , 性別
FROM 員工
WHERE 性別 = ' 女 '


--『區域變數』與『資料表』的內部合併 (Inner Join) 且限制 2006 年訂單資料查詢
SELECT F.* , 訂單 . 訂單編號 , 訂單 . 訂貨日期
FROM @vFemaleEmp AS F, 訂單
WHERE F.EmpNo = 訂單 . 員工編號 AND
      YEAR (訂貨日期)= 2006
ORDER BY F.EmpNo
GO
```

可以將以上的批次處理歸納整個處理過程如下圖。最下層是實體的『資料表』，從『員工』資料表挑選出女性員工，新增至 table 資料型別的區域變數『@vFemaleEmp』；再將此變數與『訂單』資料表進行『內部合併』（Inner Join）處理，且限制訂貨年度為 2006 年資料，最後得出的就是結果集（result set）。

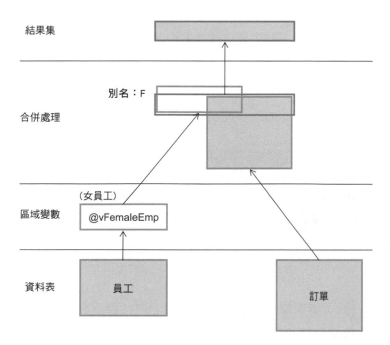

■ TABLE 資料型別之『區域變數』之間的合併查詢

```
-- 宣告二個 table 資料型別之區域變數
DECLARE @vFemaleEmp TABLE (EmpNo int Primary key ,
                           EmpName varchar (20) NOT NULL,
                           EmpGender varchar (2))
DECLARE @vOrder_2006 TABLE (OrderNo varchar (8) Primary Key,
                            EmpNo int NOT NULL,
                            OrderDate date)


-- 挑選出女員工資料至區域變數 @vFemaleEmp
INSERT @vFemaleEmp
SELECT 員工編號 , 姓名 , 性別
FROM 員工
WHERE 性別 = ' 女 '
```

```
-- 挑選出 2006 年訂單資料至區域變數 @vFemaleOrder
INSERT @vOrder_2006
SELECT 訂單編號 , 員工編號 , 訂貨日期
FROM 訂單
WHERE YEAR（訂貨日期）= 2006

-- 兩個『區域變數』之間的內部合併（Inner Join）查詢
SELECT F.* , O.OrderNo , O.OrderDate
FROM @vFemaleEmp AS F, @vOrder_2006 AS O
WHERE F.EmpNo = O.EmpNo
ORDER BY F.EmpNo
GO
```

可以將以上的批次處理歸納整個處理過程如下圖。最下層是實體的『資料表』，從『員工』資料表挑選出女性員工，新增至 table 資料型別的區域變數『@vFemaleEmp』；從『訂單』資料表挑選出 2006 年度的訂單資料，新增至 table 資料型別的區域變數『@Order_2006』。再將這兩個區域變數進行『內部合併』（Inner Join）處理，最後得出的就是結果集（result set）。

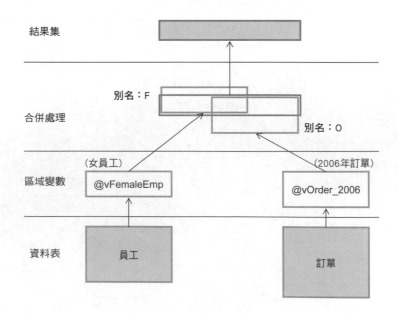

特別注意，當任何兩個『資料行』名稱會造成混淆時，不可以直接將 table 資料型別的『區域變數』名稱加在『資料行』名稱前面，例如『@vFemaleEmp.EmpNo』是不被允許的。必須先給定一個『別名』，例如前兩個範例給定 @vFemaleEmp 別名為『F』，資料行名稱為『F.EmpNo』。

全域變數

『全域變數』是由 SQL Server 系統本身已事先定義好的變數，變數名稱皆會以 @@ 開頭。可用來儲存使用者執行時發生的狀態，以及系統目前的某些狀態，以下列舉幾個常見的全域變數。

全域變數名稱	用途說明
@@ROWCOUNT	記錄使用者執行SQL敘述所影響的筆數，包括查詢、新增、刪除或修改的筆數
@@ERROR	記錄使用者執行SQL敘述時所發生的錯誤代碼
@@VERSION	記錄SQL Server的版本
@@LANGUAGE	記錄目前SQL Server所使用的語言
@@SERVICENAME	記錄目前連線SQL Server的執行個體名稱
@@MAX_CONNECTIONS	記錄所使用SQL Server版本的最大連線數

利用 **@@ROWCOUNT** 可查詢最近一次操作所影響的筆數
```
SELECT * FROM 客戶        --『客戶』資料表輸出總筆數為：16
SELECT * FROM 員工        --『員工』資料表輸出總筆數為：12
SELECT @@ROWCOUNT
```

【輸出結果】

```
12
```

根據以上的範例，可以發現 @@ROWCOUNT 所記錄的資料為 12，也就是說當第一次執行『客戶』資料表的 SELECT 時，@@ROWCOUNT 是記錄 16，但並未輸出。

當使用者再執行『員工』資料表時，@@ROWCOUNT 的記錄又被覆蓋成 12，所以在最後輸出的結果僅顯示出最近一次操作所影響的筆數。

利用 @@ERROR 可查詢當下錯誤的訊息代碼
SELECT 員工編號 , 姓名 FROM 員公
SELECT @@ERROR

【輸出結果】

208

訊息 208，層級 16，狀態 1，行 1
無效的物件名稱 '員公'。

SELECT 原工編號 , 姓名 FROM 員工
SELECT @@ERROR

【輸出結果】

207

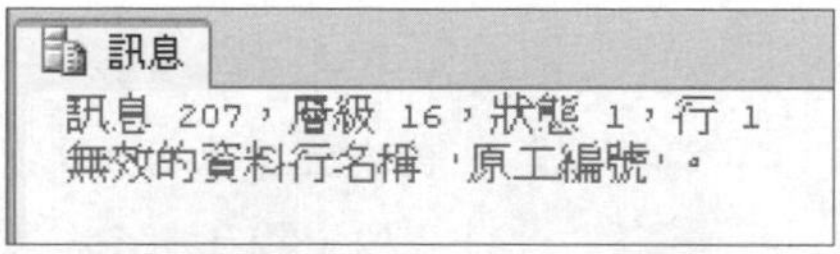

訊息 207，層級 16，狀態 1，行 1
無效的資料行名稱 '原工編號'。

全域變數 @@ERROR 所儲存的僅是錯誤的代碼，在撰寫程序時，無法判斷錯誤發生的原因，詳細的訊息可以至微軟公司網站的『事件和錯誤訊息中心：基本搜尋』（網址：http://www.microsoft.com/technet/support/ee/ee_basic.aspx）查詢。如下圖，只要利用下拉式選單選擇產品（以下是點選 SQL Server），並輸入錯誤代碼（以下是輸入 208），並按下【開始】按鍵。亦可點選【進階搜尋】鏈結進行查詢。

　　根據所輸入的資訊，可能會出現一至多個相關的資訊，以此例而言，搜尋到兩個相
關的資訊，主要在於版本的差異，SQL Server 在微軟內部的版本代號與發佈至市場的
版本有所不同。SQL Server 10.0 代表 SQL Server 2008，SQL Server 9.0 代表 SQL Server
2005。此處所要查詢的 SQL Server 2008 版本，所以點選第一個 10.0 版本的超鏈結。

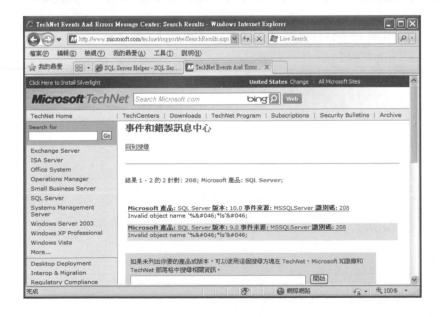

　　下一個畫面即是我們所要查詢錯誤代碼 208 的相關資訊，由於微軟在文件庫中所提供的相關文件，並沒有全面的本土化，所以仍有些資訊出現的會是英文網頁資料。

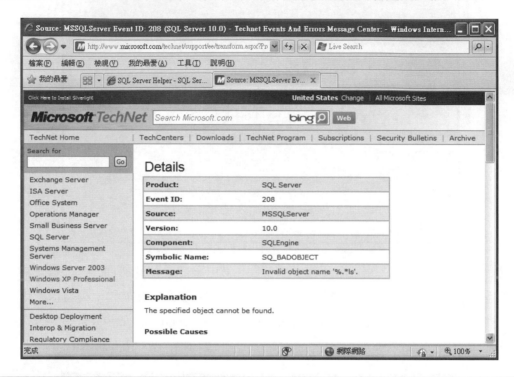

利用 **@@VERSION** 可查詢所使用 **SQL Server** 的版本與相關資訊。
SELECT @@VERSION

【輸出結果】

Microsoft SQL Server 2008 ⋯⋯.

利用 **@@LANGUAGE** 可查詢目前 **SQL Server** 所使用的語言
SELECT @@LANGUAGE

【輸出結果】

繁體中文

利用 **@@MAX_CONNECTIONS** 可查詢到所使用版本的最大連線數
SELECT @@MAX_CONNECTIONS

【輸出結果】

32767

利用 **@@SERVICENAME** 可查詢所使用的『執行個體』名稱
SELECT @@SERVICENAME

【輸出結果】

MSSQLSERVER

若是安裝 Express 版本，執行個體名稱輸出結果會是如下結果

【輸出結果】

SQLEXPRESS

11-5 流程控制

很多的程式設計語言，就會有流程控制，包括 IF…ELSE 的條件判斷式，以及不同形式的迴圈，例如 WHILE、FOR…，不過在 T-SQL 中只有 WHILE 一種迴圈可以使用。

敘述區塊 BEGIN…END

BEGIN…END 是為了將數個敘述當成一個流程來執行，若是只有單一個敘述就可以不用大費周章的使用 BEGIN…END。通常會被使用於 IF…ELSE…和 WHILE 迴圈。後續將會陸續介紹使用方式。

IF…ELSE…的條件判斷

IF…ELSE…條件判斷式，以口頭解釋為『如果…否則…』。也就是說，**如果** IF 後面的條件成立，就執行 IF 下面的敘述；**否則**就執行 ELSE 後面的敘述。IF…ELSE 的語法結構如下。

```
IF Boolean_expression
    { sql_statement | statement_block }
[ ELSE
    { sql_statement | statement_block } ]
```

■ 僅有一個 IF 的條件判斷式

```
若是 IF 判斷式下僅有一個敘述，可以不用 BEGIN…END
DECLARE @CategoryID INT
SET @CategoryID = 1

IF（SELECT COUNT（產品編號）FROM 產品資料
    WHERE 類別編號 = @CategoryID）>= 2

  SELECT 類別編號 , 產品編號 , 產品名稱 FROM 產品資料
    WHERE 類別編號 = @CategoryID
GO
```

【輸出結果】

	類別編號	產品編號	產品名稱
1	1	1	蘋果汁
2	1	2	蘋果汁
3	1	4	蘆筍汁

```
若是 IF 判斷式下有多個敘述，必須使用 BEGIN…END
DECLARE @CategoryID INT
DECLARE @CatName VARCHAR（100），@PrdName VARCHAR（100）
SET @CategoryID = 1
SET @CatName = ''          -- 此處是兩個單引號
SET @PrdName = ''

IF（SELECT COUNT（產品編號）FROM 產品資料
    WHERE 類別編號 = @CategoryID）>= 2
  BEGIN
    SELECT @CatName = 類別名稱
    FROM 產品類別
    WHERE 類別編號 = @CategoryID

    SELECT @PrdName = @PrdName + '[' + 產品名稱 + '] '
    FROM 產品資料
    WHERE 類別編號 = @CategoryID

    PRINT ' 類別名稱：' + @CatName
    PRINT ' 產品表列：' + @PrdName
  END
GO
```

【輸出結果】

　　利用 PRINT 輸出的結果會出現在【訊息】視窗。

```
📄 訊息
類別名稱：果汁
產品表列：[蘋果汁] [蔬果汁] [蘆筍汁]
```

　　　　以上兩個範例當中，必須特別注意的是 IF 後面的判斷式，SELECT 的查詢子句必須先用小括弧括起來，再判斷回傳的 COUNT（產品編號）值是否大於等於 2。若是整個用小括弧括起來，將會出現語法錯誤的訊息。正確與錯誤表示方式如下：

【正確語法】

IF（SELECT COUNT（產品編號）FROM 產品資料 WHERE 類別編號＝@CategoryID）>= 2

【錯誤語法】

IF（SELECT COUNT（產品編號）FROM 產品資料 WHERE 類別編號＝@CategoryID >= 2）

　　或 不加上小括弧也會錯誤

IF SELECT COUNT（產品編號）FROM 產品資料 WHERE 類別編號＝@CategoryID >= 2

■ 僅有一個 IF…ELSE…的條件判斷式

```
DECLARE @ 筆數 INT
SELECT 產品編號, 產品名稱 FROM 產品資料 WHERE 類別編號＝1
SET @ 筆數＝@@ROWCOUNT
IF @ 筆數 > 0
  PRINT ' 共查到 '＋CAST（@ 筆數 AS VARCHAR）＋' 項產品 '
ELSE
  PRINT ' 此類別沒有任何產品 '
GO
```

　　若將以上兩種的 IF…與 IF…ELSE…做一個比較，可藉由下圖的方式來作一個說明，圖中的（a）代表只有一個 IF 條件判斷式，也就是在執行 S_1 之後，先將過 IF 的判斷是否要執行 S_2，若是 IF 條件成立，則多執行一個 S_2，否則直接執行 S_3。可解說成，若是 IF 條件成立就執行 $S_1S_2S_3$ 三個敘述，若是不成立只會執行 S_1S_3 兩個敘述。

圖中的 (B) 代表 IF…ELSE…的語法，也就是在執行 S_1 之後，先將過 IF 的判斷，接下去執行 S_{21} 或 S_{22}，再繼續 S_3 的執行。可解說成，無論如何都會執行三個敘述，若是 IF 條件成立就執行 $S_1S_{21}S_3$，若是不成立就執行 $S_1S_{22}S_3$。

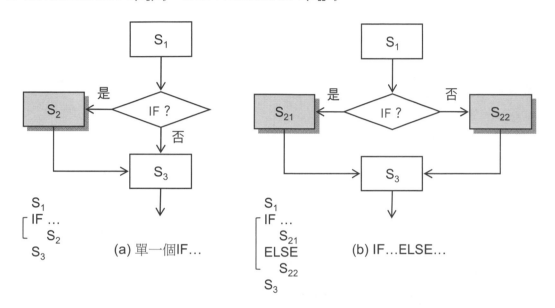

(a) 單一個IF…

(b) IF…ELSE…

■ **IF…ELSE IF…ELSE IF…ELSE…的條件判斷式**

若是根據下表的條件，查詢特定產品編號的產品庫存量情形，可以將表中條件轉換成 IF…ELSE IF…ELSE IF…ELSE…的多重判斷式來決定輸出庫存量情形。

判斷順序	條件說明	輸出文字
1	庫存量小於等於零	已零庫存
2	庫存量大於零 且 庫存量小於安全存量的一半	庫存量嚴重不足
3	庫存量大於安全存量的一半以上 且 庫存量小於安全存量	庫存量不足
4	庫存量大於安全存量以上 且 庫存量小於安全存量的兩倍	庫存量正常
5	其他	庫存量嚴重過剩

```
DECLARE @ 產品名稱 VARCHAR（100）
DECLARE @ 庫存量 INT, @ 安全存量 INT, @ 產品編號 INT
SET @ 產品編號 = 8
SELECT @ 產品名稱 = 產品名稱,
       @ 庫存量 = 庫存量,
       @ 安全存量 = 安全存量
FROM 產品資料
WHERE 產品編號 = @ 產品編號
IF @ 庫存量 <= 0
  PRINT @ 產品名稱 +'-- 已零庫存 --'
ELSE IF @ 庫存量 < @ 安全存量 * 0.5
  PRINT @ 產品名稱 +'-- 庫存量嚴重不足 --'
ELSE IF @ 庫存量 < @ 安全存量
  PRINT @ 產品名稱 +'-- 庫存量不足 --'
ELSE IF @ 庫存量 < @ 安全存量 * 2
  PRINT @ 產品名稱 +'-- 庫存量正常 --'
ELSE
  PRINT @ 產品名稱 +'-- 庫存量嚴重過剩 --'
GO
```

在此範例中，或許或覺得奇怪，在第二個條件『庫存量大於零且庫存量小於安全存量的一半』有兩個限制，為什麼程式中只寫『@ 庫存量 < @ 安全存量 * 0.5』？原因很簡單，程式判斷會先從第一個條件逐一比對，只要成立就不會再繼續往下比對，當第一個條件『IF @ 庫存量 <= 0』不成立，很明顯地道出『@ 庫存量 >0』，所以在第二個條件比對就不需要再將此條件置入。以下同理，依此類推。

⑪-6 多條件判斷的 CASE 運算式

語法 (一)『簡單的 CASE 運算式』(Simple CASE expression)：
CASE input_expression
   WHEN when_expression THEN result_expression [...n]
   [ELSE else_result_expression]
END

語法 (二)『搜尋的 CASE 運算式』(Searched CASE expression)：
CASE
   WHEN Boolean_expression THEN result_expression [...n]
   [ELSE else_result_expression]
END

■ 『簡單的 CASE 運算式』：

  『簡單的 CASE 運算式』會利用第一個運算式『input_expression』與每個 WHEN 子句後面的運算式『when_expression』進行比較是否相等。如果相等就會傳回 THEN 子句中的運算式，否則會繼續往下比較。

  □ 僅允許『相等』的比較，不允許其他不相等（ >, >=, <>, <=, < ）的運算式。

  □ 依序每個 WHEN 子句，比較『input_expression = when_expression』是否相等。

  □ 僅傳回第一個 WHEN 子句符合『input_expression = when_expression』條件的 result_expression，並中斷後續的比較動作。

  □ 如果沒有任何 WHEN 子句成立時。若有指定 ELSE 子句時，SQL Server Database Engine 會傳回 else_result_expression；若沒有指定 ELSE 子句，則會傳回 NULL 值。

■ 『搜尋的 CASE 運算式』：

  『搜尋的 CASE 運算式』並沒有一個共同的運算式『input_expression』。反之，每個 WHEN 子句後面是個別的獨立運算式『Boolean_expression』進行比較。如果比較結果為 TRUE 就會傳回 THEN 子句中的運算式，否則會繼續往下比較。

□ 允許每一個 WHEN 子句後面有不同的比較，包括『相等』、『不相等』、『大於』、
『大於等於』、『小於』以及『小於等於』。

□ 依序比較每個 WHEN 子句的 Boolean_expression。

□ 僅傳回第一個 WHEN 子句符合『Boolean_expression』條件的『result_expression』，
並中斷後續的比較動作。

□ 如果沒有任何 WHEN 子句成立時。若有指定 ELSE 子句時，SQL Server Database
Engine 會傳回 else_result_expression；若沒有指定 ELSE 子句，則會傳回 NULL
值。

使用 SELECT 搭配『簡單的 CASE 運算式』

由於在『客戶』資料表中有『聯絡人性別』可以來判斷該如何稱呼聯絡人，以下將
透過『簡單的 CASE 運算式』與 SELECT 的結合，將『聯絡人』後面加上『先生』或
『小姐』的稱呼，否則就填入『敬啟者』。

```
SELECT  客戶編號,
        聯絡人 + CASE 聯絡人性別
                    WHEN '男' THEN '先生'
                    WHEN '女' THEN '小姐'
                    ELSE '敬啟者'
                 END,
        聯絡人性別,
        聯絡人職稱
FROM    客戶
```

若是覺得以上的程式太過於複雜，可以先將它簡單化如下圖所示，其實只是一個很
單純的 SELECT 子句，只是在『聯絡人』後面加上適當的『稱呼』，而『稱呼』的判斷
方式是用右邊的 CASE…END 來取代而已。

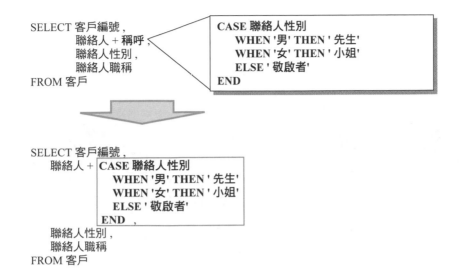

在以上範例當中，由於每一個 WHEN 子句全都與同一個『聯絡人性別』做比較，且都是進行『相等』比較，所以採用『簡單的 CASE 運算式』即可完成。

使用 SELECT 搭配『搜尋的 CASE 運算式』

如同上一個範例，並不是一定要使用『簡單的 CASE 運算式』，其實也可以採用『搜尋的 CASE 運算式』寫法，只是會發現重複的地方太多，例如以下的語法中會發現每一個 WHEN 子句都必須寫『聯絡人性別 =』，撰寫太過於麻煩。

```
SELECT 客戶編號,
       聯絡人 + CASE
                  WHEN 聯絡人性別 = ' 男 ' THEN ' 先生 '
                  WHEN 聯絡人性別 = ' 女 ' THEN ' 小姐 '
                  ELSE ' 敬啟者 '
               END ,
       聯絡人性別,
       聯絡人職稱
FROM 客戶
```

換一個『簡單的 CASE 運算式』無法達成目標，卻一定要使用『搜尋的 CASE 運算式』的範例來說明。例如要根據以下表格中的條件來輸出『產品資料』資料表的相關資訊，再加上一個引生屬性『備註說明』，用來說明該項產品的庫存狀況，輸出包括（產品編號, 產品名稱, 庫存量, 安全存量, **備註說明**）。

比較順序	條件	輸出文字 （備註說明）	說明
1	庫存量 = 0	**零庫存**	已無庫存
2	庫存量 < 安全存量	**低於安全存量**	庫存量低於安全存量
3	庫存量 * 0.7 <= 安全存量	**合理庫存量**	安全存量低於庫存量的70%
4	其他	**庫存量過剩**	安全存量高於庫存量的70%

```
SELECT 產品編號,
       產品名稱,
       庫存量,
       安全存量,
       CASE
           WHEN 庫存量 = 0 THEN '零庫存'
           WHEN 庫存量 < 安全存量 THEN '低於安全存量'
           WHEN 庫存量 * 0.7 <= 安全存量 THEN '合理庫存量'
           ELSE '庫存量過剩'
       END  AS 備註說明
FROM 產品資料
```

若是覺得以上的程式太過於複雜，可以先將它簡單化如下圖所示，其實只是一個很單純的 SELECT 子句，其中有一個比較特別的資料行『備註說明』用右邊的 CASE…END 來取代而已。

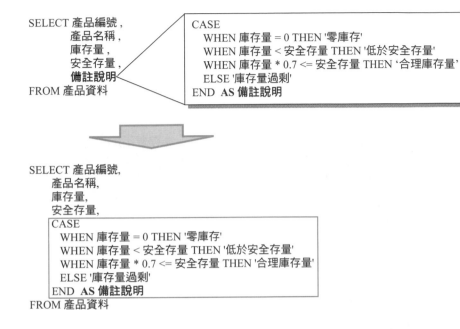

```
SELECT 產品編號,
       產品名稱,
       庫存量,
       安全存量,
       備註說明
FROM 產品資料
```

```
CASE
  WHEN 庫存量 = 0 THEN '零庫存'
  WHEN 庫存量 < 安全存量 THEN '低於安全存量'
  WHEN 庫存量 * 0.7 <= 安全存量 THEN '合理庫存量'
  ELSE '庫存量過剩'
END  AS 備註說明
```

```
SELECT 產品編號,
       產品名稱,
       庫存量,
       安全存量,
       CASE
         WHEN 庫存量 = 0 THEN '零庫存'
         WHEN 庫存量 < 安全存量 THEN '低於安全存量'
         WHEN 庫存量 * 0.7 <= 安全存量 THEN '合理庫存量'
         ELSE '庫存量過剩'
       END  AS 備註說明
FROM 產品資料
```

以上的範例可以很清楚看到每一個 WHEN 子句都是不相同的運算式,包括『相等』、『小於』以及『小於等於』…等等不同的比較式,並於 CASE…END 後再加上一個別名『備註說明』。

值得一提的是,或許會覺得很奇怪,為什麼在第三個 WHEN 子句『庫存量 * 0.7 <= 安全存量』不用同時判斷庫存量是否該大於安全存量呢?因為 CASE 運算式是從第一個 WHEN 開始比較起,只要符合該 WHEN 子句後就回傳 THEN 後面的運算式;換句話說,能比較至第三個 WHEN 子句,表示第一與第二子句皆不符合,也就是庫存量一定大於等於安全存量。

使用 CASE…WHEN…ELSE 與 IF…ELSE IF…ELSE…的比較

若是將前段落中所使用的 IF…ELSE IF…ELSE 寫法,改成以 CASE…WHEN…ELSE…的方式,也能達到相同的效果,仍然依據下表的條件來達成此批次處理。

判斷順序	條件說明	輸出文字
1	庫存量小於等於零	已零庫存
2	庫存量大於零 且 庫存量小於安全存量的一半	庫存量嚴重不足
3	庫存量大於安全存量的一半以上 且 庫存量小於安全存量	庫存量不足
4	庫存量大於安全存量以上 且 庫存量小於安全存量的兩倍	庫存量正常
5	其他	庫存量嚴重過剩

```
DECLARE @ 產品名稱 VARCHAR（100）
DECLARE @ 庫存量 INT, @ 安全存量 INT, @ 產品編號 INT
SET @ 產品編號 = 8

SELECT @ 產品名稱 = 產品名稱,
       @ 庫存量 = 庫存量,
       @ 安全存量 = 安全存量
FROM 產品資料
WHERE 產品編號 = @ 產品編號

PRINT @ 產品名稱 +
    CASE
        WHEN @ 庫存量 <= 0 THEN '-- 已零庫存 --'
        WHEN @ 庫存量 < @ 安全存量 * 0.5 THEN '-- 庫存量嚴重不足 --'
        WHEN @ 庫存量 < @ 安全存量 THEN '-- 庫存量不足 --'
        WHEN @ 庫存量 < @ 安全存量 * 2 THEN '-- 庫存量正常 --'
        ELSE '-- 庫存量嚴重過剩 --'
    END
GO
```

若是將兩種寫法的部份程式碼表列出來，可以透過下圖的方式來左、右比較，左邊是 CASE…的寫法，右邊是 IF…的寫法，其實是可以一一對應的。只是像這種多個條件的判斷式，若是採用 CASE…的寫法，是將所有條件一一列出會比較清楚易讀；若是採用 IF…寫法，較容易陷入邏輯判斷上的複雜性。

```
CASE
    WHEN @庫存量 <= 0 THEN …              ⟷      IF @庫存量 <= 0    PRINT …
    WHEN @庫存量 < @安全存量 * 0.5 THEN … ⟷      ELSE IF @庫存量 < @安全存量 * 0.5  PRINT …
    WHEN @庫存量 < @安全存量 THEN …        ⟷      ELSE IF @庫存量 < @安全存量  PRINT …
    WHEN @庫存量 < @安全存量 * 2 THEN …    ⟷      ELSE IF @庫存量 < @安全存量 * 2  PRINT …
    ELSE …                                ⟷      ELSE  PRINT …
END
```

使用 CASE 動態決定 ORDER BY 的欄位

前面所介紹過的 ORDER BY 語法皆是採用固定欄位的排序方式，若是因為不同條件會使用到不同欄位排序，就可以使用 CASE 來搭配撰寫。例如要依據員工『性別』決定排序欄位。若是『男』員工就用『出生日期』遞減排序；若是『女』員工就用『任用日期』遞減排序。

```
SELECT 員工編號 , 姓名 , 性別 , 出生日期 , 任用日期
FROM 員工
ORDER BY CASE 性別
                WHEN ' 男 ' THEN 出生日期
             ELSE 任用日期
          END DESC
```

在此一用法中有特別限制，用以排序的選擇欄位必須具有相同的資料型態，例如以上的『出生日期』與『任用日期』皆為日期型態。排序方式也必須是相同，並置於 END 後方。

使用 CASE 動態決定 UPDATE 的內容

利用 UPDATE 子句，亦可根據不同的條件給予不同的 SET 值，也就是一次即能符合所有條件的限制。例如某家公司打算在 2010 年度，依據員工年資發給獎勵金，參考資料如下。

比較順序	年資條件	給予獎金金額
1	年資 小於等於 5 年	5,000
2	年資介於 5 ～ 10 年之間	10,000
3	年資介於 10 ～ 15 年之間	16,000
4	年資 大於 15 年	25,000

根據『員工』資料表的員工資料，建立一份 2010 年『員工獎勵金』的資料

```
INSERT 員工獎勵金（員工編號 , 年度 , 獎金）
SELECT 員工編號 , 2010 , NULL
FROM 員工
```

依據年資條件給予的不同獎勵金，並更新至『員工獎勵金』資料表

```
UPDATE 員工獎勵金
SET 獎金 =CASE
        WHEN YEAR (GETDATE ( )) - YEAR（任用日期）<= 5 THEN  5000
        WHEN YEAR (GETDATE ( )) - YEAR（任用日期）<=10 THEN 10000
        WHEN YEAR (GETDATE ( )) - YEAR（任用日期）<=15 THEN 16000
        ELSE 25000
    END
FROM 員工
WHERE 員工 . 員工編號 = 員工獎勵金 . 員工編號 AND
      年度 = 2010
```

1. 可以將上述的 INSERT 及 UPDATE 兩個敘述,轉換成以下的圖解語意。

2. 先從『員工』資料表挑選出員工資料,新增到『員工獎勵金』資料表,並將『年度』填入 2010,『獎金』則填入 NULL。

   利用 UPDATE 敘述,參考『員工』資料表內的『任用日期』資料行計算出每位員工的年資,以及限定範圍在 2010 年的資料,再利用 CASE 來判斷該寫入多少獎金。

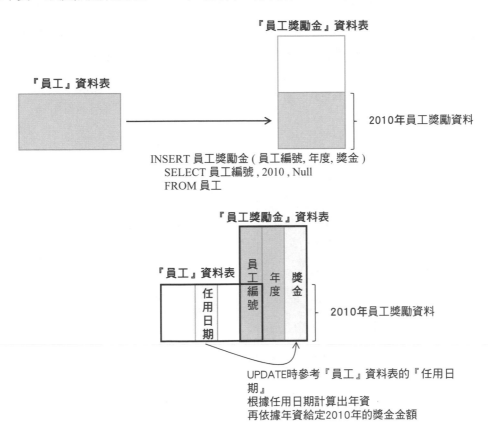

11-7 WHILE 迴圈

> WHILE Boolean_expression
>   { sql_statement | statement_block | BREAK | CONTINUE }

以下將 WHILE 語法整理成下圖所示，WHILE 迴圈亦是屬於一個區塊（Block），所以必須使用 BEGIN…END，除非迴圈內僅有一個敘述才可以省略 BEGIN…END。

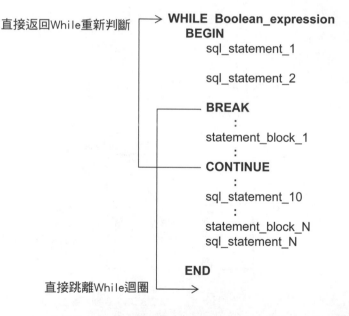

圖中可看出 WHILE 迴圈中有簡單的 SQL 敘述（sql_statement）、也可以有敘述區塊（statement_block）、BREAK 以及 CONTINUE。BREAK 的用途在於直接跳離所在的迴圈外，BREAK 以下其他的敘述就不會被執行；CONTINUE 則是跳回 WHILE 的判斷式，重新判斷是否符合 WHILE 的運算式，CONTINUE 以下的敘述一樣也不會被執行。

若是要調整『產品資料』資料表內的『建議單價』，只要平均『建議單價』小於 60，就將所有產品的『建議單價』調整 1.2 倍，直到平均『建議單價』大於等於 60，或是任何一項產品的『建議單價』高於 120 就結束。

```
WHILE（SELECT AVG（建議單價）FROM 產品資料）< 60
BEGIN
    UPDATE 產品資料
    SET 建議單價 = 建議單價 * 1.2

    IF（SELECT MAX（建議單價）FROM 產品資料）< 120
        CONTINUE
    ELSE
        BREAK
END
SELECT * FROM 產品資料
GO
```

11-8　時間控制的 WAITFOR

```
WAITFOR
{
  DELAY 'time_to_pass' | TIME 'time_to_execute'
}
```

- **DELAY 是指延遲執行**。也就是說，指該批次將延遲 'time_to_pass' 的時間之後，才開始往下執行，最多只能延遲 24hr。'time_to_pass' 可以使用 datetime 可接受的資料格式，但必須去除日期的部份。

- **TIME 是指執行時間**。也就是說，指定該批次至 'time_to_execute' 的時間才開始往下執行。'time_to_execute' 可以使用 datetime 可接受的資料格式，但必須去除日期的部份。

■ 延遲執行的 **WAITFOR DELAY**

WAITFOR DELAY 是指延後一段時間後再繼續往下執行，例如以下的範例中，使用 WAITFOR DELAY 來延遲 1 個小時 30 分鐘後，再往下計算出資料。在 WAITFOR DELAY 後面接的時間表示方式，必須與 datetime 的格式相同，且必須去除日期部份。

```
DECLARE @CNTER INT
SET @CNTER = 1


WAITFOR DELAY '01:30:00'


WHILE @CNTER <= 100
  BEGIN
    PRINT  CAST (@CNTER AS VARCHAR) + '*' +
           CAST (@CNTER AS VARCHAR) + ' = ' +
           CAST (@CNTER*@CNTER AS VARCHAR)
    SET @CNTER = @CNTER + 1
  END
GO
```

■ 特定時間執行的 **WAITFOR TIME**

WAITFOR TIME 是指定在一個特定時間點才開始往下執行。與上例相同的範例中，若將 WAITFOR DELAY 改成 WAITFOR TIME，則該批次執行到該行時，會等至凌晨 1 點 30 分才繼續往下執行。

```
DECLARE @CNTER INT
SET @CNTER = 1


WAITFOR TIME '01:30:00'
```

```
WHILE @CNTER <= 100
    BEGIN
    PRINT CAST (@CNTER AS VARCHAR) + '*' +
        CAS T (@CNTER AS VARCHAR) + ' = ' +
        CAST (@CNTER*@CNTER AS VARCHAR)
    SET @CNTER = @CNTER + 1
    END
GO
```

11-9 使用 MERGE 彙整資料

有些企業會因為辦公室人員手邊有些異動的資料，會希望透過資料庫維護人員協助將手邊的資料異動到公司的資料庫內的相關資料表。例如辦公室人員提供一份名為『M來源 _ 產品資料』給資料庫維護人員，資料庫維護人員就必須根據所提供的資料去異動資料庫內的『M目標 _ 產品資料』。若是類似的需求，可以透過 MERGE 將兩個資料表或檢視表進行彙整。如下圖所示。

目標資料表：M目標_產品資料

產品編號	產品名稱	單價	庫存
1	綠奶茶	20	100
2	烏龍茶	25	235
3	黑咖啡	15	135

來源資料表：M來源_產品資料

產品編號	產品名稱	單價
2	烏龍茶	25
3	黑咖啡(無糖)	17
4	黑咖啡(微甜)	20
5	乳酸飲料	16

MERGE

異動後：M目標_產品資料

產品編號	產品名稱	單價	庫存
2	烏龍茶	25	235
3	黑咖啡(無糖)	17	135
4	黑咖啡(微甜)	20	0
5	乳酸飲料	16	0

若是異動的條件分為以下三種，異動的方式也將會有所不一樣：

- 當兩邊資料表皆存在的資料，例如圖中的產品編號 2 與 3。就利用『來源資料表』內的資料，更改（update）『目標資料表』內的資料。

- 當『目標資料表』不存在，而『來源資料表』存在的資料，例如圖中的產品編號 4 與 5。就將這些資料從『來源資料表』新增（insert）至『目標資料表』。

- 當『目標資料表』內存在，而『來源資料表』不存在的資料，例如圖中的產品編號 1。就從目標資料表中刪除。

MERGE 的基本語法如下所示。

```
MERGE [INTO] 目標資料表（或檢視表）
USING 來源資料表（或檢視表）
ON 合併的條件
[ WHEN MATCHED [AND < 其他篩選條件 >
        THEN  UPDATE 或 DELETE ] [⋯n]
[ WHEN NOT MATCHED [BY TAGET] [ AND 其他篩選條件 ]
        THEN  INSERT ]
[ WHEN NOT MATCHED BY SOURCE [ AND 其他篩選條件 ]
        THEN  UPDATE 或 DELETE ] [⋯n]
; ←結尾一定要加上分號 ;
```

將 MERGE 語法說明如下：

- MERGE [INTO]

  後面承接的是目標資料表或檢視表的名稱，在此的 INTO 可省略不寫。

- USING

  後面承接的是來源資料表或檢視表的名稱，也就是用來異動目標資料表的資料表。

- ON

  後面承接的是兩個資料表的關聯性表示式。

- WHEN MATCHED < 其他篩選條件 >

此處是符合兩邊資料表（或檢視表）皆存在的資料。針對這些資料能採用的處理方式僅有 UPDATE 或 DELETE；既然雙方資料表皆存在這些資料，若是提供 INSERT 功能，將會造成資料重複出現的情形，所以此處不提供新增功能，因此此處不能使用 INSERT 操作功能。

- WHEN NOT MATCHED [BY TARGET] [AND 其他篩選條件] THEN …

此處是指目標資料表不存在，而來源資料表存在的資料。針對這些僅存在於『來源資料表』的資料，僅能採用 INSERT 操作，從『來源資料表』新增至『目標資料表』。因為 MERGE 主要是針對『目標資料表』異動，既然不存在的資料當然不能 UPDATE 和 DELETE，因此此處不能使用 UPDATE 和 DELETE 操作功能。此處的 BY TARGET 可省略不寫。

- WHEN NOT MATCHED BY SOURCE [AND 其他篩選條件] THEN …

此處是指目標資料表存在，而來源資料表不存在的資料。針對這些僅存在於『目標資料表』的資料，僅能採用 UPDATE 或 DELETE 操作。因為既然已存在於目標資料表，當然沒有必要再新增，因此此處不能使用 INSERT 操作功能。

以上的 MERGE 語法中，由於針對的資料表或檢視表是『目標資料表或目標檢視表』，所以所有的 DML 語法中的資料表名稱皆不須再出現一次。若是將以上的 MERGE 語法從新以圖解方式來解說，可將兩個 MERGE 的資料表（或檢視表）視為 JOIN（合併）的概念如下。

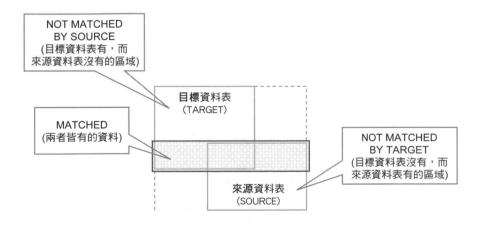

若是將下面的圖解範例寫成 MERGE，將會如下。

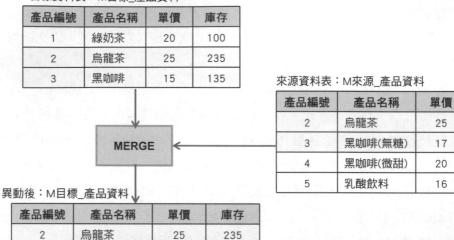

目標資料表：M目標_產品資料

產品編號	產品名稱	單價	庫存
1	綠奶茶	20	100
2	烏龍茶	25	235
3	黑咖啡	15	135

來源資料表：M來源_產品資料

產品編號	產品名稱	單價
2	烏龍茶	25
3	黑咖啡(無糖)	17
4	黑咖啡(微甜)	20
5	乳酸飲料	16

MERGE

異動後：M目標_產品資料

產品編號	產品名稱	單價	庫存
2	烏龍茶	25	235
3	黑咖啡(無糖)	17	135
4	黑咖啡(微甜)	20	0
5	乳酸飲料	16	0

```
MERGE M 目標 _ 產品資料 AS T
USING M 來源 _ 產品資料 AS S
ON T. 產品編號 = S. 產品編號
WHEN MATCHED THEN
     UPDATE
     SET T. 產品名稱 =S. 產品名稱 , T. 單價 =S. 單價
WHEN NOT MATCHED BY TARGET THEN
     INSERT（產品編號 , 產品名稱 , 單價 , 庫存量）
     VALUES（S. 產品編號 , S. 產品名稱 , S. 單價 , 0）
WHEN NOT MATCHED BY SOURCE THEN
     DELETE
; -- 別忘了在結尾一定要加上『 ; 』否則會發生語法錯誤
```

若是將以上程式碼，轉換成圖解的語意，將可畫成下圖所示。

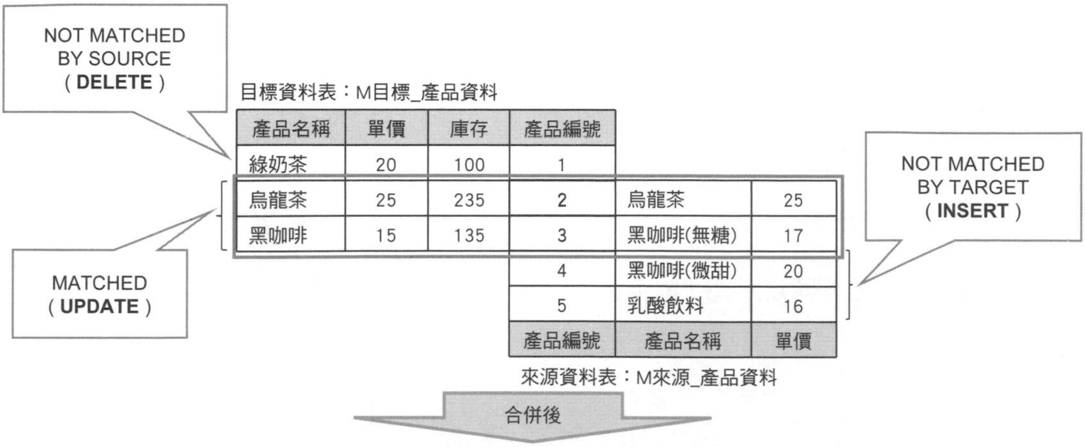

NOT MATCHED
BY SOURCE
（**DELETE**）

目標資料表：M目標_產品資料

產品名稱	單價	庫存	產品編號
綠奶茶	20	100	1
烏龍茶	25	235	2
黑咖啡	15	135	3

	烏龍茶	25
2	烏龍茶	25
3	黑咖啡(無糖)	17
4	黑咖啡(微甜)	20
5	乳酸飲料	16
產品編號	產品名稱	單價

NOT MATCHED
BY TARGET
（**INSERT**）

MATCHED
（**UPDATE**）

來源資料表：M來源_產品資料

合併後

異動後：M目標_產品資料

產品編號	產品名稱	單價	庫存
2	烏龍茶	25	235
3	黑咖啡(無糖)	17	135
4	黑咖啡(微甜)	20	0
5	乳酸飲料	16	0

本章習題

請利用書附光碟中的『CH11 範例資料庫』，依據以下不同的需求，寫出 T-SQL。

1. 利用 T-SQL 將類別編號為『1』的所有『產品名稱』串成一個字串，並輸出。

2. 請利用 WHILE 迴圈寫出如下的九九乘法表。

```
1*1=1
1*2=2
1*3=3
1*4=4
1*5=5
1*6=6
1*7=7
1*8=8
1*9=9

2*1=2
2*2=4
2*3=6
......
```

3. 若是要得知該次執行 SQL 敘述的異動筆數，要用哪一個全域變數？要查看錯誤號碼，要用哪一個全域變數？又若是想查詢現在所使用 SQL 的執行個體名稱，要用哪一個全域變數？

4. 計算出每一位員工承接訂單的總金額，並依據總金額標示出每位員工的等級，說明如下：
    (a) 沒有承接任何訂單者，於『備註』加註 '無承訂單'
    (b) >= 3000，於『備註』加註 '甲級業務'

(c) >= 1000，於『備註』加註 ' 乙級業務 '

(d) < 1000，於『備註』加註 ' 丙級業務 '

輸出 (員工編號 , 姓名 , 總金額 , 備註)

[提示] 可以使用以下方式來列出『備註』資料

```
CASE …
        WHEN …
        WHEN …
        ELSE …
END
```

5. 查出每筆訂單的相關資料如下。

輸出 (訂貨日期 , 季 , 訂單編號 , 姓名 , 公司名稱)

[提示]『季』必須以『第一季』、『第二季』…方式列出。

可以使用 SUBSTRING() 函數

6. 請根據 [M 來源 _ 產品資料] 資料表去更新 [M 目的 _ 產品資料] 資料表，條件如下：

兩者皆有的資料，利用 [M 來源 _ 產品資料] 中的『單價』去更新 [M 目的 _ 產品資料]

[M 來源 _ 產品資料] 有的資料，而 [M 目的 _ 產品資料] 沒有的資料，就將這些資料新增至 [M 目的 _ 產品資料] 資料表

[提示] 使用 MERGE 敘述

MEMO

CHAPTER 12

規則物件、預設值、使用者自訂資料類型

在每一個資料表建立時，資料庫設計者皆會因為需求，而在該資料表加入一些限制的規則、預設值或是自訂的資料型態。為了方便統一管理，可以將這些常用的規則（rule）、預設值（default）以及使用者自訂的資料型態另外設計，存在於資料表之外的獨立物件，再透過繫結（binding）的方式與需要的資料表做繫結。

12-1 規則物件（Rule）

在建立資料表時，往往會限制特定『資料行』在輸入資料時的條件限制。例如在『員工』資料表內的『性別』資料行，只允許使用者輸入 {M, F} 或是 { 男 , 女 }，為了避免因為輸入資料的不統一，造成未來查詢資料時的困擾，在建立資料表時可以用 CHECK 來限制輸入的範圍。

例如在建立『員工』資料表時，可以加入對『性別』的資料 CHECK 條件限制，不過由於『性別』資料行並沒有限制不可為『空值』，因此系統會接受『男』、『女』亦或『空值』的值，如下：

```
CREATE TABLE 員工 _1
(
    員工編號 INT PRIMARY KEY ,
    姓名 NVARCHAR (10) NOT NULL ,
    住家電話 VARCHAR (15) ,
    手機電話 VARCHAR (15) ,
    性別 NVARCHAR (1) ,
    出生日期 DATE ,
    CHECK（性別 IN（' 男 ',' 女 '））
)
```

當使用者在輸入到『性別』資料行時，只能輸入『男』或『女』的資料，否則將會出現錯誤訊息，不允許使用者輸入。除了單一值限制之外，亦可限制輸入值的範圍，例如針對『員工』資料表的『出生日期』，必須介於『1911/01/01』與『當日日期』之間，限制如下：

```
CREATE TABLE 員工_2
(
    員工編號 INT PRIMARY KEY ,
    姓名 NVARCHAR (10) NOT NULL ,
    住家電話 VARCHAR (15) ,
    手機電話 VARCHAR (15) ,
    性別 NVARCHAR (1) ,
    出生日期 DATE ,
    CHECK（性別 IN（'男','女'）），
    CHECK（出生日期 >= '1911/01/01' AND 出生日期 <= GETDATE( )）
)
```

除了針對單個資料行限制外，尚可同時限制多個資料行的限制，例如針對『員工』資料表的『住家電話』與『手機電話』，限制必須至少輸入其中一個電話資料，限制如下：

```
CREATE TABLE 員工_3
(
    員工編號 INT PRIMARY KEY ,
    姓名 NVARCHAR (10) NOT NULL ,
    住家電話 VARCHAR (15) ,
    手機電話 VARCHAR (15) ,
    性別 NVARCHAR (1) ,
    出生日期 DATE ,
    CHECK（性別 IN（'男','女'）），
    CHECK（出生日期 >= '1911/01/01' AND 出生日期 <= GETDATE( )），
    CHECK（住家電話 IS NOT NULL OR 手機電話 IS NOT NULL）
)
```

以上的限制都必須在建立資料表的當初，對其輸入的資料行進行事前的限制，方可對該資料表內的資料行有所限制。亦或是在 CREATE TABLE 後，再將 CHECK 限制利用 ALTER TABLE 方式加入，利用以下先建立員工資料表，再將 CHECK 限制加入。但必須要注意，在建立資料表之後，倘若已先建立一些資料，想再新增一下限制時，系統會先檢查已存在的資料是否符合該限制，若有抵觸將會發生建立 CHECK 錯誤訊息發生。

```
CREATE TABLE 員工
(
    員工編號 INT PRIMARY KEY ,
    姓名 NVARCHAR (10) NOT NULL ,
    住家電話 VARCHAR (15) ,
    手機電話 VARCHAR (15) ,
    性別 NVARCHAR (1) ,
    出生日期 DATE
)
```

```
ALTER TABLE 員工
ADD CHECK （性別 IN（' 男 ',' 女 '）），
    CHECK （出生日期 >= '1911/01/01' AND 出生日期 <= GETDATE( )），
    CHECK （住家電話 IS NOT NULL OR 手機電話 IS NOT NULL）
```

以上所提到的 CHECK 的條件限制就是所謂的『規則』（rule），若將這些規則獨立出來，便可稱為『規則物件』。例如在『員工』與『客戶』資料表中各有一個『員工性別』與『客戶性別』的限制條件皆要限定為 {' 男 ',' 女 '}，即可將此限制獨立成為一個『規則物件』，再將此物件分別『繫結』（bind）到不同的『資料表』的『資料行』，如圖。

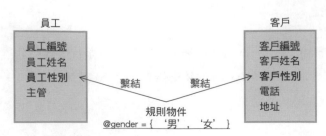

■ **建立『規則』物件**

由於『規則物件』是儲存於資料表之外的一個獨立物件,所以在『規則物件』內的
變數名稱,必須使用 T-SQL 所提供的『區域變數』,而不是直接使用某一個資料表
的資料行名稱。以下將針對幾種常用範例來說明如何建立『規則物件』。建立規則
物件的語法如下:

```
CREATE RULE rule_name
AS
condition_expression
[ ; ]
```

■ **利用『範圍』建立規則**

```
CREATE RULE Rule_Price
AS
@Price >= 10 AND @price <= 50
```

■ **利用『清單』建立規則**

```
CREATE RULE Rule_CategoryName_01
AS
@CategoryName IN ('茶類','果汁','咖啡','乳酸','汽水')
```

除了可以限定可接受的範圍之外,亦可使用『排除』方式來限定輸入的資料內容,
例如除了『酒類』以外的皆可接受。

```
CREATE RULE Rule_CategoryName_02
AS
@CategoryName NOT IN ('酒類')
```

■ 利用『日期函數』建立規則

```
CREATE RULE Rule_BigMonth
AS
@date >= '1911/01/01' AND
@date <= getdate( ) AND
month (@date) IN (1, 3, 5, 7, 8, 10, 12)
```

以範例主要是說明日期被限定在 1911/01/01 至當日輸入資料的日期之間，並且月份必須是大月，也就是一、三、五、七、八、十和十二月。

■ 利用『模式』建立規則

```
CREATE RULE Rule_ProdID
AS
@ProdID LIKE '[A-M][0-9][0-9][0-9]-_[^0]'
```

利用模式來建立規則，可以利用 LIKE 的特性來比對使用者輸入資料的模式。例如此例中要求第一位必須是英文字 A 至 M 之間的字母。第二、三和四個字必須是 0 至 9 的數字。第五個字固定是減號（-）。第六個字不限制任何字元，但必須有字。最後一個字必須是除了 0 以外的其他任何字元。

當規則物件建立後，可以透過 SQL Server Management Studio 的【物件總管】視窗，在所建立資料庫下【可程式性】\【規則】，即可看到剛剛所建立的所有『規則』物件。

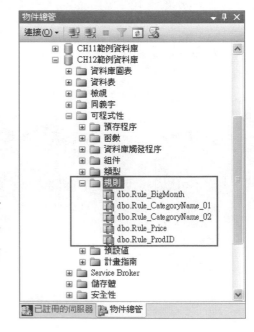

繫結（bind）『規則』物件至資料行

將所需要的規則建立之後，就是要進行『繫結』（bind）的動作，規則的繫結主要是針對資料表中的資料行，所以基本語法如下：

```
EXEC sp_bindrule  rule_name, 'table_name.column_name'
```

```
EXEC sp_bindrule Rule_Price , ' 產品資料 . 單價 '
EXEC sp_bindrule Rule_BigMonth , ' 產品資料 . 進貨日期 '
EXEC sp_bindrule Rule_BigMonth , ' 員工 . 到職日期 '
EXEC sp_bindrule Rule_ProdID , ' 產品資料 . 產品編號 '
EXEC sp_bindrule Rule_CategoryName_02 , ' 產品類別 . 類別名稱 '
```

刪除『規則』與解除繫結（unbind）物件

當規則物件被繫結至一或多個資料行之後，系統將會限制該規則物件被刪除，除非先解除所有的繫結才可刪除規則物件，否則系統將會發生錯誤訊息。

例如前面已將『Rule_BigMonth』的規則繫結至『員工 . 到職日期』與『產品資料 . 進貨日期』兩個資料行，若欲直接刪除該規則物件，可用以下語法刪除。

```
DROP RULE rule_name [ , … n ]
DROP RULE Rule_BigMonth
```

以上的刪除將會被原有的繫結限制，造成系統發出錯誤訊息如下。

```
訊息
訊息 3716，層級 16，狀態 1，行 1
無法卸除 規則 'Rule_BigMonth'，因為它已繫結到一或多個 資料行。
```

　　若是要查看某一『規則』物件已被哪些『資料行』所繫結,可以透過 SQL Server Management Studio 的【物件總管】\【CH12 範例資料庫】\【可程式性】\【規則】\『dbo.Rule_BigMonth』上按右鍵,在快取功能表上選擇【檢視相依性(V)】。

　　出現【物件相依性 -Rule_BigMonth】視窗,可以於下方的【相依性】看出 Rule_BigMonth 繫結於『員工』與『產品資料』兩個資料表。

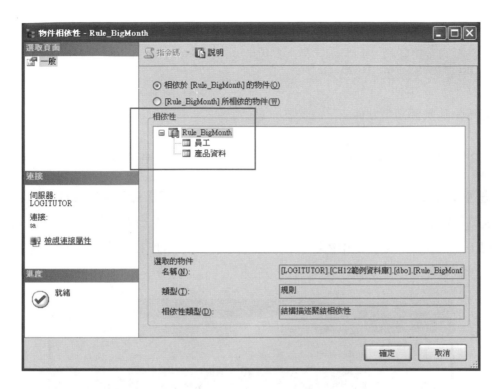

每一個『資料行』僅能繫結一個『規則』物件,所以要『解除繫結』(unbind),只要明確的指出資料表中的『資料行名稱』即可,不需要指出『規則』物件名稱,語法如下:

```
EXEC sp_unbindrule 'table_name.column_nam'
```

```
EXEC sp_unbindrule '產品資料.單價'
EXEC sp_unbindrule '產品資料.進貨日期'
EXEC sp_unbindrule '員工.到職日期'
EXEC sp_unbindrule '產品資料.產品編號'
EXEC sp_unbindrule '產品類別.類別名稱'
```

當解除所有的繫結之後,倘若這些『規則』物件不再被使用,即可透過 DROP RULE 方式將其一一刪除掉。

■ 一次刪除一個規則物件

> DROP RULE Rule_BigMonth

■ 同時刪除數個規則物件

> DROP RULE Rule_Price , Rule_CategoryName_01 , Rule_CategoryName_02

■ **透過 SQL Server Management Studio 的【物件總管】刪除規則物件**

在欲刪除的『規則』物件上按滑鼠右鍵，在快取功能表上點選【刪除 (D)】，即會出現下面畫面，若要確定相依性，可以按下【顯示相依性 (H)…】，亦或是直接按【確定】刪除。

12-2 預設值物件（Default）

在建立資料表的時候，有某些資料行可以給予『預設值』（default）。也就是說，當使用者在該資料行沒有輸入任何資料時，系統會將當初設計時，預先設定的值填入。

如同規則一樣，除了在建立資料表時可以先行定義之外，亦可將預設值分離成為一個獨立的物件，再將預設值物件『繫結』（bind）於特定的資料行。

建立『預設值』物件

由於『預設值』是一個獨立的物件，所以必須先透過建立此物件後，再繫結至相關的資料行，以下為建立『預設值』物件的基本語法：

```
CREATE DEFAULT default_name
AS
constant_expression
```

建立預設值為『台北市』

```
CREATE DEFAULT df_City
AS
'台北市'
```

建立預設值為『當天日期』

```
CREATE DEFAULT df_Today
AS
GETDATE( )
```

建立預設值為『當天日期』，並轉換成民國年『YYMMDD』型式的文字類型

```
CREATE DEFAULT df_CTodayStr
AS
CAST (YEAR (GETDATE( )) -1911 AS VARCHAR) +
CAST (MONTH (GETDATE( ))  AS VARCHAR) +
CAST (DAY (GETDATE( )) AS VARCHAR)
```

『預設值』物件被建立完成之後，可以透過 SQL Server Management Studio 的【物件總管】來觀察所建立的物件。【資料庫】\【CH12 範例資料庫】\【可程式性】\展開【預設值】，如下圖所示。

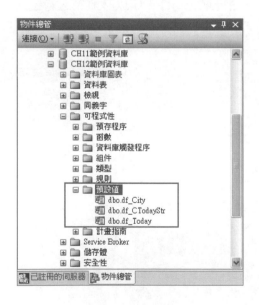

繫結（bind）『預設值』物件至資料行

當『預設值』物件建立後，必須逐一將該物件繫結（bind）到相關的『資料行』，每一次的繫結動作，僅可繫結一個資料行，不可同時繫結到多個資料行；若是一個『預設值』物件要繫結至多個『資料行』，必須分多次繫結動作，基本語法如下：

```
EXEC sp_bindefault default_name , 'table_name.column_name'
```

```
EXEC sp_bindefault df_City , ' 產品資料 . 倉儲地點 '
EXEC sp_bindefault df_Today , ' 產品資料 . 進貨日期 '
EXEC sp_bindefault df_CTodayStr , ' 產品資料 . 上架日期 '
EXEC sp_bindefault df_CTodayStr , ' 員工 . 出生日期 '
```

解除繫結（unbind）『預設值』物件

如同『規則』物件一樣，若要刪除預設值物件前，必須將全部有關該預設值物件的繫結解除，才可以刪除該預設值。由於一個資料行僅可繫結一個『預設值』物件，所以解除繫結只要指名該『資料表 . 資料行名稱』即可，解除繫結的基本語法如下：

```
EXEC sp_unbindefault 'table_name.column_name'
```

```
EXEC sp_unbindefault ' 產品資料 . 倉儲地點 '
EXEC sp_unbindefault ' 產品資料 . 進貨日期 '
EXEC sp_unbindefault ' 產品資料 . 上架日期 '
EXEC sp_unbindefault ' 員工 . 出生日期 '
```

刪除『預設值』物件

刪除『預設值』物件前，必須先檢視一下該物件的相依性，如同『規則』物件一樣，只要在 SQL Server Management Studio 的【物件總管】中找到欲刪除的『預設值』物件，利用滑鼠在上方按右鍵，選擇【檢視相依性 (V)】，便會出現【物件相依性】視窗。刪除『預設值』物件的基本語法如下：

```
DROP DEFAULT default_name [ , … ]
```

■ 一次刪除一個『預設值』物件

```
DROP DEFAULT df_CTodayStr
```

■ 同時刪除多個『預設值』物件

```
DROP DEFAULT df_City , df_Today
```

■ 透過 **SQL Server Management Studio** 的【物件總管】刪除預設值物件

如同刪除『規則』物件一樣，只要在欲刪除的『預設值』物件上，利用滑鼠右鍵，選擇【刪除 (D)】，出現【刪除物件】視窗，確認後即可刪除。

⑫-3　使用者自訂資料類型（UDTs）

　　一般在建立資料表時，對於定義一個『資料行』，會先選定系統原本提供的『資料類型』，再給予該資料的『長度』，並決定是否可為『空值』，若是有必要時，再繫結『預設值』和『規則』物件。這些都是在建立資料表時一連串必要的動作。

　　倘若有很多的『資料行』定義是相同的，不論是在相同資料表，或是不同的資料表當中，總要操作一連串相同的動作，有時還有可能會弄錯。例如在兩個資料表的主索引與外部索引的對應關係，倘若定義資料行的資料型態沒有完全相同將會出現問題；因此可以使用『使用者自訂的資料類型』，只要使用者自訂一次之後，後續皆可重複使用於不同資料行此資料類型。

　　究竟『使用者自訂的資料類型』（User-Defined Data Types, 簡稱 UDTs）是什麼呢？綜合以上，其實『使用者自訂的資料類型』就是使用者事先將以下元素集合於一個新的資料類型，並給予一個名稱罷了。

- 系統原本提供的『資料類型』＋儲存的『長度』
- 是否允許『空值』（null）？
- 繫結『預設值』和『規則』物件

所以將以上的說明，繪成以下的圖解說明，『使用者自訂的資料類型』就是將所有該有的元素事先先定義好，包括資料類型、長度、是否空值、以及所要繫結的『預設值』和『規則』物件。只要在設計資料表時，在『資料類型』中選擇此新的資料類型名稱，等於將全部步驟一次搞定。

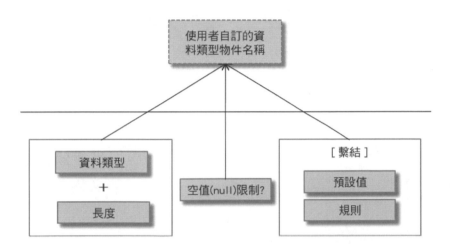

建立使用者自訂資料類型

如同前面『規則』與『預設值』物件一樣，必須先建立『使用者自訂的資料類型』，才可以套用到資料行，以下以兩種方式介紹：一種是透過 SQL Server Management Studio 的圖形介面；一種是透過 CREATE TYPE 的語法建立。

1. 利用 SQL Server Management Studio 建立自訂型別

利用 SQL Server Management Studio 的【物件總管】視窗，展開【資料庫】\【CH12 範例資料庫】\【可程式性】\【類型】\【使用者定義資料類型】上方用滑鼠右鍵\點選【新增使用者定義資料類型 (n)…】。

倘若要建立一個使用者自訂的資料類型名稱為『myPosInt』，資料類型為『int』，並且要繫結以下兩個物件，分別為『rule_PosInt』規則以及『df_ten』預設值物件。

```
CREATE RULE rule_PosInt
AS
@PosInt >= 0
```

```
CREATE DEFAULT df_ten
as
10
```

如下圖，在【名稱 (n)】欄位填入『myPosInt』，【資料類型 (D):】欄位選擇『int』，由於整數型態沒有【有效位數 (P):】，所以該欄位呈現灰色不可設定。在【繫結】的兩個欄位【預設值 (E):】與【規則 (R):】可以各別填入『dbo.df_ten』和『dbo.rule_PosInt』。

若是不知要填入的預設值或規則物件的名稱,亦可選擇旁邊圖示 ⃞ 。例如點選【規則 (R):】旁的小圖示 ⃞ ,即會出現以下【選取物件】對話框。再按下【瀏覽 (B)…】按鍵,出現【瀏覽物件】對話框,只要在此對話框中勾選要繫結的物件,並按下【確定】按鍵,即會回到原來的【選取物件】對話框,所選的物件也會出現於此,確定無誤後,按下【確定】按鍵,即會將所勾選的物件填回到原來的畫面。

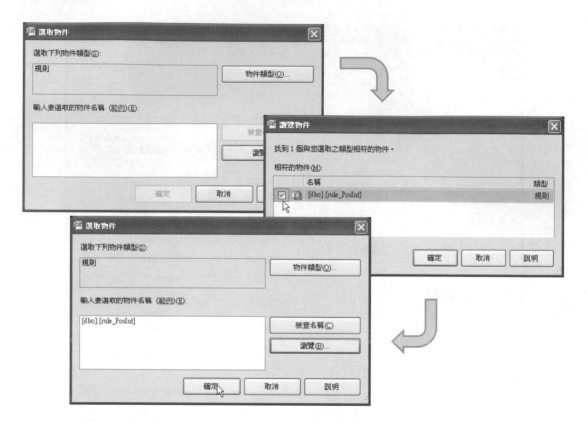

若是要建立 numeric（10,3）資料類型的自訂型態，操作方式如上一範例相同，只是在【資料類型 (D):】的下拉式表單中選擇『numeric』。下方的【有效位數 (P):】與【小數位數 (C):】即會顯示出來，只要各別填入 10 與 3 即可。其他設定和前一範例相同。

完成以上的使用者自訂資料類型後,可以透過 SQL Server Management Studio 的
【物件總管】來觀察所建立的物件。【資料庫】\【CH12 範例資料庫】\【可程式性】
\【類型】\展開【使用者定義資料類型】,如下圖所示。

2. 利用 CREATE TYPE 語法建立自訂型別

```
CREATE TYPE type_name
FROM base_type
[ (precision [ , scale ]) ]
[ NULL | NOT NULL ]
```

■ base_type：是指系統原本所提供的資料類型，以及儲存體的長度，包括下表所
列。

bigint	binary(n)	bit	char(n)
date	datetime	datetime2	datetimeoffset
decimal	float	image	int
money	nchar(n)	ntext	numeric
nvarchar (n | max)	real	smalldatetime	smallint
smallmoney	sql_variant	text	time
tinyint	uniqueidentifier	varbinary (n | max)	varchar (n | max)

- precision：此選擇項目僅適用於 decimal 或 numeric 兩種資料類型，必須為非負的整數，代表十進位數字的總個數，包括小數點左方整數位數，以及小數點右方小數位數兩個部份。

- scale：此選擇項目僅適用於 decimal 或 numeric 兩種資料類型，必須為非負的整數，代表十進位數字中，小數點右方小數位數的個數。

- Null | NOT Null：指定該資料行是否被允許空值，若是沒有特別指明，預設值為『Null』，也就是允許該資料行可以是空值。

若是將以上兩個範例重新以 CREATE TYPE 方式建立，語法將會如下：

```
CREATE TYPE type_PosInt
FROM int
```

由於 CREATE TYPE 語法並不提供繫結『預設值』與『規則』物件，所以這兩個物件的繫結，必須透過前面兩節的方式另外進行繫結。

```
CREATE TYPE type_Num103
FROM numeric (10 , 3)
```

套用使用者自訂資料類型

當建立完成『使用者自訂資料類型』之後，即可透過 SQL Server Management Studio 的【物件總管】，在欲套用的資料表上按滑鼠右鍵，點選【設計 (G)】。

例如在『員工』資料表上按滑鼠右鍵，並選擇【設計 (G)】後，會出現以下視窗。新增一個新的資料行『平均成本』，在【資料類型】的下拉式表單，移到最下面即可看到剛剛所建立的所有『使用者自訂資料類型』，只要點選想要套用的自訂型態即可。例如以下可以選擇『MyNum103:numeric（10，3）』。

資料行名稱	資料類型	允許 Null
🔑 產品編號	char(7)	☐
產品名稱	nchar(20)	☑
單價	int	☑
類別編號	int	☑
進貨日期	date	☑
上架日期	varchar(10)	☑
下架日期	varchar(10)	☑
庫存量	int	☑
倉儲地點	nvarchar(20)	☑
▶ 平均成本	myNum103:numeric(10, 3)	☑
	varbinary(MAX)	☐
	varchar(50)	
	varchar(MAX)	
	xml	
	myPosInt:int	
	myNum103:numeric(10, 3)	
	type_PosInt:int	
	type_Num103:numeric(10, 3)	

刪除使用者自訂資料類型

相同地,建立『使用者自訂資料類型』後,倘若不再使用,亦可將其刪除掉,其基本的語法如下:

```
DROP TYPE type_name
```

例如要刪除掉以上所建的『使用者自訂資料類型』type_PosInt 以及 type_Num103,可用以下方式:

```
DROP TYPE type_PosInt
DROP TYPE type_Num103
```

本章習題

請利用書附光碟中的『CH12 範例資料庫』，依據以下不同的需求，建立不同的物件並繫結。

1. 建立一個規則名為 myRulePosInt，一個整數必須大於等於 100 且小於等於 1000，並將此規則繫結於『產品資料』資料表內的『單價』。

2. 根據上題，將『產品資料』資料表內的『單價』的規則物件解除繫結，再將規則物件 rule_myPosInt 刪除。

3. 建立一個名為 myDefaultDate 預設值為當天日期。

4. 根據上題，將『員工』資料表的『到職日期』的預設值物件解除繫結，再將預設值物件 df_myDate 刪除。

5. 請自訂一個名為 type_myNum73 的自訂資料類型，整數位數 7 位，小數位數 3 位的 numeric。再刪除該自訂類型 type_myNum73

MEMO

CHAPTER 13

預存程序

日常工作中，常常會遇到某些工作是經常性的、重複性的執行相同的程序，這些程序大都可利用 Transact-SQL（簡稱 T-SQL）撰寫。若是將這些固定的程序儲存下來，提供給未來使用者來使用，這就是所謂的『預存程序』（Stored Procedure）。

13-1 預存程序的種類

預存程序主要可分為三種，包括『系統預存程序』（System Stored Procedures）、『延伸預存程序』（Extended Stored Procedures）以及『使用者自訂的預存程序』（User-Defined Stored Procedures），分別說明如下：

■ 系統預存程序

顧名思義，『系統預存程序』（System Stored Procedures）就是由資料庫管理系統所提供常用的預存程序，通常儲存在伺服器的【資料庫】\【系統資料庫】\『master』\【可程式性】\【預存程序】\【系統預存程序】目錄下，並且以『sp_』開頭為命名，例如『sp_who2』。如下圖所示。

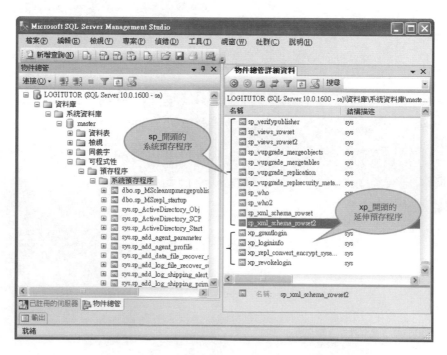

這些由 SQL Server 內建的預存程序，通常是提供給資料庫管理者或是資料庫設計者，方便管理 SQL Server 的各項設定，或查詢系統相關資訊。常用的『系統預存程序』將於下一節中介紹。

■ **延伸預存程序（Extended Stored Procedures）**

延伸預存程序的命名方式通常是以『xp_』開頭，例如『xp_logininfo』，儲存位置與系統預存程序相同，皆存放於 master 資料庫下的【可程式序】\【預存程序】\【系統預存程序】，如上圖所顯示。

■ **使用者自訂的預存程序（User-Defined Stored Procedures）**

除了系統所提供以上的兩種預存程序之外，SQL Server 尚提供給使用者自訂的預存程序，以方便讓使用者能自行開發企業所需的固定程序。

13-2 常用的系統預存程序

本節特別介紹一些 SQL Server 提供的常用系統預存程序做一說明，在以下的每一個系統預存程序，皆會有其特定的語法，語法中也都會有該預存程式做為輸入的參數名稱（以 @ 為開頭命名的區域變數）皆可省略不寫。

關於『SQL Server 伺服器』的預存程序

■ **查詢登入使用者資訊的 sp_who 與 sp_who2**

sp_who 可以提供使用者查詢 SQL Server 的 Database Engine 執行個體中，有關目前登入的使用者（login）、工作階段（session）和處理程序（process）的相關資訊。並且透過參數的指定來篩選資訊，可以傳回全部、或是特定『使用者』（login）、或是屬於某個特定『工作階段識別碼』（session id）、或是『使用中』（active）的處理程序。sp_who2 可說是 sp_who 的加強版，所呈現的資訊項目也比 sp_who 還多，而使用方式兩者皆相同，語法如下：

```
sp_who [ [ @loginame = ] 'login' | session ID | 'ACTIVE' ]
```

```
sp_who2 [ [ @loginame = ] 'login' | session ID | 'ACTIVE' ]
```

以下僅以 sp_who 為例說明，亦可將以下範例完全改由 sp_who2 來執行

列出目前所有的處理程序（process）

```
EXEC sp_who
GO
```

【輸出結果】

	spid	ecid	status	loginame	hostname	blk	dbname	cmd	request_id
11	11	0	background	sa		0	master	BRKR TASK	0
12	12	0	background	sa		0	NULL	CHECKPOINT	0
13	13	0	sleeping	sa		0	master	TASK MANAGER	0
14	14	0	background	sa		0	master	BRKR EVENT HNDLR	0
15	15	0	background	sa		0	master	BRKR TASK	0
16	16	0	background	sa		0	master	BRKR TASK	0
17	17	0	sleeping	sa		0	master	TASK MANAGER	0
18	18	0	sleeping	sa		0	master	TASK MANAGER	0
19	19	0	sleeping	sa		0	master	TASK MANAGER	0
20	20	0	sleeping	sa		0	master	TASK MANAGER	0
21	21	0	sleeping	sa		0	master	TASK MANAGER	0
22	24	0	background	sa		0	master	BRKR TASK	0
23	51	0	runnable	sa	LOGITUTOR	0	CH13範例資料庫	SELECT	0

僅列出特定『登入』（login）為 sa 的處理程序

```
EXEC sp_who 'sa'
GO
```

僅列出『工作階段識別碼』（session id）為 5 的處理程序

```
EXEC sp_who 5
GO
```

僅列出『使用中』（active）的處理程序

```
EXEC sp_who 'active'
GO
```

關於『資料庫』的預存程序

■ 附加資料庫的 **sp_attach_db**

```
sp_attach_db [ @dbname= ] 'dbname'
 , [ @filename1= ] 'filename_n' [ ,...16 ]
```

將本書光碟的範例資料庫先行複製至『C:\Databases』目錄，再利用 sp_attach_db 將其附加進來。

```
EXEC sp_attach_db 'CH13 範例資料庫 ',
                  'C:\Databases\CH13 範例資料庫 .mdf,
                  'C:\Databases\CH13 範例資料庫 _log.ldf'
                  'C:\Databases\CH13 範例資料庫 G11.ndf',
                  'C:\Databases\CH13 範例資料庫 G21.ndf',
                  'C:\Databases\CH13 範例資料庫 G22.ndf'
GO
```

因為本範例的資料庫具有數個檔案，在此建議在使用 sp_attach_db 時，至少將主要檔案（*.mdf）與紀錄檔（*.ldf）一併加入到 sp_attach_db 後面，否則有可能會發生錯誤情形。

■ 卸離資料庫的 **sp_detach_db**

```
sp_detach_db [ @dbname= ] 'database_name'
```

欲卸離資料庫『CH13 範例資料庫』前，必須切換至其他資料庫，避免資料庫在使用中無法成功卸離。切換至其他資料庫後，只要指名資料庫名稱即可，不用特地再指名底層的檔案群。例如以下將『CH13 範例資料庫』卸離。

```
EXEC sp_detach_db 'CH13 範例資料庫 '
GO
```

■ **更改資料庫名稱的 sp_renamedb**

```
sp_renamedb [ @dbname = ] 'old_name' , [ @newname = ] 'new_name'
```

以下要將『CH13 範例資料庫』更改名稱為『CH13 新名稱資料庫』，使用方式如下：

```
EXEC sp_renamedb 'CH13 範例資料庫 ' , 'CH13 新名稱資料庫 '
GO
```

【建議】

為了後面範例需要，請將以上資料庫名稱再更改回原本的『CH13 範例資料庫』名稱，方式如下：

```
EXEC sp_renamedb 'CH13 新名稱資料庫 ' , 'CH13 範例資料庫 '
GO
```

■ **列出 SQL Server 目前存在資料庫的 sp_helpdb**

```
sp_helpdb [ [ @dbname= ] 'name' ]
```

列出目前 SQL Server 中所有資料庫的相關資訊

```
EXEC sp_helpdb
GO
```

【輸出結果】

	name	db_size	owner	dbid	created	status	compatibility_level
1	CH03範例資料庫	4.00 MB	sa	7	08 2 2009	Status=ONLINE, Updateability=READ_WRITE, UserAcc...	100
2	CH04範例資料庫	7.00 MB	sa	8	08 4 2009	Status=ONLINE, Updateability=READ_WRITE, UserAcc...	100
3	CH05範例資料庫	4.00 MB	sa	10	08 7 2009	Status=ONLINE, Updateability=READ_WRITE, UserAcc...	100
4	CH06範例資料庫	4.00 MB	sa	9	08 13 2009	Status=ONLINE, Updateability=READ_WRITE, UserAcc...	100
5	CH07範例資料庫	4.00 MB	sa	11	08 13 2009	Status=ONLINE, Updateability=READ_WRITE, UserAcc...	100
6	CH09範例資料庫	16.00 MB	sa	16	09 12 2009	Status=ONLINE, Updateability=READ_WRITE, UserAcc...	100
7	CH10範例資料庫	4.00 MB	sa	5	10 8 2009	Status=ONLINE, Updateability=READ_WRITE, UserAcc...	100
8	CH11範例資料庫	4.00 MB	sa	12	10 18 2009	Status=ONLINE, Updateability=READ_WRITE, UserAcc...	100
9	CH12範例資料庫	4.00 MB	sa	14	11 4 2009	Status=ONLINE, Updateability=READ_WRITE, UserAcc...	100
10	CH13範例資料庫	4.00 MB	sa	15	11 15 2009	Status=ONLINE, Updateability=READ_WRITE, UserAcc...	100
11	master	5.25 MB	sa	1	04 8 2003	Status=ONLINE, Updateability=READ_WRITE, UserAcc...	100
12	model	3.00 MB	sa	3	04 8 2003	Status=ONLINE, Updateability=READ_WRITE, UserAcc...	100
13	msdb	15.50 MB	sa	4	07 9 2008	Status=ONLINE, Updateability=READ_WRITE, UserAcc...	100

列出特定資料庫名稱的資訊

```
EXEC sp_helpdb 'CH13 範例資料庫 '
GO
```

■ 列出目前使用中資料庫使用檔案群組的 **sp_helpfilegroup**

```
sp_helpfilegroup [ [ @filegroupname = ] 'name' ]
```

查詢『CH13 範例資料庫』的所有檔案群組

```
USE CH13 範例資料庫
EXEC sp_helpfilegroup
GO
```

從以上範例中，可以簡單看出『CH13 範例資料庫』資料庫具有三個檔案群組，分別為『PRIMARY』、『CH13G1』和『CH13G2』，以及每個檔案群組的群組識別碼和包括的檔案個數。

查詢『CH13 範例資料庫』中檔案群組名稱為『CH13G2』的相關資訊

```
USE CH13 範例資料庫
EXEC sp_helpfilegroup 'CH13G2'
GO
```

【輸出結果】

	groupname	groupid	filecount
1	CH13G2	3	2

	file_in_group	fileid	filename	size	maxsize	growth
1	CH13範例資料庫G21	4	C:\Databases\CH13範例資料庫G21.ndf	3072 KB	Unlimited	1024 KB
2	CH13範例資料庫G22	5	C:\Databases\CH13範例資料庫G22.ndf	3072 KB	Unlimited	1024 KB

以上可以看出檔案群組『CH13G2』包括兩個檔案，以及每個檔案的詳細資料，包括實體檔案路徑和名稱、檔案大小、最大檔案限制以及自動成長方式。

■ 列出資料庫使用檔案與屬性的 **sp_helpfile**

```
sp_helpfile [ [ @filename = ] 'name' ]
```

目前使用中資料庫，查詢此資料庫所有底層有哪些檔案，以及相關資訊

```
USE CH13 範例資料庫
EXEC sp_helpfile
GO
```

【輸出結果】

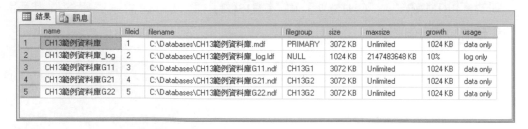

	name	fileid	filename	filegroup	size	maxsize	growth	usage
1	CH13範例資料庫	1	C:\Databases\CH13範例資料庫.mdf	PRIMARY	3072 KB	Unlimited	1024 KB	data only
2	CH13範例資料庫_log	2	C:\Databases\CH13範例資料庫_log.ldf	NULL	1024 KB	2147483648 KB	10%	log only
3	CH13範例資料庫G11	3	C:\Databases\CH13範例資料庫G11.ndf	CH13G1	3072 KB	Unlimited	1024 KB	data only
4	CH13範例資料庫G21	4	C:\Databases\CH13範例資料庫G21.ndf	CH13G2	3072 KB	Unlimited	1024 KB	data only
5	CH13範例資料庫G22	5	C:\Databases\CH13範例資料庫G22.ndf	CH13G2	3072 KB	Unlimited	1024 KB	data only

目前使用中的資料庫，僅查詢其中特定檔案的相關資料

```
USE CH13 範例資料庫
EXEC sp_helpfile 'CH13 範例資料庫 G22'
GO
```

關於『資料表』的預存程序

■ 更改資料表與資料行名稱的 sp_rename

```
sp_rename [ @objname = ] 'object_name' , [ @newname = ] 'new_name'
      [ , [ @objtype = ] 'object_type' ]
```

在使用 sp_rename 時必須要注意，當被重新命名的物件與其他物件之間若有相依性時，彼此的相依性將會在重新命名之後消失，系統不會自動維護此相依性。例如以下的範例中，若將資料表『供應商』更名為『廠商資料』之後，所有與『供應商』的關聯性將會消失掉。

重新命名資料表名稱

```
USE CH13 範例資料庫
EXEC sp_rename ' 供應商 ' , ' 廠商資料 '
GO
```

重新命名資料行名稱

```
USE CH13 範例資料庫
EXEC sp_rename ' 廠商資料 . 供應商名稱 ' , ' 廠商名稱 ' , 'COLUMN'
GO
```

【建議】

為了後面範例需要，請將以上資料表再更改回原本的『供應商』名稱，方式如下：

```
EXEC sp_rename ' 廠商資料 ' , ' 供應商 '
EXEC sp_rename ' 供應商 . 廠商名稱 ' , ' 供應商名稱 ' , 'COLUMN'
GO
```

■ 查詢資料表目前條件限制（**constraint**）的 **sp_helpconstraint**

```
sp_helpconstraint [ @objname = ] 'table'
                  [ , [ @nomsg = ] 'no_message' ]
```

使用 sp_helpconstraint 來查詢資料表的『條件限制』（constraint），後面必須要指名
所要查詢的資料表名稱，例如查詢『CH13 範例資料庫』的『訂單』資料表：

```
USE CH13 範例資料庫
EXEC sp_helpconstraint ' 訂單 '
GO
```

【輸出結果】

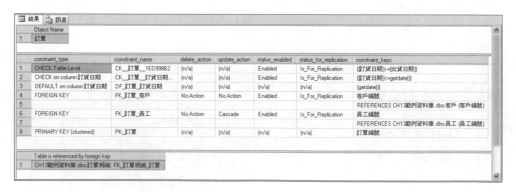

13-10

【**說明**】在以上的輸出可分為三個視窗：

1. 第一個輸出視窗，就是所查詢的資料表名稱。

2. 第二個輸出視窗，包括以下項目：

   ■ constraint_type，列出該條件限制的型態，例如是 CHECK、Default、Foreign Key 或是 Primary Key。

   ■ constraint_name，列出該條件限制的名稱。

   ■ delete_action，當此資料表所參考到的父資料表『刪除』（delete）時，此資料表相對應的動作為何。

   ■ update_action，當此資料表所參考到的父資料表『更新』（update）時，此資料表相對應的動作為何。

   ■ status_enabled，列出此條件限制的啟動狀態。

   ■ status_for_replication，列出此資料表於『複寫』（replication）時的狀態。

   ■ constraint_keys，列出該條件限制的相關資訊。

3. 第三個輸出視窗，指出此『資料表』已經有哪些『資料表』的『主索引鍵』參考。

13-3 使用者自訂的預存程序

除了系統原本所提供的預存程序之外，使用者亦可依據不同的商業邏輯，將企業經常使用的程序建立成一個標準的預存程序，爾後只要執行該預存程序即可，不用每一次或每一位使用者都重新撰寫相同的程序。建立預存程序的基本語法如下：

預存程序的基本語法

CREATE PROC[EDURE] procedure_name [; number]
[@parameter data_type [VARYING] [= default] [OUTPUT]] [,…n]
[WITH { RECOMPILE | ENCRYPTION } [, …]]
[FOR REPLICATION]
AS
sql_statement […n]

- procedure_name：建立預存程序的程序名稱，建議不要使用『sp_』開頭來命名，因為『sp_』開頭的預存程序為系統預存程序的命名原則。若是針對本機的暫存預存程序，必須在程序名稱前面加上一個井字號（#），若是全域的暫存預存程序則使用兩個井字號（##）為開頭。

- [; number]：在相同的一個預存程序名稱後面可以加上 [;number]，可以用來當成不同的開發版本應用，但每一個號碼都是一個獨立的預存程序，所以不論更改、刪除或執行都必須要指名哪一個號碼的預存程序。

- @parameter：表示該預存程序傳入或傳出的參數名稱，可以在 CREATE PROC 程序中宣告一個或多個不同型態的參數，除非有設定『預設值』，否則使用者在執行此程序時，必須指定參數的值，否則會發生錯誤而不能執行。

- VARYING：指定做為輸出的結果集（ResultSet），只適用於 cursor 參數使用，其結構會由執行該程序時動態建立。

- default：預設值是指該參數若是使用者執行該程序時沒有傳入該參數值時，該程序就會將該參數值設為預設值，預設值必須是常數。

- OUTPUT：用來指定該參數的目的是用來傳回執行結果的參數。

- RECOMPILE：指示 Database Engine 放棄原本此預存程序既有的查詢計劃，每當執行此預存程式時，都會重新編譯及建立查詢計劃。當指定 FOR REPLICATION 時，就不能指定此選項。

- ENCRYPTION：指示系統將該預存程序的程序內容進行編碼，將原本可讀性的文字，編碼成一堆毫無意義的文字，讓一般使用者無法看該預存程序的設計內容。如此的目的是可以保護該企業的商業邏輯（business logic），也就是該程序設計的流程以及運算方式。切記 !! 一旦經過此選項的編碼後的程序，是無法還原原始的設計內容，所以在設定此選項前，建議先將設計內容另外備份，以備爾後維護方便。
- FOR REPLICATION：此功能不可以與 WITH RECOMPILE 同時使用。設定此選項表示該預存程序僅供『複寫』（replication）使用。

建立基本的預存程序

倘若經常會對『供應商』的基本資料進行查詢，除了可以建立一個檢視表之外，亦可建立以下的預存程序來進行查詢，這也是預存程序的最基本用法。

【建立預存程序】

```
CREATE PROC usp_showSupply
AS
SELECT *
FROM 供應商
GO
```

【執行預存程序】

```
EXEC usp_showSupply
```

以上的範例僅是一個非常簡單且基本的預存程序，並無法展現出預存程序的實際應用。若是經常會查詢產品的庫存量情形，用以決定是否再向供應商提出訂單之依據，查詢的篩選條件為『庫存量 < 安全存量』，並且計算出『建議進貨量』為『兩倍的安全存量 − 庫存量』，可寫成以下的預存程序。

【建立預存程序】

```
CREATE PROC usp_showLowInventory
AS
SELECT  供應商名稱,類別名稱,產品編號,產品名稱,庫存量,安全存量,
        (安全存量*2-庫存量)AS 建議進貨量
FROM    產品資料 as P,產品類別 as C,供應商 as S
WHERE   P. 類別編號 = C. 類別編號 AND
        P. 供應商編號 = S. 供應商編號 AND
        庫存量 < 安全存量
ORDER   BY S. 供應商編號,C. 類別編號,產品編號
GO
```

【執行預存程序】

```
EXEC usp_showLowInventory
```

【執行結果】

	供應商名稱	類別名稱	產品編號	產品名稱	庫存量	安全存量	建議進貨量
1	權勝	果汁	4	蘆筍汁	110	120	130
2	妙恩	茶類	7	紅茶	450	500	550
3	丁泉	奶類	9	牛奶	250	300	350
4	丁泉	咖啡類	10	咖啡	131	150	169
5	正心	奶類	11	奶茶	0	200	400

建立具有『輸入參數』的預存程序

　　若是要建立一個具有與使用者互動的預存程序，必須在設計預存程序時保留使用者可以決定一些變數的值。例如當產品的庫存量低於安全存量時，使用者可以決定建議進

貨量是用幾倍的『安全存量』為依據來計算；所以此時的『倍數』就是由使用者執行查詢時，輸入『倍數』@multiple 參數值給預存程序，如下範例。

```
CREATE PROC usp_showLowInventory_02
@multiple int
AS
PRINT ' 使用 ' + CAST(@multiple as varchar) + ' 倍的安全存量計算 '
SELECT 供應商名稱 , 類別名稱 , 產品編號 , 產品名稱 , 庫存量 , 安全存量 ,
        ( 安全存量 *@multiple - 庫存量 ) AS 建議進貨量
FROM 產品資料 AS P , 產品類別 AS C, 供應商 AS S
WHERE P. 類別編號 = C. 類別編號 AND
        P. 供應商編號 = S. 供應商編號 AND
        庫存量 < 安全存量
ORDER BY S. 供應商編號 , C. 類別編號 , 產品編號
GO
```

【執行預存程序】

　　必須給定數入的參數值

```
EXEC usp_showLowInventory_02 3
```

【執行結果】

　　使用 PRINT 的輸出資料會顯示在【訊息】視窗，所以執行此預存程序之後，必須點選【訊息】標籤才能看到顯示出來的『倍數』。

	供應商名稱	類別名稱	產品編號	產品名稱	庫存量	安全存量	建議進貨量
1	權勝	果汁	4	蘆筍汁	110	120	250
2	妙恩	茶類	7	紅茶	450	500	1050
3	丁泉	奶類	9	牛奶	250	300	650
4	丁泉	咖啡類	10	咖啡	131	150	319
5	正心	奶類	11	奶茶	0	200	600

未指定參數值會產生執行時的錯誤訊息

```
EXEC usp_showLowInventory_02
```

【執行結果】

訊息 201，層級 16，狀態 4，程序 usp_showLowInventory_02，行 0
程序或函數 'usp_showLowInventory_02' 必須有參數 '@Multiple'，但是並未提供。

建立輸入參數具有『預設值』的預存程序

　　當使用者在試算建議進貨量時，系統可以先行給定一個預設值，倘若使用者想要自己給定『倍數』@mutiple 參數，則預存程序將會以使用者輸入的值為主；否則就會以預存程序的預設值進行執行。

```
CREATE PROC usp_showLowInventory_03
@multiple int = 2
AS
PRINT ' 使用 ' + CAST（@multiple as varchar）+ ' 倍的安全存量計算 '
SELECT 供應商名稱 , 類別名稱 , 產品編號 , 產品名稱 , 庫存量 , 安全存量 ,
        （安全存量 *@multiple - 庫存量）AS 建議進貨量
FROM 產品資料 AS P , 產品類別 AS C, 供應商 AS S
WHERE  P. 類別編號 = C. 類別編號 AND
        P. 供應商編號 = S. 供應商編號 AND
        庫存量 < 安全存量
ORDER BY S. 供應商編號 , C. 類別編號 , 產品編號
GO
```

【執行預存程序】

不指定輸入參數值時，會以預設值『2』為主

```
EXEC usp_showLowInventory_03
```

【執行結果】

	供應商名稱	類別名稱	產品編號	產品名稱	庫存量	安全存量	建議進貨量
1	權勝	果汁	4	蘆筍汁	110	120	130
2	妙恩	茶類	7	紅茶	450	500	550
3	丁泉	奶類	9	牛奶	250	300	350
4	丁泉	咖啡類	10	咖啡	131	150	169
5	正心	奶類	11	奶茶	0	200	400

給定輸入參數值時，會以輸入的值『3』為主

```
EXEC usp_showLowInventory_03 3
```

【執行結果】

	供應商名稱	類別名稱	產品編號	產品名稱	庫存量	安全存量	建議進貨量
1	權勝	果汁	4	蘆筍汁	110	120	250
2	妙恩	茶類	7	紅茶	450	500	1050
3	丁泉	奶類	9	牛奶	250	300	650
4	丁泉	咖啡類	10	咖啡	131	150	319
5	正心	奶類	11	奶茶	0	200	600

若是將『預存程序』當一個黑盒子，參數就是使用者與此黑盒子溝通的介面，如下圖所示。當執行預存程序 usp_showLowInventory_03 時，透過參數傳遞方式，將數值『3』傳入內部的區域變數 @multiple，再進行所要執行的程序。

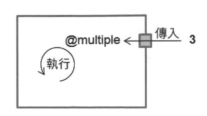

EXEC usp_showLowInventory_03 3

建立具有輸入 / 輸出參數的預存程序 ▪▪

　　如同上一個範例中提到，可以將預存程序當成一個黑盒子，使用者不用太過在乎內部是如何運作，只要能與此黑盒子互動即可，除了使用者可以透過輸入參數值給該預存程序之外，有時也需要預存程序回傳資料給使用者，以下範例是透過 OUTPUT 類型的參數 @total，傳回執行結果給外部的區域變數 @OrderTotal。

```
CREATE PROC usp_showLowInventory_04
@multiple int = 2, @total int OUTPUT
AS
SELECT 供應商名稱 , 類別名稱 , 產品編號 , 產品名稱 , 庫存量 , 安全存量 ,
        （安全存量 *@multiple - 庫存量）AS 建議進貨量
FROM 產品資料 AS P , 產品類別 AS C, 供應商 AS S
WHERE P. 類別編號 = C. 類別編號 AND
        P. 供應商編號 = S. 供應商編號 AND
        庫存量 < 安全存量
ORDER BY S. 供應商編號 , C. 類別編號 , 產品編號

SELECT @total =（安全存量 *@multiple - 庫存量）* 平均成本
FROM 產品資料
WHERE 庫存量 < 安全存量
GO
```

【執行預存程序 】

```
DECLARE @OrderTotal int
EXEC usp_showLowInventory_04 3, @OrderTotal OUTPUT
Print ' 預計訂貨總金額：' + CAST （@OrderTotal AS varchar）+ ' 元 '
GO
```

【執行結果】

　　如同上一個範例說明，將預存程序當一個黑盒子，輸入／輸出參數就是使用者與此黑盒子溝通的介面，如下圖所示。當執行 usp_showLowInventory_04 時，將數值『3』透過執行時傳入給區域變數 @mutltiple，當該程序執行過程中，將產生的結果存於 OUTPUT 型態的區域變數 @total，再透過外部也宣告為 OUTPUT 型態的區域變數 @OrderTotal 來承接結果，再將此區域變數 @OrderTotal 進行其他的處理。

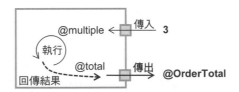

EXEC usp_showLowInventory_04 **3**, **@OrderTotal OUTPUT**

　　若是此預存程序執行時，希望以預設值執行，可以用『default』來取代輸入值，以下為執行範例。

【執行預存程序】

```
DECLARE @OrderTotal int
EXEC usp_showLowInventory_04 default, @OrderTotal OUTPUT
PRINT ' 預計訂貨總金額：' + CAST（@OrderTotal AS varchar）+ ' 元 '
GO
```

建立具有 RECOMPILE 選項的預存程序

　　若是希望所建立的預存程序在執行時候，系統可以每一次都重新『編譯』，重新建立新的『執行計劃』，在建立預存程序時可以利用『RECOMPILE』選項，如以下的範例。

```
CREATE PROC usp_listPrizeEmp
@lowBound int = 0
WITH  RECOMPILE
AS
SELECT      E. 員工編號 , 姓名 , SUM（實際單價 * 數量）營業額
FROM        員工 E, 訂單 O, 訂單明細 OD
WHERE       E. 員工編號 = O. 員工編號 AND
            O. 訂單編號 = OD. 訂單編號
GROUP BY    E. 員工編號 , 姓名
HAVING      SUM（實際單價 * 數量）> @lowBound
ORDER BY  SUM（實際單價 * 數量）DESC
GO
```

【執行預存程序】

```
EXEC usp_listPrizeEmp 2000
```

【執行結果】

建立具有 ENCRYPTION 選項的預存程序

每一個企業都會有自己不同的商業邏輯，例如計算業務的業績獎金公式每一家企業都不會相同，更是視為機密，所以避免使用者透過預存程序的設計內容，在建立此預存程序時可以加上『ENCRYPTION』選項來保密，如以下的範例。

```
CREATE PROC usp_calcPrize
@lowBound int = 0,
@unitPrize int = 1000
WITH  ENCRYPTION
AS
SELECT E.員工編號,姓名,SUM（實際單價＊數量）營業額,
        round（（（SUM（實際單價＊數量）-@lowBound）/ 1000）,0）*@unitPrize 獎金
FROM  員工 E,訂單 O,訂單明細 OD
WHERE E.員工編號＝O.員工編號 AND
        O.訂單編號＝OD.訂單編號
GROUP BY  E.員工編號,姓名
HAVING     SUM（實際單價＊數量）> @lowBound
ORDER BY  SUM（實際單價＊數量）DESC
GO
```

【執行預存程序】

```
EXEC usp_calcPrize 2000, 3000
```

【執行結果】

	員工編號	姓名	營業額	獎金
1	10	林美滿	5343	9000
2	6	劉逸萍	3080	3000

當建立預存程序時，有加上『ENCRYPTION』選項時，透過 SQL Server Management Studio 的物件總管，可以看到該預存程序名稱 usp_calcPrize 前被加上一個鎖，或在該程序名稱 usp_calcPrize 上方按下滑鼠右鍵，透過快取選單可以看到【修改 (Y)】是呈現灰白色無法被點選，表示該程序已經被加密處理。

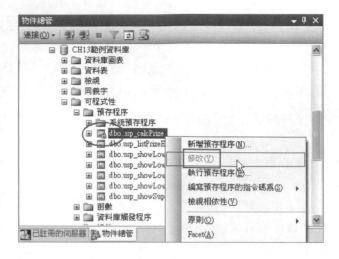

建立同時具有 RECOMPILE 與 ENCRYPTION 選項的預存程序

若是想同時具有 RECOMPILE 以及 ENCRYPTION 兩個選項，只要利用逗號（,）將兩個選項隔開即可，如以下範例。

```
CREATE PROC usp_calcPrize_02
@lowBound int = 0,
@unitPrize int = 1000
WITH  RECOMPILE, ENCRYPTION
AS
SELECT E. 員工編號 , 姓名 , SUM（實際單價 * 數量）營業額 ,
        round ((（SUM（實際單價 * 數量）- @lowBound）/1000）, 0）*@unitPrize 獎金
FROM 員工 E, 訂單 O, 訂單明細 OD
WHERE E. 員工編號 = O. 員工編號 AND
        O. 訂單編號 = OD. 訂單編號
GROUP BY  E. 員工編號 , 姓名
HAVING     SUM（實際單價 * 數量）> @lowBound
ORDER BY  SUM（實際單價 * 數量）DESC
GO
```

參數傳遞的方法

利用預存程序來執行固定的程序，往往會使用到不同的參數，並會給予或不給予預設值，這將會影響使用者在執行時輸入參數值，以下利用一個很簡單的預存程序來說明。

```
CREATE PROC usp_calcABC
@A int = 5 ,
@B int = NULL ,
@C int
AS
SELECT @A as '@A 的值 ', @B as '@B 的值 ', @C as '@C 的值 '
GO
```

【執行預存程序】

-- 正確使用 , 正規的使用方式 , 依據順序輸入 , 使用 '@name=value' 方式

```
EXEC usp_calcABC @A=1, @B=2, @C=3
```

-- 正確使用 , 使用 '@name= value' 方式 , 可以不用依據順序

```
EXEC usp_calcABC @B=2, @C=3, @A=1
```

-- 正確使用 , 依序給定每一個參數值

```
EXEC usp_calcABC 1, 2, 3
```

-- 正確使用 , 使用 '@name=value' 方式 , 並只給定沒有預設值的參數

```
EXEC usp_calcABC @C=5
```

-- 錯誤使用，雖然 @A 與 @B 有預設值，但不可將該位置空掉

```
EXEC usp_calcABC , , 3
```

-- 正確使用，修正上一個的錯誤使用，若要使用預設值，必須對應給定 default

```
EXEC usp_calcABC DEFAULT, DEFAULT, 3
```

-- 錯誤使用，只要有一個使用 '@name=value' 方式，就必須每一個都使用 '@name=value' 方式

```
EXEC usp_calcABC @A=1, 2, @C=3
```

-- 錯誤使用，只要有一個使用 '@name=value' 方式，就必須每一個都使用 '@name=value' 方式

```
EXEC usp_calcABC DEFAULT, DEFAULT, @C=3
```

-- 正確使用，修正上一個的錯誤使用

```
EXEC usp_calcABC @A=DEFAULT, @B=DEFAULT, @C=3
```

預存程序傳回值的三種方法

在建立預存程序時，可以有以下三種回傳值的方法，分別說明下：

- 使用『OUTPUT』型態的參數
- 使用『RETURN n』傳回『整數值』n
- 使用『EXEC（sql_string）』

第一種使用『OUTPUT』型態的參數回傳值，在前面已經說明和舉例說明過，在此不再贅述。第二種的『RETURN n』，所傳回的值 n 必須為『整數』型態，可以是正整數、負整數以及零。此種傳回值型態的預存程序，常會利用傳回值用來判斷該預存程序

執行是否成功。由於執行預存程序成功的情形只會有一種，就是『成功』；反之，執行『失敗』卻會有很多種不同的錯誤訊息。所以，可以利用回傳『0』代表執行成功；『非0』為失敗，並且利用不同數字代表不同的錯誤訊息，範例說明如下。

若是要建立一個預存程序，可以用來查詢『產品資料』中的特定類別的產品。條件是：若是在『產品資料』查到該類別的產品就回傳 0；若是『產品資料』查不到該類別產品就回傳 1；若是『產品資料』與『產品類別』都查不到該類別就還傳 2。換言之，只有回傳 0 代表查詢成功，傳回非 0 代表其中一個資料表沒有該資料。

```sql
CREATE PROC usp_queryProd
@CategoryID int
AS
DECLARE @errCount int = 0
SET NOCOUNT ON  -- 表示不顯示出受到影響的筆數訊息

SELECT *
FROM 產品資料
WHERE 類別編號 = @CategoryID

IF @@ROWCOUNT = 0
BEGIN
  SET @errCount = @errCount + 1

  SELECT *
  FROM 產品類別
  WHERE 類別編號 = @CategoryID

  IF @@ROWCOUNT = 0
     SET @errCount = @errCount + 1
END

RETURN @errCount
GO
```

【執行預存程序】

```
DECLARE @errCode int
EXEC @errCode = usp_queryProd 7
IF @errCode = 0
   PRINT ' 查詢成功 '
ELSE IF @errCode = 1
   PRINT '[ 產品資料 ] 資料表中沒有此類產品 '
ELSE
   PRINT '[ 產品資料 ] 與 [ 產品類別 ] 資料表，皆無此類別產品 '
GO
```

第三種『EXEC（sql_string）』的使用具有非常大的彈性，因為利用 EXEC 來執行後面的 SQL 字串（sql_string），該字串可以是很簡單的 SQL 敘述，也可以很複雜且動態組成的 SQL 敘述，以下分別利用兩個範例說明。

在第一個範例中是使用外部輸入所要查詢的『資料表』名稱，再透過區域變數 @sqlStr 動態形成 SQL 敘述的字串，最後使用『EXEC（@sqlStr）』來執行。特別要注意不可省略小括弧（ ），否則會發生錯誤。

```
CREATE PROC queryTable
@tableName varchar (100)
AS
DECLARE @sqlStr varchar (100)
SET @sqlStr = 'SELECT * FROM ' + @tableName
PRINT '@sqlStr = ' + @sqlStr   -- 可利用 @sqlStr 的輸出來看語法是否錯誤
EXEC (@sqlStr)
GO
```

【執行預存程序】

> EXEC queryTable ' 客戶 '

　　使用一個較為複雜且活用的範例,說明使用『EXEC(sql_string)』的強大用途。以下以查詢『員工』資料表中每位上司的資料,也就是使用『自我合併』的方式來進行查詢,若是使用者要求每次查詢時,可以輸入欲查詢上司資料的『層數』,若是沒有輸入層數,預設就為『1』層。這樣的需求,SQL 敘述是在於使用者輸入『層數』(@level)時才決定。

```
CREATE PROC usp_queryBoss
@level int = 1
AS
DECLARE @cnter int = 1
DECLARE @sqlstr varchar (500)= ''    -- 這是兩個單引號
DECLARE @select varchar (500) ,
        @from varchar (500),
        @where varchar (500)
SET @select='select E0. 員工編號 , E0. 姓名 '
SET @from='from 員工 as E0 '
SET @where=''

WHILE (@cnter <= @level)
BEGIN
   SET @select = @select + ', E' + cast (@cnter as varchar) +'. 員工編號 第 '+
                         cast (@cnter as varchar) + ' 級主管編號 '+
                     ', E' + cast (@cnter as varchar) +'. 姓名 第 '+
                         cast (@cnter as varchar) + ' 級主管姓名 '
   SET @from = @from + ', 員工 as E' + cast (@cnter as varchar) + ' '
   IF @cnter = 1
```

```
   BEGIN
      SET @where = ' where ' + 'E' + cast ((@cnter - 1 as varchar) +'. 主管 = E'+
                              cast ((@cnter as varchar) +'. 員工編號 '

   END
  ELSE
   BEGIN
      SET @where = @where + ' and E' + cast ((@cnter - 1 as varchar) +'. 主管 = E' +
                              cast ((@cnter as varchar) +'. 員工編號 '

   END
   SET @cnter = @cnter + 1
END  -- while end
SET @sqlstr=@select + @from + @where
PRINT @sqlstr -- 此行的輸出可用來 SQL 語法的偵錯
EXEC (@sqlstr)
GO
```

【執行預存程序】

```
EXEC usp_queryBoss 3
```

　　依據以上的程序看似非常地複雜，只要觀察此範圍每一個迴圈所造成的變化，也就是每一個區域變數在每一次迴圈中增加哪些字串，就可以容易地清楚以上的範例。

初始化狀態	@select = select E0.員工編號, E0.姓名 @from = from 員工as E0 @where = where
當@cnter=1	@select = select E0.員工編號, E0.姓名 　　　　　, E1.員工編號 第1級主管編號, E1.姓名 第1級主管姓名 @from = from 員工as E0 　　　　　, 員工as E1 @where = where E0.主管= E1.員工編號
當@cnter=2	@select = select E0.員工編號, E0.姓名 　　　　　, E1.員工編號 第1級主管編號, E1.姓名 第1級主管姓名 　　　　　, E2.員工編號 第2級主管編號, E2.姓名 第2級主管姓名 @from = from 員工as E0 　　　　　, 員工as E1 　　　　　, 員工as E2 @where = where E0.主管= E1.員工編號 　　　　　and E1.主管= E2.員工編號
當@cnter=3	@select = select E0.員工編號, E0.姓名 　　　　　, E1.員工編號 第1級主管編號, E1.姓名 第1級主管姓名 　　　　　, E2.員工編號 第2級主管編號, E2.姓名 第2級主管姓名 　　　　　, E3.員工編號 第3級主管編號, E3.姓名 第3級主管姓名 @from = from 員工as E0 　　　　　, 員工as E1 　　　　　, 員工as E2 　　　　　, 員工as E3 @where = where E0.主管= E1.員工編號 　　　　　and E1.主管= E2.員工編號 　　　　　and E2.主管= E3.員工編號

@sqlStr = @select + @from + @where

　　此範例是採用『自我合併』（self-join）以及『內部合併』（inner join），所以當使用者輸入的『層數』越多，將會發現資料越少。可以試著改寫成『外部合併』（outer join）來解決此問題。

巢狀式呼叫的預存程序

所謂的巢狀式呼叫是指一個預存程序（例如 usp_procA）的內部程序，呼叫另一個預存程序（usp_procB），這一個預存程序（usp_procB）又呼叫另一個預存程序（usp_procC），…依此類推。以下建立三個預存程序，usp_procA 呼叫 usp_procB，usp_procB 又呼叫 usp_procC，可以利用系統變數 @@NESTLEVEL 來顯示執行當下，是位於巢狀中的哪一個階層，範例如下說明。

```
CREATE PROC usp_procA
AS
PRINT 'usp_procA 的開始 .....@@NESTLEVEL = ' + CAST (@@NESTLEVEL AS varchar)
EXEC usp_procB
PRINT 'usp_procA 的結束 .....@@NESTLEVEL = ' + CAST (@@NESTLEVEL AS varchar)
GO

CREATE PROC usp_procB
AS
PRINT ' usp_procB 的開始 ...@@NESTLEVEL = ' + CAST (@@NESTLEVEL AS varchar)
EXEC usp_procC
PRINT ' usp_procB 的結束 ...@@NESTLEVEL = ' + CAST (@@NESTLEVEL AS varchar)
GO

CREATE PROC usp_procC
AS
PRINT '    usp_procC........@@NESTLEVEL = ' + CAST (@@NESTLEVEL AS varchar)
GO
```

【執行預存程序】

```
EXEC usp_procA
```

【執行結果】

```
訊息
usp_procA 的開始.....@@NESTLEVEL = 1
  usp_procB 的開始...@@NESTLEVEL = 2
    usp_procC........@@NESTLEVEL = 3
  usp_procB 的結束...@@NESTLEVEL = 2
usp_procA 的結束.....@@NESTLEVEL = 1
```

　　將此三個預存程序之間的關係繪製成以下圖解說明：當使用者執行 usp_procA 時，@@nestlevel=1；當呼叫 usp_procB 時，@@nestlevel=2；再呼叫 usp_procC 時，@@nestlevel=3。當 usp_procC 執行完畢，返回 usp_procB 時，@@nestlevel=2；當 usp_procC 執行完畢，返回 usp_procA 時，@@nestlevel=1。

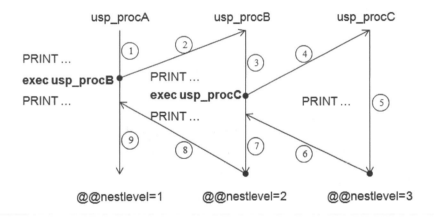

13-4　OUTPUT 子句

　　OUTPUT 子句是 SQL Server 2005 以後增加的新功能，可以應用於 INSERT、UPDATE、DELETE 以及 MERGE 語句中。主要用途是將以上的四個操作當中，被異動的資料輸出至 INSERTED 與 DELETED 兩個暫存資料表，並於 $ACTION 中記錄是 INSERT/UPDATE/DELETE 的哪一種操作。但是，$ACTION 僅能使用於 MERGE 敘述，不可用於其他三個敘述。

根據不同的異動操作，會將異動後的『新值』，與異動前的『舊值』分別寫入 INSERTED 與 DELETED 兩個變動型的暫時資料表，以及利用 $ACTION 來記錄使用者的動作（或稱操作）為何。SQL Server 2005 之前的版本要使用 INSERTED 與 DELETED 資料表，只能透過『觸發器』（Trigger, 後續章節會介紹）才能使用，自從 SQL Server 2005 以後增加 OUTPUT 子句後，亦可使用於『預存程序』內。如下表所示，根據不同的操作說明如下。

- 進行 INSERT 操作，會將新增的紀錄寫入『INSERTED』內。
- 進行 UPDATE 操作，其實 UPDATE 是用『新值』覆蓋原有的『舊值』，所以會將更改前的『舊值』寫入『DELETED』，更改後的『新值』寫入『INSERTED』。由於 UPDATE 操作可以分別利用『INSERTED』與『DELETED』記錄新、舊值，所以這就是為什麼只有『INSERTED』與『DELETED』，而沒有『UPDATED』資料表的原因。
- 進行 DELETED 操作，會將原有的舊紀錄（ 也就是被刪除的紀錄 ）寫入『DELETED』內。

$ACTION (記錄動作)	INSERTED (記錄新值)	DELETED (記錄舊值)
INSERT	◎	
UPDATE	◎	◎
DELETE		◎

至於 INSERTED 與 DELETED 資料表的結構並不是固定不變，而是隨著被異動的資料表結構而改變。總之，其結構會與被異動資料表的結構相同。以下將說明 OUTPUT 與 INSERTED 和 DELETED 的使用方式

OUTPUT 子句的基本語法：

```
<OUTPUT_CLAUSE> ::=
{
  [ OUTPUT <dml_select_list> INTO { @table_variable | output_table } [ ( column_list ) ] ]
  [ OUTPUT <dml_select_list> ]
}


<dml_select_list> ::=
{ <column_name> | scalar_expression } [ [AS] column_alias_identifier ]
  [ ,...n ]


<column_name> ::=
{ DELETED | INSERTED | from_table_name } . { * | column_name }
  | $action
```

　　以下分別以 INSERT、UPDATE、DELETE 以及 MERGE 四個敘述與 OUTPUT 的結合應用來說明。為了讓每一次異動前、後的資料都能記錄下來，以下先建立一個『產品資料 log』資料表，與原有的『產品資料』資料表多了兩個欄位『交易類型』與『異動日期』，分別記錄該筆紀錄異動的類型以及異動的日期

```
-- 用來記錄異動『產品資料』資料表的歷程資料
CREATE TABLE [ 產品資料 log]
(
        異動類型 nchar (10) ,
        異動日期 datetime ,
        before 產品編號 int ,
        before 類別編號 int ,
        before 供應商編號 varchar (5),
        before 產品名稱 varchar (40) ,
```

```
        before 建議單價 int ,
        before 平均成本 int ,
        before 庫存量 int ,
        before 安全存量 int ,
        after 產品編號 int ,
        after 類別編號 int ,
        after 供應商編號 varchar (5),
        after 產品名稱 varchar (0),
        after 建議單價 int ,
        after 平均成本 int ,
        after 庫存量 int ,
        after 安全存量 int
)
GO
```

INSERT 敘述與 OUTPUT 子句

以下是建立一個新增一筆產品資料的預存程序，並且將新增的資料顯示出來，並且顯示出異動的類別和異動日期，主要是在 INSERT 敘述中，加入 OUTPUT 子句，顯示異動的資料。由於 INSERT 敘述只會與 inserted 資料表有關，所以在以下範例中不可以出現 deleted 資料表。

```
-- 將異動資料顯示於標準 I/O 之螢幕
CREATE PROC usp_insertOutput
AS
INSERT 產品資料
OUTPUT 'INSERT' as 異動型別 , GETDATE( ) as 異動日期 , inserted.*
VALUES（13, 1,'S0002', ' 柳丁汁 ', 20, 15,0,100）
GO
```

【執行預存程序】

```
EXEC usp_insertOutput
```

【執行結果】

因為 OUTPUT 使用 inserted.*，代表將 inserted 資料表內的所有資料行全部輸出。

	異動型別	異動日期	產品編號	類別編號	供應商編號	產品名稱	建議單價	平均成本	庫存量	安全存量
1	INSERT	2009-12-05 ...	13	1	S0002	柳丁汁	20	15	0	100

以上的範例是將異動的資料直接透過標準 I/O 輸出於螢幕。亦可將每一次的異動資料加入到前面已準備好的『產品資料 log』資料表，方便未來備查。以下範例主要是在 INSERT 敘述中加入『OUTPUT…INTO…』子句來將異動資料轉向寫入 [產品資料 log] 資料表。

```
-- 將異動資料轉向儲存於『產品資料 log』資料表
CREATE PROC usp_insertOutputLog
AS
INSERT 產品資料
OUTPUT 'INSERT', GETDATE( ), null , null , null , null , null , null , null , null , inserted.*
        INTO [ 產品資料 log]
VALUES（14, 1,'S0002',' 奇異果汁 ', 22, 16,0,100），
       （15, 1,'S0002',' 芭樂汁 ', 20, 13,0,80）
GO
```

【執行預存程序】

```
EXEC usp_insertOutputLog
```

【執行結果】

執行結果僅於螢幕上顯示『2 個資料列受到影響』，異動的詳細資料被寫入『產品資料 log』資料表內，並請自行觀察『產品資料 log』資料表內容。

UPDATE 敘述與 OUTPUT 子句

若是要將『產品資料』資料表內，『產品編號』大於等於 13 的庫存量全數更新為 250，並且希望只將產品編號、產品名稱以及更改前、後的庫存量資料顯示出來，而不是全部的資料表欄位，可以各別於 deleted 與 inserted 後面加上『點』（.）和欄位名稱，而不是加上星號（ * ），範例如下。

```
-- 將異動資料顯示於標準 I/O 之螢幕
CREATE PROC usp_updateOutput
AS
UPDATE 產品資料
SET 庫存量 = 250
OUTPUT 'UPDATE' as 異動類型 , GETDATE( ) as 異動日期 , deleted. 產品編號 ,
        deleted. 產品名稱 , deleted. 庫存量 as 舊庫存量 , inserted. 庫存量 as 新庫存量
WHERE 產品編號 >= 13
GO
```

【執行預存程序】

```
EXEC usp_updateOutput
```

【執行結果】

此次所使用的 OUTPUT 子句中，並非將所有的 deleted 和 inserted 的欄位全數顯示，而是特別指定產品編號, 產品名稱, 舊的庫存量, 以及新的庫存量。

	異動類型	異動日期	產品編號	產品名稱	舊庫存量	新庫存量
1	UPDATE	2009-12-05 ...	13	柳丁汁	0	250
2	UPDATE	2009-12-05 ...	14	奇異果汁	0	250
3	UPDATE	2009-12-05 ...	15	芭樂汁	0	250

如同 INSERT 敘述，可以利用『OUTPUT…INTO…』子句將異動過的資料全數寫入另一個異動歷程資料表『產品資料 log』，範例如下，執行結果請自行觀察『產品資料 log』資料表內容。

```
-- 將異動資料轉向儲存於『產品資料 log』資料表
CREATE PROC usp_updateOutputLog
AS
UPDATE 產品資料
SET 庫存量 = 300
OUTPUT 'UPDATE', GETDATE( ), deleted.*, inserted.* INTO [ 產品資料 log]
WHERE 產品編號 >= 13
GO
```

【執行預存程序】

```
EXEC usp_updateOutputLog
```

DELETE 敘述與 OUTPUT 子句

若是要將『產品資料』資料表的產品編號 13 與 14 刪除，並將異動的資料顯示出來，也由於 DELETE 敘述只會與 deleted 資料表有關，所以以下範例不可以出現 inserted 資料表。

```
CREATE PROC usp_deleteOutput
AS
DELETE 產品資料
OUTPUT 'DELETE' as 異動類型 , GETDATE( ) as 異動日期 , deleted.*
WHERE 產品編號 IN（13,14）
GO
```

【執行預存程序】

```
EXEC usp_deleteOutput
```

【執行結果】

	異動類型	異動日期	產品編號	類別編號	供應商編號	產品名稱	建議單價	平均成本	庫存量	安全存量
1	DELETE	2009-12-0...	13	1	S0002	柳丁汁	20	15	250	100
2	DELETE	2009-12-0...	14	1	S0002	奇異果汁	22	16	250	100

　　如同 INSERT 與 UPDATE 敘述中使用『OUTPUT…INTO…』將異動的資料轉向寫入『產品資料 log』資料表，範例如下，執行結果請自行觀察『產品資料 log』資料表內容。

```
CREATE PROC usp_deleteOutputLog
AS
DELETE 產品資料
OUTPUT 'DELETE', GETDATE( ), deleted.*, null , null , null , null , null , null , null , null
        INTO [ 產品資料 log]
WHERE 產品編號 = 15
GO
```

【執行預存程序】

```
EXEC usp_deleteOutputLog
```

MERGE 與 OUTPUT 子句

MERGE 的用途在前面章節已介紹過，在此不再贅述。以下若是以『M 目標 _ 產品資料』為主要資料表，也稱之為目標資料表；以『M 來源 _ 產品資料』來異動目標資料表。異動條件如下：

- 當『目標資料表』與『來源資料表』共同存在的資料，以『來源資料表』UPDATE『目標資料表』，例如下圖中的產品編號 2 與 3。
- 當『目標資料表』不存在的資料，而存在於『來源資料表』，就從『來源資料表』INSERT 至『目標資料表』，例如下圖中的產品編號 4 與 5。
- 當『目標資料表』存在的資料，而不存在於『來源資料表』，就從目標資料表 DELETE，例如下圖中的產品編號 1。
- 最後將所有被異動（UPDATE、INSERT 及 DELETE）的資料顯示出來，並以 $action 顯示異動類型。

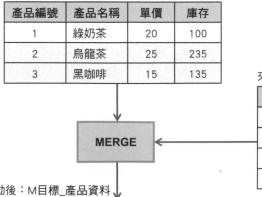

目標資料表：M目標_產品資料

產品編號	產品名稱	單價	庫存
1	綠奶茶	20	100
2	烏龍茶	25	235
3	黑咖啡	15	135

來源資料表：M來源_產品資料

產品編號	產品名稱	單價
2	烏龍茶	25
3	黑咖啡(無糖)	17
4	黑咖啡(微甜)	20
5	乳酸飲料	16

MERGE

異動後：M目標_產品資料

產品編號	產品名稱	單價	庫存
2	烏龍茶	25	235
3	黑咖啡(無糖)	17	135
4	黑咖啡(微甜)	20	0
5	乳酸飲料	16	0

```
CREATE PROC usp_mergeOutput
AS
MERGE M 目標_產品資料 AS T
USING M 來源_產品資料 AS S
ON T. 產品編號＝S. 產品編號
WHEN MATCHED THEN
    UPDATE
    SET T. 產品名稱 =S. 產品名稱 , T. 單價 =S. 單價
WHEN NOT MATCHED BY TARGET THEN
    INSERT（產品編號 , 產品名稱 , 單價 , 庫存量）
    VALUES（S. 產品編號 , S. 產品名稱 , S. 單價 , 0）
WHEN NOT MATCHED BY SOURCE THEN
    DELETE
OUTPUT $action, deleted.*, inserted.*
; -- 別忘了在結尾一定要加上『 ; 』否則會發生語法錯誤
GO
```

【執行預存程序】

```
EXEC usp_mergeOutput
```

【執行結果】

　　執行結果可以分為三個部份：第一部份為 $action 所顯示的異動類型；第二部份為 deleted 的資料，也就是異動前的舊資料；第三部份為 inserted 的資料，也就是異動後的新資料。

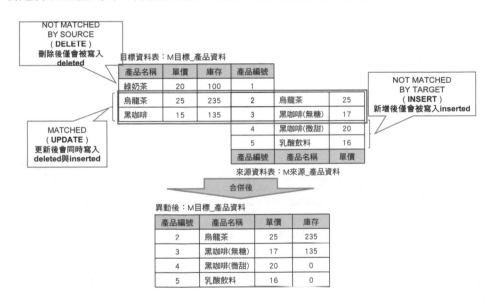

若是將以上程式碼，轉換成圖解的語意，將可畫成下圖所示。

13-5 修改預存程序

當預存程序建立後，若是要再針對設計內容修改，可以透過 SQL Server Management Studio 的【物件總管】的該資料庫下展開【可程式性】\【預存程序】，並於欲修改的預存程式名稱上按下滑鼠右鍵，在快顯功能表點選【修改 (Y)】，在右邊視窗即會出現該預存程序的設計內容，只要於該視窗內修改完成後，點選上方功能表的【執行 (X)】按鈕即可完成修改動作。不過，若是該程序原先已加入 ENCRYPTION 選項，則無法透過此方法修改，除非先刪除後再重新建立。

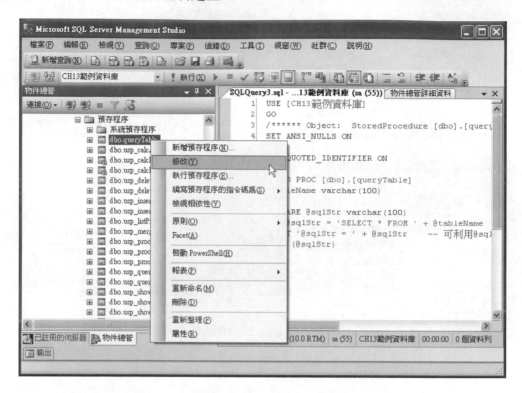

　　除了透過圖形介面的修改外，亦可採用 ALTER PROC 敘述進行修改。依據 ALTER PROC 的修改方式，與其說是『修改』，倒不如說是『重建＋覆寫』更為貼切，語法與 CREATE PROC 幾乎是一模一樣，只是將 CREATE 改成 ALTER，基本語法如下。

修改預存程序的基本語法

ALTER PROC[EDURE] procedure_name [; number]
[@parameter data_type [VARYING] [= default] [OUTPUT]] [,…n]
[WITH { RECOMPILE | ENCRYPTION } [, …]]
[FOR REPLICATION]
AS
sql_statement […n]

為什麼說 ALTER PROC 是『重建＋覆寫』，會比『修改』來的好呢？舉例說明，在前面原先建立的預存程序『usp_calcPrize』是具有『WITH ENCRYPTION』選項，也就是將其設計內容『加密』（編碼）。但是，在 SQL Server 中是沒有所謂『解密』的功能。若是要將『加密』選項去除，其實就如以下的程式碼一樣，幾乎是重建一個新的預存程序，只是沒有加上『WITH ENCRYPTION』。若是原先的程序並沒有特別儲存成明文，也就無法利用 ALTER PROC 來修改預存程序。

```
ALTER PROC usp_calcPrize
@lowBound int = 0,
@unitPrize int = 1000
AS
SELECT E. 員工編號, 姓名, SUM（實際單價＊數量）營業額,
        round（（（SUM（實際單價＊數量）- @lowBound）/ 1000），0）*@unitPrize 獎金
FROM 員工 E, 訂單 O, 訂單明細 OD
WHERE E. 員工編號 = O. 員工編號 AND
        O. 訂單編號 = OD. 訂單編號
GROUP BY E. 員工編號, 姓名
HAVING SUM（實際單價＊數量）> @lowBound
ORDER BY SUM（實際單價＊數量）DESC
GO
```

查看預存程序的參數資訊

有些預存程序會具有傳入／傳出或是回傳值，若是在執行前欲先查看，可以透過 SQL Server Management Studio 的【物件總管】的該資料庫下展開【可程式性】\【預存程序】，並點選欲查詢的預存程序名稱下的【參數】。亦或是點選上方功能表單的【檢視(V)】\【物件總管詳細資料 F7】，亦可看到所有參數資訊。例如下圖是查看預存程序名稱為『usp_showLowInventory_04』的所有參數。

13-6 刪除預存程序

欲刪除不再使用的預存程序，可以透過 SQL Server Management Studio 的【物件總管】的該資料庫下展開【可程式性】\【預存程序】，並點選上方功能表單的【檢視(V)】\【物件總管詳細資料 F7】，所有的預存程序將出現於右邊視窗中，可以點選欲刪除的一或多個預存程序，再於反白的預存程序上按滑鼠右鍵，點選【刪除 (D)】。

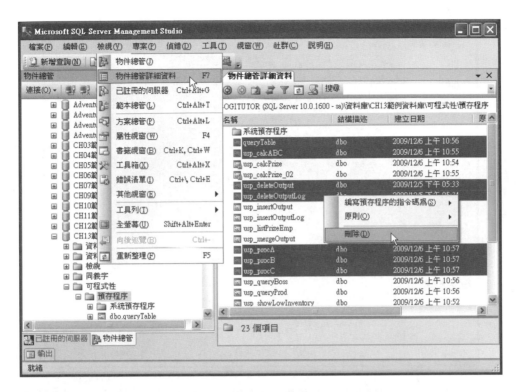

點選【刪除 (D)】選項後會出現【刪除物件】視窗，直接按下【確定】即可將所選擇的預存程序全部刪除。倘若要查看所有相關的相依性，可以點選【顯示相依性 (H)…】按鈕來查詢。

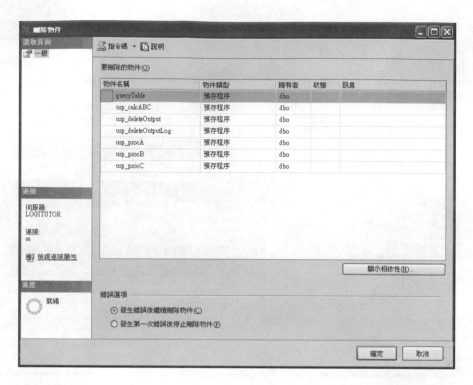

除了透過圖形介面的修改外，亦可採用 DROP PROC 敘述進行刪除。基本語法如下：

刪除預存程序的基本語法
DROP PROC procedure_name [,…]

一次刪除一個預存程序

DROP PROC usp_showSupply
DROP PROC usp_queryBoss
DROP PROC usp_queryProd

一次刪除多個預存程序

DROP PROC usp_insertOutput, usp_updateOutput, usp_listPrizeEmp

本章習題

請利用書附光碟中的『CH13 範例資料庫』，依據以下不同的需求，建立不同的預存程序。

1. 若是有查詢目前 SQL SERVER 有哪些使用者登入，可使用哪一個系統的預存程序？

2. 利用系統所提供的預存程序將書附光碟中的『CH13 範例資料庫』附加至 SQL SERVER，並取名為『進銷存資料庫』。完成後再從 SQL SERVER 卸離。

3. 利用系統所提供的預存程序將書附光碟中的『CH13 範例資料庫』直接附加至 SQL SERVER，並取名為『進銷存資料庫』。完成後再將資料庫更名為『CH13 範例資料庫』，再卸離。

4. 利用第八章習題 3 與習題 4 所建立的資料庫，並利用 sp_helpfilegroup 來查看每個檔案群組有幾個檔案，試寫出 sp_helpfilegroup 的執行方式。

5. 將 11 章的第 2 題改寫成預存程序，並且透過參數的傳遞，可以提供改變成 NxN 乘法表，例如傳入 8，即為八 X 八乘法表，若沒有輸入參數值，預設為九 X 九乘法表。

6. 試寫一個預存程序，可以藉由輸入年度和季來計算，並排序每位客戶訂單的總金額。可以藉由不同的輸入參數，查出不同組合的資料。
    輸出 (客戶編號 , 公司名稱 , 年度 , 季 , 總金額)

7. 改寫 CH11 第 6 題為預存程序 usp_MergeAndOutput，來源資料表與目的資料表藉由參數方式輸入，並將異動的資料藉由 OUTPUT 子句輸出。
    根據 [M 來源 _ 產品資料] 資料表去更新 [M 目的 _ 產品資料] 資料表，條件如下：
    兩者皆有的資料，利用 [M 來源 _ 產品資料] 中的『單價』去更新 [M 目的 _ 產品資料]
    [M 來源 _ 產品資料] 有的資料，而 [M 目的 _ 產品資料] 沒有的資料，就將這些資料新增至 [M 目的 _ 產品資料] 資料表
    [提示] 使用 MERGE 敘述與 OUTPUT 子句

MEMO

CHAPTER 14

觸發程序（Trigger）

很多人對『觸發程序』（Trigger）都會比較地陌生，其實『觸發程序』也算是一種特殊用途的『預存程序』，只是它啟動（或稱觸發）的時機與預存程序有所不同。簡而言之，SQL Server 所提供的『觸發程序』（Trigger）包括兩種，一種可視為是保護資料表的『事前預防』，稱之為『INSTEAD OF』觸發程序；另一種可視為是維護資料表的『事後處理』，稱之為『AFTER』觸發程序。本章主要議題是在介紹什麼是觸發程序，以及觸發程序被觸發的時機和使用方式。

14-1 什麼是觸發程序（Trigger）

什麼是『觸發程序』（Trigger）呢？在前面章節已經介紹過『預存程序』（Stored Procedure）。在某種角度來看『觸發程序』，其實算是一種特殊的『預存程序』，其最大的差別在於『啟動』的方式不同。以『預存程序』而言，是由使用者或是程式『直接啟動或執行』該程序，也就是『被動起動』；以『觸發程序』而言，它相依於『資料表』或『檢視表』，當該『資料表』或『檢視表』被異動（insert、delete 或 update）時，就會主動啟動該觸發程序，也就是主動啟動。

『觸發程序』（Trigger）的目的是什麼呢？以『預存程序』而言，是因為有些經常被使用到的程序，將它們集合在一起，並加以流程控制來達到所要的結果。SQL Server 的『觸發程序』可以看成是一種『事前預防』和『事後處理』的一種保護措施。所以 SQL Server 將『觸發程序』依其類型，分為以下兩種。

- 『事前預防』的『Instead of Trigger』：顧名思義，『Instead of Trigger』是『取代』的意思，所以這類的觸發程序會『取代』原本使用者的異動操作。也就是在真正異動資料表之前，就會先啟動這類『觸發程序』來完全『取代』使用者的異動。言下之意，使用者的異動有可能被『Instead of Trigger』取代之後，根本沒有真正被執行，不過仍需視『Instead of Trigger』程序的內容而定。
- 『事後處理』的『After Trigger』：顧名思義，『After Trigger』是『事後』的意思，也就是在使用者對資料表的異動完成之後，才會被啟動這類『觸發程序』來處理後續的動作。

14-2 觸發程序的執行時機

以『資料表』原有的特性而言，資料表本身皆具有『條件限制』（Constraint）來達到資料庫的『Garbage In, Garbage Out』特性，也就是在資料寫入資料庫的前面設立一道防線，用來預防不符合條件限制的資料被寫進資料表內。這些『條件限制』包括 PRIMARY KEY/FOREIGN KEY、UNIQUE KEY、CHECK 以及 NULL 等等的不同限制。以下圖來表達這樣的概念，在異動資料表之前會先經過（1）『條件限制』先來過濾異動資料是否符合條件。若是不符合條件，則該異動將造成失敗；若是符合條件，則進入（2）異動『資料表』。

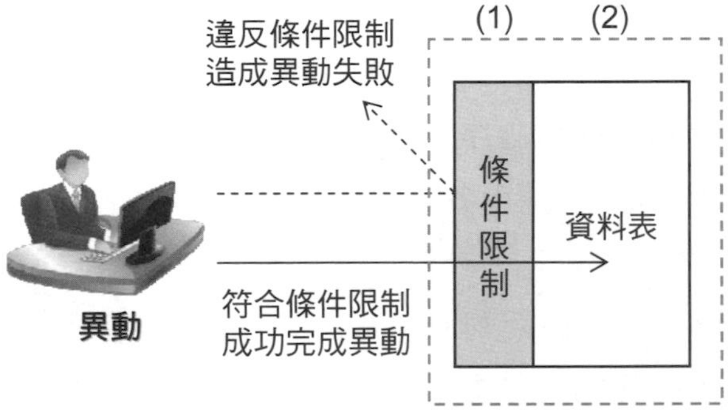

『觸發程序』並不是『資料表』的必需品；一個『資料表』可以具有『觸發程序』，也可以沒有。也就是說，可以只有『Instead of Trigger』、或是只有『After Trigger』、或是兩者同時皆具有，亦或是兩者皆沒有。

大致上來看，兩種『觸發程序』與資料表的『條件限制』之間執行的先後順利，以及相依關係，如下圖所示。

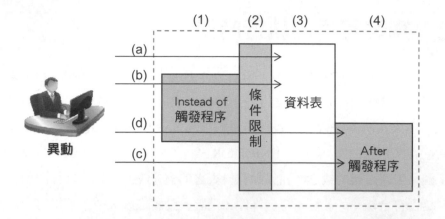

(a) **沒有任何的『觸發程序』**：這是最單純的情形，資料表不具有任何的 Trigger，所以使用者對資料表進行異動時，只會經過資料表本身的『條件限制』來審核是否符合條件，若是符合所設立的條件，就進行資料的異動。

(b) **只具有『Instead of』觸發程序**：概念上，『Instead of』觸發程序是掛在資料表的最前端。也就是說，當使用者對資料表進行異動時，其實所有的操作都會被『Instead of』觸發程序所取代。再視『Instead of』觸發程序的內容，若是該程序內容會異動到資料，仍然會經過『條件限制』的檢驗通過後，再真實異動資料。

(c) **只具有『After』觸發程序**：概念上，『After』觸發程序是掛在資料表的最後端。也就是說，當使用者對資料進行異動時，會先經過『條件限制』的檢驗通過後，再實際異動資料，等資料確定異動成功之後，就會執行『After』觸發程序。

(d) **同時具有『Instead of』和『After』觸發程序**：一個資料表若是同時具有『Instead of』和『After』兩種觸發程序，由於『Instead of』會取代使用者的所有異動操作，所以是否真實異動資料表，完全決定於『Instead of』觸發程序的設計內容。倘若在『Instead of』觸發程序內會異動資料，再異動成功之後就會再觸發（啟動）『After』觸發程序。

inserted 與 deleted 暫存資料表

不論是『Instead of』或『After』觸發程序，在啟動前都會有兩個暫存的資料表『inserted』和『deleted』，目的是暫時儲存被異動的資料，讓『觸發程序』可以擷取到資料被異動前、後的新、舊值。如下表所示，『INSERT』敘述會將新增的新值寫入 inserted；『DELETE』敘述會將被刪除的舊值寫入 deleted；『UPDATE』則會將原有舊值寫入 deleted，同時將新值寫入 inserted。

操作方式	inserted （記錄新值）	deleted （記錄舊值）
INSERT	◎	
UPDATE	◎	◎
DELETE		◎

執行觸發程序的完整過程

綜合以上的說明，以下將『INSTEAD OF』和『AFTER』觸發程序的執行流程整理如下，總共包括四種可能發生的情形，並逐一說明如下。

執行順序 →

	觸發程序	(1) 將異動資料入 inserted/deleted	執行 Instead of **觸發程序**	條件 限制 檢查	(2) 將異動資料入 Inserted/deleted	**實際異動 資料表**	執行 After **觸發程序**
(a)	none	--		1	--	2	--
(b)	Instead of Trigger	1	2	3	--	4	--
				\multicolumn{4}{c}{[Instead of Trigger 無異動任何資料]}		
(c)	After Trigger	--		1	2	3	4
(d)	Instead of + After Trigger	1	2	3	4	5	6
				\multicolumn{4}{c}{[Instead of Trigger 無異動任何資料]}		

(a) 完全沒有任何的觸發程序（none）： 這是最單純的情形，當使用者異動資料時，首先會透過資料表的『條件限制檢查』，只要符合所有限制，就實際異動資料表。

(b) 僅有『Instead of』觸發程序： 當使用者異動資料時，會先將使用者要異動的資料寫入 inserted/deleted，再啟動『Instead of』觸發程序來取代使用者的所有異動。

若是在『Instead of』觸發程序內有要異動資料，也會經過資料表的『條件限制檢查』，通過後再實際異動資料表。反之，若是在『Instead of』觸發程序內沒有要異動資料，執行完觸發程序後就結束，而使用者的異動等同於被取消。

(c) 僅有『After』觸發程序： 當使用者異動資料時，會先經過資料表的『條件限制檢查』，通過後先將使用者要異動的資料寫入 inserted/deleted，並實際異動資料表，最後再啟動『After』觸發程序。

(d) 同時具有『Instead of + After』觸發程序： 同時具有兩種的觸發程序，主要的執行流程如同綜合以上的（a）、（b）與（c）。一旦使用者要異動該資料表時，會先觸發『Instead of + After』觸發程序取代使用者的所有異動動作。倘若『Instead of + After』觸發程序也會實際異動到資料表，在異動成功之後便會立即再觸發『After』觸發程序。此處要特別提出說明比較的是，有兩處會將資料寫入 inserted/deleted 的暫時資料表。分別將其標示為（1）與（2）說明如下。

(1) 所寫入的資料是使用者輸入的異動資料，目的是提供給『Instead of』觸發程序使用。

(2) 所寫入的資料將會是『Instead of』觸發程序的異動資料，而非使用者所輸入的資料，目的是提供給『After』觸發程序使用。

14-3 建立觸發程序

一個觸發程序可以針對 INSERT、UPDATE 以及 DELETE 來設定不同的觸發程序種類，其建立的基本語法如下。

```
CREATE TRIGGER trigger_name
ON { table | view }
[ WITH ENCRYPTION ]
{ FOR | AFTER | INSTEAD OF}
{ [INSERT] [ , ] [UPDATE] [ , ] [DELETE] }
AS
sql_statement
```

- CREATE TRIGGER trigger_name：trigger_name 為建立『觸發程序』的名稱，但是在整個資料庫中必須是唯一，就算在不同資料表的觸發程序也不可以相同名稱。

- ON { table | view }：指定該觸發程序所屬『資料表』或『檢視表』的名稱。不過，僅有『INSTEAD OF』觸發程序才可以使用在『檢視表』，『AFTER』觸發程序不可以使用於『檢視表』。

- [WITH ENCRYPTION]：表示將該『觸發程序』的設計內容重新編碼成不可讀的文字，可保護『觸發程序』的設計內容。

- { FOR | AFTER | INSTEAD OF }：此處是指明『觸發程序』是屬於哪一種觸發程序（AFTER or INSTEAD OF），若是只寫 FOR 而沒有其他關鍵字（AFTER or INSTEAD OF），預設為 AFTER。

- { [INSERT] [,] [UPDATE] [,] [DELETE] }：指明『觸發程序』的觸發時機，是針對 INSERT、UPDATE 或是 DELETE。此處至少要指明一種，也可以同時指明多個，同時指定多個的時候，其間的排列順序並沒有特別規定，但是多個之間必須以逗號（,）隔開。

  對於一個『資料表』或『檢視表』而言，每一個 INSERT、UPDATE 或是 DELETE，最多只能有一個『INSTEAD OF』觸發程序。並且，對於『INSTEAD OF』觸發程序而言，只要是含有『重疊顯示動作 ON DELETE』參考關聯性的資料表，就不能使用 DELETE 選項。同樣地，只要含有『重疊顯示動作 ON UPDATE』參考關聯性的資料表，也不能使用 UPDATE 選項。

- AS sql_statement：這是用來定義觸發程序的條件和動作。

將以上的基本語法重點重新整理如下圖。『檢視表』只可以使用『INSTEAD OF』觸發程序，『資料表』可以使用『INSTEAD OF』和『AFTER』觸發程序。每一個資料表或檢視表的『INSTEAD OF』觸發程序，至多只能一個 INSERT、一個 DELETE 以及一個 UPDATE；『AFTER』觸發程序就沒有數量上的限制。

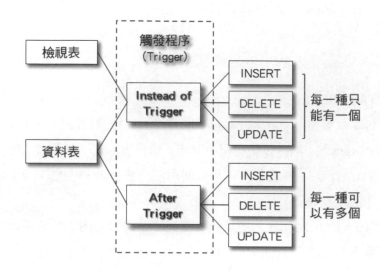

認識『INSTEAD OF』觸發程序

範例 14-1

本範例主要的目的，是先利用一個很小的觸發程序，來感覺一下觸發程序的功能以及被觸發的時機。所以只利用兩行的 PRINT 顯示出訊息，就完全取代使用者 INSERT 的任何資料；換句話說，以下使用者新增一筆『陳阿輝』，其實根本沒有真正被寫入『員工』資料表。

```
CREATE TRIGGER trig_InsteadOfEmployee
ON 員工
INSTEAD OF INSERT
AS
PRINT 'INSTEAD OF trig_InsteadOfEmployee 觸發程序已啟動 '
PRINT '--- 您所加入的資料已被取消 ---'
GO
```

【使用者執行】

```
INSERT 員工(姓名)VALUES('陳阿輝')
```

【執行結果】

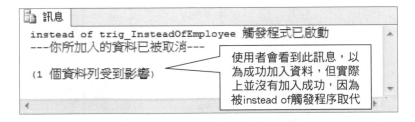

切記 !! 在練習任何的觸發程序之前，最好先將前面已建立的觸發程序刪除，用最原始情形才可以清楚每一個不同範例的目的，不致被前面的練習所影響。

因為一個『Instead of』觸發程序只能有一個 INSERT 選項，為了讓下一個範例能順利執行，必須先將上一個範例的觸發程序『trig_InsteadOfEmployee』刪除。可以利用以下指令直接刪除。

```
DROP TRIGGER trig_InsteadOfEmployee
```

亦可透過 SQL Server Management Studio 的【物件總管】\【CH14 範例資料庫】\【資料表】\【員工】\【觸發程序】，在此路徑下可以找到剛剛所建立的觸發程序『trig_InsteadOfEmployee』，直接在其上方按右鍵，選擇【刪除（D）】，出現另一視窗只要再按下【確定】即可。

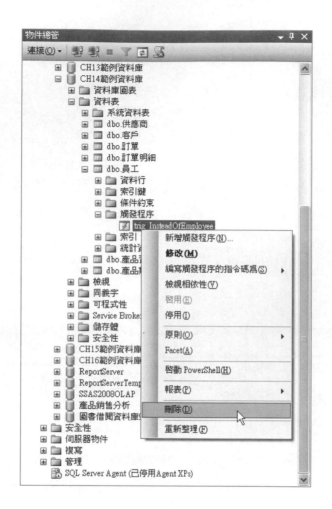

範例 14-2

　　本範例再延續上一個『INSTEAD OF』觸發程序範例的議題，只是將設計內容稍微調整，並將使用者對『員工』資料表所新增的資料，先從『員工』資料表中找出最大的員工編號再加一，並且直接將姓名填入『陳阿如』。

　　換言之，當增加此觸發程序後，無論使用者如何新增員工資料，都只會被新增一筆『陳阿如』。如此的目的只是讓讀者可以更深刻體會到，『INSTEAD OF』觸發程序可以完全取代使用者的異動，甚至是竄改資料。

```
CREATE TRIGGER trig_InsteadOfEmployee
ON 員工
INSTEAD OF INSERT
AS
PRINT 'INSTEAD OF trig_InsteadOfEmployee 觸發程序已啟動 '
DECLARE @maxEmplNo INT

SELECT @maxEmplNo = MAX（員工編號）+ 1
FROM 員工

INSERT 員工（員工編號 , 姓名）VALUES（@maxEmplNo, ' 陳阿如 '）
GO
```

【使用者執行】

```
INSERT 員工（姓名）VALUES（' 陳阿輝 '）
```

【執行結果】查詢一下『員工』資料表

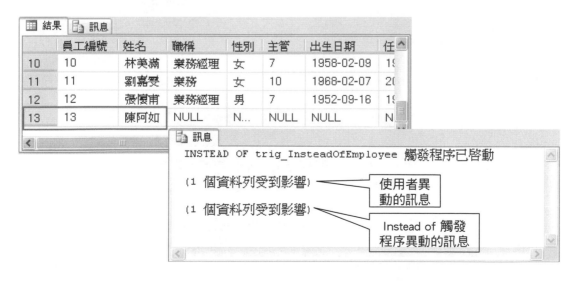

認識『AFTER』觸發程序

本範例將建立一個『AFTER』觸發程序,並藉由 inserted 和 deleted 兩個暫存資料表來判斷使用者是進行哪一種操作(INSERT / UPDATE / DELETE)。所以會在同一個觸發程序中同時宣告三種觸發時機(INSERT、UPDATE 和 DELETE)。

簡而言之,從下圖來探討如何從 inserted 與 deleted 兩個暫存資料表判斷是哪一種操作。只要同時存在兩個資料表的的紀錄為 UPDATE;只存在 inserted,而不存在 deleted 的紀錄就是 INSERT;只存在 deleted,而不存在 inserted 的紀錄就是 DELETE。

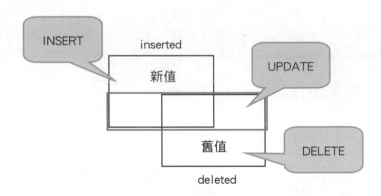

```
CREATE TRIGGER trig_AfterInsertUpdateDelete
ON 訂單
AFTER INSERT, UPDATE, DELETE
AS
-- 判斷 INSERT,條件為:只存在 inserted,不存在 deleted 資料表
IF EXISTS ( SELECT 員工編號
            FROM inserted
            WHERE 員工編號 NOT IN(SELECT 員工編號 FROM deleted))
  BEGIN
    PRINT '--- 已有訂單被【新增】---'
    SELECT *
```

```
        FROM inserted
        WHERE 員工編號 NOT IN（SELECT 員工編號
                            FROM deleted）
    END


-- 判斷 UPDATE，條件為：同時存在 inserted 和 deleted 兩個資料表
IF EXISTS（ SELECT 員工編號
            FROM inserted
            WHERE 員工編號 IN（SELECT 員工編號
                            FROM deleted））
    BEGIN
        PRINT '--- 已有訂單被【更新】---'
        SELECT inserted.*, deleted.*
        FROM inserted, deleted
        WHERE inserted. 員工編號 = deleted. 員工編號
    END


-- 判斷 DELETE，條件為：只存在 deleted，不存在 inserted 資料表
IF EXISTS（ SELECT 員工編號
            FROM deleted
            WHERE 員工編號 NOT IN（SELECT 員工編號
                                FROM inserted））
    BEGIN
        PRINT '--- 已有訂單被【刪除】---'
        SELECT *
        FROM deleted
        WHERE 員工編號 NOT IN（ SELECT 員工編號
                            FROM inserted ）
END
GO
```

【使用者執行】

```
INSERT 訂單 (訂單編號, 員工編號, 客戶編號)
VALUES ('99010103', 7, 'C0016')

UPDATE 訂單
SET 出貨日期 ='2010-03-03', 預計到貨日期 ='2010-03-15'
WHERE 訂單編號 = '99010103'

DELETE 訂單
WHERE 訂單編號 = '99010103'
```

【執行結果】

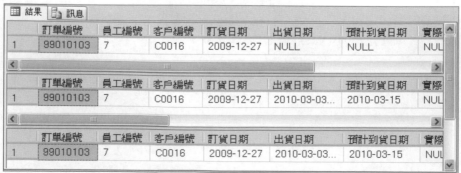

當『INSTEAD OF』遇到『AFTER』觸發程序

範例 14-4

本範例利用兩個觸發程序，先透過使用者針對『員工』資料表刪除一筆紀錄，會先觸發『INSTEAD OF DELETE』觸發程序。再藉由『INSTEAD OF』觸發程序取代該刪除動作，可藉由 deleted 暫存資料表查詢到使用者要刪除哪些紀錄，再將那些紀錄的『狀態』欄 UPDATE 為『已刪除』，而非真正刪除掉整筆紀錄。因為是 UPDATE 的動作，所以在觸發『AFTER UPDATE』觸發程序。

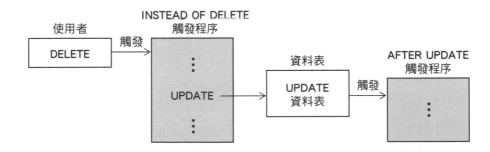

```
CREATE TRIGGER trig_InsteadOfDelete
ON 員工
INSTEAD OF DELETE
AS
PRINT '--- 啟動【INSTEAD OF DELETE】TRIGGER ---'
PRINT '--- 僅將被刪除的人員狀態 UPDATE 為 [ 已刪除 ] ---'

UPDATE 員工   -- 此處的 UPDATE 會再觸發『AFTER UPDATE』觸發程序
SET 狀態 = ' 已刪除 '
WHERE 員工編號 IN（ SELECT 員工編號 FROM deleted ）
GO
```

```
CREATE TRIGGER trig_AfterUpdate
ON 員工
AFTER UPDATE
AS
PRINT '--- 啟動【AFTER UPDATE】TRIGGER ---'
GO
```

【使用者執行】

```
DELETE 員工 WHERE 姓名 ='林美滿'
```

【執行結果】

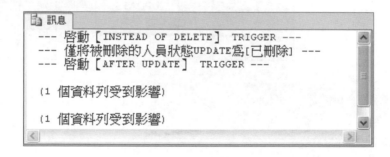

利用『INSTEAD OF』觸發程序進行『事前預防』的查驗工作

　　其實『INSTEAD OF』觸發程序最大的用途，是在使用者寫入資料之前設立的一道防線，可以先將使用者所有的異動資料暫時儲存於 inserted/deleted 資料表，再來判斷哪些資料是允許被寫入，有哪些資料是不被允許寫入，以及該如何進行處理，以下使用一個範例來說明。

範例 14-5

　　本範例是透過 UPDATE（ ）函數來檢驗某一個欄位是否被異動。假設『產品資料』資料表中的『類別編號』以及『安全存量』是不允許被 UPDATE 的，以下的『INSTEAD OF』觸發程序就會利用 UPDATE（類別編號）和 UPDATE（安全存量）來判斷是否被更改，若是 UPDATE 的欄位並沒有包括這兩個欄位，『INSTEAD OF』觸發程序就將異動寫入。

```
CREATE TRIGGER trig_InsteadOfProducts
ON 產品資料
INSTEAD OF UPDATE
AS
IF（not UPDATE（類別編號））AND（ not UPDATE（安全存量））
  UPDATE 產品資料
  SET 供應商編號 = inserted. 供應商編號 ,
      產品名稱 = inserted. 產品名稱 ,
      建議單價 = inserted. 建議單價 ,
      平均成本 = inserted. 平均成本 ,
      庫存量 = inserted. 庫存量
  FROM inserted
  WHERE 產品資料 . 產品編號 = inserted. 產品編號

PRINT CASE
    WHEN UPDATE（類別編號）AND UPDATE（安全存量）
      THEN '--- [ 類別編號 ] 與 [ 安全存量 ] 皆不可更改 ---'
    WHEN UPDATE（類別編號）
      THEN '--- [ 類別編號 ] 不可更改 ---'
    WHEN UPDATE（安全存量）
      THEN '--- [ 安全存量 ] 不可更改 ---'
    ELSE '--- 更新成功 ---'
  END
GO
```

【使用者執行】

```
UPDATE 產品資料
SET 庫存量 = 庫存量 * 10
WHERE 產品編號 = 1
```

【執行結果】

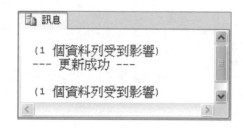

【使用者執行】

```
UPDATE 產品資料
SET 庫存量 = 庫存量 * 10, 類別編號 = 2, 安全存量 = 安全存量 *10
WHERE 產品編號 = 1
```

【執行結果】

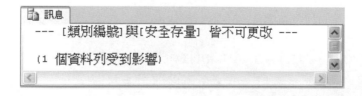

利用『AFTER』觸發程序進行『事後處理』的 log 工作

　　有些產業可能會對某些特殊的資料表管制，只要所有的操作過程都必須記錄至 log 檔案中，方便日後發生任何問題時，可以利用這些 log 檔來進行稽核工作。

範例 14-6

為了減短程式的篇幅，本範例利用最小的資料表『產品類別』來說明此項工作，只要對『產品類別』資料表有任何的異動操作，必須將新、舊值皆記錄在另一個日誌檔『產品類別 log』。

```
CREATE TRIGGER trig_AfterCategory
ON 產品類別
AFTER INSERT, UPDATE, DELETE
AS
DECLARE @OpCode varchar（10）
-- 判斷 INSERT
IF EXISTS（SELECT 類別編號 FROM inserted
            WHERE 類別編號 NOT IN（SELECT 類別編號 FROM deleted））
  SET @OpCode = 'INSERT'


-- 判斷 UPDATE
IF EXISTS（SELECT 類別編號 FROM inserted
            WHERE 類別編號 IN（SELECT 類別編號 FROM deleted））
  SET @OpCode = 'UPDATE'


-- 判斷 DELETE
IF EXISTS（SELECT 類別編號 FROM deleted
            WHERE 類別編號 NOT IN（SELECT 類別編號 FROM inserted））
  SET @OpCode = 'DELETE'


INSERT 產品類別 log（操作類型 , 操作日期 , 新類別編號 , 新類別名稱 ,
                  舊類別編號 , 舊類別名稱）
  SELECT @OpCode, getdate（）, inserted.*, deleted.*
  FROM inserted full outer join deleted ON inserted. 類別編號 = deleted. 類別編號
```

```
GO

INSERT 產品類別 VALUES ( 9,' 花茶 ')

UPDATE 產品類別
SET 類別名稱 =' 山茶花 '
WHERE 類別編號 = 9

DELETE 產品類別
WHERE 類別編號 = 9
```

【執行後的產品類別 log 內容 】

	操作類型	操作日期	新類別編號	新類別名稱	舊類別編號	舊類別名稱
	INSERT	2009-12-27 16:58:42.3130000	9	花茶	NULL	NULL
	UPDATE	2009-12-27 16:59:45.3430000	9	山茶花	9	花茶
▶	DELETE	2009-12-27 17:00:21.7500000	NULL	NULL	9	山茶花
✱	NULL	NULL	NULL	NULL	NULL	NULL

　　以上範例利用了一個小技巧，也就是將 inserted 和 deleted 進行 Full Outer Join。原本 Full Outer Join 應該是如下圖左邊的兩個 Join 後的整塊結果，但因為 inserted 與 deleted 有其特性關係，可以將整塊切割成三塊，分別為（1）等同於 INSERT 的新值資料、（2）等同於 UPDATE 的新、舊值資料以及（3）等同於 DELETE 的舊值資料。而這三個操作的資料部份彼此是不重疊的，所以可以用 Full Outer Join 來取出每一種不同操作的資料。例如只要是 INSERT 的操作，經過 Full Outer Join 之後，絕不可能會出現（2）與（3）的資料，其他亦同。

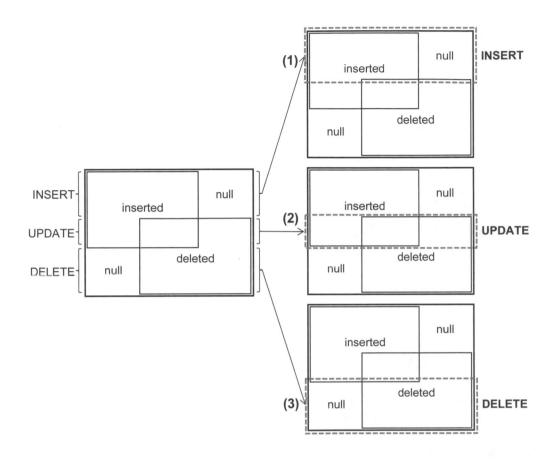

在『AFTER』觸發程序進行『事後處理』的 ROLLBACK

　　不論一個資料表會有幾個觸發程序，也不論觸發程式是否會再觸發其他的觸發程序，只要某一個觸發程序中進行『ROLLBACK』，會從使用者的異動，一路所經過的觸發程序的異動也都會完全被回復到最原始未被異動前的狀態。以下僅利用一個『AFTER』觸發程序來說明 ROLLBACK。（有關 ROLLBACK 的詳細說明請參考本書的第十六章資料庫的交易處理）。

範例 14-7

　　延續上一個範例所使用的『產品類別 log』資料表，此資料表的特性就是在記錄所有使用者對『產品類別』異動的所有歷程，所以應該只能對該資料表 INSERT 新資料，不可對該資料有 UPDATE 或 DELETE 的竄改行為發生。所以以下的範例將設計一個『AFTER』觸發程序，包括 UPDATE 與 DELETE 選項，只要是發生 UPDATE 與 DELETE 的異動行為，一律使用『ROLLBACK』來回復原本的資料，所以使用者執行 UPDATE 或 DELETE 時會觸發該程序，並顯示出以下的訊息『交易在觸發程序中結束。已中止批次』，也就是該筆資料並未被刪除成功。

```
CREATE TRIGGER trig_AfterCategoryLog
ON 產品類別 log
AFTER UPDATE, DELETE
AS
PRINT '--- [ 產品類別 log] 資料表不可被 UPDATE & DELETE ---'
ROLLBACK
GO
```

【使用者執行】

```
INSERT 產品類別 log（操作類型 , 操作日期）
VALUES（'INSERT', '2010/01/01'）

DELETE 產品類別 log WHERE 操作日期 = '2010/01/01'
```

【執行結果】

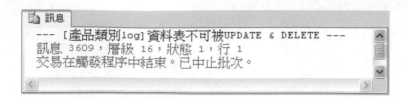

14-4 觸發程序的修改與刪除

觸發程序的修改與刪除，同樣可分為文字介面與圖形介面的兩種操作方式，其實熟悉 SQL Server 的人，大部份還是會習慣使用文字介面方式，介紹如下。

修改觸發程序

```
ALTER TRIGGER trigger_name
ON { table | view }
[ WITH ENCRYPTION ]
{ FOR | AFTER | INSTEAD OF}
{ [INSERT] [ , ] [UPDATE] [ , ] [DELETE] }
AS
sql_statement
```

修改觸發程序與前面章節所介紹的修改預存程序非常相像，與其說是修改，倒不如說利用 ALTER TRIGGER 只是重寫後覆蓋原有的程序罷了，以下先建立一個『AFTER』觸發程序，並只有一個 INSERT 選項；再將此觸發程序改成『INSTEAD OF』觸發程序，並且包括 INSERT、UPDATE 以及 DELETE 選項。

範例 14-8

```
CREATE TRIGGER trig_AfterCustomer
ON 客戶
AFTER INSERT
AS
PRINT ' 已經順利增加以下資料 '
SELECT inserted.*, deleted.*
FROM inserted full outer join deleted ON inserted. 客戶編號 = deleted. 客戶編號
GO

ALTER TRIGGER trig_AfterCustomer
ON 客戶
INSTEAD OF INSERT, UPDATE, DELETE
AS
PRINT ' 已經取消異動以下資料 '
SELECT inserted.*, deleted.*
FROM inserted full outer join deleted ON inserted. 客戶編號 = deleted. 客戶編號
GO
```

刪除觸發程序

```
DROP TRIGGER trigger_name [ , ...n ]
```

刪除觸發程序的語法非常簡單，只要使用 DROP TRIGGER 與觸發程序名稱即可，如下。

```
DROP TRIGGER trig_AfterCustomer
```

使用 SQL Server Management Studio 修改與刪除觸發程序 ▪▪

　　只要在【物件總管】視窗中，找到欲修改或刪除的觸發程序名稱上按滑鼠右鍵，將會出現以下的快顯功能表，再依據修改或刪除，選擇適當的選項進行異動即可。

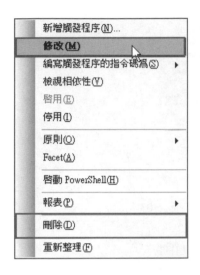

14-5　與觸發程序相關的系統預存程序

　　觸發程序的管理與維護，除了前面的介紹之外，SQL Server 也提供一些好用的系統預存程序來對觸發程序的管埋。為了不同系統預存程序的說明方便，必須先確定『員工』沒有其他的觸發程序，避免受到干擾而產生不同的結果。首先，將以下的四個『觸發程序』分別為『trig_AfterTrigger01』、『trig_AfterTrigger02』、『trig_AfterTrigger03』與『trig_InsteadOfTriggerAndProc』，以及一個名為『usp_DontDelete』的『預存程序』先行建立。

```
CREATE TRIGGER trig_AfterTrigger01
ON 員工
AFTER INSERT, UPDATE, DELETE
AS
PRINT '--- 啟動【AFTER】TRIGGER no. 1 ---'
GO


CREATE TRIGGER trig_AfterTrigger02
ON 員工
AFTER INSERT, UPDATE, DELETE
AS
PRINT '--- 啟動【AFTER】TRIGGER no. 2 ---'
GO


CREATE TRIGGER trig_AfterTrigger03
ON 員工
AFTER INSERT, UPDATE, DELETE
AS
PRINT '--- 啟動【AFTER】TRIGGER no. 3 ---'
GO


CREATE TRIGGER trig_InsteadOfTriggerAndProc
ON 員工
INSTEAD OF DELETE
AS
PRINT '--- 啟動【INSTEAD OF】TRIGGER ---'
EXEC usp_DontDelete ' 員工 '
GO
```

```
CREATE PROC usp_DontDelete
@tablename varchar（30）
AS
PRINT '--- 啟動 usp_DontDelete 預存程序 ---'
PRINT '【'+@tablename+'】資料表不可被刪除任何資料'
GO
```

查詢特定資料表具有哪些觸發程序

```
EXEC sp_helptrigger 'table_name' [,'Type' ]
```

透過 sp_helptrigger 可以查詢到某特定資料表，具有哪些的觸發程序，若是指訂操作型態（Type），則只會顯示出包括該操作型態的觸發程序；否則會將所有屬於該資料表的觸發程序全部顯示出來。其中顯示出來的幾個項目將說明如下。

- isupdate，該觸發程序是否具有 UPDATE 選項。
- isdelete，該觸發程序是否具有 DELETE 選項。
- isinsert，該觸發程序是否具有 INSERT 選項。
- isafter，該觸發程序是否為『AFTER』觸發程序。
- isinsteadof，該觸發程序是否為『INSTEAD OF』觸發程序。

以上若是被標示為 1，表示該項為『是』；被標示為 0，表示該項為『否』。

列出『員工』資料表的所有觸發程序

```
sp_helptrigger ' 員工 '
```

【輸出結果】

	trigger_name	trigger_owner	isupdate	isdelete	isinsert	isafter	isinsteadof	trigger_schema
1	trig_AfterTrigger01	dbo	1	1	1	1	0	dbo
2	trig_AfterTrigger02	dbo	1	1	1	1	0	dbo
3	trig_AfterTrigger03	dbo	1	1	1	1	0	dbo
4	trig_InsteadOfTriggerAndProc	dbo	0	1	0	0	1	dbo

列出『員工』資料表的特定操作之觸發程序

```
sp_helptrigger ' 員工 ', 'INSERT'
```

【輸出結果】

	trigger_name	trigger_owner	isupdate	isdelete	isinsert	isafter	isinsteadof	trigger_schema
1	trig_AfterTrigger01	dbo	1	1	1	1	0	dbo
2	trig_AfterTrigger02	dbo	1	1	1	1	0	dbo
3	trig_AfterTrigger03	dbo	1	1	1	1	0	dbo

查詢特定觸發程序的建立日期時間

```
EXEC sp_help 'object_name'
```

透過 sp_help 可以查詢到特定觸發程序被建立的日期時間,亦可知道所查詢的物件的型態為何,和擁有者是誰。

```
EXEC sp_help 'trig_InsteadOfTriggerAndProc'
```

【輸出結果】

	Name	Owner	Type	Created_datetime
1	trig_InsteadOfTriggerAndProc	dbo	trigger	2009-12-27 13:42:41.420

查詢特定觸發程序的內容

```
EXEC sp_helptext 'trigger_name'
```

透過 sp_helptext 可以查詢到特定觸發程序的設計內容。

```
EXEC sp_helptext 'trig_InsteadOfTriggerAndProc'
```

【輸出結果】

	Text
1	CREATE TRIGGER trig_InsteadOfTriggerAndProc
2	ON 員工
3	INSTEAD OF DELETE
4	AS
5	PRINT '--- 啟動【INSTEAD OF】 TRIGGER ---'
6	EXEC usp_DontDelete '員工'

查詢特定觸發程與哪些物件具有相依性

```
EXEC sp_depends 'trigger_name'
```

sp_depends 可以查詢特定的觸發程序內使用了哪些物件，以及該物件的相關資訊，例如以下查詢『trig_InsteadOfTriggerAndProc』觸發程序，因為該觸發程序內使用到『EXEC usp_DontDelete ' 員工 '』來呼叫預存程序，所以顯示出預存程序『usp_DontDelete』的資訊。

```
EXEC sp_depends 'trig_InsteadOfTriggerAndProc'
```

【輸出結果】

	name	type	updated	selected	column
1	dbo.usp_DontDelete	stored procedure	no	no	NULL

設定 AFTER 觸發程序的啟動順序

對於資料表而言，每一個 INSERT/UPDATE/DELETE 操作，皆可同時具有多個 AFTER 觸發程序，但僅只允許一個 INSTEAD OF 觸發程序。所以在 AFTER 觸發程序就會發生同一種操作到底該先執行哪一個 AFTER 觸發程序呢？若是沒有特別指定，將無法有效的掌握觸發程序的執行時機。所以可以利用 sp_settriggerorder 的系統預存程序來有效改變每一種操作在 AFTER 觸發程序中的執行順序。

```
EXEC sp_settriggerorder 'triggername',
        {'First' | 'LAST' | 'None' },
        { 'INSERT' | 'UPDATE' | 'DELETE' }
```

- EXEC sp_settriggerorder 'triggername'：此處要設定所要設定的觸發程序名稱 'triggername'。

- {'First' | 'LAST' | 'None' }：針對此觸發程序的順序只有兩種，也就是 First 和 Last，若是要取消設定順序則使用 None。所以相同的操作，若是超過三個 AFTER 觸發程序，除了第一與最後可以指名順序外，中間的觸發程序並沒有方式可以指定順序。

- { 'INSERT' | 'UPDATE' | 'DELETE' }：因為一個觸發程序可以指定一或多種操作，所以除了前面要指名觸發程序名稱之外，尚必須指定該觸發程序中的哪一種操作。

先設定不同操作的觸發順利

```
EXEC sp_settriggerorder 'trig_AfterTrigger01', 'First', 'INSERT'
EXEC sp_settriggerorder 'trig_AfterTrigger03', 'Last', 'INSERT'

EXEC sp_settriggerorder 'trig_AfterTrigger02', 'First', 'UPDATE'
EXEC sp_settriggerorder 'trig_AfterTrigger03', 'Last', 'UPDATE'

EXEC sp_settriggerorder 'trig_AfterTrigger02', 'First', 'DELETE'
EXEC sp_settriggerorder 'trig_AfterTrigger01', 'Last', 'DELETE'
```

【使用者操作】

```
INSERT 員工（員工編號,姓名）
VALUES（99,' 陳阿輝 '）

UPDATE 員工
SET 任用日期 = GETDATE（）
WHERE 姓名 =' 陳阿輝 '

DELETE 員工 WHERE 員工編號 = 99
```

【觸發的順序】

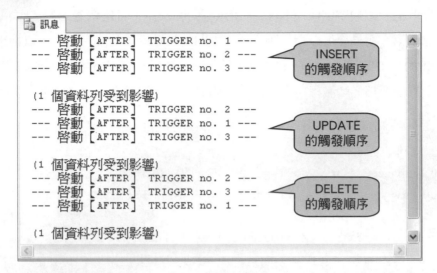

本章習題

請利用書附光碟中的『CH14 範例資料庫』，依據以下不同的需求，完成以下的問題。

1. 試問 SQL SERVER 提供幾種不同的觸發程序？

2. 資料表與檢視表各具有哪些 Trigger ？不同的 Trigger 可以具有幾個 INSERT/DELETE/UPDATE ？

3. 請說明 inserted 與 deleted 兩個暫存資料表的差異性。

4. 寫一個 after trigger『trig_protectProfit』，若是新增或更新『訂單明細』紀錄中的『實際單價』低於『產品資料』中的『建議單價』的 60% 以下，就將該筆紀錄的『實際單價』，以『建議單價』的 80% 取代；反之，就直接將該筆資料寫入。

5. 寫一個 instead of trigger『trig_protectEmployee』，只要是使用者要刪除『員工』資料表中，職稱為『總經理』或『協理』級的職務人員，就顯示『--- 不得刪除含有高階主管的資料 ---』的訊息，並將資料 SELECT 出來。

6. 1.2.3.4.5. 寫一個 instead of trigger『trig_protectPrice』，若是新增『訂單明細』紀錄中的『實際單價』低於『產品資料』中的『建議單價』的 70% 以下，就不准將該筆紀錄寫入；反之，就將該資料寫入。

MEMO

CHAPTER 15

資料指標（Cursor）

　　SQL 敘述是一次針對一個『資料集』（data set）直接對資料庫進行操作。『資料指標』（cursor）可以將其視為一個從資料庫提取出來的一個『資料集』，再輔以一個『指標』來移動提取紀錄的位置，得以讓使用者從該『資料集』中逐一提取（FETCH）出來進行處理。簡而言之，『資料指標』（cursor）就是先從資料庫讀取出一部份的資料暫存於一個資料集，再輔以一個指標來移動紀錄的位置，並逐一提去資料出來處理。

15-1　什麼是資料指標（Cursor）

　　『結構化查詢語言』（SQL）對資料的操作是以『資料集』（data set）的方式進行，也就是一次同時對多筆資料異動。相反地，『資料指標』（Cursor）則是透過 SQL 敘述，先從資料庫讀出資料，並暫存於 tempdb 資料庫內的『暫存資料表』（以下將稱此為『資料集』），再透過 FETCH 方式從此『資料集』逐一讀取單筆記錄處理。如同下圖所示，使用者將資料從右邊資料庫讀出，並暫存於 tempdb 資料庫內的『暫存資料表』，再透過指標將資料逐筆讀取出來處理，就稱之為『資料指標』（Cursor）。

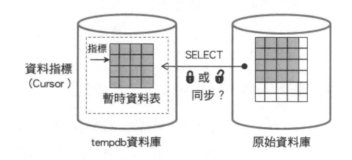

15-2　認識 Cursor 與基本語法

　　從上一節對 cursor 的基本介紹後，可以清楚瞭解到一個 cursor 基本上會將資料先從資料庫內的原始資料讀取，並儲存於一個『資料集』內，再透過一個『指標』來移動在資料集中的位置。延伸出來的便是此『指標』該如何移動？可以允許如何移動？以及

『資料集』與原始資料之間的同步與鎖定議題，種種的議題都必須在 cursor 宣告中事前設定。

宣告 Cursor 並取得資料（Declare Cursor）

資料指標可分為 SQL-92 的標準語法以及 T-SQL 的延伸性語法，以下僅針對 SQL Server 的 T-SQL 延伸性語法來說明，語法如下：

```
T-SQL 的資料指標 CURSOR
DECLARE cursor_name CURSOR [LOCAL | GLOBAL]
[FORWARD_ONLY | SCROLL]
[STATIC | KEYSET | DYNAMIC | FAST_FORWARD]
[READ_ONLY | SCROLL_LOCKS | OPTIMISTIC]
[TYPE_WARNING]
FOR select_statement
[FOR UPDATE [OF column_name [, ...n]]]
```

- 宣告資料指標名稱與使用範圍
  - cursor_name：這是用以宣告『資料指標』的識別名稱。
  - LOCAL：資料指標可用於批次、預存程序或觸發器中，使用 LOCAL 指定該資料指標的可用範圍僅限於該範圍（批次、預存程序或觸發器）內。
  - GLOBAL：宣告該資料指標為全域性，任何預存程序或批次都可以使用該資料指標。唯有在中斷連線之後才會隱含地被取消配置。
- 設定指標可『移動』的方式
  - FORWARD_ONLY，表示指標只能單方向地往下一筆紀錄，不可以往前一筆紀錄指向。若是資料指標設定為 FORWARD_ONLY，只能使用『NEXT』提取（FETCH）資料。若是在 cursor 宣告中沒有設定 STATIC、KEYSET 和 DYNAMIC 等關鍵字，則預設值為『FORWARD_ONLY』。

☐ SCROLL，沒有限制指標只能往下一筆，所以提取資料可以使用 FIRST、LAST、PRIOR、NEXT、RELATIVE、ABSOLUTE。若是在 cursor 宣告中有設定 STATIC、KEYSET 或 DYNAMIC 等關鍵字，資料指標的預設為『SCROLL』。

■ 設定資料指標與資料庫之間的『同步性』

☐ STATIC，使用 STATIC 設定，會將資料從原始資料讀取後，複製一份暫時儲存於 tempdb 資料庫中的『暫存資料表』，以供後續提取使用。由於資料是被複製一份於 tempdb 中的暫存資料表，所以當原始資料被異動時，cursor 內的資料並不會被即時更新。

☐ DYNAMIC，使用 DYNAMIC 設定，剛好與 STATIC 完全相反，在 cursor 內的資料會與原始資料來源同步，所以一旦原始資料被異動時，cursor 內的資料也會即時被更新。也因為 DYNAMIC 是隨著原始資料不斷被更新，所以 cursor 內可能隨時都會有增多或減少資料，順序也會隨時改變，所以在 FETCH 時並不支援 ABSOLUTE。

☐ KEYSET，此種方式可說是 STATIC 與 DYNAMIC 的一種綜合體，它將每一筆的紀錄分為兩個部份，其一為『鍵值欄位』，其二為『非鍵值欄位』。

⊙ 『鍵值欄位』的部份如同 STATIC 一樣，也就是在建立 cursor 的同時將『鍵值欄位』複製一份至 tempdb 的暫存資料表，其中的成員與順序都不會受原始資料的異動而改變。

⊙ 『非鍵值欄位』的部份如同 DYNAMIC 一樣，當『非鍵值欄位』的原始資料被異動，cursor 所提取的資料將會是最即時的資料。

若是採用 KEYSET 時，當原始資料發生以下不同的異動，並且非透過該 cursor 的異動時，可能會產生不同的狀況。

⊙ 當原始資料被新增時，新增的資料將不會在 cursor 中出現。

⊙ 當原始資料被刪除時，在 cursor 會提取不到被刪除的資料，此時會傳回『@@FETCH_STATUS=-2』。

⊙ 當原始資料被修改時，將會正常傳回最新的值。

- □ FAST_FORWARD，只有在 cursor 被設定為 FORWARD_ONLY 以及 READ_ONLY 時，才能發揮 FAST_FORWARD 的最佳效率。反之，若是 cursor 被設為 SCROLL 或是 FOR UPDATE 時，不可以設為 FAST_FORWARD。

- 設定資料指標的『鎖定方式』

  - □ READ_ONLY，設定該 curosr 為『唯讀模式』，可以避免該 cursor 內的資料被更改。

  - □ SCROLL_LOCKS，讀入 cursor 內的資料，SQL SERVER 會將原始資料也同時鎖定，避免原始資料被異動，所以採用 SCROLL_LOCKS 的鎖定模式，保證 cursor 的指定更改或刪除一定會成功。如果 cursor 被設為 FAST_FORWARD 或 STATIC，就不能被設定為 SCROLL_LOCKS 模式。

  - □ OPTIMISTIC，不同於 SCROLL_LOCKS，在這種鎖定模式下，讀入 cursor 內的資料，SQL SERVER 不會將原始資料鎖定，所以被 cursor 讀取的原始資料有可能被其他人異動，所以採用 OPTIMISTIC 的鎖定模式，cursor 的指定更改或刪除有可能會造成失敗。若是指定了 FAST_FORWARD 時，便不能指定 OPTIMISTIC。有關 SCROLL_LOCKS 與 OPTIMISTIC 可以參考下一章所探討的『悲觀並行』（Pessimistic Concurrency）與『樂觀並行』（Optimistic Concurrency）控制的相關觀念。

- 設定讀取資料的 SELECT 敘述

  - □ FOR select_statement：FOR 為一個固定的保留用字，後面緊接的是從資料庫讀取資料進資料指標的 SELECT 敘述語法。

- 設定型態轉換的訊息回傳

  - □ TYPE_WARNING：此項設定的目的是，如果資料指標要求資料類型隱含地轉換成另一個資料類型時，便會傳回一個警告訊息給使用者。

- 設定資料指標可異動的範圍

  - □ FOR UPDATE：FOR 為一個固定的保留用字，後面若只是緊接 UPDATE，表示前一段 SELECT 選取的所有資料行的資料皆可更改。

- FOR UPDATE OF column_name [, ...n]

  若是在 UPDATE 後面再承接 OF column_name [, ...n]，表示只允許 OF 後面的資料
  行資料允許被更動

開啟 Cursor（Open Cursor）

當 cursor 經過以上的宣告之後，必須要先開啟該 curosr 方可開始進行資料的提取動
作，開啟 cursor 的基本語法如下。

```
OPEN cursor_name
```

移動指標與資料提取（Fetch）

當開啟 cursor 之後，接下來的就是要從 cursor 中的『資料集』提取（fetch）資料，
在 FETCH 的同時必須先移動指標之後再提取資料，至於 FETCH 的基本語法如下。

```
FETCH [ [ NEXT | PRIOR | FIRST | LAST | ABSOLUTE { n | @nvar } |
       RELATIVE { n | @nvar } ]
FROM ] cursor_name
[ INTO @variable_name [ , ... n ] ]
```

可將以上整體語法簡略以下的語法，並解讀成從名稱為 cursor_name 的『資料指
標』中，先移動指標位置後，再讀取資料，並將資料指定給區域變數 @variable_name。

```
FETCH ...
FROM cursor_name
INTO @variable_name, ...
```

『資料指』標中的指標移動方式可分為六種，分別說明如下：

- NEXT，將指標移動至目前位置的『下一筆』。
- PRIOR，將指標移動至目前位置的『上一筆』。

- FIRST，將指標移動至『第一筆』。
- LAST，將指標移動至『最後一筆』。
- ABSOLUTE n，將指標移動至『絕對位置 n』。
- RELATIVE n，將指標移動至目前位置的『相對位置 n』。
  - 若是 n 為『正數』，表示相對於目前位置的『下面第 n 筆』。
  - 若是 n 為『負數』，表示相對於目前位置的『上面第 n 筆』。

範例 15-1 　資料指標的移動

　　如圖，若是在『資料指標』中共有 R1 至 R5 五筆資料，以下將說明 FETCH 指標的移動方式。

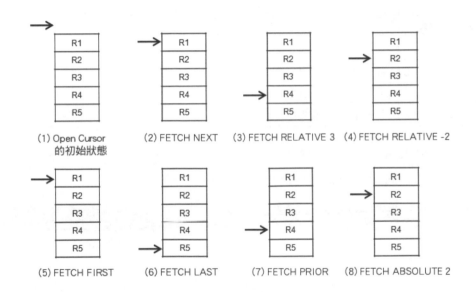

- (1) 當『資料指標』剛被開啟時（Open cursor_name），指標指定的位置是位於第一筆的上方，並不是指向第一筆。
- (2) 當使用『FETCH NEXT』後，會將指標指向目前位置的下一筆，也就是 R1。
- (3) 當使用『FETCH RELATIVE 3』，會將指標相對於目前位置，往下移動 3 筆紀錄，所以會指向 R4。

(4) 當使用『FETCH RELATIVE -2』，會將指標相對於目前位置，往上移動 2 筆紀錄，所以會指向 R2。

(5) 當使用『FETCH FIRST』，會將指標直接移動到第一筆紀錄，也就是 R1。

(6) 當使用『FETCH LAST』，會將指標直接移動到最後一筆紀錄，也就是 R5。

(7) 當使用『FETCH PRIOR』，會將指標指向目前位置的前一筆紀錄，也就是 R4。

(8) 當使用『FETCH ABSOLUTE 2』，會將指標直接指向第 2 筆紀錄，也就是 R2。

取得與 FETCH 有關的全域變數

- @@FETCH_STATUS：針對目前連接且開啟的任何資料指標，傳回最後一次向資料指標 FETCH 後的狀態，傳回值的意義說明如下。

傳回值	說明
0	FETCH 成功
-1	FETCH 失敗、亦或是提取的範圍超出該資料指標的資料集，例如提取第一筆的上一筆或是最後一筆的下一筆
-2	FETCH 的資料已遺漏或不存在

- @@CURSOR_ROWS：此全域變數會傳回已連接且最後一個被開啟的資料指標中，目前符合的資料列數。傳回值的意義說明如下。

傳回值	說明
-m	非同步的資料指標。傳回的值（-m）是目前在索引鍵集（keyset）中的資料列數。
-1	表示該 cursor 被設為動態（dynamic）型 cursor，由於是動態存取，所以無法明確確定筆數。
0	表示沒有開啟的 cursor，或是沒有傳回任何資料，也或許是最後一次被開啟的 cursor 已被關閉或釋放配置。
n	當讀取的資料已全部寫入資料指標的資料集時，傳回的 n 就代表該資料指標的總筆數。

關閉 Cursor（Close Cursor）

　　相對於開啟『資料指標』，當該『資料指標』已經使用完畢，就必須將其正常關閉，使用語法如下。倘若一個已被關閉的『資料指標』有必要再次被使用時，只要在尚未被『釋放配置』（deallocate cursor, 參考下一個議題說明）之前，皆可以再開啟一次重新使用，指標也將會停留在第一筆的上方。

```
CLOSE cursor_name
```

釋放 Cursor 的配置（Deallocate Cursor）

　　為什麼關閉『資料指標』還要釋放配置它呢？因為當『資料指標』被宣告後，立即會佔用一部份的系統記憶體，就算是將其關閉後，該『資料指標』依然是存在的，所以仍會佔用系統的記憶體。

　　『資料指標』若是 LOCAL 型的的生命週期長短，會與該批次、預存程序或觸發器結束而消失；若是 GLOBAL 型會佔用更久的時間。倘若該『資料指標』已確定不再使用，建議直接在該批次、預存程序或觸發器的最後，除了關閉以外，也直接利用以下的語法將它釋放配置，才不致將系統記憶體耗盡。

```
DEALLOCATE cursor_name
```

15-3　使用 Cursor 的資料查詢

　　『資料指標』（Cursor）的使用，從 CURSOR 的產生到最後結束，大致可分為以下五個基本步驟：

Step 1. 『宣告 Cursor』並取得資料（Declare Cursor），如同宣告 T-SQL 的區域變數一般，Cursor 也必須先經過宣告才能使用。並給予此 CURSOR 一個名稱和取得資料的 SELECT 敘述句。

Step 2. 『開啟 Cursor』（Open Cursor），完成第一步驟之後，一個具名的 Curosr 已經存在於使用者電腦中，也就是已經從資料庫讀取出來的一個資料集。此資料集在使用之前必須先將其開啟。

Step 3. 『提取』（Fetch）與『移動指標』（NEXT、PRIOR、FIRST、LAST、RELATIVE 和 ABSOLUTE），此步驟的主要目的，是逐一提取（FETCH）『資料集』中的資料出來處理。

Step 4. 『關閉 Cursor』（Close Cursor），當使此 Cursor 使用完畢之後，正常程序應該將其關閉。

Step 5. 『釋放 Cursor 的配置』（Deallocate Cursor），最後一個動作就是從記憶體中移除 Cursor（Deallocate Cursor），也就是將所佔用的記憶體釋放給其他交易使用。

範例 15-2　CURSOR 的基本使用

使用 cursor 逐一提取『產品資料』資料表的所有產品名稱，再計算共有多少項產品。

```
DECLARE cur_Products CURSOR
FOR
SELECT 產品編號 , 產品名稱
FROM 產品資料          -- 宣告資料指標 CURSOR
DECLARE @ProdID int ,
          @ProdName varchar（30）,
          @cntTotal int ,
          @ProdList varchar（300）
```

```
SET @cntTotal = 0
SET @ProdList = ''          -- 此處為兩個單引號
OPEN cur_Products          -- 開啟資料指標 cur_Products

FETCH NEXT FROM cur_Products INTO @ProdID, @ProdName
WHILE（@@FETCH_STATUS = 0）
BEGIN
   SET @ProdList = @ProdList + @ProdName + ', '
   SET @cntTotal = @cntTotal + 1
   FETCH NEXT FROM cur_Products INTO @ProdID, @ProdName
END
CLOSE cur_Products         -- 關閉資料指標 cur_Products
DEALLOCATE cur_products    -- 移除資料指標 cur_Products
PRINT @ProdList
PRINT ' 總共有 ' + CAST（@cntTotal as varchar）+ ' 樣產品 '
```

【輸出結果】

```
訊息
蘋果汁，蔬果汁，汽水，蘆筍汁，運動飲料，烏龍茶，紅茶，礦泉水，牛奶，咖啡，奶茶，啤酒，
總共有12 樣產品
```

　　若是將以上複雜的程式碼先去除一些煩雜的部份，可以換成以下的結構圖，可以更清楚看出『資料指標』的基本架構與使用。以下分為五個主要部份說明。

(1) 宣告資料指標，此處是宣告『資料指標』以及給予名稱，更重要的是要從資料庫取得什麼資料的 SELECT 敘述，和一些其他選項設定。

(2) 開啟資料指標，要讀取該『資料指標』前必須先有開啟的動作。

(3) 逐筆讀取並處理，一般常使用『FETCH NEXT』配合『WHILE 迴圈』，逐筆讀取與處理資料。

(4) 關閉資料指標，相對應於 (2)，有開啟就必須關閉該『資料指標』。

(5) 移除資料指標，將該『資料指標』移除，可釋放出系統記憶體。

```
DECLARE cur_name CURSOR …          ⌐(1)宣告資料指標
FOR SELECT …                       ⌐
    …
OPEN cur_name                      — (2)開啟資料指標
    …
FETCH NEXT FROM cur_name INTO …    ⌐
WHILE ( @@FETCH_STATUS = 0 )       │
BEGIN                              │ (3)逐筆讀取並處理
    …                              │
    FETCH NEXT FROM cur_name INTO … │
END                                ⌐
    …
CLOSE cur_name                     — (4)關閉資料指標
DEALLOCATE cur_name                — (5)移除資料指標
    …
```

　　不論是『T-SQL』、『資料指標』或是下一章即將介紹的『交易』（transaction），大部份都會被寫在預存程序內，方便日後不斷地重複被使用，以下範例只是將『資料指標』寫入預存程序內。

範例 15-3　兩個 CURSOR 的巢狀提取

　　利用兩個 cursor 來產生一份列表，一個 cursor 負責提取『客戶』資料表，另一個 cursor 則負責提取『訂單』資料表。

```
DECLARE cur_ 客戶 CURSOR
FOR
SELECT 客戶編號 , 聯絡人 , 聯絡人性別 FROM 客戶

DECLARE @custNo varchar (10) , @contact nvarchar (50) , @gender nvarchar (4)
DECLARE @custList varchar (300) , @orderNo int
print ' 客戶編號　聯絡人　性別 訂單'
print '======= ========= ==== ================================='

OPEN cur_ 客戶
FETCH NEXT FROM cur_ 客戶 into @custNo, @contact, @gender
```

```
WHILE (@@FETCH_STATUS = 0)
BEGIN
    SET @contact = @contact + CASE @gender
                                WHEN ' 男 ' THEN ' 先生 '
                                WHEN ' 女 ' THEN ' 小姐 '
                                ELSE ' 敬啟者 '
                              END
  SET @custList=''

  DECLARE cur_ 訂單 CURSOR
  FOR
  SELECT 訂單編號 FROM 訂單
  WIIERE 客戶編號 =@custNo ORDER BY 訂單編號

  OPEN cur_ 訂單
  FETCH NEXT FROM cur_ 訂單 INTO @orderNo
  WHILE (@@FETCH_STATUS = 0)
    BEGIN
      SET @custList=@custList+cast (@orderNo as varchar) +', '
      FETCH NEXT FROM cur_ 訂單 INTO @orderNo
    END
  CLOSE cur_ 訂單
  DEALLOCATE cur_ 訂單
  PRINT cast (@custNo as varchar ) +'   '+
        cast (@contact as varchar) +'  '+@gender+'   '+@custList
  FETCH NEXT FROM cur_ 客戶 INTO @custNo, @contact, @gender
END
CLOSE cur_ 客戶
DEALLOCATE cur_ 客戶
GO
```

【輸出結果】

客戶編號	聯絡人	性別	訂單資料
C0001	謝方怡小姐	女	
C0002	徐禹維先生	男	
C0003	吳中平先生	男	94010201,
C0004	謝世彬先生	男	
C0005	莊海川先生	男	94010202,
C0006	劉顯忠先生	男	
C0007	蔡爵如先生	男	94010104,
C0008	林美孜小姐	女	94010105,
C0009	吳嘉修先生	男	94010702,
C0010	王中志先生	男	94010801,
C0011	周俊安先生	男	94010601, 94010705, 94010806,
C0012	邵雲龍先生	男	94010302,
C0013	李姿玲小姐	女	94010803,
C0014	黃靖賀小姐	女	94010303, 94010401, 94010501,
C0015	朱晉陞先生	男	94010805,
C0016	李豫恩先生	男	94010301, 94010701, 94010804,

若將以上煩雜的程式碼的主要架構抽離出來看，將會如下圖所示，主要分為兩個迴圈，外迴圈是『cur_客戶』，內迴圈是『cur_訂單』。當外迴圈每往下一筆時，就會提取到不同的客戶編號，內迴圈的『cur_訂單』也只會從資料庫讀取出該筆客戶編號的訂單紀錄，再逐一處理該位客戶的每一筆訂單紀錄。

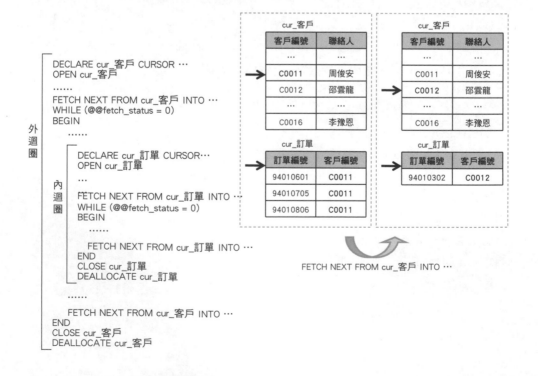

　　不論是 T-SQL、Cursor 或是下一章的交易（transaction），大部份在使用上皆是用於預存程序內，以下範例將說明『資料指標』與預存程序合併使用方式。

範例 15-4　CURSOR 與預存程序

　　透過預存程序的參數傳遞，給定一個產品的類別編號，此預存程序將所有該類別的產品名稱與供應商表列出來。若是不給定任何參數值，表示將所有類別的產品皆輸出。

```
CREATE PROC usp_QueryProdsCursor
@CategoryID INT = NULL
AS
DECLARE cur_ 供應商 CURSOR
FOR
SELECT 供應商編號 , 供應商名稱 FROM 供應商
ORDER BY 供應商名稱
DECLARE @SupplyID varchar (5), @SupplyName varchar (50)
DECLARE @outputStr varchar (300)

OPEN cur_ 供應商

FETCH NEXT FROM cur_ 供應商 INTO @SupplyID, @SupplyName
WHILE (@@FETCH_STATUS = 0)
BEGIN
  SET @outputStr = @SupplyName + ' : '

  SELECT @outputStr = @outputStr + 產品名稱 + ','
  FROM 產品資料
  WHERE 供應商編號 = @SupplyID AND
        ( 類別編號 = @CategoryID OR @CategoryID IS NULL)
  ORDER BY 產品名稱
```

```
    -- 不相等表示該供應商沒有這項類別產品就不輸出
    IF @outputStr <> @SupplyName + ' : '
        PRINT @outputStr


    FETCH NEXT FROM cur_ 供應商 INTO @SupplyID, @SupplyName
END
CLOSE cur_ 供應商
DEALLOCATE cur_ 供應商
GO
```

【執行】

```
給定參數值
(1) EXEC usp_QueryProdsCursor 1
不給定參數值
(2) EXEC usp_QueryProdsCursor
```

【輸出結果】

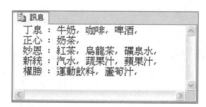

15-4 使用 Cursor 變數與 Cursor 參數

　　『資料指標』除了上述的使用方式之外，尚可將它當成一個一般的變數看待，只是它的特性完全是一個『資料指標』。亦可透過這樣的一個 cursor 變數當成預存程式的傳遞參數來使用。所以以下將針對 cursor 變數以及預存程序如何使用 cursor 參數來傳遞進行說明。

Cursor 變數 ▪▪

範例 15-5	CURSOR 變數 – 先定義 CURSOR, 再指定給 CURSOR 變數

利用 cur_ 員工來計算出每位員工的業績金額，並依據業績金額遞減排序，也就是說排列在第一筆的員工將會是『Top ONE Sales』。以下是利用 SET 的方式，將資料指標『cur_ 員工』指定給區域 CURSOR 變數『@cur_Employee』，並提取（FETCH）出第一筆紀錄即為『Top ONE Sales』。雖然『cur_ 員工』並不需要被開啟（OPEN），但最後仍然要記得將它『釋放配置』（DEALLOCATE）。

```
DECLARE cur_ 員工 CURSOR
FOR
SELECT E. 員工編號 , 姓名
FROM 員工 E, 訂單 O, 訂單明細 OD
WHERE E. 員工編號 = O. 員工編號 AND
        O. 訂單編號 = OD. 訂單編號
GROUP BY E. 員工編號 , 姓名
ORDER BY SUM（實際單價 * 數量）DESC

DECLARE @cur_Employee CURSOR
SET @cur_Employee = cur_ 員工

OPEN @cur_Employee

FETCH NEXT FROM @cur_Employee

CLOSE @cur_Employee
DEALLOCATE @cur_Employee
DEALLOCATE cur_ 員工
GO
```

【輸出結果】

	員工編號	姓名
1	10	林美滿

範例 15-6　CURSOR 變數 – 直接定義 CURSOR 變數的內容

此範例只是將前一個範例的寫法改成直接定義。

```
DECLARE @cur_Employee CURSOR
SET @cur_Employee = CURSOR
        FOR
        SELECT E. 員工編號 , 姓名
        FROM 員工 E, 訂單 O, 訂單明細 OD
        WHERE E. 員工編號 = O. 員工編號 AND
                O. 訂單編號 = OD. 訂單編號
        GROUP BY E. 員工編號 , 姓名
        ORDER BY SUM（實際單價 * 數量）DESC


OPEN @cur_Employee
FETCH NEXT FROM @cur_Employee


CLOSE @cur_Employee
DEALLOCATE @cur_Employee
GO
```

　　若是將以上兩個範例並列比較，左邊是先將員工資料表宣告成一個具名的『cur_員工』，再利用 SET 將『cur_員工』指定給區域 cursor 變數『@cur_Employee』。右邊則是直接利用 SET 來指定一個不具有名稱的 CURSOR 給區域 cursor 變數『@cur_Employee』。

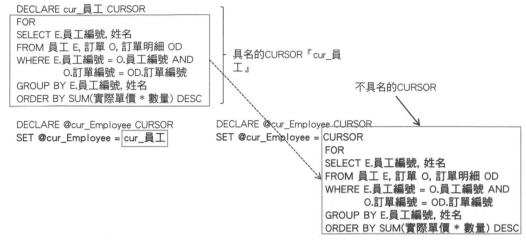

```
DECLARE cur_員工 CURSOR
FOR
SELECT E.員工編號, 姓名
FROM 員工 E, 訂單 O, 訂單明細 OD
WHERE E.員工編號 = O.員工編號 AND
         O.訂單編號 = OD.訂單編號
GROUP BY E.員工編號, 姓名
ORDER BY SUM(實際單價 * 數量) DESC
```

具名的CURSOR『cur_員工』

不具名的CURSOR

```
DECLARE @cur_Employee CURSOR
SET @cur_Employee = cur_員工
```

```
DECLARE @cur_Employee CURSOR
SET @cur_Employee = CURSOR
FOR
SELECT E.員工編號, 姓名
FROM 員工 E, 訂單 O, 訂單明細 OD
WHERE E.員工編號 = O.員工編號 AND
         O.訂單編號 = OD.訂單編號
GROUP BY E.員工編號, 姓名
ORDER BY SUM(實際單價 * 數量) DESC
```

```
OPEN @cur_Employee
FETCH NEXT FROM @cur_Employee
CLOSE @cur_Employee
DEALLOCATE @cur_Employee
DEALLOCATE cur_員工
GO
```

```
OPEN @cur_Employee
FETCH NEXT FROM @cur_Employee
CLOSE @cur_Employee
DEALLOCATE @cur_Employee

GO
```

預存程序與 Cursor 參數的傳遞

範例 15-7 預存程序與 Cursor 參數的傳遞

若是將上一個範例利用預存程序方式來改寫成如下的程式。

```
CREATE PROC usp_showTopOneSales
@cur_Empl CURSOR VARYING OUTPUT
AS
SET @cur_Empl = CURSOR
            FOR
            SELECT E. 員工編號 , 姓名
            FROM 員工 E, 訂單 O, 訂單明細 OD
            WHERE E. 員工編號 = O. 員工編號 AND
```

```
                          O. 訂單編號 = OD. 訂單編號
               GROUP BY E. 員工編號 , 姓名
               ORDER BY SUM （實際單價 * 數量）DESC
OPEN @cur_Empl

GO
```

【執行】

```
DECLARE @cur_TopOneSales CURSOR
EXEC usp_showTopOneSales @cur_TopOneSales OUTPUT
FETCH NEXT FROM @cur_TopOneSales
CLOSE @cur_TopOneSales
DEALLOCATE @cur_TopOneSales
GO
```

由於在預存程序中已將 @cur_Empl 開啟，當執行該預存程序之後，內部的 CURSOR 變數『@cur_Empl』，會傳回給外部的區域 CURSOR 變數『@cur_TopOneSales』，所以外部的『@cur_TopOneSales』不需要再重複開啟一次，可以立即使用 FETCH，使用完畢仍要進行關閉與釋放配置。

在此範例中還使用到一個『VARYING』，此選項只適合作為輸出參數的結果集。這個參數會由預存程序動態建構，可能會有不同的內容。只適用於 cursor 參數；也就是說，只要是用 cursor 參數就一定要使用 VARYING。

15-5 使用 Cursor 的資料異動

由於 cursor 的特性就是針對所提取的資料逐一進行處理，若是要針對 cursor 進行 UPDATE 或是 DELETE 也必須是針對目前指標所指的資料進行異動，所以不論是 UPDATE 或是 DELETE 在 WHERE 條件限制後面必須使用『CURRENT OF cursor_name』，基本語法如下。

```
UPDATE table_name
SET …
WHERE CURRENT OF cursor_name

DELETE table_name
WHERE CURRENT OF cursor_name
```

範例 15-8　UPDATE『資料指標』的資料

　　如果『庫存量』的兩倍大於『安全存量』的那些產品，將『建議單價』依據使用者輸入的折扣數適度調降，但是調降後的『建議單價』仍然必須大於平均成本，否則該項產品就不調降。

```
CREATE PROC usp_UpdateCursor
@discount numeric (2,1)  -- 由使用者輸入調降的折扣數，例如 0.6
AS

DECLARE cur_ 產品資料 CURSOR
FOR
SELECT 建議單價 , 平均成本 , 庫存量 , 安全存量 FROM 產品資料

DECLARE @price INT, @cost INT, @inventory INT, @safeInventory INT

OPEN cur_ 產品資料

FETCH NEXT FROM cur_ 產品資料
        INTO @price, @cost, @inventory, @safeInventory
WHILE (@@FETCH_STATUS = 0)
BEGIN
  IF @inventory * 2 > @safeInventory AND @price * @discount > @cost
    UPDATE 產品資料
```

```
          SET 建議單價 = 建議單價 * @discount
          WHERE CURRENT OF cur_ 產品資料

      FETCH NEXT FROM cur_ 產品資料
              INTO @price, @cost, @inventory, @safeInventory
END

CLOSE cur_ 產品資料
DEALLOCATE cur_ 產品資料
GO
```

【執行】

```
EXEC usp_UpdateCursor 0.6
```

請讀者自行查詢產品資料的『建議單價』在『更改前』與『更改後』的差異性。

【輸出結果】

	產品編號	產品名稱	建議單價	平均成本	庫存量	安全存量
1	1	蘋果汁	18	12	390	50
2	2	蔬果汁	20	13	117	50
3	3	汽水	20	10		
4	4	蘆筍汁	15	9		
5	5	運動飲...	15	10		
6	6	烏龍茶	25	15		
7	7	紅茶	15	8		
8	8	礦泉水	18	10		
9	9	牛奶	45	25		
10	10	咖啡	35	22		
11	11	奶茶	25	12		
12	12	啤酒	30	22		

異動前

	產品編號	產品名稱	建議單價	平均成本	庫存量	安全存量
1	1	蘋果汁	18	12	390	50
2	2	蔬果汁	20	13	117	50
3	3	汽水	12	10	213	200
4	4	蘆筍汁	15	9	110	120
5	5	運動飲...	15	10	210	100
6	6	烏龍茶	25	15	320	300
7	7	紅茶	9	8	450	500
8	8	礦泉水	10	10	339	200
9	9	牛奶	27	25	250	300
10	10	咖啡	35	22	131	150
11	11	奶茶	15	12	220	200
12	12	啤酒	30	22	635	300

異動後

本章習題

請利用書附光碟中的『CH15 範例資料庫』，依據以下不同的需求，完成以下的問題。

1. 當宣布一個資料指標 (Cursor)，且 Open 該資料指標的當時，試問該指標是指在資料表的哪一個位置。

2. 請列出全域變數 @@FETCH_STATUS 有幾種回傳值，並說明每一種回傳值的意義。

3. 請列出 SQL SERVER 的資料指標 (Cursor)，在 FETCH 資料時有幾種移動的方式

4. 若是有一個資料指標已經被 CLOSE，是否可以再重新 OPEN 來使用，為什麼？若是要真正將該資料指標移山該如何處理'?

5. 請利用資料指標逐一讀取『產品類別』，再逐一讀取『產品資料』，將所有資料輸出如下：

```
訊息
1 果汁 ：[1 蘋果汁][2 蔬果汁][4 蘆筍汁]
2 茶類 ：[6 烏龍茶][7 紅茶]
3 蘇打類 ：[3 汽水]
4 奶類 ：[9 牛奶][11 奶茶]
5 運動飲料 ：[5 運動飲料]
6 水類 ：[8 礦泉水]
7 酒類 ：[12 啤酒]
8 咖啡類 ：[10 咖啡]
```

6. 將上題改寫成預存程序方式來執行，並且可以接受外部輸入要列出哪個單一『產品類別』，若是沒有輸入表示全部的類別皆要印出。

MEMO

CHAPTER 16

資料庫的交易處理

什麼是『交易』（Transaction）？簡單而言，必須符合 ACID 的四個基本特性，包括『單元性』、『一致性的保留』、『隔離性』以及『永久性』。本章除了介紹資料庫『交易』原理外，也將介紹如何實作『交易』，以及 SQL Server 的隔離等級和資料鎖定等議題。

16-1　什麼是交易（Transaction）

在我們現實生活當中會遇到很多的電腦系統，如果透過電腦系統的『交易』（transaction），可能會因為突發事件而導致『交易』的中斷，造成資料的不正確性，那又該如何處理呢？

例如某君要將 A 帳戶的錢轉出 1,000 元至 B 帳戶，如下圖，電腦系統絕不可能在同一個時間完成 A 帳戶的扣款與 B 帳戶的入款；而必須有先、後處理的關係。若是細看這樣的一個交易，是先由 A 帳戶扣除 1,000 元，再將金額 1,000 加入 B 帳戶。如果，在 A 帳戶完成扣款的情形，B 帳戶卻尚未加入該筆金額，而發生停電狀況。此時，該君是否就該白白損失該筆金額呢？如果當真如此，將造成一個不合理的現象，更會讓使用者沒有安全感，所以當然不能是如此的處理。

所以在一個合理的交易情形，縱使在交易進行中發生停電或不可抗拒的因素，也必須保障使用者的權益。所以在電力恢復正常之後，系統應該要取消未完成的交易，並還原到使用者尚未轉帳前的狀況。也就是說，在系統恢復後，應該是處於尚未發生轉帳前的狀況，如此是『交易』的一種必備的特性。以下可參考圖解為整個應該進行的步驟：

(1) t_1 時間，交易開始，並進行 A 帳戶的扣款。

(2) t_2 時間，發生停電，系統被迫中斷。

(3) t_3 時間，恢復供電，系統重新啟動。

(4) t_4 時間，將所有狀態還原至原始點。

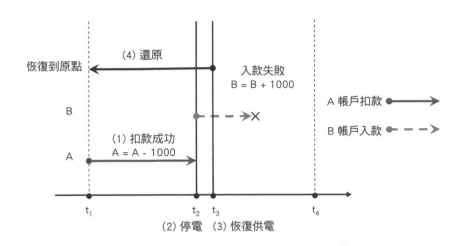

『資料庫管理系統』持續運作時，可能會發生不同類型的意外，當意外發生時，資料庫管理系統又必須能提供回復功能，也就是保證進行中的交易能順利地完成，或是回復到最原始未執行前的狀態。為了要能達到此目的，資料庫管理系統的運作，必須先將所有交易進行的詳細資料記錄下來，做為系統發生非毀壞性故障後，能藉以回復的重要資訊，此資訊稱之為『系統日誌』（system log）或稱為『日誌檔』（log file）。所以『系統日誌』的主要目的在於紀錄交易的每一個操作，包括讀取和寫入資料項目的詳細動作，以便能達到『資料庫回復』（Database Recovery）的功能。

資料庫管理系統的『資料庫回復』功能，是利用『優先寫入日誌檔』（Write-Ahead Logging, 簡稱 WAL）的機制來達成。也就是將交易進行中的四個資訊先寫入『日誌檔』，再寫入『資料檔』（data file），一旦系統發生不預期的意外時，系統可以根據『日誌檔』來恢復所有的交易。每一個交易在日誌檔中皆會有一個唯一的代號 T，日誌檔中所記錄的四個資訊如下：

- 交易 T 的開始
- 交易 T 異動資料的新、舊值
- 交易 T 查詢的資料
- 交易 T 的結束（ 提交（commit）或是放棄（abort））

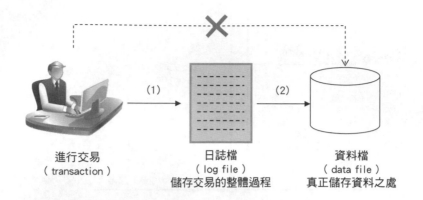

進行交易	日誌檔	資料檔
（transaction）	（log file）	（data file）
	儲存交易的整體過程	真正儲存資料之處

16-2　交易的基本特性 ACID

一個交易的基本特性包括四個，『單元性』（Atomicity）、『一致性的保留』（Consistency Preservation）、『隔離性』（Isolation）以及『永久性』（Durability or Permanency），所以也簡稱為交易的『ACID』四個特性。

- **單元性（Atomicity）**：一個『交易』不論內含多少個不同的操作，應該都被視為一個最小的處理單位，且不可再被切割。也就是說，當一個交易開始進行處理之後，應該要完整且正確地執行完成；否則就應該將其所有操作取消，還原到最原始未開始處理前的情形，此特性稱之為『單元性』。

- **一致性的保留（Consistency Preservation）**：在交易在進行之前，資料庫內的資料狀態應該是具有一致性；在交易進行完成之後，資料庫內的資料狀態也應該保留此一致性。不應該因為『交易』而破壞資料的一致性，此特性稱之為『一致性的保留』。

- **隔離性（Isolation）**：無論電腦系統是如何執行，對於任何一個交易而言，在進行時，每一個交易應該具有獨立的特性；也就是交易進行中，交易與交易之間不應該彼此影響執行的結果，此特性稱之為『隔離性』。

- **永久性（Durability or Permanency）**：當一個交易進行完成也被確認（committed）之後，所有資料項目應該永久地被記錄在資料庫中，不應該隨著時間或任何狀況導致其資料改變，除非下一次的交易進行改變，此特性稱之為『永久性』。

當一個交易成功地執行完成之後，便形成了一個不可改變的事實，倘若沒有任何的交易再改變相同的資料項目時，此資料項目應該永遠不變。例如某君銀行內的存款原本有 10,000 元，當他從提款機中提出 2,000 元之後，帳戶內剩餘金額為 8,000 元，此金額不應該隨著時間的改變而發生變化，稱之為『永久性』。或許有人會認為銀行經過一年之後，會核算利息而產生帳戶內金額的改變；但是『核算利息』已經又是另一個交易的發生。

16-3　交易的三種模式與基本實作

交易特性中的『單元性』（Atomicity）是指一個交易內可以包括很多不同的操作，包括新增（INSERT）、刪除（DELETE）、更新（UPDATE）以及查詢（SELECT）四個基本操作，而這些操作必須是全部被執行完成，亦或是全部都不被執行，形成一個完整的最小執行單元。因此，必須要告訴系統一個交易何時開始，以及何時交易結束，系統才會知道一個交易包括哪些操作。

在 SQL Server 中，可以分為三種不同的交易模式：自動認可交易、『隱含交易』（Implicit Transactions）以及『外顯交易』（Explicit Transactions），各別說明如下：

- **自動認可交易（autocommit transactions）**：SQL Server 預設就具有『自動認可交易』模式，只要是任何單一個 SQL 敘述的執行，都會被視為一個交易來執行，所以只要在撰寫任何的 SQL 敘述，並且個別執行後的結果都將具有永久性，也就是無法還原成原始狀態。例如以下的單　SQL 敘述便是一個『自動認可交易』。

```
UPDATE 產品資料
SET 安全存量 = 安全存量 * 0.9
```

- **外顯交易（Explicit Transactions）**：所謂『外顯交易』可以分為三個部份，第一個部份是宣告『交易開始』，必須由人工很明確地指出交易開始的指令，也就是『BEGIN TRANSACTION』。第二部份是所有對資料庫的一連串之『T-SQL 操作』。第三部份是宣告『交易結束』，也就是『COMMIT TRANSACTION』或是

『ROLLBACK TRANSACTION』指令。如此才算是一個完整的『外顯交易』，如圖所示。

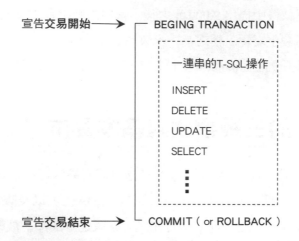

- **隱含交易（Implicit Transactions）**：『隱含交易』是指資料庫管理系統預設模式即為交易的開始狀態，所以不需要再特定下達交易開始的指令（BEGIN TRANSACATION）。當所有操作完畢之後，必須由人工指定完成，也就是下達 COMMIT 或是 ROLLBACK 的指令，此交易才算是完成。所以在此模式下，一個『隱含交易』只包含兩個部份，第一個部份是一連串的『T-SQL 操作』，第二部份是宣告『交易結束』，也就是 COMMIT 或 ROLLBACK。

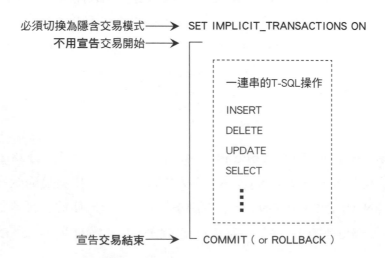

以下將以幾個範例來說明什麼是『交易』，以及『外顯交易』與『隱含交易』的差異性。為了說明的對應方便，將於程式中的每一行最前面標示出行號，但是在實作上不必加上行號。

範例 16-1　外顯交易 – 模擬交易進行中發生停電

此範例的主要目的在說明當交易進行至一半時，突然發生停電狀況，可用來驗證資料庫管理系統在恢復正常之後，系統將會如何來處理此交易的操作。以下將會以關閉 SQL Server 服務來模擬停電發生；重新再啟動 SQL Server 服務來模擬電源恢復，以及資料庫管理系統也恢復正常情形。

```
1   BEGIN TRANSACTION
2     SELECT * FROM 訂單明細 WHERE 訂單編號 = '94010601'
3     DELETE 訂單明細 WHERE 訂單編號 = '94010601'
4     SELECT * FROM 訂單明細 WHERE 訂單編號 = '94010601'
5     ----- [ 發生停電 ] 利用停止 SQL Server 服務模擬 -----
6     SELECT * FROM 訂單 WHERE 訂單編號 = '94010601'
7     DELETE 訂單 WHERE 訂單編號 = '94010601'
8     SELECT * FROM 訂單 WHERE 訂單編號 = '94010601'
9   COMMIT
10    ----- [ 系統恢復 ] 利用啟動 SQL Server 服務模擬 -----
11  SELECT * FROM 訂單明細 WHERE 訂單編號 = '94010601'
```

【操作方式】

本範例必須分段執行，請先將 1 ~ 4 行反白執行，第 5 行是表示將 SQL Server 服務關閉（模擬停電），因為停電關係所以第 6 ~ 9 行並未被執行，第 10 行表示將 SQL Server 服務啟動（模擬系統恢復），再執行 11 行的指令。

【說明】

行 1. 由於 MS SQL Server 2005 的預設交易模式為外顯交易，所以必須很明確地告訴資料庫管理系統，交易的開始點，在此行的 BEGIN TRANSACTION 就是告訴系統，此一時刻起是一個交易的開始。

行 2. 查詢『訂單明細』資料表中，訂單編號為 94010601 的資料。

行 3. 刪除『訂單明細』資料表中，訂單編號為 94010601 的資料。

行 4. 查詢『訂單明細』資料表中，訂單編號為 94010601 的資料，此時應該查詢不到任何的資料。

行 5. 利用停止 SQL Server 服務來模擬停電情形。

行 6～9 由於停電所以沒有被執行。

行 10. 重新啟動 SQL Server 服務，模擬系統恢復正常情形。

行 11. 再重新查詢『訂單明細』資料表中，訂單編號為 94010601 的資料，此時會發現所有被刪除的資料又恢復到交易前的原始情形。

範例 16-2 外顯交易 – 取消所有交易

本範例第 1～8 行為一個『交易』，最後用 ROLLBACK 取消所有的操作，利用第 9、10 行觀察交易後的結果，果然與沒有進行交易前的情形一樣。

```
1    BEGIN TRANSACTION
2      SELECT * FROM 訂單明細 WHERE 訂單編號 = '94010301'
3      DELETE 訂單明細 WHERE 訂單編號 = '94010301'
4      SELECT * FROM 訂單明細 WHERE 訂單編號 = '94010301'
5      SELECT * FROM 訂單 WHERE 訂單編號 = '94010301'
6      DELETE 訂單 WHERE 訂單編號 = '94010301'
7      SELECT * FROM 訂單 WHERE 訂單編號 = '94010301'
8    ROLLBACK
9    SELECT * FROM 訂單 WHERE 訂單編號 = '94010301'
10   SELECT * FROM 訂單明細 WHERE 訂單編號 = '94010301'
```

【操作方式】

本範例必須逐行反白、逐行執行，並且逐行觀察執行結果。

【說明】

行 1. 在此行的 BEGIN TRANSACTION 就是告訴系統，此一時刻起是一個交易的開始。

行 2. 查詢『訂單明細』資料表中，訂單編號為 94010301 的資料。

行 3. 刪除『訂單明細』資料表中，訂單編號為 94010301 的資料。

行 4. 再一次查詢『訂單明細』資料表中，訂單編號為 94010301 的資料，此時應該查詢不到任何的資料。

行 5. 查詢『訂單』資料表中，訂單編號為 94010301 的資料。

行 6. 刪除『訂單』資料表中，訂單編號為 94010301 的資料。

行 7. 再一次查詢『訂單』資料表中，訂單編號為 94010301 的資料，此時應該查詢不到任何的資料。

行 8. 此行的 ROLLBACK 取消了前面所有的操作。

行 9. 再一次查詢『訂單』資料表中，訂單編號為 94010301 的資料，此時會發現所有被刪除的資料又恢復到交易前的原始情形。

行 10. 再一次查詢『訂單明細』資料表中，訂單編號為 94010301 的資料，此時會發現所有被刪除的資料又恢復到交易前的原始情形。

範例 16-3　外顯交易 — 成功完成交易

本範例第 1 ~ 8 行為一個『交易』，最後下達 COMMIT 確認所有操作，利用第 9、10 行觀察交易後的結果，可以觀察該交易已成功地異動所有資料。

```
1    BEGIN TRANSACTION
2        SELECT * FROM 訂單明細 WHERE 訂單編號 = '94010701'
3        DELETE 訂單明細 WHERE 訂單編號 = '94010701'
4        SELECT * FROM 訂單明細 WHERE 訂單編號 = '94010701'
```

```
5      SELECT * FROM 訂單 WHERE 訂單編號 = '94010701'
6      DELETE 訂單 WHERE 訂單編號 = '94010701'
7      SELECT * FROM 訂單 WHERE 訂單編號 = '94010701'
8      COMMIT
9    SELECT * FROM 訂單 WHERE 訂單編號 = '94010701'
10   SELECT * FROM 訂單明細 WHERE 訂單編號 = '94010701'
```

【操作方式】

本範例必須逐行反白、逐行執行,並且逐行觀察執行結果。

【說明】

行 1. 在此行的 BEGIN TRANSACTION 就是告訴系統,此一時刻起是一個交易的開始。

行 2. 查詢『訂單明細』資料表中,訂單編號為 94010701 的資料。

行 3. 刪除『訂單明細』資料表中,訂單編號為 94010701 的資料。

行 4. 再一次查詢『訂單明細』資料表中,訂單編號為 94010701 的資料,此時應該查詢不到任何的資料。

行 5. 查詢『訂單』資料表中,訂單編號為 94010701 的資料。

行 6. 刪除『訂單』資料表中,訂單編號為 94010701 的資料。

行 7. 再一次查詢『訂單』資料表中,訂單編號為 94010701 的資料,此時應該查詢不到任何的資料。

行 8. 此行的 COMMIT 確定了前面所有的操作。

行 9. 再一次查詢『訂單』資料表中,訂單編號為 94010701 的資料,此時會發現所有被刪除的資料確實已經不存在。

行 10.再一次查詢『訂單明細』資料表中,訂單編號為 94010701 的資料,此時會發現所有被刪除的資料確實已經不存在。

SQL Server 預設的交易模式是『外顯交易』,倘若要進入『隱含交易』模式,必須在每一次連線至 SQL Server 時,利用『SET IMPLICIT_TRANSACTIONS ON』

將『外顯交易』模式，切換成『隱含交易』模式；可以再利用『SET IMPLICIT_
TRANSACTIONS OFF』，切換回『外顯交易』。以下的範例來說明『隱含交易』模式的
切換和使用。

範例 16-4 **隱含交易**

將交易模式切為隱含交易模式，所以在開始交易時，並不需要再宣告交易開始
（BEGIN TRANSACTION），就直接進入一連串的 T-SQL 操作，但最後依然要宣告交易
結束（COMMIT or ROLLBACK）。

```
1   SET IMPLICIT_TRANSACTIONS ON
2     SELECT * FROM 訂單明細 WHERE 訂單編號 ='94010501'
3     DELETE 訂單明細 WHERE 訂單編號 ='94010501'
4     SELECT * FROM 訂單明細 WHERE 訂單編號 ='94010501'
5   COMMIT
6   SET IMPLICIT_TRANSACTIONS OFF
7   SELECT * FROM 訂單明細 WHERE 訂單編號 ='94010501'
```

【說明】

行 1. 利用 SET IMPLICIT_TRANSACTIONS ON 將交易模式啟動為『隱含交易』模式。

行 2. 從『訂單明細』資料表中，挑選出訂單編號為 94010501 的所有資料。

行 3. 從『訂單明細』資料表中，刪除訂單編號為 94010501 的所有資料。

行 4. 再從『訂單明細』資料表中，挑選出訂單編號為 94010501 的所有資料，此時應該
查不到任何資料，因為在第 3 行就全刪除掉。

行 5. COMMIT 表示確認前面所有的操作。

行 6. 利用 SET IMPLICIT_TRANSACTIONS OFF 將隱含交易模式關閉掉，也就是進入
『外顯交易』模式。

行 7. 再一次的查詢訂單編號為 94010501 的資料，可以發現資料全部都成功被異動過。

16-4 巢狀交易

所謂的『巢狀交易』（nested transaction），就是在一個交易的內部還有一個交易，就稱之為『巢狀交易』。如下圖所示，由外層的交易將內層交易整個包在裏面，而各自的交易都必須有完整的『交易開始』（BEGIN TRAN）和『交易結束』（COMMIT 或 ROLLBACK）。

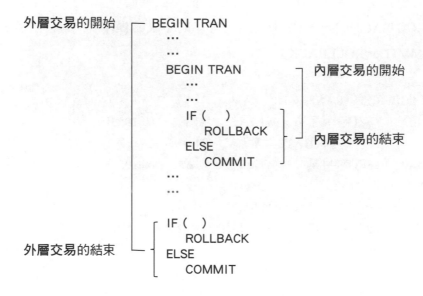

巢狀交易的 COMMIT 與 ROLLBACK 的有效範圍，如下說明：

- **外層交易的 COMMIT**：唯有內層交易也 COMMIT，外層交易的 COMMIT 才有效果；內層交易若是 ROLLBACK，將會發生錯誤訊息。
- **外層交易的 ROLLBACK**：內、外層交易全部都會被 ROLLBACK。
- **內層交易的 COMMIT**：只適用於內層交易，但外層交易若是 ROLLBACK，內層交易的 COMMIT 將會失效。
- **內層交易的 ROLLBACK**：會將內層交易 ROLLBACK，並回到最上層的 BEGIN TRAN。

以下用四個不同的範例來說明內、外層交易的 COMMIT 和 ROLLBACK 的影響範圍。以外層交易將產品資料的『建議單價』設為 0；內層交易教產品資料的『庫存量』設為 0。

範例 16-5 巢狀交易 – 內層交易發生 ROLLBACK

```
BEGIN TRAN
    UPDATE 產品資料
    SET 建議單價 = 0
    BEGIN TRAN
        UPDATE 產品資料
        SET 庫存量 = 0
    ROLLBACK
    COMMIT
```

【說明】

由於內層交易 ROLLBACK，所以會回復到最外層的交易，導致出現錯誤訊息如下，從部份資料看出此交易沒有異動任何資料。

	產品名稱	庫存量	建議單價
1	蘋果汁	390	18
2	蔬果汁	117	20
3	汽水	213	20
4	蘆筍汁	110	15
5	運動飲料	210	15
6	烏龍茶	320	25

(12 個資料列受到影響)

(12 個資料列受到影響)
訊息 3902，層級 16，狀態 1，行 8
COMMIT TRANSACTION 要求沒有對應的 BEGIN TRANSACTION。

再從下圖的程式與圖解描述，可以發現內層的 ROLLBACK 直接回復至最外層的 BEGIN TRAN，所以最下面的 COMMIT 無法對應到任何的 BEGIN TRAN 而發生錯誤訊息。

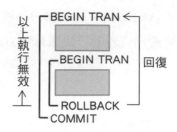

```
BEGIN TRAN
    UPDATE 產品資料
    SET 建議單價 = 0
    BEGIN TRAN
        UPDATE 產品資料
        SET 庫存量 = 0
        ROLLBACK
    COMMIT
```

以上執行無效↑   回復

範例 16-6   巢狀交易 – 外層交易發生 ROLLBACK

```
BEGIN TRAN
    UPDATE 產品資料
    SET 建議單價 = 0
    BEGIN TRAN
        UPDATE 產品資料
        SET 庫存量 = 0
    COMMIT
    ROLLBACK
```

【說明】

　　雖然內層交易 COMMIT，但是外層交易卻 ROLLBACK，所以會回復內、外層交易，出現訊息如下，從部份資料看出此交易沒有異動任何資料。

　　　　　　　　　　　　　　　(12 個資料列受到影響)

　　　　　　　　　　　　　　　(12 個資料列受到影響)

	產品名稱	庫存量	建議單價
1	蘋果汁	390	18
2	蔬果汁	117	20
3	汽水	213	20
4	蘆筍汁	110	15
5	運動飲料	210	15
6	烏龍茶	320	25

　　再從下圖的程式與圖解描述，可以發現外層的 ROLLBACK 直接回復至最外層的 BEGIN TRAN，所以就是將整個交易都正常回復至最原始點。

```
BEGIN TRAN
    UPDATE 產品資料
    SET 建議單價 = 0
    BEGIN TRAN
        UPDATE 產品資料
        SET 庫存量 = 0
        COMMIT
    ROLLBACK
```

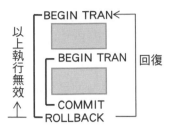

範例 16-6 ｜ 巢狀交易 – 內層交易發生 ROLLBACK

```
BEGIN TRAN
    BEGIN TRAN
        UPDATE 產品資料
        SET 庫存量 = 0
    ROLLBACK
    UPDATE 產品資料
    SET 建議單價 = 0
COMMIT
```

【說明】

　　此範例與前兩個範例的差異性，在於外層交易的操作是位於內層交易下方。由於內層交易 ROLLBACK 是回復到外層的 BEGIN TRAN，所以在內層的 ROLLBACK 之前的異動完全無效。但是後續仍有 UPDATE 產品資料 SET 建議單價 = 0 的操作會繼續執行，而最後的 COMMIT 會對應不上 BEGIN TRAN 而發生以下的錯誤訊息和部份結果顯示。

	產品名稱	庫存量	建議單價
1	蘋果汁	390	0
2	蔬果汁	117	0
3	汽水	213	0
4	蘆筍汁	110	0
5	運動飲料	210	0
6	烏龍茶	320	0

(12 個資料列受到影響)

(12 個資料列受到影響)
訊息 3902，層級 16，狀態 1，行 8
COMMIT TRANSACTION 要求沒有對應的 BEGIN TRANSACTION。

再從下圖的程式與圖解描述，可以發現內層的 ROLLBACK 直接回復至最外層的 BEGIN TRAN。但是在內層的 ROLLBACK 下方仍有外層交易的其他操作，而以下的操作將會被當成『自動認可交易』執行，所以該異動會有效果。而最下面的 COMMIT 無法對應到任何的 BEGIN TRAN 而發生錯誤訊息。

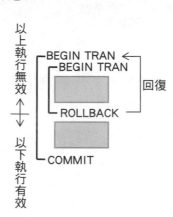

範例 16-8　巢狀交易 – 外層交易發生 ROLLBACK

```
BEGIN TRAN
    BEGIN TRAN
        UPDATE 產品資料
        SET 庫存量 = 0
    COMMIT
    UPDATE 產品資料
    SET 建議單價 = 0
    ROLLBACK
```

【說明】

雖然內層交易 COMMIT，但是外層交易卻 ROLLBACK，所以會回復內、外層交易，出現訊息如下，從部份資料看出此交易沒有異動任何資料。

	產品名稱	庫存量	建議單價
1	蘋果汁	390	18
2	蔬果汁	117	20
3	汽水	213	20
4	蘆筍汁	110	15
5	運動飲料	210	15
6	烏龍茶	320	25

(12 個資料列受到影響)

(12 個資料列受到影響)

再從下圖的程式與圖解描述，可以發現外層的 ROLLBACK 直接回復至最外層的 BEGIN TRAN，所以就是將整個交易都正常回復至最原始點。

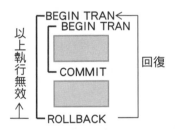

16-5　交易儲存點

什麼是『交易儲存點』呢？一個交易可大、可小，若是對於一個必須花費很多時間執行的交易而言，若是在即將完成交易前發生任何錯誤，或是意外發生，所有的操作將會完全被 ROLLBACK，一切都必須重新執行，這將會浪費非常多的時間。

若是在交易中設立『交易儲存點』，若是發生任何的錯誤，可以選擇性的回復至某一個『交易儲存點』，就可以免除掉必須完全 ROLLBACK 的問題。

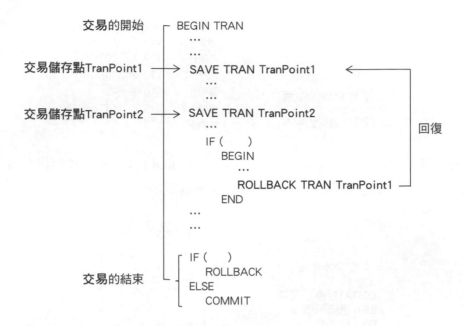

以下範例針對產品資料的『平均成本』、『庫存量』、『安全存量』以及『建議單價』分別將其值更新為 0，並且在其間設立兩個『交易儲存點』P1 與 P2，程式如下。

範例 16-9 | **設定交易儲存點**

```
1.   BEGIN TRAN
2.     UPDATE 產品資料
3.     SET 平均成本 = 0
4.   SAVE TRAN P1
5.     UPDATE 產品資料
6.     SET 庫存量 = 0
7.   SAVE TRAN P2
8.     UPDATE 產品資料
9.     SET 安全存量 = 0
10.  ROLLBACK TRAN P1
11.    UPDATE 產品資料
12.    SET 建議單價 = 0
13.  COMMIT
```

【說明】

　　從以上的交易共設了兩個『交易儲存點』，名稱分別為 P1 與 P2，但是在第 10 行處 ROLLBACK 至交易儲存點 P1，所以『庫存量』與『安全存量』的異動將會無效，可以參考以下產品資料的部份資料，只有『平均成本』與『建議單價』成功被設為 0。

	產品名稱	庫存量	安全存量	平均成本	建議單價
1	蘋果汁	390	50	0	0
2	蔬果汁	117	50	0	0
3	汽水	213	200	0	0
4	蘆筍汁	110	120	0	0
5	運動飲料	210	100	0	0
6	烏龍茶	320	300	0	0
7	紅茶	450	500	0	0

　　再從下圖的程式與圖解描述，可以發現『ROLLBACK TRAN P1』回復至『交易儲存點 P1』，所以從『交易儲存點 P1』至『ROLLBACK TRAN P1』之間的異動都會被回復至原始狀態，也就是『B』與『C』區塊；而『交易儲存點 P1』之前和『ROLLBACK TRAN P1』之後的異動將都會被認可，也就是『A』與『D』區塊。

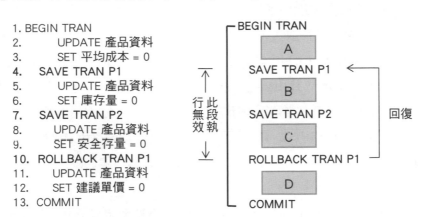

```
1. BEGIN TRAN
2.      UPDATE 產品資料
3.          SET 平均成本 = 0
4.   SAVE TRAN P1
5.      UPDATE 產品資料
6.          SET 庫存量 = 0
7.   SAVE TRAN P2
8.      UPDATE 產品資料
9.          SET 安全存量 = 0
10. ROLLBACK TRAN P1
11.     UPDATE 產品資料
12.         SET 建議單價 = 0
13. COMMIT
```

此段執行無效

BEGIN TRAN

A

SAVE TRAN P1

B

SAVE TRAN P2

C

ROLLBACK TRAN P1

D

COMMIT

回復

16-6　資料鎖定

由於資料庫管理系統會同時面對很多使用者，也會有很多的交易同時進行，所以當數個交易同時存取相同的資料，倘若都是讀取該資料將不會發生任何問題。倘若有些要讀取資料，有些要更改資料，此時必須使用資料鎖定（lock）來進行資料的暫時鎖住，避免被其他交易同時讀取或更改。針對不同的需求將有不同的鎖定，敘述如下。

資料鎖定的類型

- **共用鎖定（Shared Lock）**：只要是讀取的交易皆可同時使用『共用鎖定』來鎖定且讀取資料，也就是說不同的交易可以同時對相同的資料進行『共用鎖定』，但不准任何交易寫入資料。

- **獨佔鎖定（Exclusive Lock）**：顧名思義，『獨佔鎖定』是屬於獨佔性的鎖定，針對相同的一個資源，當一個交易進行『獨佔鎖定』，他就具有讀取與寫入的權限，而其他交易同時也需要此相同的資源，將會被拒絕或進入『等待佇列』（waiting queue），直到該資源被釋放。

- **更新鎖定（Update Lock）**：『更新鎖定』可謂是『共用鎖定』與『獨佔鎖定』的綜合型。『更新鎖定』與『共用鎖定』初期是相同的，允許同時多人讀取資料；一旦交易要進行寫入資料時，必須等待所有讀取資料的交易結束，再提升『更新鎖定』為『獨佔鎖定』，進行資料的寫入。換言之，『更新鎖定』在讀取資料時，等同於『共用鎖定』；當要進行寫入動作時，它能自動提升為『獨佔鎖定』進行寫入動作，使用上較為方便與彈性。

- **意圖鎖定（Intent Lock）**：用來建立鎖定階層。意圖鎖定可分為三種類型：
  - 意圖共用（IS）
  - 意圖獨佔（IX）
  - 共用意圖獨佔（SIX）。

- **結構描述鎖定（Schema Lock）**：結構描述修改（Sch-M）鎖定是使用在資料定義語言（DDL）對資料表的修改（例如加入資料行或卸除資料表）期間使用。

- **大量更新鎖定（Bulk Update Lock）**：當大量複製資料到資料表，可使用大量更新（BU）鎖定。大量更新（BU）鎖定允許多個執行緒同時將資料大量載入到相同資料表，同時禁止未大量載入資料的其他處理程序存取該資料表。

- **索引鍵範圍鎖定（Key-Range Lock）**：索引鍵範圍鎖定是在使用可序列化交易隔離等級時，用來保護 T-SQL 所讀取的資料列範圍。索引鍵範圍鎖定可防止幽靈讀取。透過保護資料列之間的索引鍵範圍，也可防止某交易存取的記錄集內的幽靈插入或刪除。

鎖定資料粒度和階層

SQL Server 可以針對鎖定的資料粒度大小和階層來進行鎖定，鎖定的資料粒度分為以下幾種：

資　源	說　明
RID	資料列識別碼，用來鎖定單一資料列。
KEY	索引中的資料列鎖定，用來保護可序列化交易中的索引鍵範圍。
PAGE	資料庫中的一個分頁（8KB），例如資料或索引分頁。
EXTENT	指連續八個分頁的單位，例如資料頁或索引頁面。
HoBT	堆積或 B 樹狀目錄（HEAP or B-Tree）。針對資料表中沒有叢集索引的 B 型樹狀結構（索引）或堆積資料頁面進行保護鎖定。
TABLE	整個資料表，包含資料表內的所有資料和索引。
FILE	資料庫的檔案部份。
APPLICATION	應用程式所指定的資源。
METADATA	中繼資料鎖定。
ALLOCATION_UNIT	配置單位。
DATABASE	整個資料庫。

悲觀並行（Pessimistic Concurrency）與樂觀並行（Optimistic Concurrency）控制

- **悲觀並行控制（Pessimistic Concurrency）**：顧名思義，『悲觀並行控制』就如悲觀者一樣，凡事皆會往不好的方面想。所以此種鎖定，當使用者從資料庫讀取資料時，唯恐此時有人會同時讀取或寫入資料，所以先將資料庫內的資料鎖定，直到資料異動完畢，且成功寫入資料庫之後，才將該資料解鎖。因此『悲觀並行控制』不會造成異動失敗；所以『悲觀並行控制』較適合應用在『寫入』較為頻繁的交易，可以降低交易的異動失敗率。

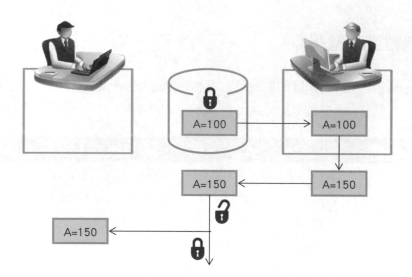

- **樂觀並行控制（Optimistic Concurrency）**：顧名思義，『樂觀並行控制』就如樂觀者一樣，凡事皆會往好的方面想。所以此種鎖定，當使用者從資料庫讀取資料時，總認為不會有人同時讀取或寫入資料，所以不會先將資料庫內的資料鎖定，直到資料要異動時才進行鎖定，並且會查驗該資料是否被異動過。若是該資料沒被異動過就直接異動；反之，該資料若是被異動過，就會造成該異動失敗。因此『樂觀鎖定』有可能會造成異動失敗；所以『樂觀並行控制』較適合應用在『讀取』較為頻繁的交易，可以提高資源共享度。

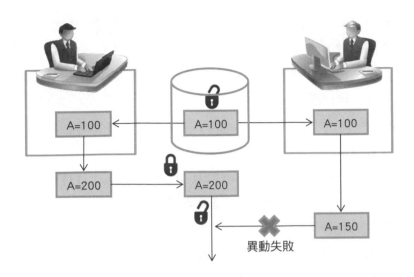

異動失敗

16-7 交易的隔離等級

前面已提到交易的四個特性 ACID，其中一個就是『隔離性』（Isolation），本節所要探討的就是隔離性的等級。

- **Read uncommitted**：此種隔離等級允許讀取其他交易已修改過且尚未被 COMMIT 的資料，此種讀取稱之為『Dirty Read』；也就是可以讀取到其他交易更新中途的資料，倘若該交易最後 ROLLBACK，則此交易將讀到不正確的資料。只種隔離層級不會發出『共用鎖定』（shared lock），所以限制是最少的一種隔離等級。

- **Read committed**：此種隔離等級不允許讀取其他交易已修改過且尚未 COMMIT 的資料，此種隔離等級可以避免『Dirty Read』，也就不會讀到不正確的資料。但這將會產生『不可重複的讀取』或『幽靈資料』。此種隔離等級是 SQL Server 的預設等級。

- **Repeatable read**：此種隔離等級不允許讀取其他交易已修改且尚未 COMMIT 的資料；且在目前交易完成之前，任何其他交易都不能修改目前交易已讀取的資料。交易中讀取的所有資料都會被設定『共用鎖定』，直到交易完成為止。這可以防止其他交易修改目前交易已讀取的任何資料列。

■ **Snapshot**：此種隔離等級是在啟動交易時先產生一份資料快照（snapshot），在交易進行當中所讀取到的資料皆來自於此份資料快照，因此不論其他的交易是否異動資料，此交易所讀取的資料皆來自同一份快照，所以在交易進行開始至結束所讀取到的資料將會前後一致。

■ **Serializable**：可序列化的（Serializable）隔離層級，會有以下的限制：

　□ 不能讀取其他交易已修改而尚未 COMMIT 的資料。

　□ 目前交易完成之前，其他交易不能修改目前交易已讀取的資料。

　□ 目前交易完成之前，其他交易所新增的新資料列，其索引鍵值不能在目前交易所讀取的索引鍵範圍中。

　SQL Server 預設的等級是 Read Committed，使用者可以依據自己的需求來更改等級，一般使用預設的 Read Committed 是最佳選擇。設定隔離等級的語法如下，而且更改等級的有效範圍只要在該次的 SESSION 連線。

```
SET TRANSACTION ISOLATION LEVEL
{
    READ UNCOMMITTED
  | READ COMMITTED
  | REPEATABLE READ
  | SERIALIZABLE
  | SNAPSHOT
}
```

本章習題

請利用書附光碟中的『CH16 範例資料庫』，依據以下不同的需求，完成以下的問題。

1. 請列出交易的四個特性 ACID。

2. 請列出 SQL SERVER 交易的三種模式。

3. SQL SERVER 的預設交易模式是哪一種？

4. 在 SQL SERVER 中，若是要將交易模式更改成隱含交易，必須下達什麼指令？若是要改回外顯交易又該下達什麼指令？

5. 試問『交易儲存點』的目的為何？

6. 請標示出以下的交易，哪一區的執行無效，哪一區的執行有效。

```
BEGIN TRAN
  ...
  ...
  SAVE TRAN TranPoint1
    ...
  SAVE TRAN TranPoint2
    ...
  SAVE TRAN TranPoint3
    ...
    IF ( )
      BEGIN
        ...
        ROLLBACK TRAN TranPoint2
      END
  ...
IF ( )
  ROLLBACK
ELSE
  COMMIT
```

MEMO